普通高等教育"十一五"国家级规划教材

工程实验力学

第 2 版

计欣华　邓宗白　鲁　阳
张　明　王振林　陈金龙　编著
戴福隆　亢一澜　主审

机械工业出版社

本书是普通高等教育"十一五"国家级规划教材，是在第 1 版的基础上修订而成。

本书分为电测和光测两部分。电测部分包括了实验数据处理，电测方法的原理、设备及测试技术，适用的领域和传感器技术。光测部分包括了主要的光测方法——光弹性法、云纹法、全息干涉法、激光散斑干涉法、云纹干涉法、焦散线法，光测方法的原理、实验设备、实验技术和应用举例。

书中对近年来实验力学领域的新技术作了介绍。如电测技术中的传感技术、动态测试、特殊环境下的测试技术；光测法中的激光全息技术、视频技术、光力学图像采集与处理技术。本书中介绍的许多测试方法，都有其应用背景，而不是局限于实验室的研究。

本书既可以作为力学专业本科生的教材和其他相关专业如机械、土木、水利、材料专业研究生的选修或自学教材，也可以作为从事工程设计、施工和检测工作的工程技术人员的参考书。

图书在版编目（CIP）数据

工程实验力学/计欣华等编著．—2 版．—北京：机械工业出版社，2009.10（2024.12 重印）

　普通高等教育"十一五"国家级规划教材
　ISBN 978-7-111-28224-2

　Ⅰ．工… Ⅱ．计… Ⅲ．工程力学-实验-高等学校-教材 Ⅳ．TB12-33

中国版本图书馆 CIP 数据核字（2009）第 158260 号

机械工业出版社（北京市百万庄大街 22 号　邮政编码 100037）
策划编辑：姜　凤　责任编辑：任正一　责任校对：申春香
封面设计：路恩中　责任印制：邸　敏
北京中科印刷有限公司印刷
2024 年 12 月第 2 版·第 12 次印刷
169mm×239mm·19.25 印张·375 千字
标准书号：ISBN 978-7-111-28224-2
定价：49.00 元

电话服务　　　　　　　　　网络服务
客服电话：010-88361066　机　工　官　网：www.cmpbook.com
　　　　　010-88379833　机　工　官　博：weibo.com/cmp1952
　　　　　010-68326294　金　书　网：www.golden-book.com
封底无防伪标均为盗版　　机工教育服务网：www.cmpedu.com

高等工程力学系列规划教材编委会

主 任 委 员　徐秉业
副主任委员　郭乙木　庄　茁　亢一澜　林　松
委　　　员　（按姓氏笔画排序）
　　　　　　　计欣华　亢一澜　邓宗白　张少实
　　　　　　　张义同　庄　茁　朱为玄　林　松
　　　　　　　季顺利　肖明葵　杨伯源　武建华
　　　　　　　郭乙木　徐秉业　徐铭陶　陶伟明
　　　　　　　蒋持平　鲁　阳
秘　　　书　季顺利

第 2 版前言

实验科学永远是科学研究的重要和必不可少的一个部分，对于力学的研究当然也是一样。工程实验力学是一门集力学理论、数学、电学、光学、物理、计算机视频技术和数字图像处理技术为一体的交叉学科。现代高科技的发展，为工程实验力学提供了更为丰富的实验手段，也提出了新的概念和新的课题。本书出版后，国内许多院校将其作为工程力学专业和其他相关专业本科生与研究生的教材，在使用过程中，广大教师和学生向作者提出了宝贵意见，作者在此表示衷心的感谢。应读者的要求，本书第 2 版修改了原书中存在的问题并增加了部分内容。

本书分为电测和光测两部分。电测部分包括了实验数据处理，电测方法的原理，所用的设备，测试技术，适用的领域和传感器技术。光测部分包括了主要的光测方法——光弹性法、云纹法、全息干涉法、激光散斑干涉法、云纹干涉法、焦散线法。阐述了各种光测方法的原理、需用的实验设备、实验技术和应用举例。

本书对于近年来实验力学领域的新技术作了介绍。如电测技术中的传感技术、动态测试、特殊环境下的测试技术；光测法中的激光全息技术、视频技术、光力学图像采集与处理技术。尤其针对工业界的需要，现代测试已由过去那种静态的、慢速的测量，发展成为动态、实时、在线、遥感、多信息地对高速运动的动态过程的测量。本书中介绍的多种方法，都有其应用背景，而不是局限于实验室的研究。

本书第 2 版第 8 章光测弹性学部分增加了习题，第 10 章增加了全息光弹性的原理和应用。

本书可以作为力学专业的研究生的教材和其他相关专业如机械、土木、水利、材料专业研究生的选修或自学教材，也可以作为从事工程设计、施工和检测工作的工程技术人员的参考书。

本书是由作者在积累多年教学和科研经验的基础上，参考国内外相关书籍和文章而编成。电测部分第 3 章由张明编写，其他由邓宗白编写；光测部分第 10 章光弹性部分由鲁阳编写，光弹性贴片法部分由王振林编写，第 11 章的电子散斑部分陈金龙参加了编写，其他由计欣华编写。全书由戴福隆教授、亢一澜教授主审。在本书的编写过程中，天津大学秦玉文教授、杨乃庭高工和亢一澜教授对全书提出了宝贵的意见和建议，还提供了部分图片，在此表示衷心的感谢。

希望读者给我们提出宝贵的批评和建议。

作　者
2009 年 8 月

第1版前言

实验科学永远是科学研究的重要和必不可少的一个部分，对于力学的研究当然也是一样。工程实验力学是一门集力学理论、数学、电学、光学、物理、计算机视频技术和数字图像处理技术为一体的交叉学科。随着现代高科技的发展，为工程实验力学提供了更为丰富的实验手段，也提出了新的概念和新的课题。

本书分为电测和光测两部分。电测部分包括了实验数据处理，电测方法的原理、设备及测试技术，适用的领域和传感器技术。光测部分包括了主要的光测方法——光弹性法、云纹法、全息干涉法、散斑法、干涉云纹法、焦散法，光测原理、实验设备、实验技术和应用举例。

本书对近年来实验力学领域的新技术作了介绍，如电测技术中的传感技术、动态测试、特殊环境下的测试技术；光测法中的激光全息技术、视频技术、光力学图像采集与处理技术。尤其针对工业界的需要，现代测试已不再理解为过去那种静态的、慢速的测量，而发展成为动态、实时、在线、遥感、多信息地对高速运动的动态过程的测量。本书中介绍的许多测试方法，都有其应用背景，而不是局限于实验室的研究。

本书既可以作为力学专业的本科生的教材和其他相关专业如机械、土木、水利、材料专业研究生的选修或自学教材，也可以作为从事工程设计、施工和检测工作的工程技术人员的参考书。本书是通过各位作者多年教学和科研的积累及参考国内外相关书籍和文章而编成。本书电测部分第3章由张明编写，其他由邓宗白编写；光测部分第8章光弹性部分由鲁阳编写，贴片光弹性部分由王振林编写，其他由计欣华编写。全书由清华大学力学系戴福隆教授主审。在本书的编写过程中，天津大学秦玉文教授、杨乃庭高工和亢一澜教授对全书提出了宝贵的意见和建议，还提供了部分图片，在此表示我们衷心的感谢。

希望读者给我们提出宝贵的批评和建议。

作 者

目 录

第 2 版前言
第 1 版前言
第 1 章　绪论 ··· 1
 1.1　概述 ··· 1
 1.2　测量的基本概念 ··· 1
 1.3　实验应力分析的基本方法 ·· 4

第 1 篇　应变电测法

第 2 章　电阻应变计的原理及使用 ··· 7
 2.1　电阻应变计的工作原理 ··· 7
 2.2　电阻应变计的结构 ··· 8
 2.3　电阻应变计的分类 ··· 11
 2.4　电阻应变计的工作特性 ··· 16
 2.5　电阻应变计工作特性的标定 ·· 22
 2.6　电阻应变计的粘结剂 ·· 26
 2.7　电阻应变计的常规使用技术 ·· 27
 习题 ··· 30

第 3 章　测量电路原理与设备 ·· 32
 3.1　测量电路原理 ··· 32
 3.2　静态电阻应变仪 ·· 36
 3.3　动态电阻应变仪 ·· 41
 3.4　常用记录仪器 ··· 48
 3.5　应变数字采集技术 ··· 50
 习题 ··· 52

第 4 章　测量电桥的特性及应用 ··· 54
 4.1　测量电桥的基本特性和温度补偿 ·· 54
 4.2　电阻应变计在电桥中的接线方法 ·· 56
 4.3　测量电桥的应用 ·· 59
 习题 ··· 67

第 5 章　常温静态应变测量 ··· 70
 5.1　静态测量的实施及稳定性 ·· 70

5.2 应变计栅长的选择 ……………………………………………………………… 73
5.3 应变计粘贴方位误差的分析 …………………………………………………… 74
5.4 测点位置及方位的确定 ………………………………………………………… 75
5.5 测量结果的修正 ………………………………………………………………… 79
习题 …………………………………………………………………………………… 84

第 6 章 动态应变测量 …………………………………………………………… 86
6.1 动态应变的类型 ………………………………………………………………… 86
6.2 应变计的动态响应特性和疲劳寿命 …………………………………………… 88
6.3 动态应变测量的标定 …………………………………………………………… 91
6.4 动态应变测量中的干扰与防干扰措施 ………………………………………… 93
6.5 动态应变的记录曲线与修正 …………………………………………………… 96
6.6 动态应变的数据分析 …………………………………………………………… 98

第 7 章 电阻应变式传感器 ……………………………………………………… 102
7.1 基本原理 ………………………………………………………………………… 102
7.2 测力传感器 ……………………………………………………………………… 108
7.3 扭矩传感器 ……………………………………………………………………… 113
7.4 压力传感器 ……………………………………………………………………… 117
7.5 位移传感器 ……………………………………………………………………… 120
7.6 加速度传感器 …………………………………………………………………… 123

第 2 篇 光 测 法

第 8 章 光测弹性学方法 ………………………………………………………… 129
8.1 引言 ……………………………………………………………………………… 129
8.2 光弹性法的基本原理 …………………………………………………………… 130
8.3 平面光弹性 ……………………………………………………………………… 150
8.4 光弹性材料性能和模型浇铸 …………………………………………………… 154
8.5 三向光弹性 ……………………………………………………………………… 157
8.6 光弹性贴片法 …………………………………………………………………… 162
8.7 光弹性散光法 …………………………………………………………………… 169
习题 …………………………………………………………………………………… 177

第 9 章 云纹法 …………………………………………………………………… 179
9.1 引言 ……………………………………………………………………………… 179
9.2 平面云纹法 ……………………………………………………………………… 180
9.3 云纹法测量物体等高线、离面位移及其导数 ………………………………… 187
习题 …………………………………………………………………………………… 191

第 10 章　全息干涉法 ······ 192
- 10.1　激光全息照相 ······ 192
- 10.2　全息干涉位移测量 ······ 196
- 10.3　测量振动的全息干涉术 ······ 209
- 10.4　全息光弹的两次曝光法 ······ 214
- 10.5　实验设备和实验技术 ······ 219
- 习题 ······ 225

第 11 章　激光散斑干涉法 ······ 227
- 11.1　激光散斑的物理性质 ······ 227
- 11.2　单光束散斑干涉法 ······ 228
- 11.3　双光束散斑干涉法 ······ 234
- 11.4　剪切散斑干涉术 ······ 237
- 11.5　电子散斑干涉术 ······ 242
- 附录：傅里叶光学有关公式介绍 ······ 248
- 习题 ······ 252

第 12 章　云纹干涉法 ······ 253
- 12.1　概述 ······ 253
- 12.2　云纹干涉法的基本原理 ······ 253
- 12.3　云纹干涉法的实验技术 ······ 257
- 12.4　云纹干涉法在断裂测试方面的应用 ······ 262
- 12.5　云纹干涉法发展前景 ······ 264
- 习题 ······ 265

第 13 章　焦散线法 ······ 266
- 13.1　引言 ······ 266
- 13.2　基本原理 ······ 266
- 13.3　实验技术 ······ 274
- 习题 ······ 276

第 14 章　光力学中的计算机方法和图像识别技术 ······ 277
- 14.1　引言 ······ 277
- 14.2　计算机视频和图像数字化系统的构成 ······ 277
- 14.3　光力学条纹相位提取的方法 ······ 278
- 14.4　数字相关法 ······ 285
- 习题 ······ 291

参考文献 ······ 292

第1章 绪 论

1.1 概述

实验应力分析，是一门用实验方法分析受力构件的应变和应力等力学参量的学科，也是一门与工程实际密切联系的学科。

研究力学问题有两种途径，即理论分析和实验分析，两者相辅相成。一方面，实验的结果常常为新理论的建立提供依据，新理论的提出和理论计算的结果需要通过实验来验证；另一方面，实验的设计和实施需要理论分析做指导。

实验应力分析可以检验和提高设计质量、工程结构的安全性和可靠性，可以达到减少材料消耗、降低生产成本和节约能源的要求。它还可以为发展新理论、设计新型结构以及新材料的应用提供依据。实验应力分析不仅可以推动理论分析的发展，而且能有效地解决许多理论上尚不能解决的工程实际问题。因此，它和应力分析理论一样，是解决工程强度问题的一个重要手段，在航空、机械、土木等工程领域得到广泛的应用。

实验应力分析的方法很多，主要有电测法、光测法等。随着科学技术和工农业生产的高速发展，对应力和应变测试技术也提出了更高和更新的要求。目前测试技术正由宏观向微观发展；由静态向动态、瞬态发展；由本地测试向远程、遥控发展；由单机向网络化发展；由模拟向数字化发展；由手动向自动化发展。测试技术的水平越高，对科学研究的促进也越大，同时，科学研究的新成果也促进测试技术的发展。可以预期，微机械、微电子技术、纳米技术和计算机技术的发展将使测试技术产生更大的变化和提高。

1.2 测量的基本概念

1.2.1 直接测量和间接测量

测量就是用一定的工具或仪器设备来确定一个未知的物理量、机械量以及生物医药等参量数值的过程。测量方法可分为直接测量法和间接测量法。直接测量是借助于测量工具或测量仪器把被测量与同性质的标准量进行比较，例如测量物体的质量时，可以通过天平秤将砝码与被测物进行比较；有时被测量要作一些变换后才能与标准量进行比较，例如用压力表测量容器中的压力时，必须将压力转换成压力表上指针的刻度，同时压力的标准量也被转换到压力表的刻度盘上，这样被测量与标准量都被转换成同性质的位移量（中间量）后，就可以比较了。以上两种测量方法都是直接测量法。但是，有许多被测量无法用简单的直接测量法得到，这就要用间接测量法。间接测量法是对与被测量有确定函数关系的其他物理量（即原始参数）进行直接测量，然后根据函数关系计算出被测量，例如测量运动物体的加速度，先将被测的加速度通过相应的传感器转变成电量（参数），并将该电量（参数）放大或转换，再送入显示器或记录仪，或送入计算机处理，从而得到被测的加速度，这就是间接测量。为了使测量结果得到确认，用来进行比较的标准量必须准确并得到公认，此外所用的方法和仪器必须经过校验。

采用间接测量法，要根据测量原理设计一套测量系统。一个完整的测量系统主要包括以下三部分：

（1）传感级　是系统的信息敏感部件，用来感受被测量，并将其转换成与被测量成一定函数关系（通常是线性关系）的另一种物理量（通常为电量）。

（2）中间级　是用来将传感器输出的信号转换成便于传输、显示、记录的信号并进行放大的装置。

（3）终端级　是一个显示器、记录仪或某种形式的控制器，用来显示或记录被测量的大小或输出与被测量相应的控制信号，以供应用。

以上测量系统中，信息传输大都为模拟量，其缺点是容易受到干扰，影响测量精度。目前发展方向是将传感器信号转换成数字信息，其优点是抗干扰能力强、测量精度高、测量速度快。

1.2.2　测量系统的静态特性

当被测量不随时间变换，或随时间变换非常缓慢时，评价一个测量系统的品质主要以测量系统的静态特性来衡量。进行测量时，测量系统的输入和输出关系曲线称为静态特性曲线。测量系统的静态特性，即静态特性曲线的性质，主要有以下几个方面。

1. 线性度

对于静态特性为线性的测量系统，要求输出量与输入量之间呈理想线性关系，但实际上往往并非如此。如图1-1中曲线 a 表示实际静态特性曲线，曲线 b 为曲线 a 的拟合直线。静态特性曲线与拟合直线之间的最大偏差 $|y_i - y_i'|_{max}$ 与全量程输出范围 y_{max} 比值的百分数，称为测量系统的线性度，即

$$\text{线性度} = \frac{|y_i - y_i'|_{max}}{y_{max}} \times 100\% \quad (1-1)$$

线性度说明静态特性曲线与拟合直线的吻合程度。

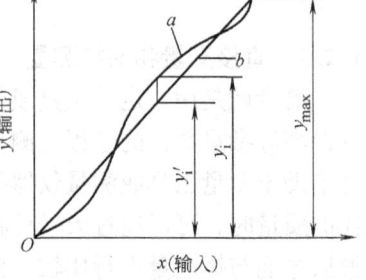

图1-1　测量系统的线性度

2. 灵敏度

灵敏度是指测量系统输出量的变化量 Δy 与输入量的变化量 Δx 的比值，即

$$灵敏度 = \frac{\Delta y}{\Delta x} \tag{1-2}$$

它代表静态特性曲线上相应点的斜率。若静态特性曲线为直线，则灵敏度为常数，若静态特性曲线不是直线，则灵敏度为变量，它随输入量的变化而变化。

3. 滞后

滞后表示当测量系统的输入量由小增加到某一值和由大减小到某一值的两种情况下，对于同一输入量，其输出量不相同。如图 1-2 所示，同一输入量时的输出量偏差 $|y_d - y_c|$，称为滞后偏差。最大滞后偏差 $|y_d - y_c|_{\max}$ 与全量程输出范围 $y_{\max}$ 比值的百分数，称为测量系统的滞后，即

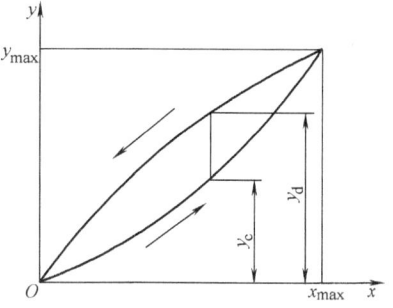

图 1-2 测量系统的滞后

$$滞后 = \frac{|y_d - y_c|_{\max}}{y_{\max}} \times 100\%$$

4. 灵敏限与分辨率

当输入量由零逐渐加大时，存在着某个最小值，在该值以下，系统不能检测到输出，但这个最小值一般不易确定，为此规定一个最小输出值，而与它相应的输入值即为系统能够检测到输出的最小输入值，称为灵敏限。

如果输入量从任意非零值缓慢地变化，将会发现在输入量变化值没有超过某一数值之前，系统不能检测到输出量变化，因此存在一个最小输入变化量。为了便于确定，规定了一个最小输出变化量，而与它相应的输入变化量即为系统能够检测到输出量变化的最小输入变化量，称为分辨率。一般指针式仪表的分辨率规定为最小刻度分格值的一半，数字式仪表的分辨率是最后一位的一个"字"。

5. 重复性

当进行多次重复测量时，输入量由小到大或由大到小重复变化，而对应于同一输入量，其输出量亦不相同，这种偏差称为重复性误差。常用全量程中的最大重复性误差与满量程的百分数来表示测量系统的重复性指标。

6. 零漂与温漂

对于测量系统输入量不随时间变化的静态测量，当环境温度不变时，输出量随时间变化，称为零漂。由外界环境温度的变化引起的输出量变化，称为温漂。

当被测量随时间快速变化或具有瞬态现象时，测量系统输出量也随时间变化，这类测量过程称为动态测量。测量系统的品质以系统的动态特性来评价，如振幅响应、频率响应等。

1.3 实验应力分析的基本方法

实验应力分析方法有很多种，主要有：应变电测法、光测法、脆性涂层法和应变机械测量法等。其中应用最广泛的是应变电测法和光测法，下面简单介绍一下这两种方法。

1.3.1 应变电测法

应变电测法的含义有两种，广义的和狭义的。广义的应变电测法主要包括：电阻应变计测试法、电容应变计测试法和电感应变计测试法等。由于电阻应变计测试法应用得较为普遍，因此，常常将应变电测法特指为电阻应变计测试法，这就是狭义的应变电测法。

电阻应变计测试技术起源于19世纪。1856年，W·汤姆逊（W·Thomson）对金属丝进行了拉伸试验，发现金属丝的应变与电阻的变化有一定的函数关系。惠斯登电桥可用来精确地测量这些电阻的变化。1938年，E·西门斯（E·Simmons）和A·鲁奇（A·Ruge）制出了第一批实用的纸基丝绕式电阻应变计。1953年，P·杰克逊（P·Jackson）利用光刻技术，首次制成了箔式应变计，随着微光刻技术的进展，这种应变计的栅长可短到0.178mm。1954年，C·S·史密斯（C·S·Smith）发现了半导体材料的压阻效应。1957年，W·P·梅森（W·P·Mason）等研制出半导体应变计。现在，已研制出数万种用于不同环境和条件的各种类型的电阻应变计。

电阻应变计习惯称为电阻应变片，简称应变计或应变片。出现于第二次世界大战结束的前后，已经有60多年的历史。电阻应变计的应用范围十分广泛，适用的结构包括航空、航天器、原子能反应堆、桥梁、道路、大坝以及各种机械设备、建筑物等；适用的材料包括钢铁、铝、木材、塑料、玻璃、土石、复合材料等各种金属及非金属材料。并且，它不仅适用于室内实验、模型实验，还可以在现场对实际结构或部件进行测量，这些特点是任何一种传感元件或传感器所不能比拟的。另外，它在对结构和设备的安全监测方面也有广泛的应用前景。

电阻应变测试法是用电阻应变计测定构件的表面应变，再根据应变-应力关系确定构件表面应力状态的一种实验应力分析方法。这种方法是将电阻应变计粘贴在被测构件上，当构件变形时，电阻应变计的电阻值将发生相应的变化，利用电阻应变仪（简称应变仪）将此电阻值的变化测定出来，再换算成应变值或者输出与此应变成正比的电压（或电流）信号，由记录仪记录下来，就可得到所测定的应变或应力。

电阻应变测试法的优点是：

1）测量灵敏度和精度高。其最小应变读数可为 $1\mu\varepsilon$（微应变，$1\mu\varepsilon = 10^{-6}$ mm/mm），在常温静态应变测量时，精度一般可达到 1%~2%。

2）测量范围广。可测 $1\mu\varepsilon$ 到 2 万 $\mu\varepsilon$。

3）频率响应好。可以测量从静态到数十万 Hz 的动态应变。

4）应变计尺寸小，最小的应变计栅长可短到 0.178mm，因此重量轻、安装方便，不会影响构件的应力状态，而且可进行应力梯度较大的应变测量。

5）由于在测量过程中输出的是电信号，因此易于实现数字化、自动化及无线电遥测。

6）可在高温、低温、高速旋转及强磁场等环境下进行测量。

7）可制成各种传感器，测量力、位移、加速度等物理量。

8）适用于在工程现场应用。

该方法的缺点是：

1）通常只能测量构件表面的应变，而不能测构件内部的应变。

2）一个电阻应变计只能测定构件表面一个点沿某一个方向的应变，故不能进行全域性的测量。

3）只能测得电阻应变计栅长范围内的平均应变值，因此对应变梯度大的应力场测量误差较大。

4）易受外界环境（如温度）的影响。

1.3.2 光测法

光测力学是应用光学方法，以实验为手段去研究结构物中的应力、应变和位移等力学量的一门学科。现代光测力学是结合了力学、光学、数学、电子和计算机技术的一门交叉学科，它除了在机械、水利、土木等传统行业中有广泛的应用外，在国防、航空航天工业中也是一种不可或缺的测试手段，并且在新兴的电子、纳米材料、生物力学、运动力学等方面也正在发挥越来越重要的作用。它的发展与现代高科技的发展息息相关，它是实验力学学科中一个重要的分支。

光测法的特点是：

1）全场测量。这是电测方法做不到的，全场测量的方法使测试者能全面观测、分析位移、应力和应变，用这种方法能了解到结构物内应力（或位移）分布的全貌，能清晰地反映出应力集中现象，立即得到应力集中系数，能容易地找出最大应力值及其所在位置，能方便地获得结构物的边界应力值。直观性强，一目了然。可以逐点求出应力或位移，也可以求出任意位置的应力或位移。对于研究结构物的强度问题，对于方案设计的比较和改进，应用光测法是很有利的。

2）高灵敏度。光干涉的方法可以达到波长量级，通过差分法等方法还可以提高到波长的千分之一。

3）直观。大部分光测法以干涉条纹的形式显示，非常直观，这对于解决应力集中、缺陷检测是很重要的。

4）可以进行无损检测。因为大部分光测方法都是非破坏性的，很多光测图像是通过照相、摄像等方式获得资料信息的，不需在结构物上直接安装传感器或其他测试装置，所以它是非接触式测量，也是非破坏性的测量。

5）可以进行三维应力分析，这是光测法特有的优点，其他方法只能进行表面的测试，即使将传感元件置于被测物的内部，也只能进行逐点的测量。而三维光弹性法可以进行三维应力分析。

本书中对主要的光测法——光弹性法、云纹法、全息干涉法、散斑法、云纹干涉法、焦散法等进行了介绍，注重于概念和在工程上的应用。书中对光力学图像的计算机采集与处理也作了介绍。

由于近代工业发展的要求，在很多高新技术领域（如宇航技术和原子能工业）中所需用的结构物，几何形状复杂，载荷情况和工作环境（高温、高压、低温、低压、地下、液中、强磁场、强辐射、动态等）越来越多样，致使理论分析更加困难，用实验的办法就显得更加重要，有时甚至是惟一的手段了。加之，科学不断地进步，新材料、新工艺的出现，使大量的研究课题超出了原有的领域，进入了新的范畴，很多问题都要考虑到非线性、非匀质材料、复合材料、各向异性、粘弹性和动态等方面的特性。对于这些新课题，要建立基本理论以反映其内在的本质规律，就更需要大量实验资料的积累和分析才能完成。如由于MEMS技术受到越来越广泛的关注，微细观领域测量技术也给光测技术提出了新问题。总之，光测力学面临着机遇与挑战。

根据光测力学发展的现状，下列几方面的工作应加以重视和研究。

1）扩大在工程问题中的应用，更好地为工农业生产和新学科服务，如水利、土建、机械、造船、航空到核电、宇航、材料等新兴的工业。

2）进一步发挥光测法在科学研究领域的作用，研究塑性、粘弹性、蠕变、各向异性、动态特性、微细观以及高温、高压、热辐射下的材料性能及塑性力学、断裂力学、生物力学和复合材料力学中的本构关系问题。

3）应用最新科技成就提高现有光测法的精度和灵敏度，使之更方便、迅速有效地进行现场实测，如最新的激光、视频和计算机技术等。

4）发挥交叉学科的优势，如数学中的数值计算与处理、小波变换、傅里叶变换、分形，相关运算；光学中的光外差技术，光学CT技术，视频技术和计算机中的采集、控制和数字图像处理都已经在光测法中得到了应用。研究光测力学法和数值分析相结合的混合解法，利用光测法的特点和用计算机进行数值分析的特点，发挥各自的优势，能更有效地解决问题。

第1篇 应变电测法

第2章 电阻应变计的原理及使用

2.1 电阻应变计的工作原理

电阻应变计是一种用途广泛的高精度力学量传感元件,其基本任务就是把构件表面的变形量转变为电信号,输入相关的仪器仪表进行分析。在自然界中,除超导体外的所有物体都有电阻,不同的物体电阻也不同。物体电阻的大小与物体的材料性能和几何形状有关,电阻应变计正是利用了导体电阻的这一特点。

电阻应变计的最主要组成部分是敏感栅。敏感栅可以看成为一根电阻丝,其材料性能和几何形状的改变会引起栅丝的阻值变化。

设一根金属电阻丝,其材料的电阻率为 ρ,原始长度为 L。不失一般性,假设其横截面是直径为 D 的圆形,面积为 A,初始时该电阻丝的电阻值为 R

$$R = \rho \frac{L}{A} \tag{2-1}$$

在外力作用下,电阻丝会产生变形。假设电阻丝沿轴向伸长,其横向尺寸相应缩小,导致横截面面积发生变化。电阻丝的横截面原面积为 $A = \frac{\pi D^2}{4}$,其相对变化为

$$\frac{dA}{A} = 2\frac{dD}{D} = -2\mu\frac{dL}{L} \tag{2-2}$$

式中,μ 为金属丝材料的泊松比;dL/L 为金属导线长度的相对变化,即轴向应变

$$\varepsilon = \frac{dL}{L} \tag{2-3}$$

在电阻丝伸长的过程中,所产生的电阻值的相对变化为

$$\frac{dR}{R} = \frac{d\rho}{\rho} + \frac{dL}{L} - \frac{dA}{A} = \frac{d\rho}{\rho} + (1 + 2\mu)\varepsilon \tag{2-4}$$

此式中,前一项是由金属丝变形后电阻率发生变化所引起的;后一项是由金属丝

变形后几何尺寸发生变化所引起的。在常温下，许多金属材料在一定的应变范围内，电阻丝的相对电阻变化与丝的轴向应变成正比，即

$$\frac{dR}{R} = K_s \varepsilon \tag{2-5}$$

式中，K_s 为金属丝的灵敏系数

$$K_s = \frac{1}{\varepsilon}\frac{d\rho}{\rho} + (1 + 2\mu) \tag{2-6}$$

式（2-5）表示金属丝的电阻变化率与它的轴向应变成线性关系。根据这一规律，采用在变形过程中能够较好地产生电阻变化的材料，就可制造将应变信号转换为电信号的电阻应变计。

2.2 电阻应变计的结构

电阻应变计主要由敏感栅、基底、覆盖层及引线所组成，敏感栅用粘结剂粘在基底和覆盖层之间。一种丝绕式应变计的典型结构如图 2-1 所示。

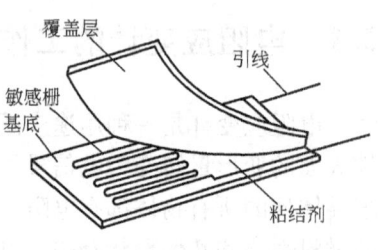

图 2-1 电阻应变计的结构

2.2.1 敏感栅

敏感栅是用合金丝或合金箔制成的栅。它能将被测构件表面的应变转换为电阻相对变化。由于它非常灵敏，故称为敏感栅。敏感栅由纵栅与横栅两部分组成。纵栅的中心线称为应变计的轴线。敏感栅的尺寸用栅长 L（横栅为圆弧形时，是指两端圆弧内侧之间的距离；横栅为直线形时，则指两端横栅内侧之间的距离）和栅宽 B（指在与纵轴垂直的方向上敏感栅外侧之间的距离）表示，如图 2-2 所示。栅长尺寸一般为 0.2~100mm。

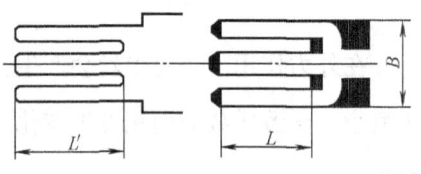

图 2-2 敏感栅的尺寸

敏感栅是电阻应变计的核心组成部分，它的特性对于电阻应变计的性能有决定性的影响。为了改善电阻应变计的性能，人们探索了多种材料的应变-电阻特性，从而发展了敏感栅材料，包括金属、半导体和金属氧化物等。目前常用的金属敏感栅材料主要有铜镍合金、镍铬合金、镍钼合金、铁基合金、铂基合金、钯基合金等。以金属材料为敏感栅的电阻应变计的灵敏系数大都在 2.0~4.0 之间。硅、锗等半导体材料由于具有压阻效应，所以也被人们用做敏感栅的材料，以半导体材料为敏感栅的电阻应变计的灵敏系数大都在 150 左右，远高于以金属材料为敏感栅的电阻应变计。

通常对制造应变计敏感栅的材料的要求主要是：

1）灵敏系数 K_s 高，而且在较大的应变范围内保持为常数。康铜丝在弹性状态和塑性状态下，K_s 值基本上是常数。

2）敏感栅材料的弹性极限要高于被测构件材料的弹性极限，以免在测试中因敏感栅先出现塑性变形而影响测试精度。

3）电阻率 ρ 高，分散度小，随时间变化小。

4）电阻温度系数小，在较宽的温度范围内保持不变；分散度小，对温度循环有完全的重复性；有足够的稳定性，以减小由温度变化而引起的测量误差。

5）伸长率高，耐腐蚀性好，疲劳强度高。

6）焊接性能好，易熔焊和电焊；对引线的热电势小。

7）加工性能好，以便制成细丝或箔片。

应变计常用金属材料的物理性能见表2-1。表中的电阻温度系数为20℃以下、温度升高1℃时材料的电阻变化率。

表2-1 应变计常用金属材料的物理性能

材料名称	牌号或名称	成分 元素	成分 质量分数（%）	灵敏系数 K_s	电阻率 $\rho/$ ($\Omega mm^2/m$)	电阻温度系数/ $\times 10^{-6}℃^{-1}$
铜镍合金	康铜	Cu Ni	55 45	1.9~2.1	0.45~0.52	±20
铁镍铬合金		Fe Ni Cr Mo	55.5 36 8 0.5	3.6	0.84	300
镍铬合金		Ni Cr	80 20	2.1~2.3	1.0~1.1	110~130
镍铬合金	6J22（卡玛）	Ni Cr Al Fe	74 20 3 3	2.4~2.6	1.24~1.42	±20
镍铬合金	6J23	Ni Cr Al Cu	75 20 3 2	2.4~2.6	1.24~1.42	±20
铁铬铝合金		Fe Cr Al	70 25 5	2.8	1.3~1.5	30~40
贵金属合金	铂	Pt	100	4~6	0.09~0.11	3900
贵金属合金	铂铱	Pt Ir	80 20	6.0	0.32	850
贵金属合金	铂钨	Pt W	92 8	3.5	0.68	227

2.2.2 基底

基底是电阻应变计的一个组成部分。其作用是在应变计被安装到试件上之前，将敏感栅永久地或临时地安置于其上，同时还要使得敏感栅和粘贴应变计的试件之间相互绝缘。

对电阻应变计的基底材料，一般有下列一些要求：柔软并具有一定的机械强度，粘结性能和绝缘性能好，蠕变和滞后现象小，不吸潮，能在不同的温度下工作等。

常用的基底材料介绍如下：

（1）纸 用纸作为应变计基底的优点是柔软并易于粘贴，应变极限大和价格低廉；缺点是耐湿性和耐久性差。通常有厚纸基底和薄纸基底两种。

（2）胶膜 环氧树脂、酚醛树脂、聚酯树脂和聚酰亚胺等有机类粘结剂均可制成薄膜，用做应变计的基底。它们的特点是柔软、耐湿性和耐久性均比纸好。

（3）玻璃纤维布 无碱玻璃纤维布的耐湿性、机械强度和电绝缘性能都很好，并且耐化学药品、耐高温（400~450℃），多用做中温或高温应变计的基底，由它制成的应变计的刚度比胶膜基底要大。

（4）金属薄片 不锈钢及耐高温合金等金属薄片或金属网可作为焊接式应变计的基底。焊接式应变计安装后不需要经过一般应变计粘贴时所需要的加温固化处理，但若要获得高的测量精度，在将应变计基底焊到试件上后需要进行热处理以消除由于焊接时在金属基底和试件上产生的应力。金属薄片作基底的应变计刚度较大，会对试件产生增强效应；而金属网状基底的应变计增强效应则相对较小。

临时基底型应变计可用金属薄片或合成纤维（如涤纶）制作框架作为临时基底，也可以用乙烯基胶带作为临时基底。

2.2.3 引线

电阻应变计的引线是从敏感栅引出的丝状或带状金属导线。通常，在制造应变计时就将引线和敏感栅连接好，使其成为应变计的一部分，但也有某些箔式应变计在出厂时不带引线。

引线应具有低的和稳定的电阻率以及小的电阻温度系数。常温应变计的引线材料多用纯铜，为了便于焊接，可在纯铜引线的表面镀锡。中温应变计、高温应变计的引线可以在纯铜引线的表面镀银、镀镍、镀不锈钢，或者采用银、镍铬（或改良型）、镍、铁铬铝、铂或铂钨等作引线。高疲劳寿命的应变计可采用铍青铜作引线。

2.2.4 覆盖层

电阻应变计的覆盖层是用来保护敏感栅使其避免受到机械损伤或防止高温下氧化。常用制作基底的胶膜或浸含有机胶液（例如环氧树脂、酚醛树脂等）的玻璃纤维布作为覆盖层，也可以在敏感栅上涂敷制片时所用粘结剂作为保护层。覆盖层的材料包括纸、胶膜及玻璃纤维布等。

2.3 电阻应变计的分类

电阻应变计的种类很多，分类的方法也很多。

根据许用的工作温度范围可分为常温、中温、高温及低温应变计：

1) 高温应变计：许用工作温度在350℃以上。
2) 中温应变计：许用工作温度在60~350℃之间。
3) 常温应变计：许用工作温度在-30~60℃之间。
4) 低温应变计：许用工作温度在-30℃以下。

根据基底材料可分为：纸基、胶膜基底（缩醛胶基、酚醛基、环氧基、聚酯基、聚烯亚胺基等）、玻璃纤维增强基底、金属基底及临时基底等。

根据安装方式可分为粘贴式、焊接式和喷涂式三类。

根据敏感栅材料可分为金属、半导体及金属或金属氧化物浆料等三类：

(1) 金属应变计　包括丝式（丝绕式、短接式）应变计、箔式应变计和薄膜应变计。

(2) 半导体应变计　包括体型半导体应变计、扩散型半导体应变计和薄膜半导体应变计。

(3) 金属或金属氧化物浆料应变计　主要是厚膜应变计。

下面介绍几种常用的电阻应变计。

2.3.1 金属丝式应变计

金属丝式应变计的敏感栅一般是用直径0.01~0.05mm的铜镍合金或镍铬合金的金属丝制成，可分为丝绕式和短接式两种。丝绕式应变计是用一根金属丝绕制而成（图2-3）。短接式应变计是用数根金属丝按一定间距平行拉紧，然后按栅长大小在横向焊以较粗的镀银铜导线，再将铜导线相间地切割开来而成（图2-4）。

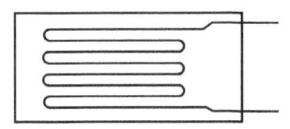
图2-3　丝绕式应变计

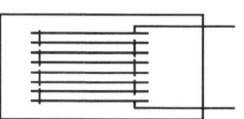
图2-4　短接式应变计

1. 丝绕式应变计

丝绕式应变计的疲劳寿命和应变极限较高，可作为动态测试用传感器的应变转换元件。丝绕式应变计多用纸基底和纸盖层，其造价低，容易安装。但由于这种应变计敏感栅的横向部分是圆弧形，其横向效应较大，测量精度较差，而且其端部圆弧部分制造困难，形状不易保证相同，使应变计性能分散，故在常温应变测量中正逐步被其他片种代替。

2. 短接式应变计

短接式应变计也有纸基和胶基等种类。短接式应变计由于在横向用粗铜导线短接，因而横向效应系数很小（<0.1%），这是短接式应变计的最大优点。另外，在制造过程中敏感栅的形状较易保证，故测量精度高。但由于它的焊点多，焊点处截面变化剧烈，因而这种应变计疲劳寿命短。

2.3.2 金属箔式应变计

箔式应变计的敏感栅是用厚度为 0.002~0.005mm 的铜镍合金或镍铬合金的金属箔，采用刻图、制版、光刻及腐蚀等工艺过程而制成（图2-5）。基底是在箔的另一面涂上树脂胶，经过加温聚合而成，基底的厚度一般为 0.03~0.05mm。

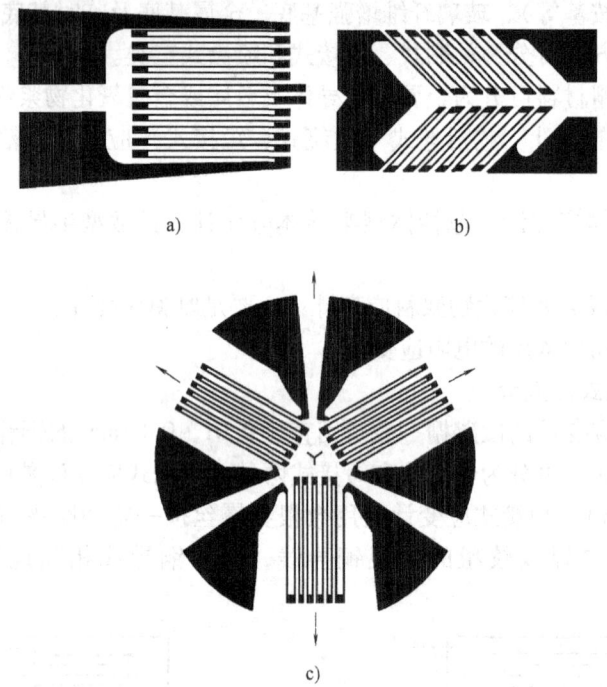

图 2-5 金属箔式应变计

a）单轴应变计　b）测扭矩应变计　c）多轴应变计（应变花）

与丝绕式应变计相比，箔式应变计的优点是：

1）敏感栅很薄，且箔材与粘合层的接触面积要比丝材的大，粘贴牢固，有利于变形传递，因而它所感受的应变状态与试件表面的应变状态更为接近，测量精度高。

2) 敏感栅薄而宽，在相同的横截面积条件下，箔栅的表面积比丝栅的要大，散热性好，故允许通过较大的电流，因而可以输出较强的信号，以提高测量灵敏度。

3) 敏感栅的横向端部为较宽的栅条，故横向效应较小。

4) 箔式片能保证尺寸准确，线条均匀，故灵敏系数分散性小。

5) 箔式应变计的蠕变小、疲劳寿命长。

6) 加工性能好，能制成为各种形状和尺寸的应变计，尤其可以制造栅长很小的或敏感栅图案特殊的应变计。

7) 制造工艺自动化，可成批生产，生产效率高。

由于箔式应变计具有以上诸多优点，故在各个测量领域中得到广泛的应用。在常温的应变测量中已逐渐取代丝绕式应变计。

金属电阻应变计还可以按敏感栅的结构形状分为下述几类：

（1）单轴应变计 单轴应变计一般是指具有一个敏感栅的应变计（图2-3、图2-4、图2-5a）。这种应变计可用来测量单向应变。

（2）单轴多栅应变计 把几个单轴敏感栅粘贴在同一个基底上，可构成平行轴多栅和同轴多栅，如图2-6所示。这种应变计可方便地测量构件表面的应变梯度。

（3）应变花（多轴应变计）具有两个或两个以上轴线相交成一定角度的敏感栅制成的应变计称为多轴应变计，也称为应变花，如图2-5c、图2-7所示。其敏感栅可由金属丝或金属箔制成。采用应变花可方便地测定平面应变状态下构件上某一点处的应变分量。

2.3.3 薄膜应变计

薄膜应变计的"薄膜"不是指用机械压延法所得到的薄膜，而是

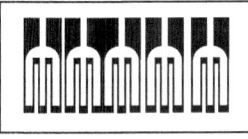 

a)　　　　　　　　b)

图 2-6　单轴多栅应变计
a) 平行轴多栅　b) 同轴多栅

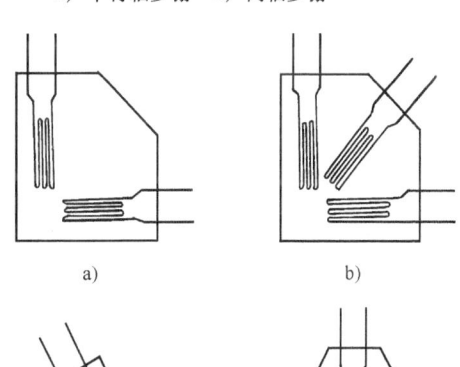

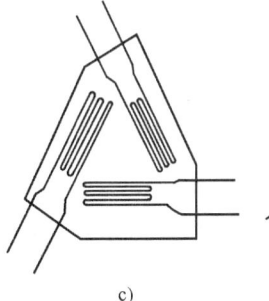 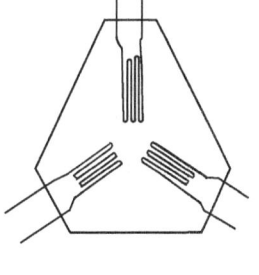

c)　　　　　　　　d)

图 2-7　应变花
a) 二轴 90°　b) 三轴 45°　c) 三轴 60°　d) 三轴 120°

用诸如真空蒸发、溅射、等离子化学气相淀积等薄膜技术得到的薄膜。它是通过物理方法或化学/电化学反应,以原子、分子或离子颗粒形式受控地凝结于一个固态支撑物(即基底)上所形成的薄膜固体材料。其厚度约在数十埃(Å)至数微米(μm)之间。薄膜若按其厚度可分为非连续金属膜、半连续膜和连续膜。

薄膜应变计的制造主要是成膜工艺,如溅射、蒸发、光刻、腐蚀等。其工艺环节少,工艺周期较短,成品率高,因而获得广泛的应用。

2.3.4 半导体应变计

半导体应变计的敏感栅是利用硅、锗、锑化钢、磷化镓等半导体材料制成的。当半导体材料沿晶轴方向受到机械应力作用时,其电阻率发生变化,这种性质称为压阻效应。电阻率的相对变化为

$$\frac{\Delta \rho}{\rho} = \pi_L \sigma \tag{2-7}$$

式中,π_L 为压阻系数;σ 为机械应力。

若以 $\sigma = E\varepsilon$(E 为晶体材料的弹性模量,ε 为应变)代入式(2-6)得灵敏系数

$$K_s = 1 + 2\mu + \pi_L E \tag{2-8}$$

由于压阻效应 $\pi_L E$ 远大于几何尺寸改变($1+2\mu$)的影响,故半导体应变计的灵敏系数可简化为

$$K_s = \pi_L E \tag{2-9}$$

K_s 值取决于半导体材料的类型、杂质浓度、晶轴方向和温度等。同一种材料其灵敏系数随掺入的杂质(如硼、铝、锑、铟等)浓度及晶轴方向而不同。

半导体应变计的优点是:
1) 灵敏系数大,比金属丝式、金属箔式大几十倍,因而输出的信号大。
2) 横向效应系数小。
3) 机械滞后小。
4) 本身的体积小,便于制作小型传感器。

半导体应变计的缺点是:
1) 电阻值和灵敏系数的温度稳定性差。
2) 压阻系数离散,故灵敏系数的离散度较大,而且拉伸和压缩时的灵敏系数也不相同。
3) 在大应变情况下,灵敏系数的非线性大。

研制的温度自补偿应变计(图2-8),有助于消除温度变化的影响及提高抗干扰性。

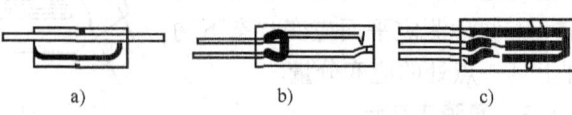

图2-8 半导体应变计
a) 单轴半导体应变计 b) 自补偿应变计 c) 互补偿应变计

2.3.5 几种特殊的应变计

为了适应工程实际和某些力学实验的需求,还有一些特殊形状的应变计,主要有以下几种形式。

1. 裂纹扩展应变计

裂纹扩展应变计的敏感栅是由平行栅条组成(图2-9)。用于断裂力学实验时,检测构件在载荷作用下裂纹扩展的过程及扩展的速率。实验时粘贴在构件裂纹尖端处,随着裂纹的扩展,栅条依次被拉断,应变计的电阻逐级增加。根据事先作出的断裂顺序与电阻变化曲线,可推断裂纹的扩展情况。根据各栅条断裂时间,即可计算出裂纹的扩展速率。

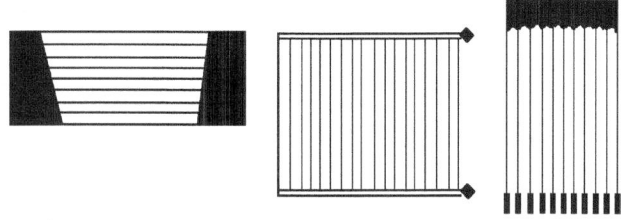

图2-9 裂纹扩展应变计

2. 疲劳寿命应变计

疲劳寿命应变计是由经过退火处理的康铜箔制成的敏感栅夹在两层浸过环氧树脂的玻璃纤维布中间形成。当应变计粘贴在承受交变载荷的构件上时,应变计丝栅在交变载荷作用下发生冷作硬化,而使电阻发生变化,电阻变化值与交变应力的大小、循环次数成比例,通常可用实验方法来建立经验公式。使用时可由电阻变化来推算交变应变的大小及循环次数,从而预测构件的疲劳寿命。

3. 大应变量应变计

大应变量应变计用于量测5%~20%大应变或超弹性范围应变,如图2-10所示。为避免丝栅与粗引线间的应力集中,中间采用细引线过渡。箔式应变计的引线应弯成弧形,然后再焊接,敏感栅是由经过获得大变形及退火处理的康铜制成,基底可用浸过增塑剂的纸(应变5%~12%)或聚酰亚胺(应变20%),粘结剂可用环氧树脂、聚氨脂填加增塑剂制成。这种应变计受压时敏感栅会发生轴

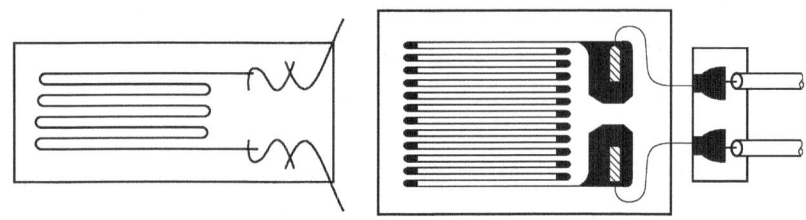

图2-10 大应变量应变计

4. 双层应变计

在进行薄壳、薄板应变的测量时，需要在壳和板的内、外表面对称贴片。而对于体积小或密封的结构在内表面贴片几乎是无法进行的。双层应变计为解决这些问题提供了条件，在不太厚的塑料上、下表面粘贴应变计，并在应变计表面涂环氧树脂保护层。使用时将此双层应变计粘贴在被测构件的外表面，利用弯曲应变线性分布及轴向应变均匀分布特点，同时测出弯曲及轴向应变。

5. 防水应变计

在潮湿环境或水下，特别在高水压作用下，应采用防水应变计。常温短期水下应变测量可在箔式应变计表面涂防护层（如水下环氧树脂）。长期测量可用热塑方法将应变计夹在两块薄塑料板中间，或采用防水、防霉、防腐蚀的特种胶材料作为应变计的基底和覆盖层制成防水应变计。

6. 屏蔽式应变计

屏蔽式应变计的上、下两面均有铜箔构成屏蔽层，常用于电流变化幅度大的环境中的应变测量，如在电焊机旁或电气化机车轨道应变的测量。在强磁场中，若采用镍铬敏感材料，可减小磁致效应。

2.4 电阻应变计的工作特性

表达电阻应变计的性能及其特点的数据或曲线，称为应变计的工作特性。常温应变计的主要工作特性包括：应变计的电阻值、灵敏系数、横向效应系数、机械滞后、零漂、蠕变、应变极限、疲劳寿命、绝缘电阻、温度特性及最大工作电流等。

2.4.1 应变计的电阻值

应变计的电阻是指应变计在室温环境、未经安装且不受力的情况下，测定的电阻值。

应变计电阻值的选定主要根据测量对象和测量仪器的要求。推荐的应变计电阻的系列为 60Ω、120Ω、200Ω、350Ω、500Ω、1000Ω。在允许通过同样工作电流的情况下，选用较大的应变计电阻，就可以提高应变计的工作电压，以达到较高的测量灵敏度。由于电阻应变仪和其他常用应变测量仪器测量电桥的桥臂电阻习惯上按 120Ω 设计，故 120Ω 的应变计为最常用。

对于生产出来的每一批应变计都需要逐个地测量其电阻值，然后按电阻值的大小分类包装。每包的包装单上标明该包应变计的平均名义电阻值（即各片电阻值的平均值），以及各片电阻值与平均名义电阻值的最大偏差值。

2.4.2 应变计的灵敏系数

应变计的灵敏系数是指：当应变计粘贴在处于单向应力状态的试件表面上，且其纵向（敏感栅纵线方向）与应力方向平行时，应变计的电阻变化率与试件表面贴片处沿应力方向的应变（即沿应变计纵向的应变）的比值，即

$$K = \frac{\Delta R}{R} / \varepsilon \tag{2-10}$$

式中，K 为应变计的灵敏系数；ε 为试件表面测点处与应变计敏感栅纵线方向平行的应变；$\Delta R/R$ 为由 ε 所引起的应变计电阻的相对变化。

应变计的灵敏系数主要取决于敏感栅材料的灵敏系数，但两者又不相等，这主要有两个原因：以丝式应变计为例，由于横栅的存在，使制成敏感栅之后的灵敏系数小于丝材的灵敏系数，差别的大小与敏感栅的结构形式和几何尺寸有关；试件表面的变形是通过基底和粘结剂传递给敏感栅，由于端部过渡区的影响又使应变计的灵敏系数小于敏感栅的灵敏系数，此差数不仅与基底和粘结剂的种类及其厚度有关，还受粘结剂的固化程度以及应变计安装质量的影响。因此，应变计的灵敏系数是受多种因素影响的综合性指标，它不能通过理论计算得到，而是由生产厂经抽样在专门的设备上进行标定试验来确定的，并在产品包装上注明其平均名义值和标准误差。常用的应变计灵敏系数为 2.0~2.4。

2.4.3 应变计的横向效应系数

应变计的敏感栅中除了有纵向丝栅以外，还有圆弧形或直线形的横栅。横栅既对应变计轴线方向的应变敏感，又对垂直于轴线方向的横向应变敏感。对于沿试件轴向粘贴的应变计，其敏感栅的纵向部分由于试件轴向伸长而引起电阻值增加，其敏感栅的横向部分由于试件横向缩短而引起电阻值减小。从而，将一根直的金属丝绕成敏感栅后，虽然长度不变，粘贴处的应变状态亦相同，但应变计敏感栅的电阻值变化比单根金属丝的电阻值变化要小。因此，应变计的灵敏系数 K 比单根金属丝的灵敏系数 K_s 要小。这种由于敏感栅感受横向应变而使应变计灵敏系数减小的现象，称为应变计的横向效应。

应变计处在平面应变状态下，沿其轴线方向的应变为 ε_x，垂直于轴向方向的应变为 ε_y。它的电阻变化率是由应变计感受的纵向应变 ε_x 和横向应变 ε_y 共同引起的，其电阻变化率可表示为

$$\frac{\Delta R}{R} = K_x \varepsilon_x + K_y \varepsilon_y \tag{2-11}$$

式中，敏感栅电阻的相对变化包含两个部分，它们分别是 ε_x 和 ε_y 作用的结果。当 $\varepsilon_y = 0$ 时，可得轴向灵敏系数

$$K_x = \left(\frac{\Delta R}{R}\right)_{\varepsilon_y = 0} / \varepsilon_x \tag{2-12}$$

同样，当 $\varepsilon_x = 0$ 时，可得横向灵敏系数

$$K_y = \left(\frac{\Delta R}{R}\right)_{\varepsilon_x=0} \bigg/ \varepsilon_y \tag{2-13}$$

横向灵敏系数与轴向灵敏系数的比值，被称为横向效应系数 H，可用它来衡量应变计横向效应的大小。由式（2-12）和式（2-13）可得应变计敏感栅横向效应系数

$$H = \frac{K_y}{K_x} \tag{2-14}$$

横向效应系数的大小除主要取决于敏感栅的结构形式和几何尺寸，还与应变计的基底、粘结剂以及制片时的工艺质量有关，用式（2-14）计算所得的结果与应变计的实际横向效应系数略有差别。

不同种类的应变计，其横向效应的影响也不同，丝绕式应变计的横向效应系数最大，箔式应变计次之，短接式应变计的 H 值最小（常在0.1%以下），一般应变计的 H 值在 0.1%~5% 之间。

2.4.4 应变计的机械滞后

在恒定温度下，对安装应变计的试件加载和卸载，其加载曲线和卸载曲线并不重合，这种现象称为应变计的机械滞后。机械应变是指在机械载荷作用下试件产生的应变；指示应变是指从电阻应变仪读出的应变计的应变。应变计的机械滞后量，用在加载和卸载两过程中指示应变值之差的最大值 Z_j 来表示（图2-11）。

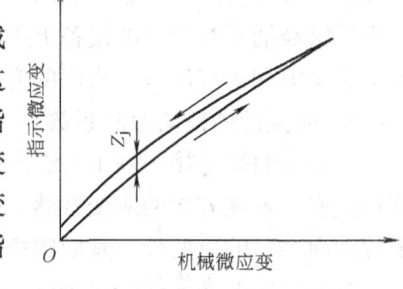

图 2-11 应变计机械滞后

机械滞后的产生，主要是敏感栅、基底和粘结剂在承受机械应变之后留下的残余变形所致。制造或安装应变计时，如果敏感栅受到不适当的变形，或粘结剂固化不充分，都会使机械滞后增加。应变计在较高的温度下工作时，机械滞后也会显著地增大。

造成应变计机械滞后的主要原因有：

1）粘合剂受潮变质，或过期失效，或固化处理不良。
2）粘贴技术不佳，比如部分脱落或粘合层太厚。
3）基底材料性能差。
4）试件的残余应力以及应变计敏感栅在制造和粘贴过程中产生的残余应力。

机械滞后的大小与应变计所承受的应变量有关，加载时的机械应变愈大，卸载过程中的机械滞后就愈大。尤其是新安装的应变计，第一次承受应变载荷时，常常产生较大的机械滞后，经历几次加卸载循环之后，机械滞后便明显地减少。所以，通常在正式试验之前都预先加卸载若干次，以减少机械滞后对测量数据的

影响。

2.4.5 应变计的零点漂移和蠕变

在温度恒定的条件下，即使被测构件未承受应力，应变计的指示应变也会随时间的增加而逐渐变化，这一变化称为零点漂移，简称零漂。如果温度恒定，且应变计承受恒定的机械应变，这时指示应变随时间的变化则称为蠕变。

零漂和蠕变所反映的是应变计的性能随时间的变化规律，只有当应变计用于较长时间测量时才起作用。实际上，零漂和蠕变是同时存在的，在蠕变值中包含着同一时间内的零漂值。

应变计在常温下使用时，产生零漂的主要原因是敏感栅通以工作电流之后产生的温度效应、在制造和安装应变计过程中所造成的内应力以及粘结剂固化不充分等。随着工作温度的增加，零漂的产生则主要是敏感栅材料的逐渐氧化、粘结剂和基底材料性能的变化等因素所致。尤其是高温下工作的应变计，敏感栅材料氧化的速度迅速增加，并出现合金中某些元素挥发的现象，材料的电阻率发生变化，会使应变计产生很大的零漂。

蠕变的产生，主要是胶层在传递应变的开始阶段出现"滑动"所造成的，胶层愈厚，弹性模量愈小，机械应变量愈大，"滑动"现象就愈甚，产生的蠕变也愈大。

2.4.6 应变计的应变极限

应变计的应变极限是指在温度恒定的条件下，对安装有应变计的试件逐渐加载，指示应变与被测构件真实应变的相对误差不超过一定数值（通常规定为10%）时的最大真实应变值。实际上，应变极限是表示应变计在不超过规定的非线性误差时，所能够工作的最大真实应变值。

大多数敏感栅材料的灵敏系数在弹性范围内变化很小，故在一般情况下，决定应变极限大小的主要因素是：

1）粘结剂和基底材料传递应变的性能。
2）引线与敏感栅焊点的布置形式。
3）应变计的安装质量。

选用抗剪强度较高的粘结剂和基底材料、制造和安装应变计时控制基底和粘结剂层不要太厚、适当的固化处理等措施都有助于获得较高的应变极限。

工作温度升高，会使应变极限明显地下降，中温和高温应变计在极限工作温度下的应变极限均低于常温应变计。

2.4.7 应变计的疲劳寿命

应变计的疲劳寿命是指应变计在恒定幅值的交变应力作用下连续工作，直至产生疲劳损坏时的循环次数。当应变计出现以下三种情形之一者，即可认为是疲劳损坏：①敏感栅或引线发生断路；②应变计输出幅值变化10%；③应变计输出波形上出现穗状尖峰。

疲劳损坏的原因是，在动态应力测量时，应变计在交变应变的作用下，经过若干循环次数之后，其灵敏系数将随应变循环次数的增加而有所改变。这主要是由于敏感栅的缺陷（栅条上的针孔和裂隙）、内焊点接触电阻的变化、粘结剂强度下降以及应变计安装质量不好等因素所造成。要提高应变计的疲劳寿命，需特别注意引线与敏感栅之间的连接方式和焊点质量。

2.4.8 应变计的绝缘电阻

应变计的绝缘电阻是指敏感栅及引线与被测试件之间的电阻值。

绝缘电阻过低，会造成应变计与试件之间漏电而产生测量误差。当安装在试件上的应变计通入工作电流以后，绝缘电阻可认为是每段栅丝与"地"之间许多小电阻的并联值。由于并联电路的分流作用，使通过敏感栅的电流变小。绝缘电阻越低，分流作用就越大，通过敏感栅上的电流就越小，致使测量灵敏度降低，直接影响测量结果。

绝缘电阻下降，将使应变计的指示应变比实际的应变值减少。但从对测量精度的影响来看，对绝缘电阻的要求并不很高，只有在绝缘电阻低于 $0.01\mathrm{M}\Omega$ 以后，测量误差才急剧增加。

绝缘电阻下降，将使一部分电流分流到试件，引起的另一个不良后果是零点漂移。

提高绝缘电阻的途径方法是：选用电绝缘性能良好的粘结剂和基底材料，并使其经过充分的固化处理。使得提高应变计的绝缘电阻的同时，不增加蠕变和机械滞后。

2.4.9 应变计的温度特性

应变计的温度特性分为：热输出和热滞后。

1. 热输出

当应变计安装在可以自由膨胀的试件上，且试件不受外力作用时，若环境温度不变，则应变计的应变为零；若环境温度变化，则应变计产生应变输出。这种由于温度变化而引起的应变输出，称为应变计的热输出。

产生应变计热输出的原因主要是：

1) 应变计敏感栅材料本身的电阻随温度而改变。

2) 由于敏感栅材料与试件材料的线膨胀系数不同，使敏感栅产生了附加变形。

当环境温度变化 $\Delta t \text{℃}$ 时，应变计的电阻变化量为

$$\Delta R_\mathrm{t} = R[\alpha + K_\mathrm{s}(\beta_\mathrm{m} - \beta_\mathrm{s})]\Delta t \tag{2-15}$$

温度改变引起的应变计的电阻变化率为

$$\frac{\Delta R_\mathrm{t}}{R} = [\alpha + K_\mathrm{s}(\beta_\mathrm{m} - \beta_\mathrm{s})]\Delta t \tag{2-16}$$

式中，α 为敏感栅材料的电阻温度系数（℃$^{-1}$）；β_m 为试件材料的线膨胀系数（℃$^{-1}$）；β_s 为敏感栅材料的线膨胀系数（℃$^{-1}$）；K_s 为敏感栅丝的灵敏系数；R 为应变计的电阻值（Ω）。

温度改变产生的热输出为

$$\varepsilon_\mathrm{t} = \frac{1}{K}\left(\frac{\Delta R_\mathrm{t}}{R}\right) = \frac{1}{K}[\alpha + K_\mathrm{s}(\beta_\mathrm{m} - \beta_\mathrm{s})]\Delta t \tag{2-17}$$

式中，K 为应变计的灵敏系数。应变计的热输出一般用温度每变化1℃时的输出应变值来表示。

2. 热滞后

如果应变计是在升温和降温情况下循环工作，则发现在室温和极限工作温度之间增加或减少温度时，应变计的升温热输出曲线和降温热输出曲线并不重合。即在某一温度下，升温的曲线和降温的曲线之间有一个差值，此差值即为应变计的热滞后。

2.4.10 最大工作电流

应变计接入测量线路，敏感栅中便通过一定的电流，一部分能量转换为热能而使应变计产生温升。增加工作电流，虽然能够增大应变计的输出信号而提高测量灵敏度，但如果由此产生太大的温升，不仅会使应变计的灵敏系数发生变化，零漂和蠕变值明显地增加，有时还会将应变计烧坏。应变计的最大工作电流是指允许通过其敏感栅而不影响工作特性的最大电流值。

国产常温应变计的工作特性指标见表2-2。

表2-2 常温应变计的工作特性指标

工作特性	说　明	质量等级		
		A	B	C
应变计电阻	对标称值的偏差（%）	1	3	6
	对平均值的公差（%）	0.2	0.4	0.8
灵敏系数	对平均值的标准误差（%）	1	2	3
横向效应系数	（%）	1	2	4
机械滞后	室温下（με）	5	10	20
蠕变	室温下（με/h）	5	15	25
应变极限	室温下（με）	10000	8000	6000
疲劳寿命	循环次数（次）	10^7	10^6	10^5
绝缘电阻	室温下（MΩ）	1000	500	500

2.5 电阻应变计工作特性的标定

制造厂家在电阻应变计生产出来以后,要按照它们的工作特性指标来定等级。而这些指标性能的确定,需在专门的设备上进行抽样标定。在有关的技术标准中,详细地规定了应变计工作特性的质量等级、抽样率、标定设备和标定方法等。本节仅介绍标定的基本原理、主要设备和标定时应注意的问题。

2.5.1 灵敏系数、机械滞后及蠕变的标定

1. 灵敏系数的标定

在标定应变计灵敏系数时,试件应处于单向应力状态,通常采用的有等截面纯弯曲梁、等强度悬臂梁和拉压试件三种方式。拉压试件方式的优点是不需要专门的设备,可以直接在材料试验机上进行标定,但它需用机械的或光学的引伸计测量试件表面的机械应变,操作比较费事,故大量标定时均不采用。现以纯弯曲梁(图2-12)为例说明标定方法。

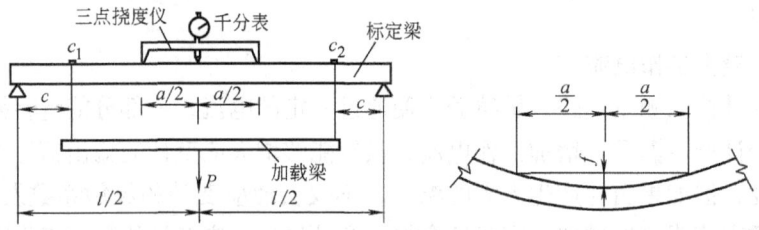

图 2-12 纯弯曲梁标定装置

当梁受载后,由于梁的两加载点之间呈纯弯曲状态,各截面弯矩相等,且为单向应力状态,上、下表面的应变大小相等,符号相反。由材料力学可知,在小挠度情况下,梁上下表面的应变值与中点挠度及几何尺寸的关系如下

$$\varepsilon = \frac{12h}{3l^2 - 4c^2} f_c \tag{2-18}$$

式中,h 为标定梁的高度;l 为两支座间的距离;c 为支座与加载点间的距离;f_c 为梁的中点挠度,可用千分表来测量。

利用式(2-18)计算梁的表面应变,要求精确测量工作段的长度 l 及梁的固定端具有很高的安装刚度。为了消除支座松动、接触不良的影响,目前采用在纯弯曲梁上安装三点挠度仪,测出相对挠度 f,然后用以下公式计算应变

$$\varepsilon = \frac{h}{\left(\frac{a}{2}\right)^2 + f^2 + hf} f \tag{2-19}$$

在推导式(2-18)时,采用了梁的平截面假设和小挠度假设;但在推导式

(2-19)时仅采用了梁的平截面假设。为此,式(2-19)比较精确,它表示相对挠度 f 与表面应变 ε 呈非线性关系。

由于挠度 f 与 a、h 相比是一个微量,在分母中可略去,式(2-19)简化为

$$\varepsilon = \frac{4h}{a^2}f \tag{2-20}$$

式(2-20)表明,根据梁高 h、挠度仪支点间距 a 和千分表的读数 f,即可得到应变值 ε。

由于应变计粘贴后不能撕下来再用,所以采用抽样测定法来标定应变计的灵敏系数 K。一般规定从相同的一批应变计中抽出5%作为样片(每次标定不少于六片),将样片逐个地粘在标定梁上,并使样片的纵向与标定梁的轴向平行。然后用一定的加载方式,使标定梁表面产生一个已知的轴向应变 ε;由仪器测得各个样片的电阻变化率 $\Delta R/R$。一般要使用精度较高,经过校准的电阻应变仪。若应变计的灵敏系数为 K;应变仪的灵敏系数(一般为应变仪灵敏系数旋钮的指示值)为 K_0;应变仪的读数应变为 ε_d,则应变计的电阻相对变化值

$$\frac{\Delta R}{R} = K\varepsilon = K_0\varepsilon_d \tag{2-21}$$

实验应加、卸载荷三次,取平均值,作为单个应变计的实验值,于是

$$K_i = \frac{K_0\Delta\varepsilon_d}{\varepsilon} \tag{2-22}$$

式中,K_i 为第 i 片灵敏系数标定值;$\Delta\varepsilon_d$ 为加载与卸载时应变仪读数差的三次平均值。该批应变计灵敏系数标定值为

$$\bar{K} = \frac{\sum K_i}{n} \tag{2-23}$$

式中,n 为抽样片数。

灵敏系数的分散度,可用标准误差 σ 或相对标准误差 C 来表示

$$\sigma = \sqrt{\frac{1}{n-1}\sum(K_i - \bar{K})^2} \tag{2-24}$$

$$C = \frac{\sigma}{\bar{K}} \times 100\% \tag{2-25}$$

应变计的灵敏系数一般表示为

$$K = \bar{K} \pm C \tag{2-26}$$

应变计出厂时,标注的相对标准误差有三级,分别为 A 级(1%),B 级(2%)和 C 级(3%)。

必须注意的是,应变计灵敏系数 K 值的标定,实际上是在下述三个条件下进行的:①标定梁处于单向应力状态;②应变计的纵向与标定梁的应力方向平

行；③标定梁材料的泊松比为 μ_0（一般为 0.285 左右）。

2. 机械滞后的标定

机械滞后可以与灵敏系数在同一试验中进行标定，可采用载荷回零时的滞后值，即相邻两次载荷为零时指示应变之差，以其中绝对值最大者作为该批应变计的机械滞后值。

3. 蠕变的标定

蠕变的标定是在温度恒定的条件下，保持应变计承受恒定的机械应变，记录指示应变随时间变化的规律。标定应变计的蠕变，允许采用标定灵敏系数的试件，试验可以在标定灵敏系数之前，也可以在其之后进行，但标定蠕变前必须保证应变计在 4h 内未曾承受机械应变。

2.5.2 横向效应系数的标定

1. 横向效应系数的标定

应变计的横向效应系数的标定装置如图 2-13 所示，顶部为工作区，试件的中间薄壁部分的厚度只有 5mm 左右，两侧边用许多螺钉与侧板牢固连接。摇动加载手柄可使两侧板的下端相互接近，试件的薄壁部分即产生弯曲变形。由于试件长度方向的刚度很大，当 x 方向产生很大的应变时，y 方向的应变接近于零（通常要求 x 方向的应变达到 (1000 ± 50) $\mu\varepsilon$ 时，y 方向的应变小于 $2\mu\varepsilon$），可以认为是单向应变场。

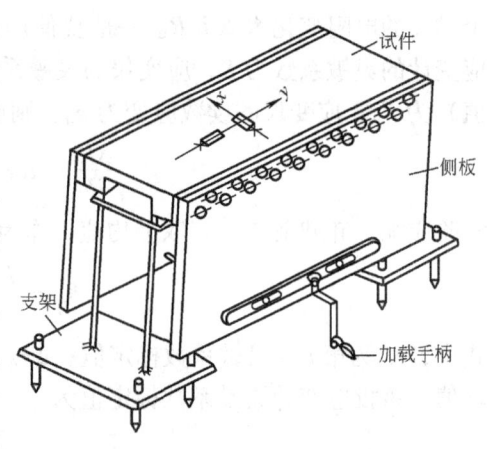

图 2-13　横向效应系数标定装置

将同一批中的几个被测应变计安装在顶部试件薄壁部分的工作表面上，使它们的轴线沿 x 方向（平行于单向应变方向），它们的轴向应变为 ε_x，横向应变为零。将同一批中的另几个应变计也安装在顶部试件薄壁部分的工作表面上，但使它们的轴线沿 y 方向（垂直于单向应变方向）它们的横向应变为 ε_x，轴向应变为零。根据式（2-12）、式（2-13）和式（2-21），有

$$\left(\frac{\Delta R}{R}\right)^x_{\varepsilon_{横向}=0} = K_x \varepsilon_x = K_o \varepsilon_{xd} \tag{2-27}$$

$$\left(\frac{\Delta R}{R}\right)^y_{\varepsilon_{轴向}=0} = K_y \varepsilon_x = K_o \varepsilon_{yd} \tag{2-28}$$

式中，K_o 为应变仪的灵敏系数（一般等于 2.0）；ε_{yd} 为由应变仪读出的轴线沿 y 方向的应变计的应变值；ε_{xd} 为由应变仪读出的轴线沿 x 方向的应变计的应变值。

根据式（2-14），每个被测应变计的横向效应系数即为

$$H_i = \frac{K_{iy}}{K_{ix}} = \frac{\varepsilon_{iyd}}{\varepsilon_{ixd}} \times 100\% \tag{2-29}$$

将单个应变计的横向效应系数之和除以抽样数，即得该型号应变计的横向效应系数。

2. 应变计的横向效应对应变测量的影响

在一般情况下，应变计是处在平面应变状态下，它的电阻变化率是由应变计感受的纵向应变 ε_x 和横向应变 ε_y 共同引起的，根据式（2-11）和式（2-14），其电阻变化率可表示为

$$\frac{\Delta R}{R} = K_x \varepsilon_x + K_y \varepsilon_y = K_x \left(1 + H \frac{\varepsilon_y}{\varepsilon_x}\right) \varepsilon_x \tag{2-30}$$

而在灵敏系数标定时用式（2-21）可表示为

$$\frac{\Delta R}{R} = K\varepsilon \tag{2-31}$$

两者相比，有：

1）式（2-30）适用于应变计处在平面应变状态下的各种情况。

2）式（2-31）仅当灵敏系数标定的三个条件均满足时，才能使用。因为此时标定梁处于单向应力状态，应变计感受的横向应变 $\varepsilon_y = -\mu_0 \varepsilon_x$，且 ε_x 就是梁的纵向应变 ε，则有

$$\frac{\Delta R}{R} = K_x (1 - \mu_0 H) \varepsilon \tag{2-32}$$

比较式（2-31）和式（2-32），得

$$K = K_x (1 - \mu_0 H) \tag{2-33}$$

由此可见，当 $\varepsilon_y = -\mu_0 \varepsilon_x$ 时，灵敏系数的标定已将横向效应的影响包含在 K 的定义中，式（2-31）是式（2-30）的一个特例。

3）若 $\varepsilon_y \neq -\mu_0 \varepsilon_x$，根据式（2-31），用标定的灵敏系数 K 进行计算，其结果将存在误差。

2.5.3 疲劳寿命的标定

标定应变计的疲劳寿命多采用等强度悬臂梁装置。梁承受交变的单向应力，被测应变计安装在标定梁的上下表面，它们的轴线与单向应力方向平行。用电压表记录应变计的输出电平，并用示波器观察输出波形的变化。疲劳寿命的大小除了取决于应变计的性能外，还与标定试验时交变应变的幅值和频率有很大关系，通常规定梁表面应变的幅值为 $(1000 \pm 50)\mu\varepsilon$，振动频率在 $20 \sim 50 s^{-1}$ 之间。当标定条件需要改变时，应作特别的说明。

2.5.4 热输出与热滞后的标定

标定热输出应在均匀温度场内进行，温度的不均匀度不大于 $\pm 2°C$。试件尺

寸通常取宽度约为 50mm，长度约为 100mm，厚度为 2~3mm。试件如太薄，升温时易变形，试件太大则易造成温度不均匀。安装试件时，试件应能够自由膨胀，不致产生附加的应力。

应变计与测量仪器的连接，要注意消除导线对热输出的影响。测量温度的热电偶要与试件表面紧密接触。

如无特殊说明，对于高温和中温应变计，热输出的标定只在升温过程中进行，升温速率为 3~5℃/min。热滞后的标定则在升温与降温过程中连续进行。

2.6 电阻应变计的粘结剂

电阻应变计的粘结剂，也就是应变胶粘剂，简称应变胶，是用于制作电阻应变计基底（胶膜或厚纸、玻璃纤维用）材料、覆盖层和粘贴应变计所用的各种胶粘剂的总称。它的作用是：①在制造应变计时将敏感栅粘结到基底上；②在使用应变计时将基底粘在被测试件上；③有的粘结剂还可以用于制造基底和覆盖层。在性能要求方面与一般工业用结构胶和日用粘合剂有所不同，它是直接影响电阻应变测试精度的关键材料之一。

电阻应变计诞生的初期，是用赛璐珞胶（即硝酸纤维素）把细丝粘结在纸基底上，再在上面覆盖 1mm 厚的毡，其作用是防止外部机械损伤和防潮。1951 年美国研制出用于高温应变计的无机系胶粘剂，1955 年 Eastman 公司发明了划时代的氰基丙烯酸酯系胶粘剂（即现今常用的瞬态快干胶），不仅简化了应变计的安装方法，而且也适用于多种基底和被粘结构。20 世纪 60 年代末到 70 年代，随着电阻应变计在称重传感器方面的应用不断扩大，人们对用于传感器用应变计的基底和粘合剂进行了研究和改进，出现了更为优良的酚醛胶、环氧胶、环氧-酚醛胶以及聚酰亚胺胶等。

使用应变计进行测试时，试件（或弹性体）的变形是借助于各种应变胶粘剂传递到应变计敏感栅上的，应变胶的传递性能将直接影响测量精度和传递信号的稳定性。因此，必须根据具体要求，谨慎地加以选择。

应变计的粘结剂是应变计制造和使用中的一个重要组成部分。它应具有以下的性能：①强度高；②切变模量高；③塑性变形小；④蠕变小；⑤滞后现象小；⑥在温度、水分和其他物质作用下稳定性好，在温度、湿度变动下体积稳定；⑦耐老化性好；⑧长期动应变测量时，具有良好的耐疲劳性；⑨对试件（或弹性体）和敏感栅没有腐蚀性；⑩在各种条件下具有高绝缘电阻；⑪对各种试件（或弹性体）材料都具有良好粘结力，且固化内应力小；⑫粘贴操作方便，固化迅速，固化温度低；⑬对使用者没有毒害或毒害小。

但是，任何一种应变计的粘结剂都不可能完全满足上述全部要求，因此，在研制、选择应变计的粘结剂时，必须根据具体的要求和使用温度的范围，有重点地加以选择。

应变计的粘结剂就其在应变计中的应用分为三种情况：基底材料、表面覆盖层材料和贴片用。有些胶粘剂如酚醛-缩醛胶、环氧胶等可完成上述三种功能，而有些胶粘剂如 α–氰基丙烯酸酯系和磷酸盐水泥胶等则只能做贴片胶。

应变计的粘结剂若以固化形式分类可分为溶剂挥发型、化学作用固化型和热固型等；以使用环境分类可分为低温（−60～−269℃）、常温（−40～80℃）、中温（80～350℃）、高温（350℃以上）、水下、核辐射、强磁场及真空等环境。表2-3将应变计的粘结剂分为有机系和无机系两大类。

表 2-3 应变计的粘结剂分类一览表

种类	胶粘剂名称	用途
有机系应变计的粘结剂	硝酸纤维素	制作纸基应变计
	氰基丙烯酸酯系	粘贴应变计（常温、应力测试）
	聚酯系	制作纸基应变计和箔式片基底
	聚氨酯系	粘贴应变计（+40～−196℃，应力测试）
	酚醛-缩醛系	制作箔式应变计基底（常温，应力测试及一般传感器）
	酚醛系	箔式片基底胶及（常温）粘贴应变计（应力传感器用）
	环氧树脂	箔式应变计基底及粘贴应变计（测试及传感器用）
	有机硅树脂系	制片及贴片用（中、高温应力测试）
	聚酰亚胺系	箔式片基底（中温、低温下应力测试及高精度传感器）
	合成橡胶系	粘贴应变计（大应变测试）
无机系应变计的粘结剂	硅酸盐系	粘贴应变计（应力测试、高温、400℃以上）
	磷酸盐系	粘贴应变计（高温应力测试，400～900℃）
	金属氧化物	粘贴高温应变计（喷涂）（高温应力测试，动态1000℃）

2.7　电阻应变计的常规使用技术

在应变测量时，只有正确选用和安装使用应变计，才能保证测量精度和可靠性，达到预期的测试目的。

2.7.1　电阻应变计的选择

应变计的种类繁多，选用时应根据测试的环境条件、被测构件的应变状态、被测构件的材料性质、应变计的尺寸和电阻值及测量精度等因素来决定。

一般的选用原则是：

1. 根据测试的环境条件选用应变计

（1）环境温度 测量时应根据构件的温度选择合适的应变计，使得在给定的试验温度范围内，应变计能正常工作。

（2）环境湿度 潮湿对应变计性能影响极大，会出现绝缘电阻降低、粘结强度下降等现象，严重时则无法进行测量。为此，在潮湿环境中，应选用防潮性能好的胶膜应变计，如酚醛-缩醛、聚酯胶膜应变计等，并采取恰当的防潮措施。

（3）磁场环境 应变计在强磁场作用下，敏感栅会伸长或缩短，使应变计产生输出。因此，敏感栅材料应采用磁致伸缩效应小的镍铬合金或铂钨合金。

2. 根据被测构件的应变状态选用应变计

（1）应变分布梯度 应变计测出的应变值是应变计栅长范围内的平均应变值。因此，当应变沿试件轴向为均匀分布时，可以选用任意栅长的应变计，而对测试精度无直接影响。栅长大的应变计，其横向效应系数小，且粘贴也比较容易。如果是对应变梯度大的构件进行测试，则应视具体情况选用栅长小的应变计。

（2）应变性质 对于静态应变测量，温度变化是产生误差的重要原因，如有条件，可针对具体试件材料选用温度自补偿应变计。对于动态应变测量，应选用疲劳寿命高的应变计，如箔式应变计。

3. 根据被测构件的材料性质选用应变计

1）若被测构件的材料为弹性模量较高的均质材料（如金属材料），则对应变计无特殊要求。

2）若被测构件的材料为非均质材料（如木材、混凝土等），则应选用栅长较大的应变计，以消除因材料不均匀而带来的影响。用于混凝土表面应变测量的应变计，其栅长一般应比颗粒的直径大四倍以上。

4. 根据应变计的尺寸选用应变计

应变计尺寸的选择，是根据试件的材料和应力状态，以及允许粘贴应变计的面积而定。例如，对于混凝土、铸铁、木材等表面粗糙、不匀的材料，选用栅长较大的应变计。对于表面光滑、均匀的材料，选用栅长较小的应变计。对于试件表面应力分布均匀或变化不大，且允许粘贴面较大的情况下，选用栅长较大的应变计。若在试件的应力集中区域，或允许粘贴面积很小的情况下，选用栅长≤1mm的应变计。对于塑料等导热性差的材料，一般选用栅长大的应变计。应变计的尺寸越小，则对粘贴质量的要求越高，因此，在确保测量精度和有足够安装面积的前提下，选用栅长较大的应变计为宜。

如果应变计用于动态应变测量，则选择应变计的栅长时，还应考虑应变计对频率的响应等要求。

5. 根据应变计的电阻值选用应变计

应变计电阻值的选择，一般根据测试仪器对应变电阻值和测量应变灵敏度的要求，以及测试条件等而定。例如，应力分析测试常用的电阻应变仪通常是按应变计电阻值为（120±5）Ω进行设计的。因此，应力分析测试时，普遍选用电阻值为120Ω的应变计。而传感器上通常选用高电阻值（如350Ω、500Ω、1000Ω，甚至5000Ω）的应变计，因为这样可以提高其稳定性或输出灵敏度。有时为了减少应变计引线和连接导线的电阻对应变计应变灵敏度的衰减作用，或为了提高动态应变测量的信噪比，也选用高电阻值的应变计。

6. 根据测试精度选用应变计

一般认为以胶膜为基底、以铜镍合金和镍铬合金材料为敏感栅的应变计性能较好，它具有精度高、长时间稳定性好以及防潮性能好等优点。

2.7.2 电阻应变计的粘贴

常温应变计的安装通常采用粘贴法。因此，粘结工艺是应变测试中非常重要的环节。应变计粘结得好坏，直接影响到构件表面的应变能否正确、可靠地传递到敏感栅，影响到测试的精度。下面将应变计粘贴的操作过程作简单介绍。

1. 检查和分选应变计

贴片前应对应变计进行外观检查和阻值测量。检查应变计的敏感栅有无锈斑、基底和覆盖层有无破损、引线是否牢固等。阻值测量的目的是检查应变计是否有断路、短路情况，并按阻值进行分选，以保证使用同一温度补偿片的一组应变计的阻值相差不超过0.1Ω。

2. 粘贴表面的准备

首先，除去构件粘贴表面的油污、漆、锈斑、电镀层等，用砂布交叉打磨出细纹以增加粘结力，接着用浸有酒精（或丙酮）的纱布片或脱脂棉球擦洗，并用钢画针画出贴片定位线。最后，再进行一次擦洗，直至纱布片或棉球上不见污迹为止。

3. 贴片

在应变计的底面和处理过的粘贴表面上，各涂一层薄而均匀的胶，用镊子将应变计放上并调好位置，然后盖上氟塑料薄膜，用手指揉和滚压，挤出多余的胶，并排除应变计下面的气泡，使应变计和试件完全贴合。过适当时间后，从应变计无引线的一端开始向有引线的一端揭掉氟塑料薄膜，用力方向尽量与粘结表面平行。

4. 固化

贴片时最常用的是氰基丙烯酸酯粘结剂（如502胶水、501胶水粘结剂）。用它贴片后，只要在室温下放置数小时即可充分固化，而具有较强的粘结能力。对于需要加温固化的粘结剂，应严格按规范进行。一般是用红外线灯烘烤，但加温速度不能太快，以免产生气泡。

5. 测量导线的焊接与固定

待粘结剂初步固化以后，即可焊接导线。常温静态应变测量时，导线可采用 $\phi 0.1 \sim \phi 0.3$ mm 的单丝纱包铜线或多股铜芯塑料软线。

导线与应变计引线之间连接最好使用接线端子片，如图 2-14 所示。它是用敷铜板腐蚀而成。接线端子片应粘贴在应变计附近，将导线与应变计引线都焊在端子片上。常温应变计均用锡焊。为了防止虚焊，必须除尽焊接端的氧化皮、绝缘物，再用酒精、丙酮等溶剂清洗，焊接要准确迅速。

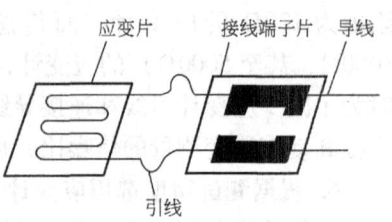

图 2-14　接线端子片固定导线示意图

已焊好的导线应在试件上沿途固定。固定的方法有用胶布粘、用胶粘（如用 502 胶粘）等。

6. 检查

对已充分固化并已接好导线的应变计，在正式使用前必须进行质量检查。除对应变计作外观检查外，还应检查应变计是否粘贴良好、贴片方位是否正确、有无短路和断路、绝缘电阻是否符合要求（一般不低于 100MΩ）等。

2.7.3　电阻应变计的防护

对安装后的应变计，应采取恰当的防潮措施。防护方法的选择取决于应变计的工作条件、工作期限及所要求的测量精度。对于常温应变计，常采用硅橡胶密封剂防护方法。这种方法是用硅橡胶直接涂在经一般清洁处理的应变计周围，在室温下经 12~24h 即可粘合固化，放置时间越长，粘合效果越好。硅橡胶使用方便、防潮性能好、附着力强、储存期长、耐高低温、对应变计无腐蚀作用，但强度较低。另外，环氧树脂、石蜡或凡士林也可做防潮保护材料。

习　题

2-1　试述电阻应变计的工作原理。

2-2　什么是应变计的灵敏系数？怎样进行标定？

2-3　用加长或增加栅线数的方法改变应变计敏感栅的电阻值，是否能改变应变计的灵敏系数？为什么？

2-4　什么是应变计的横向效应？怎样标定应变计的横向效应系数？

2-5　应变计测量的应变是下述三种情况中的哪一种？

（1）应变计栅长中心点处的应变；

（2）应变计栅长长度内的平均应变；

（3）应变计栅长两端点处的平均应变。

2-6 试述丝绕式、短接式和箔式应变计的优缺点。

2-7 有一粘贴在简单拉伸试件上的应变计,其阻值为120Ω,灵敏系数 $K = 2.145$。问试件上应变为1000με时,应变计的阻值是多少?

2-8 用等强度梁挠度法标定应变计灵敏系数的装置如图2-15所示。等强度表面的应变计算公式为

$$\varepsilon = \frac{h}{\left(\frac{b}{2}\right)^2 + f^2 - hf} f$$

式中,h为梁的高度,b为三点式挠度仪两支点的距离;f为挠度仪千分表的读数。

若加载后从千分表读出的挠度为1.25mm时,粘贴在梁表面上的应变计的电阻用精密电桥测出,其值为120.857Ω(加载前应变计电阻值为120.6Ω),求该应变计的灵敏系数。

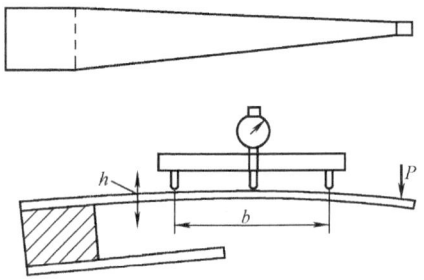

图2-15 题2-8图

2-9 将锰白铜(康铜)丝制造的应变计(电阻值120Ω,灵敏系数2.130,线膨胀系数$15 \times 10^{-6}℃^{-1}$,电阻温度系数$20 \times 10^{-6}℃^{-1}$)和镍铬丝制造的应变计(电阻值120Ω,灵敏系数2.130,线膨胀系数$14 \times 10^{-6}℃^{-1}$,电阻温度系数$120 \times 10^{-6}℃^{-1}$)粘贴在线膨胀系数为$11 \times 10^{-6}℃^{-1}$的结构钢上。若忽略敏感栅的灵敏系数k_s和应变计的灵敏系数k的差异,设它们相等。问当温度变化1℃时,它们的电阻变化分别为多大?

第3章 测量电路原理与设备

3.1 测量电路原理

在应变电测中可使用电阻应变仪（简称应变仪）、六位半以上精度的数字万用表或直接使用高精度惠斯登电桥，达到应变测试的目的。但高精度的数字万用表价格昂贵，且输出读数需转换计算，显然不是应变测试的首选仪器；而高精度惠斯登电桥，价格既不便宜，使用起来也极不方便。因此，各种电阻应变仪便是应变测试的必备工具，被广泛使用。

由于电阻应变计在测试过程中的电阻变化极其微小，而且其电阻变化并不全由应变变化引起，因此最理想的测试电路自然首选惠斯登电桥。

使用由多片电阻应变计（通常为两片或四片）组成的惠斯登电桥，可以将微小的电阻相对变化值（如120Ω变化为120.03Ω）转化为电阻的绝对电阻变化值（如0.03Ω）。不使用惠斯登电桥时，将电阻阻值转换为电压信号后，由于基数很大已不能作大倍数的放大，而使用惠斯登电桥后，可以使用数百倍甚至数千倍的放大器进行电压放大，从而对测量仪表的分辨率及精度要求就可大大降低。例如120.03Ω转换为电压时为1.2003V，输入到数字万用表时，通常放大倍数不能大于1.7倍，五位半数字电压表仅能分辨0.03Ω的电阻变化；而使用电桥后，0.03Ω的电阻变化转换为电压时为0.0003V，放大倍数为1000倍时，信号被放大到0.3V，即使用三位半的数字电压表，仍可分辨0.0003Ω的电阻变化，分辨率为前者的100倍。

尽管应变计是电阻元件，但当电桥供电是交流电源时，线间电容的影响不能忽略，因此桥臂不能看做是纯阻性的，这将使推导变得复杂。而直流电桥和交流电桥的基本原理是相同的，为了能用简单的方式说明问题，我们仅分析直流电桥的工作原理。

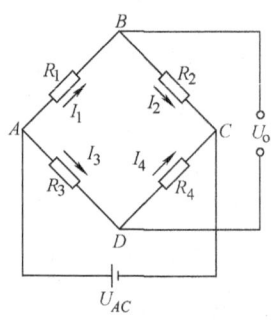

图 3-1 应变测试的惠斯登电桥

3.1.1 测量电桥的输出电压

供桥电压为直流电压的惠斯登电桥如图3-1所示。设电桥各桥臂电阻分别为R_1、R_2、R_3、R_4；电桥的A、C为输入端，接直流电源，输入电压为U_{AC}，而B、D为输出端，输出电压为U_o。在大多数仪器中，电桥的输出端接到放大器的输入端,现代集成电路放大器的输入阻抗往往都在 10MΩ 以上,在这种用法中电桥的输出电流小到可以忽略不计,可以认为电桥输出端是开路的,故 $I_1 = I_2$。

从 ABC 半个电桥来看,AC 间的电压为 U_{AC},流经 R_1 的电流为

$$I_1 = \frac{U_{AC}}{R_1 + R_2}$$

由此得出 R_1 两端的电压降为

$$U_{AB} = I_1 R_1 = \frac{R_1}{R_1 + R_2} U_{AC}$$

同理,R_3 两端的电压降为

$$U_{AD} = \frac{R_3}{R_3 + R_4} U_{AC}$$

故可得到电桥输出电压为

$$U_o = U_{AB} - U_{AD} = \left(\frac{R_1}{R_1 + R_2} - \frac{R_3}{R_3 + R_4}\right) U_{AC}$$

$$= \frac{R_1 R_4 - R_2 R_3}{(R_1 + R_2)(R_3 + R_4)} U_{AC} \tag{3-1}$$

由式(3-1)可知,要使电桥平衡,也就是说使电桥的输出电压为零,则桥臂电阻必须满足

$$R_1 R_4 = R_2 R_3 \tag{3-2}$$

在应变电测中,为了保证测量精度,在测试前都要将电桥调平衡,即满足式(3-2),使电桥没有输出($U_o = 0$)。当被测构件变形时,粘贴在构件上的应变计感受应变,电阻值发生变化,使电桥输出不再为零。

设初始处于平衡状态的电桥各桥臂相应的电阻增量为 ΔR_1、ΔR_2、ΔR_3、ΔR_4,则由式(3-1)得到电桥输出电压为

$$U_o = \frac{(R_1 + \Delta R_1)(R_4 + \Delta R_4) - (R_2 + \Delta R_2)(R_3 + \Delta R_3)}{(R_1 + \Delta R_1 + R_2 + \Delta R_2)(R_3 + \Delta R_3 + R_4 + \Delta R_4)}$$

展开上式,同时注意到电桥初始处于平衡,即满足式(3-2),并考虑到 $\Delta R/R$ 值一般均很小(只有千分之几),可以略去 $\Delta R/R$ 的二次项,于是得

$$U_o = \frac{\dfrac{R_1 R_2}{(R_1 + R_2)^2}\left(\dfrac{\Delta R_1}{R_1} - \dfrac{\Delta R_2}{R_2} - \dfrac{\Delta R_3}{R_3} + \dfrac{\Delta R_4}{R_4}\right)}{1 + \dfrac{R_1}{R_1 + R_2}\left(\dfrac{\Delta R_1}{R_1} + \dfrac{\Delta R_3}{R_3}\right) + \dfrac{R_2}{R_1 + R_2}\left(\dfrac{\Delta R_2}{R_2} + \dfrac{\Delta R_4}{R_4}\right)} U_{AC} \tag{3-3}$$

在电阻应变仪的设计中,应变电桥有两种方案:

1)等臂电桥,即各桥臂初始阻值相等,$R_1 = R_2 = R_3 = R_4 = R$。

2）半等臂电桥（卧式桥），即初始阻值 $R_1 = R_2 = R'$ 和 $R_3 = R_4 = R''$，而 $R' \neq R''$。

无论哪种方案，均满足平衡条件，且 $R_1 = R_2$，故式（3-3）变为

$$U_o = \frac{U_{AC}}{4}\left(\frac{\Delta R_1}{R_1} - \frac{\Delta R_2}{R_2} - \frac{\Delta R_3}{R_3} + \frac{\Delta R_4}{R_4}\right) \bigg/ \left[1 + \frac{1}{2}\left(\frac{\Delta R_1}{R_1} + \frac{\Delta R_2}{R_2} + \frac{\Delta R_3}{R_3} + \frac{\Delta R_4}{R_4}\right)\right] \tag{3-4}$$

式（3-4）便是电桥输入恒定时，输出电压与桥臂电阻变化率之间的关系。构件受力后，应变电桥将依此关系把应变计的阻值变化转换为其输出电压的变化。从式（3-4）可知，由于分母中含有 $\sum_{i=1}^{4}\frac{\Delta R_i}{R_i}$ 项，U_o 和 $\frac{\Delta R}{R}$ 之间为非线性关系。实际上在实际测量中，应变计的电阻变化率一般远小于1（一般不超过千分之几）。因此，可在式（3-4）的分母中略去 $\sum_{i=1}^{4}\frac{\Delta R_i}{R_i}$ 项，得到输出电压与电阻变化率的线性关系

$$U_o = \frac{U_{AC}}{4}\left(\frac{\Delta R_1}{R_1} - \frac{\Delta R_2}{R_2} - \frac{\Delta R_3}{R_3} + \frac{\Delta R_4}{R_4}\right) \tag{3-5}$$

根据应变计的应变变化与电阻应变率的关系，若应变计的灵敏系数为 K，则 $\frac{\Delta R_i}{R_i} = K\varepsilon_i$，上式变为

$$U_o = \frac{KU_{AC}}{4}(\varepsilon_1 - \varepsilon_2 - \varepsilon_3 + \varepsilon_4) \tag{3-6}$$

显然，用式（3-5）代替式（3-4）将引入非线性误差，下面分析这个误差的大小。

令

$$\left[1 + \frac{1}{2}\left(\frac{\Delta R_1}{R_1} + \frac{\Delta R_2}{R_2} + \frac{\Delta R_3}{R_3} + \frac{\Delta R_4}{R_4}\right)\right]^{-1} = 1 - c$$

$$U_o' = \frac{U_{AC}}{4}\left(\frac{\Delta R_1}{R_1} - \frac{\Delta R_2}{R_2} - \frac{\Delta R_3}{R_3} + \frac{\Delta R_4}{R_4}\right)$$

则式（3-4）可改写成 $U_o = U_o'(1 - c)$

式（3-5）引起的非线性相对误差为

$$e = \left|\frac{U_o' - U_o}{U_o}\right| = \left|\frac{c}{1-c}\right|$$

式中，$c = \left[1 + \frac{2}{\frac{\Delta R_1}{R_1} + \frac{\Delta R_2}{R_2} + \frac{\Delta R_3}{R_3} + \frac{\Delta R_4}{R_4}}\right]^{-1}$

将 c 表达式代入非线性相对误差表达式，得

$$e = \left| \frac{1}{2}\left(\frac{\Delta R_1}{R_1} + \frac{\Delta R_2}{R_2} + \frac{\Delta R_3}{R_3} + \frac{\Delta R_4}{R_4}\right) \right| \tag{3-7}$$

式（3-5）、式（3-6）是直流电桥转换原理的基本关系式。它表明：

1) 电桥的输出电压 U_o 与桥臂电阻的变化率 $\Delta R/R$（或应变计感受的应变 ε）成线性关系（在一定的应变范围内）。电阻应变仪的工作原理，就是利用上述关系，以电桥输出量的大小来确定应变值。

2) 各个桥臂电阻的变化率 $\Delta R/R$（或应变 ε）对输出电压的影响是线性叠加的，相邻桥臂符号相反，相对桥臂符号相同。

3) 利用式（3-6）线性关系确定被测应变值，存在一定的误差。

应当注意，上述式（3-4）～式（3-7）都是在等臂电桥或对输出端对称的半等臂电桥（卧式桥）条件下推导出来的，因而这些公式不适用于对供桥端对称的半等臂电桥（立式桥）。

3.1.2 测量电桥的平衡

进行测量前，必须首先使电桥处于平衡状态，即电桥无输出。但是，应变计的电阻值总有偏差，此外还存在接触电阻和导线电阻等，因此，为使电桥平衡，需要设置预调平衡电路。

在电阻应变仪中常采用如图 3-2a 所示的电阻平衡电路。即在电桥中增加电阻 R_5 和电位器 R_6。可将 R_6 分为两部分：$R_6' = n_1 R_6$ 及 $R_6'' = n_2 R_6$，并且 $n_1 + n_2 = 1$，如图 3-2b 所示。再将图 3-2b 所示的星形联结变为如图 3-2c 所示的三角形联结，则

$$R_1' = n_1 R_6 + \frac{1}{n_2} R_5$$

$$R_2' = n_2 R_6 + \frac{1}{n_1} R_5$$

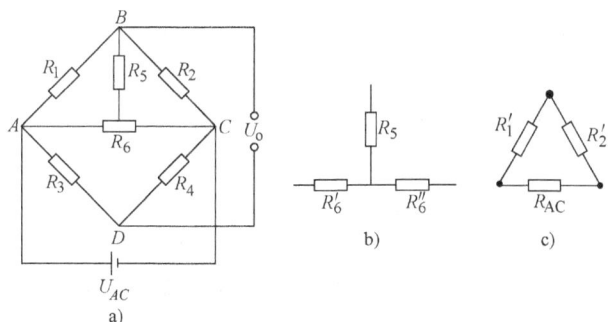

图 3-2 测量电桥的平衡调整电路

而 R_1' 和 R_2' 是分别并联在 R_1 和 R_2 上的，因此只要调节 R_6' 和 R_6'' 即可使电桥平衡。进一步分析表明，R_5 愈小，调节范围愈大；R_6 愈小，调平衡速度愈快。但 R_5、R_6 太小

会使桥臂阻值减小太多,给测量带来较大误差,一般 R_5 和 R_6 的电阻均为 $10\mathrm{k}\Omega$ 以上。由于 R_5 的调节范围不大,故要求四个桥臂的电阻不能相差太大。

3.1.3 半桥测量与全桥测量

当需要测试大量数据点的应变值时,每个点都粘贴四个应变计,不仅费用大,而且在很多场合甚至是不可能的,因此常使用两个标准电阻代替应变计组成惠斯登电桥,如 $R_3 = R_4 = R$ 为标准电阻,则这时的测量电桥称为半桥(图3-3)。相应的,四个桥臂均为应变计的电桥则称为全桥(图3-4)。

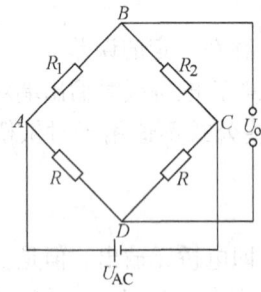

图 3-3 半桥测量
R 为标准电阻

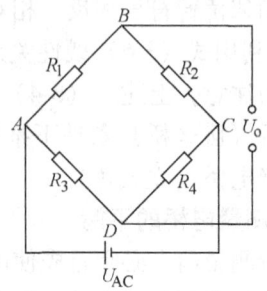

图 3-4 全桥测量
全桥测量中 R_1、R_2、R_3、R_4 四个桥臂均为电阻应变计

3.2 静态电阻应变仪

根据测试的对象与要求不同,对电阻应变仪的性能要求也不同。通常将电阻应变仪分为静态电阻应变仪(简称静态应变仪)、动态电阻应变仪(简称动态应变仪)及动静态电阻应变仪(简称动静态应变仪)三类。

静态电阻应变仪用于应变信号变化缓慢的测试场合。动态电阻应变仪用于应变信号快速变化的测试场合。动静态电阻应变仪则既可当静态电阻应变仪使用,也可作为动态电阻应变仪使用。

3.2.1 交流供桥、双电桥零读数静态应变仪

早期的静态应变仪通常使用交流供桥、双电桥零读数方式工作。惠斯登电桥工作时,必须给电桥输入端(记为 A、C 点)施加一稳定的电压,称为供桥电压,则在电桥输出端(记为 B、D 点)即会输出与应变幅度对应的电压。B、D 点的输出电压信号幅度很小,需使用高倍数的放大器将电压放大。由于早期的分立元件放大器在输入电压为零时(常称为 BD 短路)放大后的输出电压仍会随温度变化而变化(称为零漂),而放大器的增益却相对比较稳定。为隔离这种温度引起的零漂,使用交流供桥是一种较理想的途径。早期的仪表常使用指针—刻度盘作为输出,为达到较高的分辨率及较大的输出范围,必须使用很大的刻度盘。

作为应变仪,这是很不方便的,因此选用了双电桥零读数的方式。

图3-5中,左侧的惠斯登电桥称为读数电桥,右侧的称为测量电桥,两者施加相似的供桥电压,仅电压幅值略有不同。施加不同幅值的供桥电压是为了补偿应变计灵敏系数的差异。测试开始前,应先对测量电桥调平衡。当被测构件上的应变计产生应变信号时,测量电桥即失去平衡。读数电桥与普通惠斯登电桥工作方式相同,调整读数电桥的桥臂电阻,使读数电桥的输出电压等于测量电桥的输出电压,则读数电桥上桥臂电阻的变化值即为测量电桥桥臂电阻的变化值乘上一个系数(灵敏系数的差异)。这时,读数电桥调节电阻的变化值反映的就是所测的应变值。为判别读数电桥的输出电压是否等于测量电桥的输出电压,将两电桥的输出端信号输入到一个高倍数的差动放大器,电压差经放大后驱动一个高灵敏度的电压表头,即可检查测量电桥与读数电桥的输出是否相同。

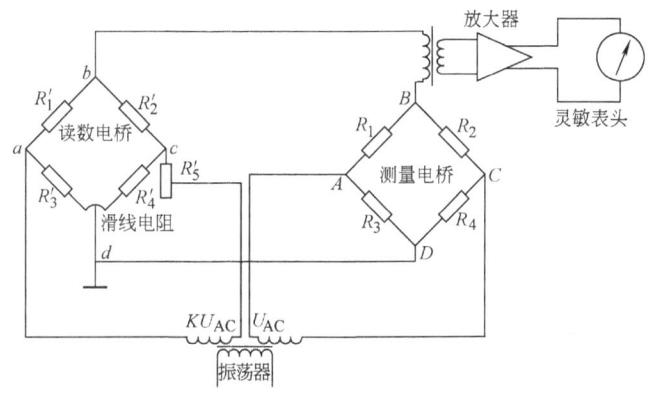

图3-5 双电桥线路原理图

在上述测量过程中,根据式(3-6),可得测量电桥的输出电压为

$$U_{BD} = \frac{U_{AC}K}{4}(\varepsilon_1 - \varepsilon_2 - \varepsilon_3 + \varepsilon_4)$$

假如读数电桥调节前 ad 桥臂的电阻值是 R'_3,cd 桥臂的电阻值是 R'_4,调节后分别为 $R'_3 - \Delta R'$ 和 $R'_4 + \Delta R'$,如果 $R'_1 = R'_2 = R'_3 = R'_4 = R'$,则由式(3-5),输出电压为

$$U_{bd} = \frac{U_{ac}}{4}\left[\frac{-(-\Delta R')}{R'} + \frac{\Delta R'}{R'}\right] = \frac{U_{ac}}{2}\frac{\Delta R'}{R'}$$

若 $U_{BD} = U_{bd}$,则有

$$\frac{\Delta R'}{R'} = \frac{U_{AC}K}{2U_{ac}}(\varepsilon_1 - \varepsilon_2 - \varepsilon_3 + \varepsilon_4)$$

设应变仪的显示常数为 Q,应变仪的应变读数 ε_d 可表示为

$$\varepsilon_d = Q\left(\frac{\Delta R'}{R'}\right) = \frac{QU_{AC}K}{2U_{ac}}(\varepsilon_1 - \varepsilon_2 - \varepsilon_3 + \varepsilon_4) \tag{3-8}$$

令
$$K_0 = \frac{2U_{ac}}{QU_{AC}} \tag{3-9}$$

式中，K_0 称为电阻应变仪的灵敏系数，将 K_0 引入式（3-8）可得

$$K_0\varepsilon_d = K(\varepsilon_1 - \varepsilon_2 - \varepsilon_3 + \varepsilon_4) \tag{3-10}$$

若使应变仪的灵敏系数与应变计的灵敏系数相等（$K_0 = K$），则应变仪的读数为

$$\varepsilon_d = \varepsilon_1 - \varepsilon_2 - \varepsilon_3 + \varepsilon_4 \tag{3-11}$$

当半桥连接，且仅有一桥臂感受应变 ε 时，式（3-10）将具有最简单的形式

$$K_0\varepsilon_d = K\varepsilon \tag{3-12}$$

式（3-10）、式（3-11）和式（3-12）表达了读数应变和应变计感受应变之间的关系。式（3-10）和式（3-12）为应变仪的基本关系式。

为了便于使用不同灵敏系数的应变计进行静态应变测量，静态电阻应变仪一般都装有灵敏系数调节按钮，调节电阻 R'_5，以改变 U_{ac}，从而改变仪器的灵敏系数 K_0，见式（3-9）。

由式（3-12）和 $\frac{\Delta R}{R} = K\varepsilon$，还可以得到关系式

$$\frac{\Delta R}{R} = K_0\varepsilon_d \tag{3-13}$$

式（3-13）表明，利用电阻应变仪还可测量电阻的变化率。

由上可以看出，利用双电桥线路，采用零读数方法使测量结果既不受桥路电源电压稳定性的影响，也不受放大器稳定性的影响，从而可保证较高的测量精度。

交流供桥方式尽管降低了对放大器零漂的要求，但也使仪器的操作使用复杂化。交流信号对电容敏感，因此测量电桥的线间分布电容对测试结果有不小的影响。应变测试时，不仅要调整电阻的平衡，还必须调整电容的平衡，且测试过程中导线不可移动，否则由于线间电容的变化会给测试带来误差。

3.2.2 数字式电阻应变仪原理

随着直流放大器的性能不断提高，目前已普遍使用直流供桥直流放大的数字式电阻应变仪。排除动态电阻应变仪与静态电阻应变仪的差异，数字式电阻应变仪电路功能框图如图 3-6 所示。

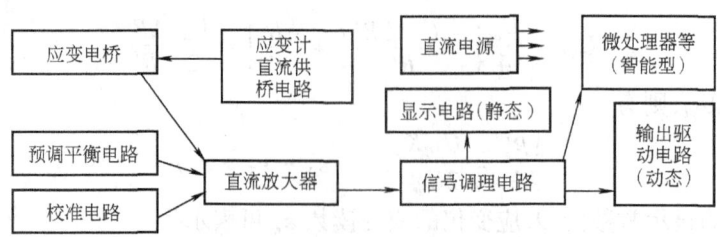

图 3-6 数字式电阻应变仪电路功能框图

应变计直流供桥电路给应变电桥提供稳定的直流桥压,大多数通用电阻应变仪的直流桥压在 2～3V 之间。桥压过高时,不适合使用小阻值应变计（如 100Ω 以下的应变计）测试,当应变计贴在非金属材料上测试时,零点漂移也会较大,从而影响测量精度。被测应变计的阻值变化通过电桥转变为电信号的变化,送入直流放大器进行信号放大。预调平衡电路使测量电桥处于初始平衡状态,以防止放大器放大后的输出信号溢出（±15V 供电的放大器其线性输出范围通常在 ±11V 之间,而 ±5V 供电的放大器其线性输出范围通常不大于 ±3.5V,随放大器性能不同而不同）。放大后的电压信号可送到显示仪表（如直流电压表）显示,或送到数据采集系统做数字记录,或使用其他的记录仪器记录等。

为使仪器读数处于一已知可比的状态,通常需对应变仪进行标定（或称校准）。目前常用的校准方法有两种：并联标准电阻法和切换标准电压法。并联标准电阻法比较简单,即是在电桥桥臂上并联一个已知阻值的低温度系数电阻（称标准电阻）,通过计算即可知道实际的应变值。该法在使用给定阻值（如 120Ω）的应变计时较为方便,使用其他阻值的应变计时,用此法标定需换算,不很方便。切换标准电压法让仪表信号调理电路的输入部分接到一个标准的电压上,这时的输出已通过调试相当于某一给定的应变值。该法使用时与输入无关,所以使用较为方便,但仪表的前期调试通常要求较高。

信号调理电路通常对放大后的电压信号作平滑、比例调整等变换,使输出的电压信号更适合后续的仪器设备使用。常用的有增益调整电路、信号衰减电路、低通滤波电路、50Hz 工频吸收电路、电压/电流转换电路等。

3.2.3 静态多点测量与应变计公共补偿技术

在实际工程的静态应变测量中,经常遇到多点测量的情况,如果对每个测点都单独使用一台静态电阻应变仪,则需要数量众多的静态电阻应变仪,不仅成本昂贵,而且调试工作量大。如果针对众多的测点能做到仅使用一台静态电阻应变仪,不仅可降低成本,而且还大大减少调试工作量。实现用一台静态电阻应变仪进行多点测量的关键是使用多路切换技术和应变计公共补偿技术,使一个放大器可服务于多个通道,从而使成本降低。为了使应变仪使用方便,静态应变仪通常还提供精度较高的示值功能、多路预调平衡电路、应变计灵敏系数补偿电路等（图 3-7）。由于使用公用放大器分时切换工作,静态应变仪的最大优点在于可使用应变计的公共补偿技术,从而使测试成本降低。

3.2.4 数字式静态电阻应变仪的重要电路

数字式静态电阻应变仪的大多数电路与动态电阻应变仪相同或相似,如直流电源、供桥电路、直流放大电路等（参看 3-3 节）。但也有特殊的电路,主要为通道切换电路和预调平衡电路。

早期的静态电阻应变仪使用波段开关切换通道。由于应变仪本身的读数电桥

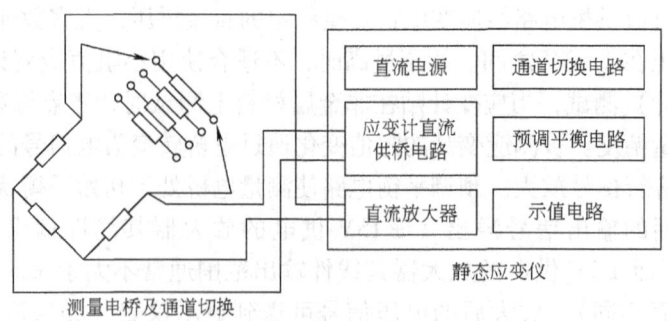

图 3-7 静态应变仪框图

部分已相对比较复杂，再加上体积较大的通道切换部分，如果做成一体，仪器必然十分笨重，所以通常做成分离的两部分：单通道静态电阻应变仪及预调平衡箱。对通道切换部分来说，最重要的指标即是反复切换后必须保持不变的接触电阻。如果接触电阻变化 0.001Ω，则测试得到的应变读数变化就可能高达 5 微应变（以 100Ω 阻值应变计，灵敏系数为 2 为例），这种误差显然太大。因此预调平衡箱的通道切换波段开关是经特别设计的，对触点的接触电阻要求很高。

为通道切换控制方便，数字式静态电阻应变仪通常使用继电器作为通道切换部件。必须选用优质触点的继电器，以防止接触电阻的变化影响测试结果的精度。目前的优质继电器已可达到接触电阻变化不大于 0.0002Ω。对于半桥切换来说（图 3-8），对测试结果的影响可控制在 2 微应变量级。由于放大器的输入阻抗通常很高，因而 B（B_1、B_2、B_3）处的接触电阻变化不会影响到测量精度。公共补偿时，接触电阻对测量精度的影响与半桥时相同。

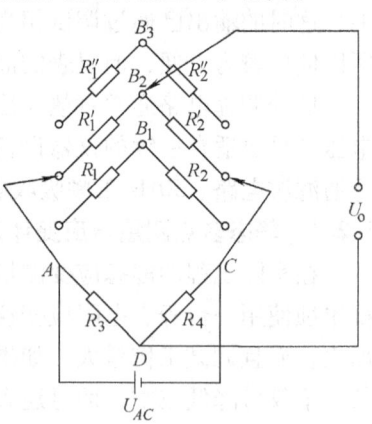

图 3-8 半桥时的通道切换

为消除接触电阻对测量精度的影响，全桥测量时，应按图 3-9 所示的方式切换，这样可使测量精度最高。切换点移到电桥外部后，接触电阻与电桥总电阻相比可以忽略，这样通道切换时即可始终保持电桥的输出不变。

预调平衡电路可通过多种方式实现。图 3-2 所示的为经典的平衡调整电路，作为数字式静态电阻应变仪，该电路仍可使用。由于现代电子技术的发展，另外两种先进技术已被许多电阻应变仪采用，一种为初读数记忆式，另一种为 D/A 转换器补偿式。

如果仪器的 A/D 分辨率高（如使用 20 位以上的 $\Sigma\text{-}\Delta$ 式 A/D 转换器的仪器）且仪器带有微处理器，则实际上不必做平衡预调也可正常测试（对电桥的不平

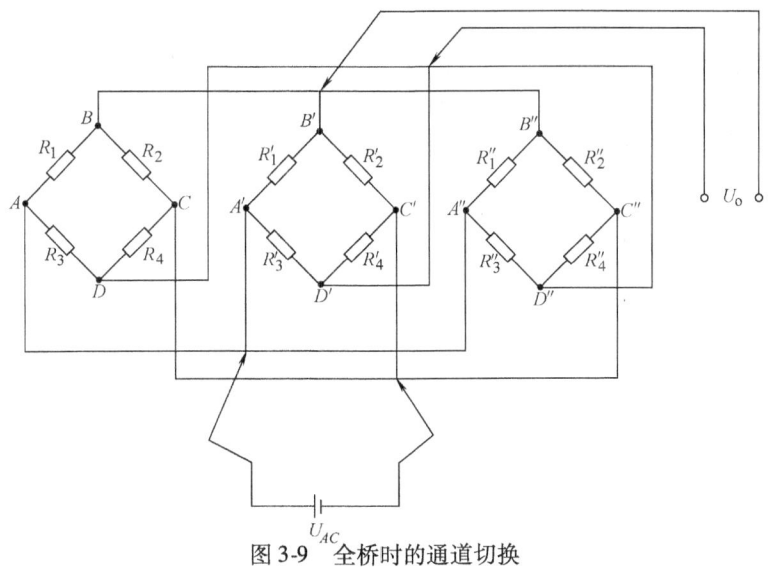

图 3-9 全桥时的通道切换

衡度仍有要求)。按下清零按键后,仪器记下放大器此时的读数,并在以后的显示中扣除该数即可。显然该方法是较理想的,但对仪器的分辨率要求也相当高,仪器通常必须能分辨四万分之一的满程值,否则仪器的测试范围将受到影响。此即初读数记忆式调零。

使用 D/A 转换器产生一个偏移电压,与仪器放大器的输出电压相加后送入 A/D 转换器,可使加法放大器的输出电压非常接近于零(图 3-10)。这种方法再结合初读数记忆法,可实现一键调零。与初读数记忆式调零相比,电路较为复杂,但调零范围可做得较大,且可以充分使用 A/D 转换器的有效分辨率。这种调零方法可用于动态应变仪。

由于这两种方法均不改变桥臂电阻值,故不会影响到电桥的输出灵敏度。

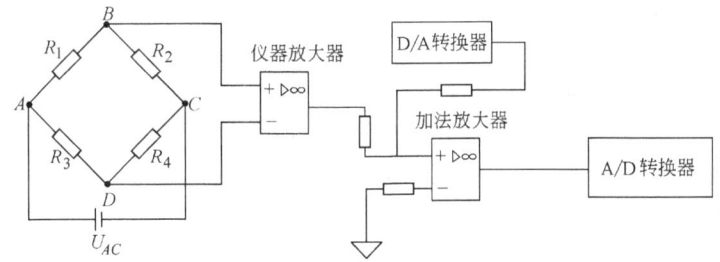

图 3-10 数字式应变仪使用 D/A、A/D 转换器平衡调整

3.3 动态电阻应变仪

早期的动态电阻应变仪由于示值功能简单,其功能其实是一个带供桥信号的

仪器放大器。由于输出信号需连续变化,所以放大器每路都有一个。为了组合方便,其电源模块通常做成一个独立模块,因此多路动态应变仪通常价格昂贵。由于示值功能简单,不能提供高精度的读数,所以动态应变仪通常需配合其他的测试仪器协同工作,常用的有通用示波器、光线示波器、磁带记录仪、笔式记录仪、数据采集系统等。

由于电子技术的发展,直流供桥/直流放大的动态电阻应变仪已普遍替代早期的交流供桥/交流放大式动态电阻应变仪,动态电阻应变仪的结构形式也有了较大变化,主要包括两种:其一为多通道小体积动态电阻应变仪,其二为数字输出型动态电阻应变仪。

3.3.1 交流供桥动态电阻应变仪

由于分立元件放大器或普通运算放大器的零点漂移通常较大,为解决放大器本身的零漂问题,早期的应变仪普遍采用交流供桥、交流放大。图3-11所示是交流放大动态应变仪(一路)框图。

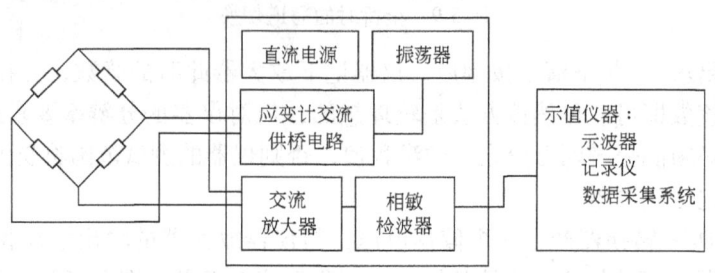

图3-11 交流放大动态应变仪(一路)框图

要使交流供桥达到高稳定度,技术上有一定难度;交流供桥时对线间电容敏感,抗干扰能力较差;交流放大器输出信号需经相敏检波后再低通滤波,信号噪声较大;供桥的交流振荡频率通常不高于4kHz,因而被测信号的频率不能太大,考虑到低通滤波时的信号衰减,其基波频率不应大于100Hz,因此不适宜于对冲击信号的测量。

3.3.2 直流供桥动态电阻应变仪

随着放大器零漂问题的解决,交流供桥、交流放大方式已不再使用。普遍使用直流供桥、直流放大方式,如图3-12所示。

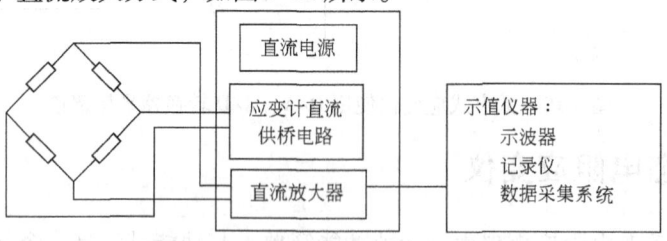

图3-12 直流放大动态应变仪(一路)

放大器是应变仪的核心。随着电子技术的发展，低漂移的直流放大器已经得到了广泛的应用。单个的低漂移运算放大器（如 OP—07）的性能已经能达到普通交流放大器的性能指标。而由三个低漂移的运算放大器组成的仪用放大器在性能上则已远远超过交流放大器，借助于这些高性能仪器放大器，配上供桥及示值电路即可构成一台性能不错的动静态应变仪了。

3.3.3 直流供桥电路

供桥电路的使用与放大器密切相关。使用直流放大器时，通常有两种直流供桥电路：恒流供桥电路及恒压供桥电路。实际应用中，以恒压供桥电路为多见。

对于精度要求不高的系统，使用稳压集成块即可提供不错的供桥电压，而且集成块中已有过流保护电路。图3-13所示为一个简单的5V直流供桥电路，对于信号变化不大的应用场合，C_1 及 C_3 都可省略。

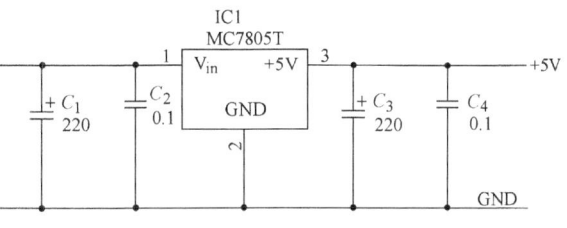

图 3-13 简单的 5V 直流供桥电路

输入电压通常可在 8~15V 之间。为了防止输出短路时烧坏集成块，IC1 需有适当的散热块。

5V 的供桥电压对于大多数应变式传感器来说是合适的，但对于阻值为 120Ω 的应变计来说，供桥电压偏大。图 3-14 所示为供桥电压可调的直流供桥电路，调整范围约 1.3~5V，大多数应变仪使用 2.4~3V 的供桥电压。同样，IC1 需有适当的散热块。

这类简易型供桥电路通常不适用于精密的应变测试。精密的应变测试应使

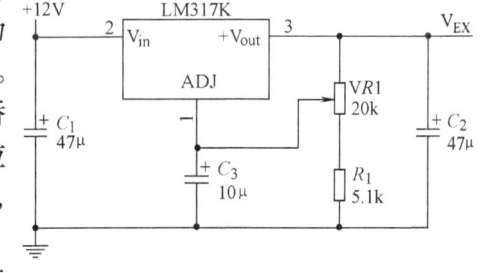

图 3-14 供桥电压可调的直流供桥电路

用更为稳定的电压基准，通常使用基准电源模块，如 LM336 等，图 3-15 所示为一个实用的精密对称供桥电路。为使放大器的共模信号尽可能小，供桥电路采用对称供桥方式，但如果放大器的共模抑制比很高，则使用单端供桥也可，相应的电路会简单很多。图中 VR1 用于调整供桥电压的值，VR2 用于对称性调整。VT1、VT2 为驱动管，VT3、VT4 为过流保护管。保护电流由 R_{14} 及 R_{15} 的阻值决定，图中电阻值的保护电流约为 180mA。若希望提高供桥电流，则可将 VT1 改为 D882（或相当晶体管），将 VT2 改为 B511（或相当晶体管），同时将保护电阻值降低（当工作电流在 R_{14} 或 R_{15} 上的压降达到 0.6V 时，保护电路工作，而正常工作时，保护电路不应工作）。电路的工作电压可在 ±8V~±15V 之间。用于

传感器供桥时，可使用较高的供桥电压（如载荷传感器通常为10V或12.5V供桥），工作电压应在±12V～±15V之间，用于应变测试时可略低。VT1及VT2必须有较好的散热，否则当输出短路时，仍可能烧坏驱动管。对于供桥电压不需太高的应变仪来说，使用2.5V基准的LM336.25可能更好。也可使用其他形式的基准电源模块。

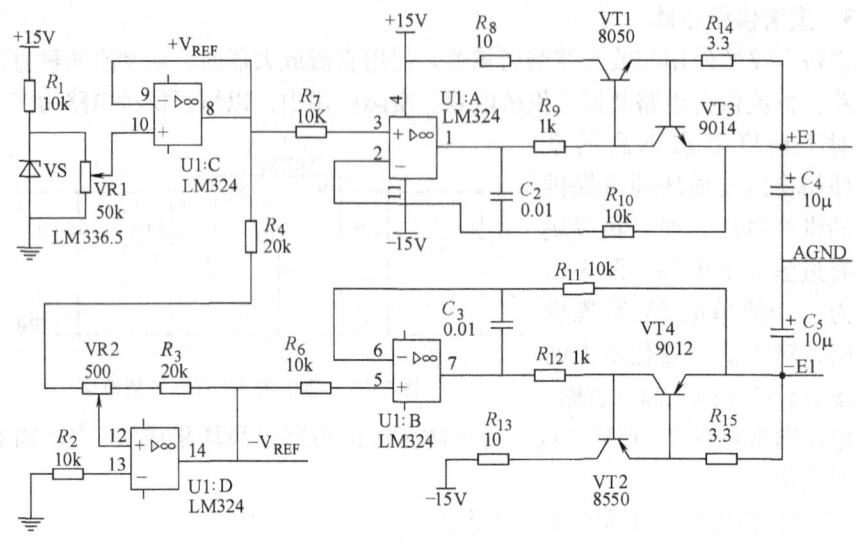

图3-15 精密对称供桥电路

3.3.4 直流放大电路

不同的应用目的，应使用不同的放大器。因为成本的原因，并非任何时候都是精度越高越好。对于精度要求低于0.3%，零点允许手动调整的应用场合，使用一片OP—07放大器就比较实用（图3-16）。OP—07是一片低漂移的精密运算放大器，放大器的零点很稳定，温度系数很小，芯片的开环增益及共模抑制比都很高，属低价实

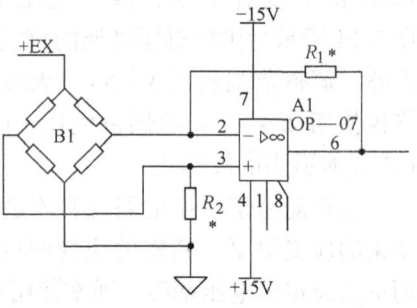

图3-16 简单电桥放大电路

用产品，缺点是电路的输入阻抗不高，且增益带宽积不高，当增益达到100倍以上时，工作频率不宜超过100Hz。使用三位半数字电压表作为显示仪表的静应变仪或静态应变仪或应变式传感器常采用这种放大器。

图中电阻R_1、R_2的阻值取相同值即可，阻值大小与电桥阻值及增益有关，应用于三位半数字电压表的应变放大电路，阻值通常在数千欧到数十千欧。由于放大器增益与应变计阻值有关，因此该电路不适用于通用应变仪。

为提高放大器的性能,经常使用三片 OP—07 放大器组成一个三运放简易型仪用放大器(图 3-17)。该放大器的精度比单片式有所提高,放大器的输入阻抗很高(1MΩ 以上),共模抑制比也有大幅度提高,放大器增益与应变计阻值无关,适用于工作频率不高、零漂小、精度要求优于 0.1% 的应用场合。通用应变仪也常使用该电路或类似电路。

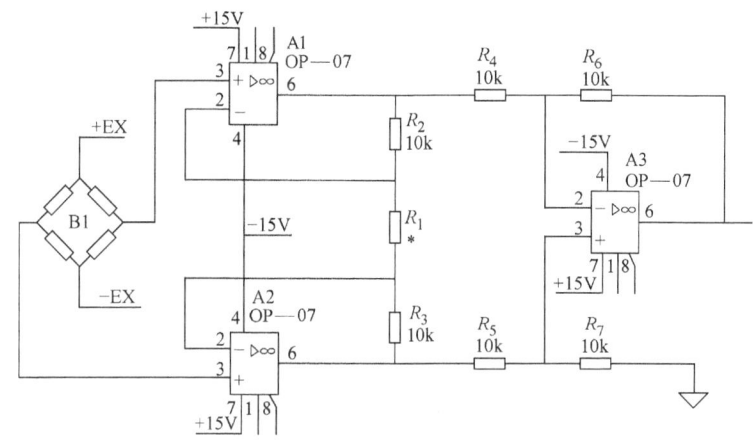

图 3-17 三运放简易型仪用放大器

该仪用放大器在应用时需注意电阻的配对:电阻器 R_2 与 R_3、R_4 与 R_5、R_6 与 R_7 的阻值配对应尽量控制在千分之一之内,增益由 R_2 与 R_1 的比值决定,为 $(2R_2/R_1+1)$。该放大器的增益不宜大于 500 倍。

使用专用仪用放大器是较理想的选择,尽管仪用放大器价格较昂贵,但对于精度要求较高的应变仪,通常可以承受。AD 公司(模拟器件公司)的 AD620 是较廉价的产品,但放大器增益由外接电阻决定,适用于要求较低的应变仪。AD524、AD624 是性能较好的产品,其增益经激光精密校准,精度优于千分之一,而且容易改变。AD524 的固定增益值为 1、10、100、1000;AD624 的固定增益值为 1、100、200、500。图 3-18 所示是使用 AD624 的典型放大电路,其中的 VR1 为输入失调调整电位器,也可不使用。C_1、C_2 应使用钽电容。AD624 的增益带宽积大于 2MHz,所以即使增益达 1000 倍,也足够应付动态应变仪的频率要求(应变计的频率响应通常低于 2kHz)。放大器的增益通过短路块 JP1 选择。

3.3.5 应变仪的预调平衡电路

预调平衡电路有多种方式,传统的方法在桥臂上并联调零电位器调零(图 3-2)。该法电路简单,使用方便,但当调整范围较大时,会引起桥路输出灵敏度降低。所以该电路不适用于精度要求较高的应变仪。

电流注入法能较好解决上述电路中的问题。以 OP—07 组成的三运放仪用放大器为例,电流注入法平衡调整电路如图 3-19 所示。+EX 及 -EX 为供桥驱动信号，A4:A 组成一个简单电压跟随器，A4:B 为一个反相放大器，主要目的是保持放大器的对称性。

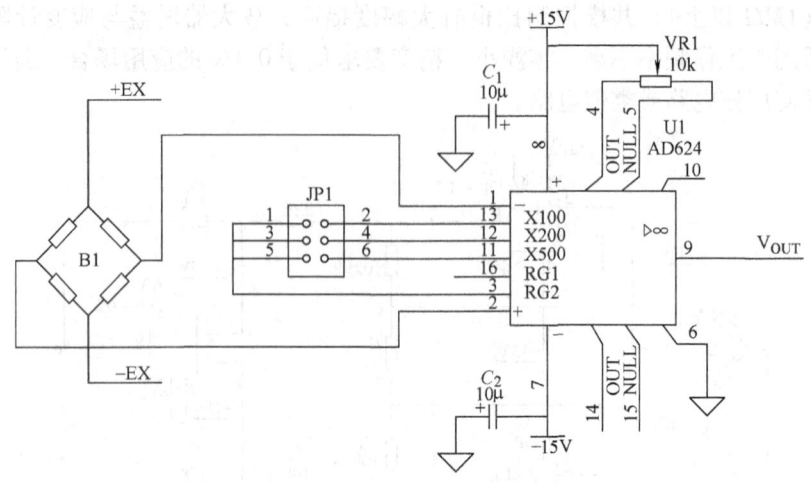

图 3-18　使用 AD624 的典型放大电路

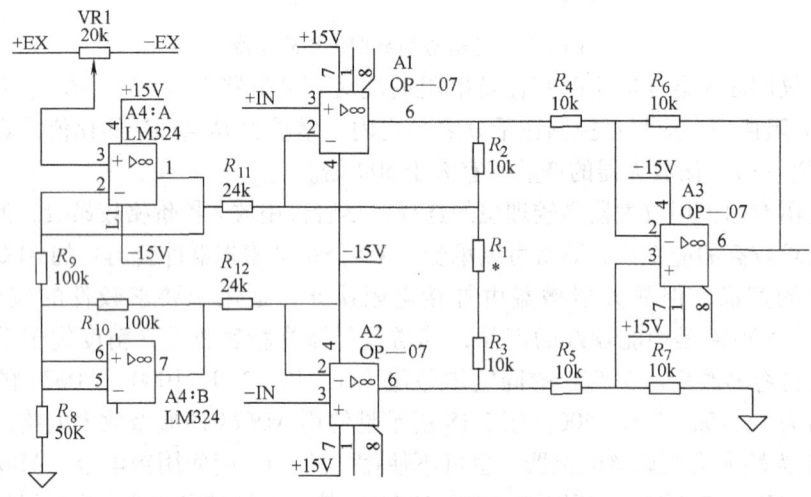

图 3-19　电流注入法平衡调整电路

只要仪器带微处理器，利用上述平衡调整电路就能很容易地实现自动预调平衡。只需用一片 D/A 转换芯片产生调零电压来代替图中的电位器 VR1 即可。图 3-20 所示为用 D/A 转换器产生电流注入法平衡调整电压的电路，图中 MAX512 可产生三路模拟信号，分辨率 12 位。$+V_{REF}$ 可取 1.5V，$-V_{REF}$ 或取 $-1.5V$，与 $+V_{REF}$ 对称。R_1、R_2 产生的分压可使 AZ_{OUT} 的电压在 $\pm 0.5V$ 之间。将 AZ_{OUT} 输出信号接到图 3-19 中 A4 的第 4 脚即可。平衡调整时，通过微处理器使 MAX512 产生连续变化的信号，同时采样从放大器来的信号，当该信号接近零点时，记下初读数即可。微处理器与 MAX512 的通信使用三线方式，灵活方便。事实上，很容易找到单片八通道的 D/A 转换芯片，以便用于动态应变仪的多路自动平衡调整。

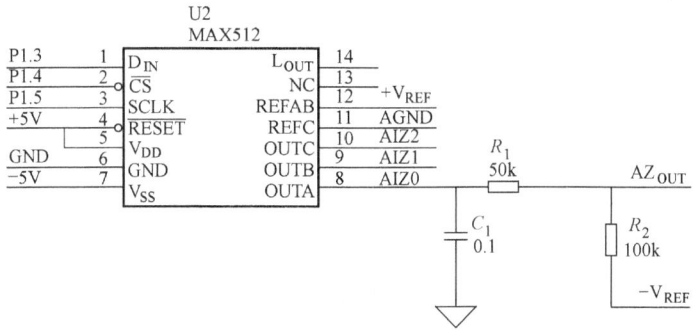

图 3-20 用 D/A 转换器产生电流注入法平衡调整电压

3.3.6 电阻应变仪的校准及灵敏系数补偿

大多数电阻应变仪在校准时，都使用在桥臂上并联电阻的方法取得基准应变信号。不计应变计横向效应的影响，应变计的电阻变化率与被测应变的关系为

$$\frac{\Delta R}{R} = K\varepsilon$$

在原电阻 R 上并联 R^* 后，阻值变化为

$$\frac{\Delta R}{R} = \left(R - \frac{RR^*}{R + R^*}\right)\frac{1}{R} = 1 - \frac{R^*}{R + R^*}$$

由此，对于给定的应变值及电阻片阻值，可以很容易确定该并联的电阻阻值 R^*

$$R^* = \frac{1 - K\varepsilon}{K\varepsilon}R \tag{3-14}$$

传统的灵敏系数补偿方法是调整电桥的供桥电压。但如果静态应变仪带微处理器，则可以通过计算来修正应变计的灵敏系数，这样使用、调整都很方便。动态应变仪通常不作灵敏系数修正，实际使用时再通过换算修正。

当设计校准电路时，若要产生的基准应变 $\varepsilon = 1000$ 微应变，而 $K = 2$，$R = 120\Omega$，则由式（3-14）可得需并联的电阻值

$$R^* = \frac{1 - K\varepsilon}{K\varepsilon}R = \frac{1 - 2 \times 10^{-3}}{2 \times 10^{-3}}120\Omega = 59880\Omega$$

校准电路亦存在误差，其校准应变误差取决于 R 和 R^* 的误差，若 R 和 R^* 的相对误差分别为 δ_R 和 δ_{R^*}，则校准应变误差最大为 $\delta_\varepsilon = \delta_R + \delta_{R^*}$。

对电阻应变仪各项技术指标的校准，还可以使用标准应变模拟仪。利用该仪器可以很方便地对静、动态应变仪进行校准，以确定应变仪的工作特性和测量精度。

3.4 常用记录仪器

常用记录仪器有通用示波器、光线示波器、磁带记录仪、笔式记录仪、数据采集系统等。

3.4.1 示波器

双踪和多踪示波器（图 3-21、图 3-22）是常用的观察仪器，但利用示波器的记忆功能或对示波器波形照相，则也可当记录仪器使用。有些高档的示波器具有与计算机联机通信的功能，可直接连接到计算机记录应变波形。

3.4.2 X-Y 笔式记录仪

X-Y 笔式记录仪是以前最常用的记录仪器。多数为双笔记录仪，也有多达八笔的笔式记录仪。

根据纸张的移动方式，X-Y 记录仪通常可分连续走纸式和连续走笔式两种。连续走纸式笔架不动，而笔在笔架上移动。走纸则为另一个移动坐标。由于纸张移动的精度不易控制，所以连续走纸式记录仪常将走纸信号连到时基信号。由于纸张可以卷成一筒，所以连续走纸式 X-Y 记录仪的最大优点便是可以记录很长时间。

图 3-21 早期的双踪示波器

连续走笔式 X-Y 记录仪在应变测量中用得更多，信号记录时，笔按一个坐标走动，笔架按另一个坐标移动。由于笔架和笔都可来回走动，因此可记录重复信号在同一张纸上，以便于比较。连续走笔式 X-Y 记录仪的动态响应通常比走纸式高。由于 X-Y 两方向可对调，使用时仍应根据两路信号的频率选择输入坐标，频率高的连到走笔信号，频率低的连到走笔架信号。有些连续走纸式 X-Y 记录的纸张也可来回走动，如图

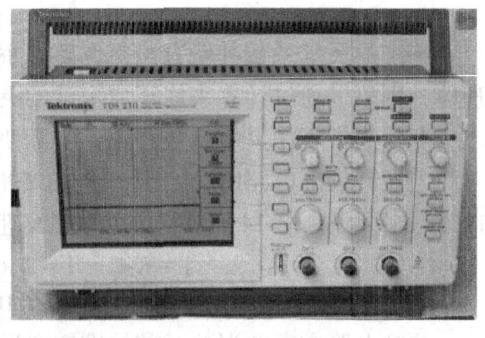

图 3-22 多踪示波器

3-23所示的 X – Y 记录仪即属于此种类型。使用时，需来回走纸时就不应让纸移动距离太大，否则会发生卡纸等故障。

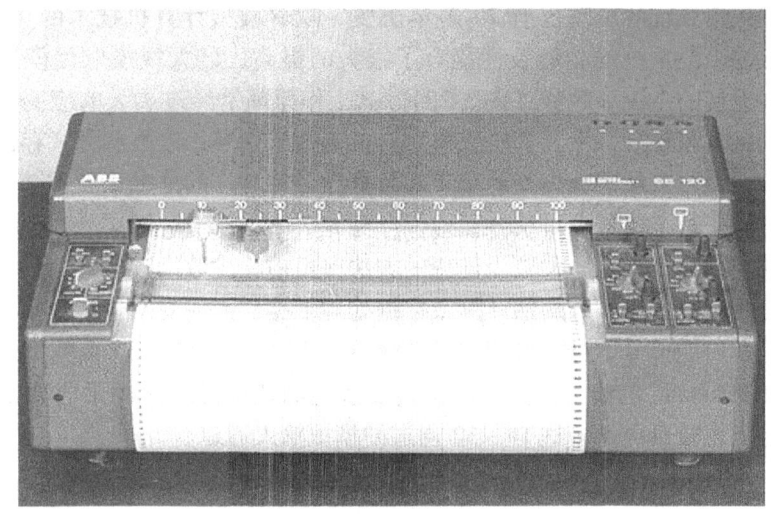

图 3-23　连续走纸式 X – Y 记录仪

3.4.3　光线示波器

光线示波器是以前常用的波形记录仪器。它采用照相原理记录波形信号。由于采用了快速显影技术，仪器使用起来还比较方便。由于振动子的惯性较机械式记录仪器小，因此工作频率相对较高，可记录高达 500Hz 的信号。光线示波器的主要不足是它的使用成本相对较高，因此目前已极少使用。

3.4.4　磁带记录仪

需长时间记录波形信号，并希望能回放分析的记录仪器即是磁带记录仪（图 3-24）。磁带记录仪适用于记录频率较高的信号（可达 20kHz），不适合记录低频信号（如 20Hz 以下）。磁带记录仪记录的是模拟信号，性能不是特别优秀时，回放的信号可能产生失真，影响数据的真实性。因此随着数字式记录设备的普及，磁带记录仪已逐渐退出历史舞台。但磁带记录仪在应变分析中曾经扮演过重要角色，在 20 世纪三四十年代，美国汽车工程

图 3-24　磁带记录仪

师协会（SAE）组织 50 多家研究机构对汽车的疲劳破坏进行的研究，主要就是

借助于磁带记录仪进行的。现在的磁带记录仪很容易同步记录多达八通道的模拟信号，可很方便地再现现场信号。

数据采集系统的出现已有 20 多年历史，随着微型计算机技术的飞速发展，计算机数据采集系统的功能及性能有了很大的提高，已大规模取代模拟记录仪器，成为发展的主流和趋势（图 3-25）。其工作原理是经过放大的应变信号，连接到数据采集系统后，由计算机采样并转换为数字信号，以数字方式存储到计算机硬盘中。用户可编写数据处理程序对数据做各种各样的处理，而不必再动用其他硬件设施。数字信号也可很方便地保存到光盘中，或通过网络给其他研究人员共享信息。总之，这是一种较为理想的方法，目前除少数高频信号外，都可通过这种方法直接以数字方式提供计算或数据处理依据。而应变信号本身不存在高频信号。通常应变信号本身不可能超过 1000Hz，以每周期采样 30 点数据说，最高采样频率 30kHz 已足够。目前的数据采集系统的速度已绝对满足应变信号的要求，而且大多数可提供多达 16~32 通道的模拟输入通道。

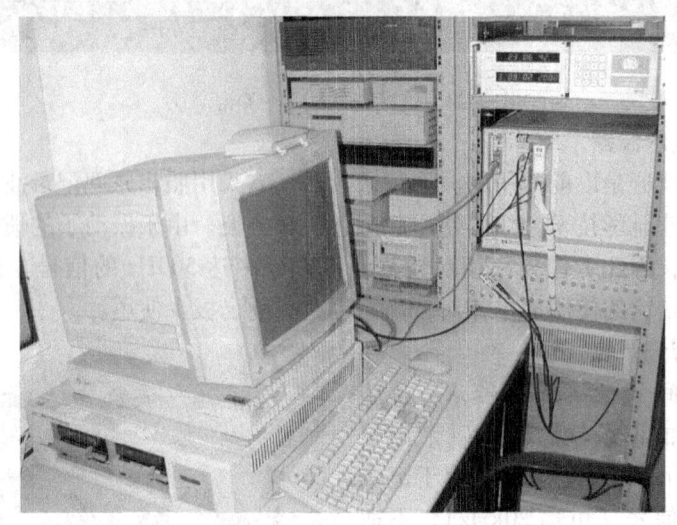

图 3-25　典型的数据采集系统

3.5　应变数字采集技术

应变数字采集主要应区分静态信号还是动态信号，两者在技术上有很大差别。

目前已有很多数字式静态电阻应变仪具备数字通信功能。应变仪通常设计成 10 通道到 16 通道不等。数据采集过程可直接由计算机控制。这类应变仪通常使用串行口 RS-232C 与微型计算机通信。也有使用 RS-485 通信的。所以这类应变仪与微型计算机相连通常非常简单。由于是静态电阻应变仪，采集的数据量通常不多，计算机可以方便地以任意格式存放采集得到的数据。图 3-26 所示为这类应变仪的功能框图。

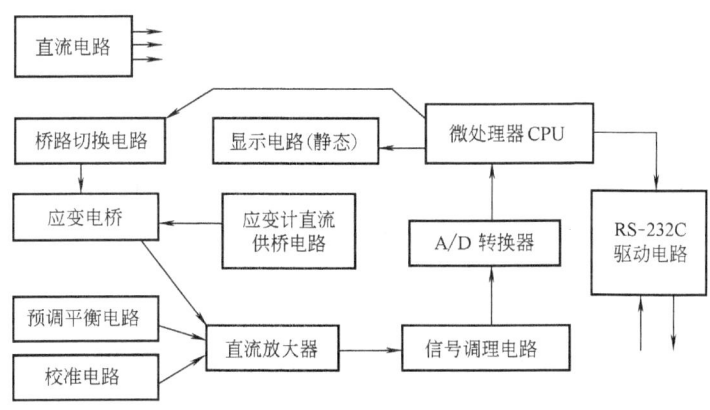

图 3-26　具备通信功能的数字式静态电阻应变仪功能框图

对于不具备数字通信功能的静态电阻应变仪，通常不易通过计算机采集数据，原因有两点：一是大多数静态电阻应变仪不提供模拟输出信号，有些采用先进的 A/D 转换模块的应变仪甚至无放大后的模拟信号（放大器已做在 A/D 转换器内部）；二是对静态应变仪的通道切换通常是手动的，即使将模拟信号连接到计算机，区分工作通道也不是件方便的事。所以，如果希望通过计算机记录静态电阻应变仪的信号，必须选择带有通信接口的静态电阻应变仪，并应充分了解其软件功能是否能满足使用要求。

数字式静态电阻应变仪测量范围大（±20000 微应变）、精度高、稳定性好、使用方便、外形美观大方（图 3-27）。该应变仪可进行全桥、半桥、半桥单片测量，可使用公共补偿技术；可进行灵敏系数设定，以直接显示微应变值；无需预调平衡箱，可连接 12 通道的应变输入；直流供桥、一键调零，使用极为方便；系统使用目前最先进的采用 Σ-Δ 技术的高精度 A/D 转换器，在许多方面处于领先水平。

图 3-27　数字式静态电阻应变仪

大多数动态应变仪的输出需借助于数据采集系统才能记录应变信号。有专用的数据采集系统，也可使用数据采集卡采集数据。使用数据采集卡的成本通常比较低，但必须配有合适的数据采集软件。

带数据采集功能的动态电阻应变仪，目前国内也在研制。由于受通信速度的影响，这类应变仪通常不能进行高速的数据采集。不过对大多数应变信号采集来说，能做到每秒每通道 1000 点的数据采集速率，已经可以解决大多数应变测试问题。对于使用 RS-232C 串口通信的仪器来说，最高通信速率大致可达每秒 4000 点。更高的通信速率可以通过 USB 或并行接口实现。

当需要测量多路应变信号时，体积小、通道多、精度高、性能好的应变信号放大器是理想的配套产品。

放大器使用固定增益（可设定为 100 倍、200 倍、500 倍），放大后的信号可直接输入数据采集板。数据采集板通常应具有程控增益放大电路，这对于小信号测试是必要的。应变基准可以通过标定取得（标定方法：在电桥桥臂上并联一个已知阻值的电阻），也可根据供桥电压及放大器的增益计算得到。以半桥单片测试为例，已知供桥电压为 V_0，放大器增益为 G，应变计灵敏系数为 K，测得的电压读数为 V_x，则实测应变应为

$$\varepsilon = \frac{V_x}{V_0}\frac{1}{GK}$$

注意：G 的值应包含放大板的增益与 A/D 板的增益（两者相乘）。对于半桥测试，实测应变值是上式的 1/2，对于全桥测试，实测应变值是上式的 1/4。

习　题

3-1　试述双电桥的电路原理。

3-2　静态多点应变测量时，什么情况下可以采用公共温度补偿应变计？补偿的点数是否可以任意增多？为什么？

3-3　当一台电阻应变仪所测量的应变计灵敏系数不相同时，应变仪的读数应变值应如何进行修正？

3-4　在一等强度悬臂梁的上下表面各贴一片应变计，如图 3-28 所示，其电阻值均为 120Ω，灵敏系数 $K = 2.00$。已知梁的长度 $l = 250$mm，厚度 $h = 3$mm，根部的宽度 $b = 80$mm，梁的弹性模量 $E = 200 \times 10^3$ MPa，载荷 $W = 100$N，试计算：(1) 应变计的电阻变化量 ΔR；(2) 当 R_1、R_2 接成半桥，

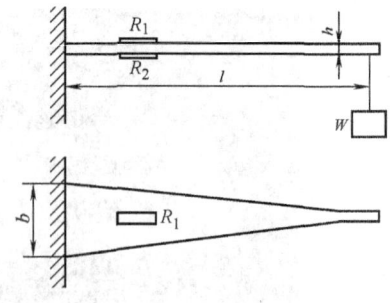

图 3-28　题 3-4 图

供桥电压 $U=3\text{V}$ 时，电桥的输出电压 ΔU 为多少？

3-5 应变电标定装置如图3-29所示，$R=120\Omega$，$K=2.00$。若分别并联电阻 $R_{P1}=100\times10^3\Omega$，$R_{P2}=200\times10^3\Omega$，则相当于感受多大应变？

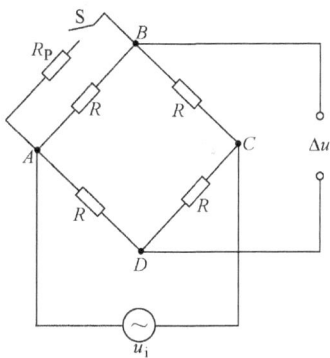

图 3-29 题 3-5 图

第4章 测量电桥的特性及应用

4.1 测量电桥的基本特性和温度补偿

在结构强度的实验分析中，构件表面的应变测量主要是使用应变电测法，即将电阻应变计粘贴在构件表面，并正确地接入测量电路，从而得到构件表面的应变。应变电测法的基本测量电路是电桥。测量电桥是由应变计作为桥臂而组成的桥路，作用是将应变计的电阻变化转化为电压或电流信号。在测量时，将应变计粘贴在各种弹性元件上，组成电桥，并利用电桥的特性提高读数应变的数值，或从复杂的受力构件中测出某一内力分量（如轴力、弯矩等）。

关于电桥的基本特性和测量原理，已在第3章中作过系统论述，本章重点讨论如何利用电桥的基本特性正确地组成测量电桥。

4.1.1 测量电桥的基本特性

设在电桥的四个桥臂上都接上应变计，电阻分别为 $R_1 = R_2 = R_3 = R_4 = R$（图4-1），如果桥臂电阻改变 ΔR_1、ΔR_2、ΔR_3、ΔR_4，则输出电压为

$$u_\mathrm{o} = \frac{u_\mathrm{i}}{4}\left(\frac{\Delta R_1}{R_1} - \frac{\Delta R_2}{R_2} - \frac{\Delta R_3}{R_3} + \frac{\Delta R_4}{R_4}\right) \tag{4-1}$$

式中，u_i 为电桥的桥压；u_o 为电桥的输出电压。若四个桥臂上的应变计的灵敏系数均为 K，即 $\frac{\Delta R_i}{R_i} = K\varepsilon_i$，则输出电压

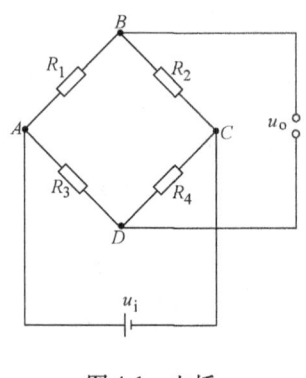

图4-1 电桥

$$u_\mathrm{o} = \frac{u_\mathrm{i}}{4}K(\varepsilon_1 - \varepsilon_2 - \varepsilon_3 + \varepsilon_4) \tag{4-2}$$

式中，ε_1、ε_2、ε_3、ε_4 分别为应变计 R_1、R_2、R_3、R_4、所感受的应变值。

应变仪的输出应变为

$$\varepsilon_\mathrm{d} = \frac{4u_\mathrm{o}}{u_\mathrm{i}K} = \varepsilon_1 - \varepsilon_2 - \varepsilon_3 + \varepsilon_4 \tag{4-3}$$

由式（4-3）可见，电桥有下列特性：

1) 两相邻桥臂上应变计的应变相减。即应变同号时，输出应变为两邻桥臂应变之差；异号时为两相邻桥臂应变之和。

2) 两相对桥臂上应变计的应变相加。即应变同号时，输出应变为两相对桥臂应变之和；异号时为两相对桥臂应变之差。

应变仪的输出应变实际上就是读数应变，所以合理地、巧妙地利用电桥特性，可以增大读数应变，并且可测出复杂受力杆件中的内力分量。

4.1.2 温度的影响与补偿

在测量时，被测构件和所粘贴的应变计的工作环境是具有一定温度的。当温度发生变化时，应变计将产生热输出 ε_t，其大小由式（2-17）确定。显然，热输出 ε_t 中是不包含结构因受载而产生的应变，即使结构处在不承载且无约束状态，ε_t 仍然存在。因此，当结构承受载荷时，这个应变就会与由载荷作用所产生的应变叠加在一起输出，使测量到的输出应变中包含了因环境温度变化而引起的应变 ε_t，因而必然对测量结果产生影响。

温度引起的应变 ε_t 的大小可以与构件的实际应变相当，例如，当采用镍铬丝的电阻应变计粘贴在钢构件上进行应变测量时，如果温度升高 1℃，ε_t 即可达 70 微应变。因此，在应变计电测中，必须消除应变 ε_t，以排除温度的影响，这是一个十分重要的问题。

测量应变计既传递被测构件的机械应变，又传递环境温度变化引起的应变。根据式（4-3），如果将两个应变计接入电桥的相邻桥臂（或将四个应变计分别接入电桥的四个桥臂）只要每一个应变计的 ε_t 相等，即要求应变计相同，被测构件材料相同，所处温度场相同，则电桥输出中就消除了 ε_t 的影响。这就是桥路补偿法，或称为温度补偿片法。桥路补偿法可分为两种，下面作简单介绍。

1. 补偿块补偿法

此方法是准备一个其材料与被测构件相同，但不受外力的补偿块，并将它置于构件被测点附近，使补偿片与工作片处于同一温度场中，如图 4-2a 所示。在构件被测点处粘贴电阻应变计 R_1，称工作应变计（简称工作片），接入电桥的 AB 桥臂，另外在补偿块上粘贴一个与工作应变计规格相同的电阻应变计 R_2 称温度补偿应变计（简称补偿片），接入电桥的 BC 桥臂，在电桥的 AD 和 CD 桥臂上接入固定电阻 R，组成等臂电桥，如图 4-2b 所示。这样，根据电桥的基本特性式（4-3），在测量结果中便消除了温度的影响。

2. 工作片补偿法

在同一被测试件上粘贴几个工作应变计，将它们适当地接入电桥中（比如相邻桥臂）。当试件受力且测点环境温度变化时，每个应变计的应变中都

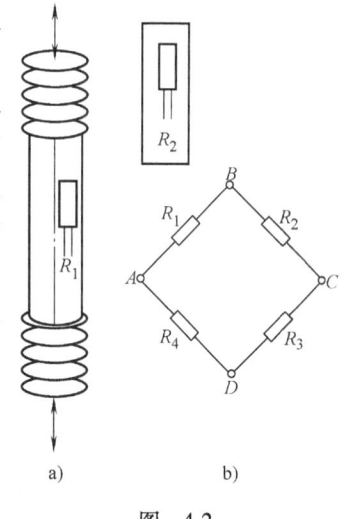

图 4-2

包含外力和温度变化引起的应变,根据电桥基本特性式(4-3),在应变仪的读数应变中能消除温度变化所引起的应变,从而得到所需测量的应变这种方法叫工作片补偿法。在该方法中,工作应变计既参加工作,又起到了温度补偿的作用。

如果在同一试件上能找到温度相同的几个贴片位置,而且它们的应变关系又已知,就可采用工作片补偿法进行温度补偿。具体应用参见下一节。

在高温条件下,若用桥路补偿法已无法消除温度影响,则一般采用温度自补偿电阻应变计。这种应变计是用电阻温度系数为正值和负值的两种电阻丝串联或控制电阻温度系数而制成的应变计,当环境温度变化时,电阻增量相互抵消,使得减少以至不产生温度应变。

4.2 电阻应变计在电桥中的接线方法

应变计在测量电桥中有多种接法。实际测量时,根据电桥基本特性和不同的使用情况,采用不同的接线方法,以达到以下目的:①实现温度补偿;②从复杂的变形中测出所需要的某一应变分量;③扩大应变仪的读数,减少读数误差,提高测量精度。为了达到上述目的,需要充分利用电桥的基本特性,精心设计应变计在电桥中的接法。

在测量电桥中,根据不同的使用情况,各桥臂的电阻可以部分或全部是应变计。下面介绍测量时,应变计在电桥中常采用的几种接线方法。

4.2.1 半桥接线法

若在测量电桥的桥臂 AB 和 BC 上接电阻应变计,而另外两臂 AD 和 CD 接电阻应变仪的内部固定电阻 R,则称为半桥接线法(半桥线路)。

对于等臂电桥($R_1 = R_2 = R_3 = R_4$),实际测量时,有以下两种情况:

1. 半桥测量

半桥测量接法如图 4-3 所示,电桥的两个桥臂 AB 和 BC 上均接工作应变计 R_1 和 R_2。另外两臂 AD 和 CD 接固定电阻 R,由于固定电阻因温度和工作环境的变化,而产生的电阻变化很小,且相等,即 $\Delta R_3 = \Delta R_4 = 0$,因而,$\varepsilon_3 = \varepsilon_4 = 0$。根据式(4-3),应变仪的读数应变为

$$\varepsilon_d = \varepsilon_1 - \varepsilon_2 \tag{4-4}$$

2. 单臂测量

单臂测量接法如图 4-4 所示,R_1 为工作应变计,R_2 为温度补偿应变计,R_3 和 R_4 为电阻应变仪的内部固定电阻 R。工作应变计感受构件变形引起的应变为 ε,感受温度引起的应变为 ε_t,温度补偿应变计感受温度引起的应变也为 ε_t。根据式(4-4)可得应变仪的读数应变为

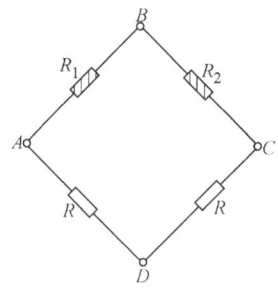
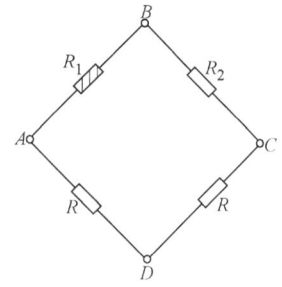

图 4-3 半桥测量　　　　　　图 4-4 单臂测量

$$\varepsilon_d = \varepsilon \tag{4-5}$$

4.2.2 全桥接线法

在测量电桥的四个桥臂上全部接电阻应变计,称为全桥接线法(全桥线路)。

对于等臂电桥($R_1 = R_2 = R_3 = R_4$),实际测量时,有以下两种情况:

1. 全桥测量

测量电桥的四个桥臂上都接工作应变计,如图 4-5 所示。工作应变计感受应变分别为 ε_1、ε_2、ε_3、ε_4。根据式(4-3),应变仪的读数应变为

$$\varepsilon_d = \varepsilon_1 - \varepsilon_2 - \varepsilon_3 + \varepsilon_4 \tag{4-6}$$

2. 对臂测量

电桥相对两臂接工作应变计,另相对两臂接温度补偿应变计。设工作应变计感受构件变形引起的应变分别为 $\varepsilon^{(1)}$ 和 $\varepsilon^{(4)}$,感受温度引起的应变为 ε_t,温度补偿应变计感受温度引起的应变也为 ε_t。即:

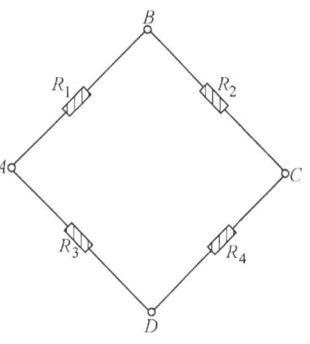

图 4-5 全桥接线法

$\varepsilon_1 = \varepsilon^{(1)} + \varepsilon_t$,$\varepsilon_2 = \varepsilon_t$,$\varepsilon_3 = \varepsilon_t$,$\varepsilon_4 = \varepsilon^{(4)} + \varepsilon_t$,根据式(4-6),应变仪的读数应变为

$$\varepsilon_d = \varepsilon^{(1)} + \varepsilon^{(4)} \tag{4-7}$$

4.2.3 串联和并联式接线法

在应变测量过程中,可将应变计串联或并联起来接入测量桥臂,图 4-6a 所示为串联半桥线路,图 4-6b 所示则为并联半桥线路,也可以接成串、并联全桥线路。

1. 串联接线法

设在 AB 桥臂中串联了 n 个阻值为 R 的应变计(图 4-6a),则总阻值为 nR,当每个应变计的电阻改变量分别为 $\Delta R'_1$、$\Delta R'_2$、…、$\Delta R'_n$ 时,则

$$\varepsilon_1 = \frac{1}{K}\left(\frac{\Delta R_1}{R_1}\right) = \frac{1}{K}\left(\frac{\Delta R'_1 + \Delta R'_2 + \cdots + \Delta R'_n}{nR}\right) = \frac{1}{n}(\varepsilon'_1 + \varepsilon'_2 + \cdots + \varepsilon'_n) \tag{4-8}$$

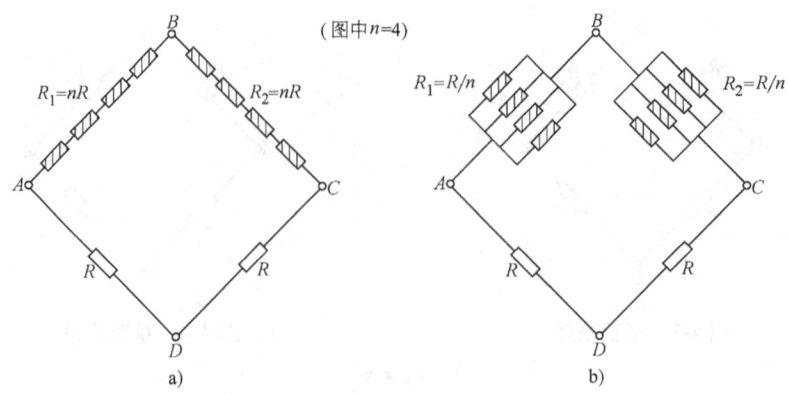

图 4-6 串联和并联式接线法

由式（4-8）可知：

1）串联接线后桥臂的应变为各个应变计应变值的算术平均值。这一特点在实际测量中具有实用价值。

2）当每一桥臂中串联的各个应变计的应变相同时，即 $\varepsilon'_1 = \varepsilon'_2 = \cdots = \varepsilon'_n = \varepsilon'$ 时，则

$$\varepsilon_1 = \varepsilon' \tag{4-9}$$

它表明，当桥臂中串联的各个应变计的应变相同时，桥臂的应变就等于串联的单个应变计的应变值。

3）串联后的桥臂电阻增大，在限定电流下，可以提高供桥电压，相应地使读数应变增大。

2. 并联接线法

如果在 AB 桥臂上并联 n 个阻值分别为 R_1, R_2, $\cdots$, R_n 的应变计（图 4-6b）其总电阻值为 R，则

$$f(R) = \frac{1}{R} = \frac{1}{R_1} + \frac{1}{R_2} + \cdots + \frac{1}{R_n} = \sum_{i=1}^{n} \frac{1}{R_i}$$

对上式微分，有

$$df(R) = -\frac{1}{R^2}dR = -\frac{1}{R_1^2}dR_1 - \frac{1}{R_2^2}dR_2 - \cdots - \frac{1}{R_n^2}dR_n = -\sum_{i=1}^{n} \frac{1}{R_i^2}dR_i$$

若各应变计的阻值均相等，即 $R_1 = R_2 = \cdots = R_n = R_o$，则总电阻 $R = R_o/n$ 有

$$\frac{1}{R^2}dR = \sum_{i=1}^{n} \frac{1}{R_o^2}dR_i$$

即

$$\frac{1}{R}dR = \frac{1}{n}\sum_{i=1}^{n} \frac{1}{R_o}dR_i$$

故有

$$\varepsilon_1 = \frac{1}{K}\frac{\Delta R}{R} = \frac{1}{n}\sum_{i=1}^{n}\varepsilon'_i = \frac{1}{n}(\varepsilon'_1 + \varepsilon'_2 + \cdots + \varepsilon'_n) \qquad (4\text{-}10)$$

由式（4-10）可知：

1）并联接线后桥臂的应变为各个应变计应变值的算术平均值。

2）当同一桥臂中并联的所有应变计的电阻改变量都相同时，即 $\Delta R'_1 = \Delta R'_2 = \cdots = \Delta R'_n = \Delta R'$，各个应变计的应变也均相同，设为 ε'，则桥臂的应变为

$$\varepsilon_1 = \frac{1}{K}\left(\frac{\Delta R'}{R}\right) = \varepsilon' \qquad (4\text{-}11)$$

可见，当桥臂中并联的各个应变计的应变相同时，桥臂的应变就等于并联的单个应变计的应变值。

3）并联后的桥臂电阻减小，在通过应变计的电流不超过最大工作电流的条件下，电桥的输出电流可以相应地提高 n 倍，这对于直接用电流表或记录仪器是有利的。

从以上分析可见，采用不同的布片方案的接线方式，所得的读数应变是不同的，或者说被测试件的应变与应变仪的读数应变间的关系是不同的。因此，在实际应用时，应根据具体情况和要求灵活应用。一般原则是在满足一定测量要求下，布片方案和接线方式尽可能简单并且能够得到较高的读数应变为宜。

4.3 测量电桥的应用

在实际测量时，必须根据测量的目的和要求在构件上正确地选择测点的位置。测点处粘贴的应变计，感受的是构件表面在测点处的拉应变或压应变。在很多情况下，这个应变可能是由多种内力因素造成的。在结构分析和强度计算中，常常需要在多种内力因素引起的应变中确定某一种内力因素产生的应变，而把其余的应变排除。但是，应变计本身不会分辨它示值中的各应变成分，所以在应变测量中，我们必须根据测量目的，分析构件中的应力应变分布，合理选择贴片位置、方位以及贴片数量，利用电桥的特性，合理地把应变计接入电桥，以便在测量结果中排除不需要的成分，保留所需要的成分，并消除误差源的影响（如载荷、作用点、方向偏差的影响等），补偿温度效应，以尽可能高的灵敏度测出所需的被测量。

下面举例说明。

4.3.1 半桥接线法的应用

1. 拉压应变的测量

例 4-1 测定如图4-7所示受拉构件的拉伸应变。

下面列举两种方案：

(1) 单臂测量 在构件表面沿轴向粘贴工作片 R_1，另在补偿块上粘贴温度补偿应变计 R_2（图 4-7a），这时应变 ε_1 中除有载荷 F 引起的拉伸应变 ε_F 外，还有温度变化引起的应变 ε_t，即

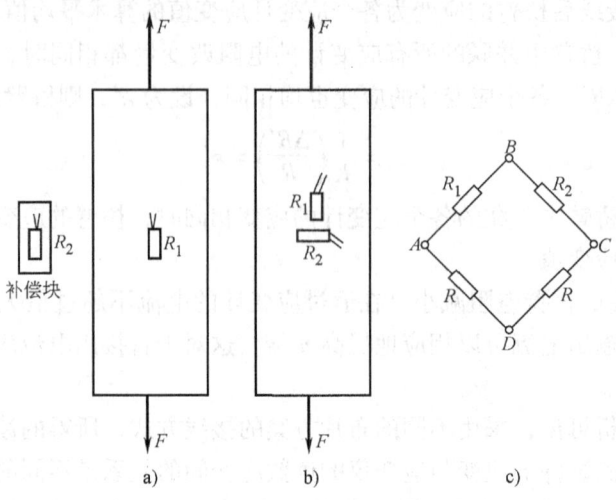

图 4-7 受拉构件的拉伸应变测量

$$\varepsilon_1 = \varepsilon_F + \varepsilon_t$$

而 ε_2 中只有温度变化引起的应变 ε_t，即

$$\varepsilon_2 = \varepsilon_t$$

按图 4-7c 接成半桥线路进行单臂测量，则应变仪的读数应变由式（4-4）得

$$\varepsilon_d = \varepsilon_1 - \varepsilon_2 = (\varepsilon_F + \varepsilon_t) - \varepsilon_t = \varepsilon_F$$

可以看出，这样布片和接线，可测出载荷 F 作用下引起的拉伸应变，并且用补偿块补偿法消除了温度的影响。

(2) 半桥测量 在构件表面沿轴和横向分别粘贴应变计 R_1 和 R_2（图 4-7b），此时 $\varepsilon_1 = \varepsilon_F + \varepsilon_t$。而 ε_2 中则有载荷 F 引起的横向应变 $-\mu\varepsilon_F$（μ 为杆件材料泊松比）和温度变化引起的应变 ε_t，即

$$\varepsilon_2 = -\mu\varepsilon_F + \varepsilon_t$$

按图 4-7c 接成半桥线路进行半桥测量，应变仪的读数应变由式（4-4）得

$$\varepsilon_d = \varepsilon_1 - \varepsilon_2 = (\varepsilon_F + \varepsilon_t) - (-\mu\varepsilon_F + \varepsilon_t) = (1+\mu)\varepsilon_F$$

故杆件拉伸应变为

$$\varepsilon_F = \frac{\varepsilon_d}{1+\mu}$$

由此可见，这样布片和接线，可以测出载荷 F 作用下引起的拉伸应变，并且用工作片补偿法消除了温度影响。此外还可使读数应变增大 $(1+\mu)$ 倍，提高了测量灵敏度。因此，在实际测中经常采用半桥测量，而单臂测量一般在多点

测量中应用。

2. 扭转切应力的测量

例 4-2 测定如图4-8a所示圆轴的扭转切应力。

圆轴扭转时，表面各点为纯剪切应力状态，其主应力大小和方向如图 4-8b 所示，即在与轴线分别成 45°方向的面上，有最大拉应力 σ_1 和最大压应力 σ_3，且 $\sigma_1 = -\sigma_3 = \tau$。在 σ_1 作用方向有最大拉应变 ε_n，在 σ_3 作用方向有最大压应变 $-\varepsilon_n$，它们的绝对值相等。因此，可沿与轴线成45°方向粘贴应变计 R_1 和 R_2（图4-8a），此时各应变计的应变为

$$\varepsilon_1 = \varepsilon_n + \varepsilon_t$$
$$\varepsilon_2 = -\varepsilon_n + \varepsilon_t$$

按图 4-8c 接成半桥线路进行半桥测量，则应变仪读数应变为

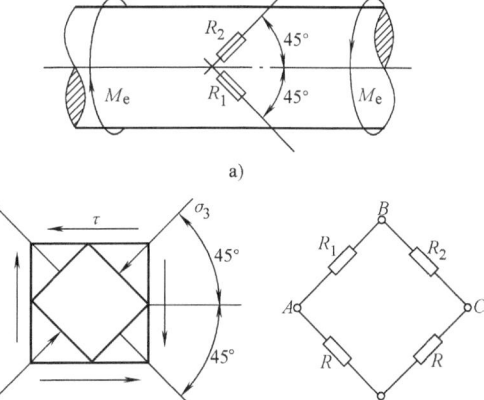

图 4-8 圆轴的扭转切应力测量

$$\varepsilon_d = \varepsilon_1 - \varepsilon_2 = 2\varepsilon_n$$

故由扭矩作用在 σ_1 作用方向所引起的应变为

$$\varepsilon_n = \frac{1}{2}\varepsilon_d$$

测出 ε_n 后，就很容易得到扭转切应力。根据广义胡克定律，并将 $\sigma_1 = \tau$ 和 $\sigma_3 = -\tau$ 代入上式，可得

$$\varepsilon_n = \frac{1}{E}(\sigma_1 - \mu\sigma_3) = \frac{1+\mu}{E}\tau$$

由此可得到

$$\tau = \frac{E}{1+\mu}\varepsilon_n \tag{4-12}$$

将式（4-12）中的 E、μ 改用切变模量 G 表示，根据

$$G = \frac{E}{2(1+\mu)}$$

得切应力为

$$\tau = 2G\varepsilon_n$$

再将 $\varepsilon_n = \varepsilon_d/2$ 代入上式，便可得到扭转切应力

$$\tau = G\varepsilon_d$$

3. 弯曲应变的测量

例 4-3 测定如图4-9所示悬臂梁的弯曲应变。

梁弯曲时，同一截面上、下表面的应变，其绝对值相等，上表面产生拉应变 ε_M，下表面产生压应变 $-\varepsilon_M$。因此，可在被测截面的上、下表面沿杆件轴向各粘贴一个应变计（图4-9a），此时各应变计的应变分别为

$$\varepsilon_1 = \varepsilon_M + \varepsilon_t$$
$$\varepsilon_2 = -\varepsilon_M + \varepsilon_t$$

按图4-9b 接成半桥线路进行半桥测量，则应变仪的读数应变按式（4-4）为

$$\varepsilon_d = \varepsilon_1 - \varepsilon_2 = (\varepsilon_M + \varepsilon_t) - (-\varepsilon_M + \varepsilon_t) = 2\varepsilon_M$$

故梁上表面贴片处的弯曲应变为

$$\varepsilon_M = \frac{1}{2}\varepsilon_d$$

由此可见，这样布片和接线，可使应变仪读数应变为梁弯曲应变的两倍，提高了测量灵敏度。

4. 弯曲切应力的测量

例 4-4 测定如图4-10所示悬臂梁的弯曲切应力。

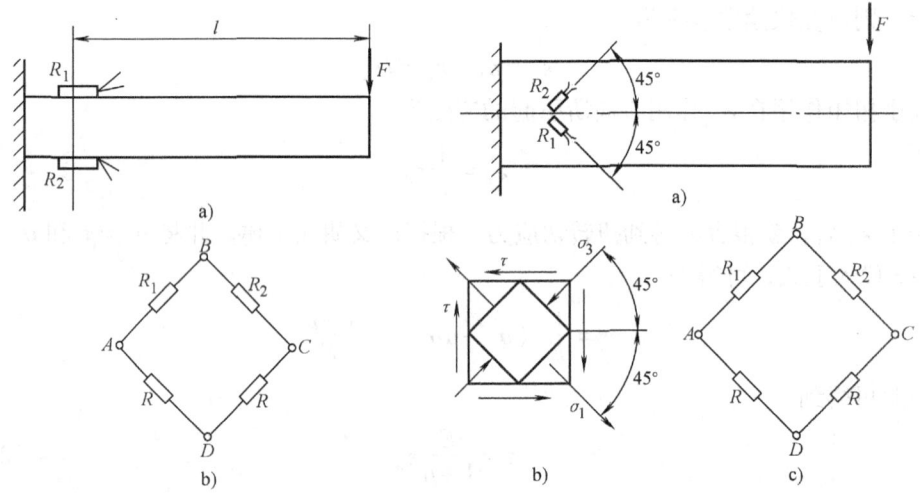

图 4-9 悬臂梁的弯曲应变测量　　图 4-10 悬臂梁的弯曲切应力测量

悬臂梁承受横向力 F 作用产生横力弯曲（图 4-10a），在梁的中性层（即轴线）上是纯切应力状态，切应力为 τ，如图 4-10b 所示。由应力分析得知：在与轴线成 45°方向的面上只有正应力 σ_1 或 σ_3，并且

$$\sigma_1 = \tau \quad \sigma_3 = -\tau$$

如果沿着与轴线成 45°方向贴片，则 σ_1 在方向上有拉应变 ε，在 σ_3 方向上有压应变 $-\varepsilon$，每个应变片的应变为

$$\varepsilon_1 = \varepsilon + \varepsilon_t$$
$$\varepsilon_2 = -\varepsilon + \varepsilon_t$$

按图4-10c接成半桥线路，由式（4-4）求得应变仪的读数应变为

$$\varepsilon_d = \varepsilon_1 - \varepsilon_2 = 2\varepsilon$$

45°方向由于外载引起的线应变为

$$\varepsilon = \frac{1}{2}\varepsilon_d \tag{4-13}$$

根据广义胡克定律

$$\varepsilon = \frac{1}{E}\left[\sigma_1 - \mu\sigma_3\right] = \frac{1+\mu}{E}\tau$$

由此可得

$$\tau = \frac{E}{1+\mu}\varepsilon = 2G\varepsilon$$

将式（4-13）代入上式，即可求得切应力为

$$\tau = G\varepsilon_d$$

由于悬臂梁承受横力弯曲时，在梁的中性层（即轴线上的任意一点）上的应力状态，与圆轴扭转时表面各点的应力状态相同，都是纯切应力状态。所以，切应力的测定方法也相似。

5. 拉弯组合变形时的应变测量

例4-5 测定如图4-11所示杆件承受弯曲和拉伸变形时的弯曲应变和拉伸应变。

该杆各点的应变由弯矩和轴向拉力共同产生，在上表面弯矩引起的应变和轴力引起的应变相加，在下表面弯矩引起的应变和轴力引起的应变相减。本例题要求分别测定仅由弯矩引起的弯曲应变 ε_M 和仅由轴向拉力引起的拉伸应变 ε_F。

（1）测定弯曲应变 ε_M 在杆件的上、下表面沿轴向粘贴应变计 R_1、R_2（见图4-11b），并按图4-11b接成半桥线路进行半桥测量。此时各应变计的应变为

$$\varepsilon_1 = \varepsilon_F + \varepsilon_M + \varepsilon_t$$
$$\varepsilon_2 = \varepsilon_F - \varepsilon_M + \varepsilon_t$$

应变仪的读数应变为

$$\varepsilon_d = \varepsilon_1 - \varepsilon_2 = (\varepsilon_F + \varepsilon_M + \varepsilon_t) - (\varepsilon_F - \varepsilon_M + \varepsilon_t) = 2\varepsilon_M$$

故弯曲应变为

$$\varepsilon_M = \frac{1}{2}\varepsilon_d$$

由此可见，这样贴片和接线，可以消除轴向力和温度变化的影响，测出仅由弯矩引起的弯曲应变。

（2）测定拉伸应变 ε_F 在杆件上、下表面粘贴两个工作应变计 R_1'、R_1''，另

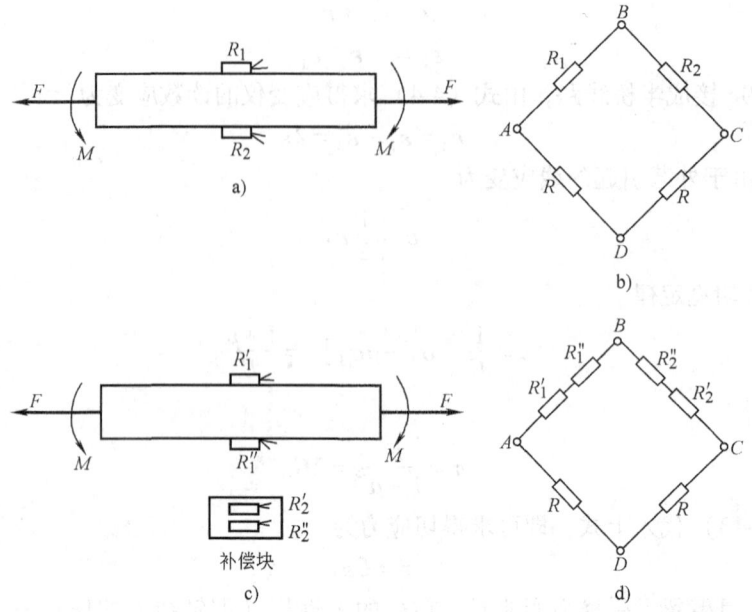

图 4-11 拉弯组合变形时的应变测量

在补偿块上粘贴两个温度补偿应变片 R'_2、R''_2（图 4-11c）并将 R'_1 和 R''_1、R'_2 和 R''_2 分别串联起来，按图 4-11d 接成半桥线路。此时各应变计相应的应变分别以 ε'_1、ε''_1、ε'_2、ε''_2 表示，它们各自为

$$\varepsilon'_1 = \varepsilon_F + \varepsilon_M + \varepsilon_t$$

$$\varepsilon''_1 = \varepsilon_F - \varepsilon_M + \varepsilon_t$$

$$\varepsilon'_2 = \varepsilon_t$$

$$\varepsilon''_2 = \varepsilon_t$$

因此桥臂 AB 和 BC 的电阻所感受的应变

$$\varepsilon_1 = \frac{\varepsilon'_1 + \varepsilon''_1}{2} = \varepsilon_F + \varepsilon_t$$

$$\varepsilon_2 = \frac{\varepsilon'_2 + \varepsilon''_2}{2} = \varepsilon_t$$

应变仪的读数应变按式（4-4）则为

$$\varepsilon_d = \varepsilon_1 - \varepsilon_2 = \varepsilon_F$$

可见用这种方式贴片和接线，可以消除弯矩的影响，测出仅由轴向拉力引起的拉伸应变。此外，在测量中还利用补偿块补偿法消除了温度的影响。

轴向拉力引起的拉伸应变的测量，除了使用上述的接线方法外，还可使用全桥接线法中的对臂测量技术获得。请读者自己思考解决方案。

4.3.2 全桥接线法的应用

1. 拉弯扭组合变形时的扭转切应力测量

例 4-6 测定如图4-12所示圆轴在拉伸、弯曲和扭转组合变形时的扭转切应力。

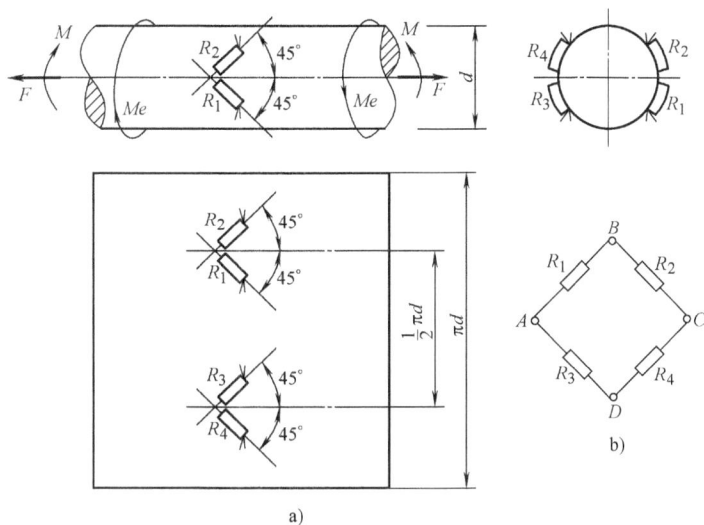

图4-12 拉弯扭组合变形时的扭转切应力测量

对于这种情况，经常按图 4-12a 贴片，并按图 4-12b 接成全桥线路进行全桥测量。这样既能消除弯曲、轴向力和温度变化的影响，又可增大读数应变，提高测量灵敏度。

若以 ε_F、ε_M 和 ε_n 分别代表轴向拉力、弯矩和扭矩在被测点 45°方向上引起的应变，则各应变计的应变分别为

$$\varepsilon_1 = \varepsilon_F + \varepsilon_M + \varepsilon_n + \varepsilon_t$$
$$\varepsilon_2 = \varepsilon_F - \varepsilon_M - \varepsilon_n + \varepsilon_t$$
$$\varepsilon_3 = \varepsilon_F + \varepsilon_M - \varepsilon_n + \varepsilon_t$$
$$\varepsilon_4 = \varepsilon_F - \varepsilon_M + \varepsilon_n + \varepsilon_t$$

应变仪的读数应变按式（4-6）为

$$\varepsilon_d = \varepsilon_1 - \varepsilon_2 - \varepsilon_3 + \varepsilon_4 = 4\varepsilon_n$$

因此仅由扭矩作用所引起被测点在 45°方向的应变为

$$\varepsilon_n = \frac{1}{4}\varepsilon_d$$

代入式（4-12），即可得到扭转切应力

$$\tau = \frac{G}{2}\varepsilon_d$$

注意，如果变换其他的组桥方法，还可分别求出轴力引起的拉应变 ε_F 和弯矩引起的正应变 ε_M。具体的方法，请读者自己思考。

2. 材料弹性模量 E 和泊松比 μ 的测量

例 4-7 测定材料弹性模量 E 和泊松比 μ。

材料 E、μ 可以在试验机上作拉伸试验进行测定。由于试件可能会有初曲率，同时试验机夹头难免会存在一些偏心作用，使得试件两面的应变不相同，即试件除产生拉伸变形外，还附加了弯曲变形，因此在测量中需设法消除弯曲变形的影响。

（1）测量弹性模量 E　图 4-13a 所示为一拉伸试件，在其两侧面沿试件轴线 y 方向粘贴工作应变计 R_1、R_4，另在补偿块上粘贴补偿片 R_2、R_3，并分别将 R_1 和 R_4、R_2 和 R_3 接入相对两桥臂，按图 4-13b 接成全桥线路进行对臂测量。

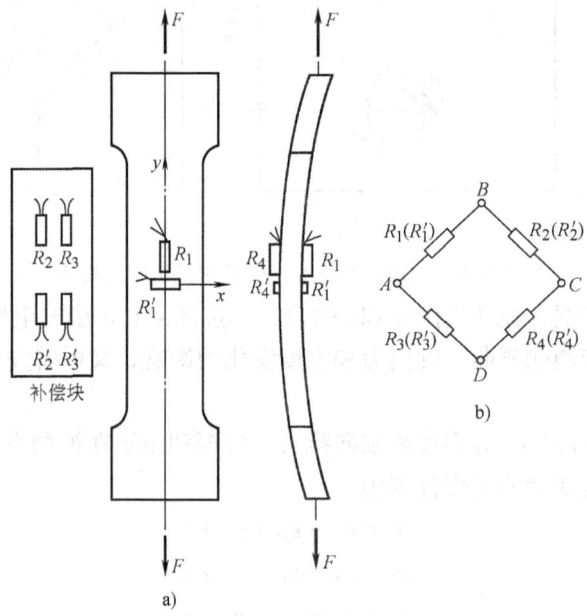

图 4-13　E、μ 的测定

若以 ε_F、ε_M 分别代表轴向拉伸和弯曲变形所引起的应变，则各应变计的应变为

$$\varepsilon_1 = \varepsilon_F + \varepsilon_M + \varepsilon_t$$
$$\varepsilon_2 = \varepsilon_3 = \varepsilon_t$$
$$\varepsilon_4 = \varepsilon_F - \varepsilon_M + \varepsilon_t$$

应变仪的读数应变按式（4-6）为

$$\varepsilon_{yd} = \varepsilon_1 - \varepsilon_2 - \varepsilon_3 + \varepsilon_4 = 2\varepsilon_F$$

因此，由轴向拉伸变形引起的应变为

$$\varepsilon_F = \frac{1}{2}\varepsilon_{yd}$$

可见在读数应变中已经消除了弯曲变形和温度变化的影响。

若试件截面积为 A，则得到材料弹性模量

$$E = \frac{\sigma}{\varepsilon_F} = \frac{2F}{\varepsilon_{yd}A}$$

（2）测量泊松比 μ　在如图 4-13a 所示的拉伸试件两侧面，沿与试件轴线垂直的 x 方向粘贴工作应变计 R'_1、R'_4，另在补偿块上粘贴补偿片 R'_2、R'_3，分别将 R'_1 和 R'_4、R'_2 和 R'_3 接入相对两桥臂，并按图 4-13b 接成全桥线路进行对臂测量。此时各应变计的应变为

$$\varepsilon_1 = -\mu(\varepsilon_F + \varepsilon_M) + \varepsilon_t$$
$$\varepsilon_2 = \varepsilon_3 = \varepsilon_t$$
$$\varepsilon_4 = -\mu(\varepsilon_F - \varepsilon_M) + \varepsilon_t$$

应变仪的读数应变为

$$\varepsilon_{xd} = \varepsilon_1 - \varepsilon_2 - \varepsilon_3 + \varepsilon_4 = -2\mu\varepsilon_F$$

再将测量弹性模量所得到的 $\varepsilon_F = \varepsilon_{yd}/2$ 代入上式，便可得到材料的泊松比为

$$\mu = \left|\frac{\varepsilon_{xd}}{\varepsilon_{yd}}\right|$$

习　题

4-1　为什么要温度补偿？试举例说明如何采用桥路补偿法进行温度补偿。

4-2　图 4-14 所示为起重吊车，其吊钩可在 L 长度范围内移动。现欲测定吊车的载荷 F，试问在吊车梁上应如何粘贴应变计？如何组桥？并说明理由。

4-3　图 4-15 所示为矩形截面的悬臂梁，F 作用在 xOy 纵向平面内，有一偏心距 e，已知材料的弹性模量 E，问如何贴片、组桥方可测出 e 及 F 力大小。

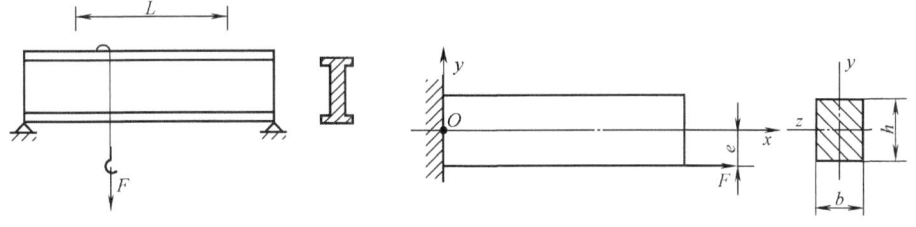

图 4-14　题 4-2 图　　　　　　图 4-15　题 4-3 图

4-4　拐臂结构受载如图 4-16 所示，设几何尺寸、材料常数均已知，试讨论两种测载荷 F_y 的方法，并写出相应的 F_y 与读数应变 ε_d 的关系式。

4-5 有一偏心受拉短杆如图 4-17 所示。欲得到载荷作用点位置，在杆上贴有四个应变片，确定组桥方案，并写出载荷位置与读数之间的关系表达式。

4-6 如图 4-18 所示是一个测力传感器的钢制圆筒。其上贴有八个应变计。试将该八个应变计接成全桥以消除力的偏心影响。

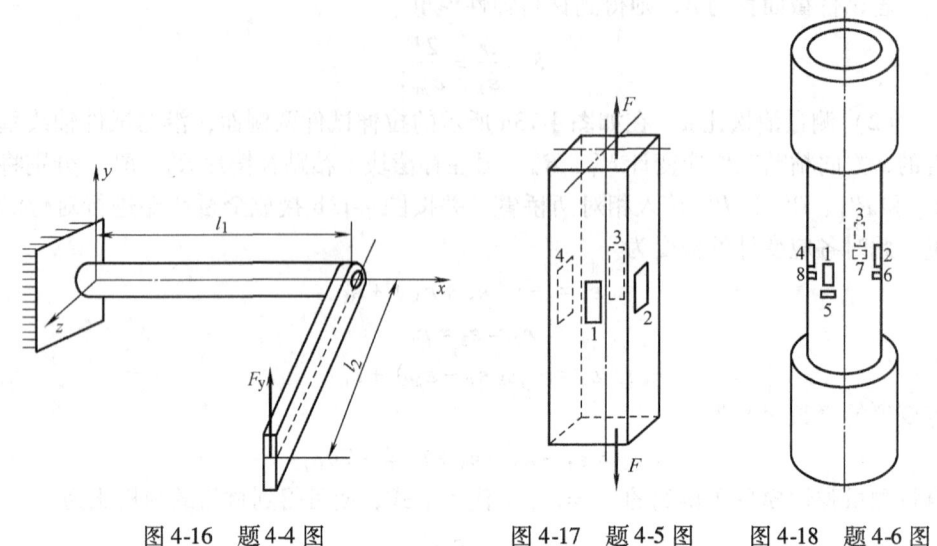

图 4-16　题 4-4 图　　　图 4-17　题 4-5 图　　　图 4-18　题 4-6 图

4-7 拐臂结构受载如图 4-19 所示，设几何尺寸、材料常数均已知，试讨论如何贴片组桥能测得 F_x、F_y，并写出 F_x、F_y 与读数应变 ε_d 的关系式。

4-8 拐臂结构受载如图 4-20 所示，设几何尺寸、材料常数均已知，试讨论能测出载荷 F_z 的贴片组桥方案，并写出 F_z 与读数应变 ε_d 的关系式。

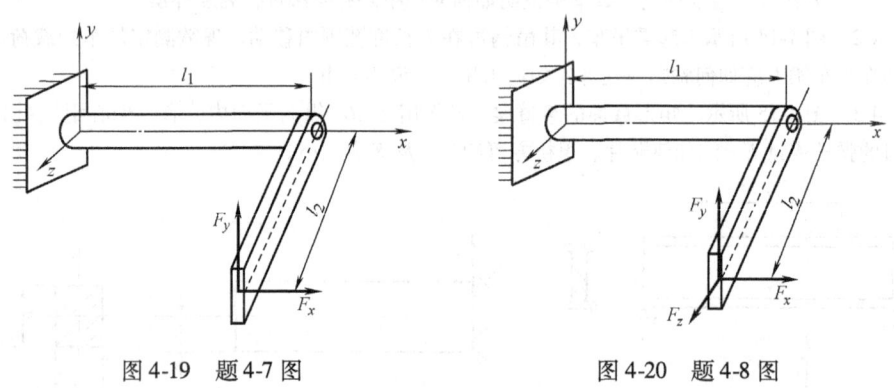

图 4-19　题 4-7 图　　　　　　图 4-20　题 4-8 图

4-9 飞机起落架折轴的结构及受力情况如图 4-21 所示。已知材料的弹性模量 E 和泊松比 μ。现欲测量折轴根部横截面上的轴力和弯矩，并由此计算外载荷 F_1、F_2。试确定贴片及组桥方案，并写出该截面上的轴力、弯矩以及外载荷 F_1、F_2 与应变测量读数之间的关系表达式

（提示：先分别测出 F_1、F_2 引起的弯矩，然后再合成总弯矩）。

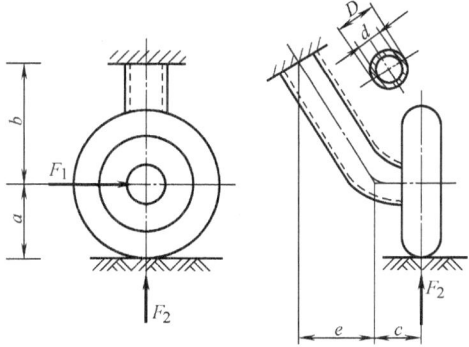

图 4-21　题 4-9 图

第5章 常温静态应变测量

5.1 静态测量的实施及稳定性

5.1.1 静态测量的实施

常温静态应变测量，简称静态应变测量或静态测量，其目的通常有以下几种：

1) 研究构件的应力应变分布规律。
2) 研究构件的强度问题。
3) 研究构件局部位置的应力集中。
4) 研究构件所受的载荷状况。

不同的测量目的决定了静态测量的内容和实施步骤。

静态应变测量的一般步骤如下：

1. 确定测量方案

测量的总体设计是根据测量的目的和要求选择测点（贴片点）位置，确定应变计的布置和组桥方案。

测点位置的选择一般是根据构件承载的理论分析结果，在应力较大的危险点或反映应力分布特点的若干点布置测点。如没有现成的该构件应力的理论计算资料，可参考类似构件的计算或实验资料，或者参照其他实验方法（如光测法）在该构件上进行测量的结果作为选择测点的依据。

应变计布置和组桥方案要考虑测点的应力状态、构件的受载情况和温度补偿的原则。例如，单向应力状态的测点，只需布单个工作应变计；主应力方向已知的平面应力状态的测点，应布置互相垂直的两个应变计；而主应力方向未知时，应采用三个应变计（或应变花）；在同一温度环境内，各工作应变计可共用一个温度补偿应变计。设计测量电路和选择组桥方案的原则是提高灵敏度、减小误差。

测点位置、布片方式和组桥方案确定后，应编写总体测量方案文件，它包括布片图及说明、测量电路及组桥方案、试验设备及步骤等。

2. 选择应变计

根据构件尺寸、材料、测量精度要求和应力梯度来选择应变计种类、栅长和型号。对所用的应变计应预先检查电阻值，并按阻值分组使用。

3. 测量仪器及设备选择和检测

测量仪器及设备应根据测量精度要求、数据采集的数目和速度来选择。对于测点数不多的静态应力测量，可采用手动平衡的静态电阻应变仪；对于测点数较多（如数十到上千点）或者应力状态变化较快的情况，应采用自动记录的数字式应变仪或其他数据采集、处理系统。

4. 应变计的安装、接线、防护和检查

粘贴应变计的技术工艺直接影响测量精度，应根据应变计型号要求采用相应粘结剂，按规定工艺操作。

测量导线布置应考虑导线电阻、分布电容和温度变化的影响，并应避开电磁场干扰，必要时进行屏蔽。应变计安装和接线后应检查编号、绝缘电阻和电阻值，并进行防潮处理。

5. 测量

各测点的应变计与测量仪器连接完毕后，先进行调试，在预先加、卸载1~3次之后，进行预调平衡或初始读数储存。如果条件许可，正式的加载测量试验应重复2~3次，保证记录数据的可靠性。

6. 测量结果分析及完成报告

分析处理已采集的应变数据，常常要转换成应力或主应力。如采用自动数字应变测量装置，分析处理过程可快速完成。经过分析处理，给出相应的结论，并对测量结果做出精度评价和不确定度分析。测量试验报告应包括必要的数据、计算依据与计算结果、精度评价、试验结论等。

5.1.2 静态测量稳定性

静态测量的特点是测量过程持续时间较长，对测量精度要求较高。在测量工作中，应该有效地控制各个环节，以保证测量系统具有良好的稳定性。也就是应该把并非由于载荷变化而引起的读数漂移降低到最低限度，以得到稳定的测量读数。再通过相关的分析计算，得到精度较高的测量结果。

1. 静态测量稳定性的影响因素

（1）应变计绝缘电阻变化的影响　粘贴良好、胶层完全固化与干燥的应变计，其绝缘电阻可达 $10^4 M\Omega$。一般的静态测量，要求绝缘电阻不应低于 $100 M\Omega$。如果由于某种原因（主要是环境温度变化），使应变计的绝缘电阻下降，则相当于在应变计上并联了一个电阻 R_n（图5-1）。这样，它会改变桥臂电阻值，其效果相当于灵敏系数发生变化，从而引起测量误差。如果 R_n 是固定的，并且数值仍足够大，那么这项误差是比较小的。

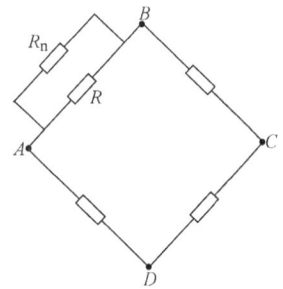

图 5-1　应变计绝缘电阻变化的影响

如果在测量过程中 R_n 还在不断地下降，那么它将引起测量读数的漂移。设 R_n 的变化量为 ΔR_n，则由 ΔR_n 而引起的桥臂电阻变化量为

$$\Delta R' = \frac{R(R_n + \Delta R_n)}{R + (R_n + \Delta R_n)} - \frac{RR_n}{R + R_n} = \frac{R^2 \Delta R_n}{(R + R_n + \Delta R_n)(R + R_n)}$$

桥臂电阻的变化率则为

$$\frac{\Delta R'}{\dfrac{RR_n}{R + R_n}} = \frac{R \Delta R_n}{R_n(R + R_n + \Delta R_n)}$$

如果不考虑灵敏系数的变化，那么，由此而产生的应变仪读数漂移将为

$$\varepsilon_d = \frac{R \Delta R_n}{K R_n(R + R_n + \Delta R_n)}$$

例如，$R = 120\Omega$，$K = 2$，$R_n = 60M\Omega$，$\Delta R_n = -59M\Omega$，即当绝缘电阻从 $60M\Omega$ 下降为 $1M\Omega$ 时

$$\varepsilon_d = \frac{120 \times (-59 \times 10^6)}{2 \times 60 \times 10^6 \times (120 + 10^6)} \approx -59 \times 10^{-6}$$

可见，应变计绝缘电阻的大幅度下降，对测量稳定性的影响较大。对这一点，在测量过程中必须予以足够的重视。

（2）温度变化的影响　当环境温度变化，特别是不均匀的剧烈变化时，应变计和测量导线的电阻都会发生变化，这在测量中将引起较大的读数漂移。多点测量时，如果多点共有一个补偿片，那么当把崖的测点接入电桥时，应该先接通电路预热一段时间，待工作片与补偿片的温度趋于一致后，再测取读数。对导热性能差、散热条件不良的构件，则必须采用对每一工作片都单独设置补偿片的方法。

（3）应变计的预载处理　试验表明，粘贴好的应变计在初次使用时，常常有明显的读数漂移。如果在正式测量之前，先对被测构件（也就是对应变计）进行几次预载循环，即反复地加载—卸载，那么再进行测量时，读数漂移现象即可基本消失。注意，预载处理的循环次数一般为 4~5 次，应变计感受的应变，在数值上至少应与正式测量时具有相同的水平，应变的拉压性质也应一致。

（4）抗干扰处理　在外界电磁场干扰的环境中进行测量时，为了防止其对读数的影响，应该采用金属屏蔽线作为测量导线，而且屏蔽层应妥善接地。

（5）其他因素的影响　很多工艺方面的因素都会影响测量的稳定性，如应变计粘结剂未完全固化、导线焊接质量不高、接线柱接触不良等，都会引起读数漂移，这些因素一经查明应立即排除。

2. 静态测量稳定性的检测

有时由于某些不可避免的因素，在测量中会出现轻微的读数漂移。为了估计

它的大小,应该进行定量的测定。

(1) 系统的综合漂移 如果是在结构的弹性范围内进行测量,则可以采取在卸载后记录读数的方法来确定综合漂移值。在每次测量之前调好零点,测量之后完全卸载,如果这时应变仪的读数不回零,则其数值即为测量系统的综合漂移。

(2) 应变仪的零漂 在多点测量时,可将两个标准精密电阻分别作为工作片与补偿片,接在预调平衡箱的某一个通道上。在记录测点的应变读数时,同时记下这一通道的读数。这个读数的变化就可以认为是应变仪的零漂(其中包括预调平衡箱的重复性误差)。

(3) 环境变化引起的漂移 在构件的测点附近,放置一材料与构件相同但不承受载荷的物块。按照对测点的同样要求,在该物块上粘贴一个应变计作为工作片。与该工作片对应的补偿片,应和其他测点的补偿片完全相同。把上述这一对应变计接在预调平衡箱的某一个通道上。如果在记录测点应变的同时,记下这一通道的读数变化,则该读数变化即为由外界环境变化而引起的读数漂移(其中包括预调平衡箱的重复性误差)。

通过上述方法进行测定,如果漂移是均匀的(线性的),则可以对应变测量读数作简单的修正,从而消除漂移的影响。修正方法是,记下每次测取应变读数的时间及环境温度,把测定的漂移量按比例进行分配,并从相应的应变读数中把它们减去。

5.2 应变计栅长的选择

应变计是以其栅长范围内的平均应变来表示这一长度内某点的应变,其误差由栅长大小和其中应变梯度决定。

设应变计栅长 L 范围内,应变分布规律可用多项式表示

$$\varepsilon_x = a_0 + a_1 x + a_2 x^2 + a_3 x^3 + \cdots$$

当 a_1, a_2, … 为零时, ε_x 是均匀应变; a_2, a_3, … 为零时, ε_x 为线性变化。如用栅长 L 内平均应变代表栅长中点 M 的应变,则只有在均匀应变和线性变化应变时才是准确的。对于按二次函数变化的应变,平均应变 ε_a 为

$$\varepsilon_a = \int_0^L \varepsilon_x \mathrm{d}x / L = a_0 + \frac{a_1}{2}L + \frac{a_2}{3}L^2$$

而中点 M 的应变为

$$\varepsilon_M = a_0 + \frac{a_1}{2}L + \frac{a_2}{4}L^2$$

两者之差 $\delta\varepsilon$ 为

$$\delta\varepsilon = \varepsilon_a - \varepsilon_M = \frac{a_2}{12}L^2$$

误差大小与栅长 L 和系数 a_2 有关,对于按三次或更高次幂函数规律分布的应变,误差更大。因此对于应力集中区应选用栅长很小的应变计,目前国内外应变计栅长最小为 0.2mm,对于应力集中区已足够了。但是在误差允许的条件下应选择栅长较大的应变计,因为粘贴时方向易于准确,且应变计横向效应较小。

对于非均质材料制成的构件,如混凝土构件,由于石子、砂子和水泥弹性模量相差较大,且内部应变分布不均匀,应采用大栅长的应变计,栅长至少应达到粒料(石子)直径的 4~5 倍。在混凝土构件表面上,最好用环氧树脂涂料填补混凝土的孔隙并防水,也便于粘贴应变计。

5.3 应变计粘贴方位误差的分析

在实际测量时,应变计的粘贴完全是手工操作,所以很难保证真实贴片方位与预定贴片方位完全吻合。应变仪的读数是表示在应变计实际粘贴方位上的应变,它与预定方位上的应变往往会产生一个误差,这个误差的大小和分布规律直接影响到测量的精度,因此有必要进行理论分析。

如图 5-2 所示,设 O 点的两个主方向为 x、y,预定贴片方位与主方向 x 的夹角为 φ,贴片的角度误差为 $\Delta\varphi$,则实际贴片方位与主方向 x 的夹角为 $\varphi' = \varphi + \Delta\varphi$。

由二向应力状态的应变分析可知,若主应变为 ε_1、ε_2,则预定方位上的应变为

$$\varepsilon_\varphi = \frac{\varepsilon_1 + \varepsilon_2}{2} + \frac{\varepsilon_1 - \varepsilon_2}{2}\cos2\varphi$$

实际方位上的应变为

$$\varepsilon_\varphi' = \frac{\varepsilon_1 + \varepsilon_2}{2} + \frac{\varepsilon_1 - \varepsilon_2}{2}\cos2(\varphi + \Delta\varphi)$$

二者之差为

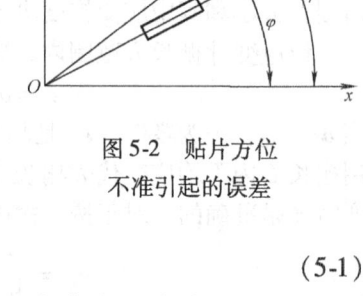

图 5-2 贴片方位不准引起的误差

$$\Delta\varepsilon_\varphi = \varepsilon_\varphi - \varepsilon_\varphi' = \frac{\varepsilon_1 - \varepsilon_2}{2}\left[\cos2\varphi - \cos2(\varphi + \Delta\varphi)\right]$$

$$= (\varepsilon_1 - \varepsilon_2)\sin(2\varphi + \Delta\varphi)\sin\Delta\varphi \tag{5-1}$$

由上式可知,$\Delta\varepsilon_\varphi$ 不仅与角度误差 $\Delta\varphi$ 有关,还与角度 φ 有关。在 $\Delta\varphi$ 相同的情况下,①如果预定贴片方位与主方向重合,即 $\varphi = 0°$ 或 $\varphi = 90°$,则这时 $\Delta\varepsilon_\varphi$ 为最小;②如果预定贴片方位与主方向成 $45°$,则这时 $\Delta\varepsilon_\varphi$ 为最大。

例如在单向应力状态下,预定测 ε_1,这时 $\varphi = 0°$,$\varepsilon_2 = -\mu\varepsilon_1$,设材料的泊松比 $\mu = 0.03$,贴片的角度误差 $\Delta\varphi = 3°$,则

$$\Delta\varepsilon_\varphi = (1 + \mu)\varepsilon_1\sin^2\Delta\varphi$$

其相对误差为

$$e = \frac{\Delta\varepsilon_\varphi}{\varepsilon_1} = (1+\mu)\sin^2\Delta\varphi = (1+0.3)\times 0.0523^2 \approx 0.356\%$$

在同样的条件下，如果预定测 45°方向上的应变 ε_{45}，这时 $\varphi = 45°$。

$$\varepsilon_{45} = \frac{\varepsilon_1 + \varepsilon_2}{2} = \frac{1-\mu}{2}\varepsilon_1$$

则

$$\Delta\varepsilon_\varphi = (1+\mu)\varepsilon_1 \times \frac{1}{2}\sin 2\Delta\varphi$$

其相对误差为

$$e = \frac{\Delta\varepsilon_\varphi}{\varepsilon_{45}} = \frac{1+\mu}{1-\mu}\sin 2\Delta\varphi = \frac{1+0.3}{1-0.3}\times 0.105 \approx 19.4\%$$

由此可见，0°方向上的误差很小，而 45°方向上的误差较大，约为前者的 55 倍。

在二向应力状态下，这个影响也具有与上述情况相同的特点。因此，当采用应变花进行测量时，三片直角形应变花适用于主方向为大致已知的情形，这时，互相垂直的两个应变计分别沿主方向粘贴，可以把因贴片方位不准确而产生的误差降到最低限度。而三片等角形应变花适用于主方向为未知的情形，这时，误差的分布比较均匀。

5.4 测点位置及方位的确定

在分析结构的强度问题时，通过应变电测技术来确定构件的应力和应变的分布规律是非常有效的方法。而应变测量的关键环节就是电阻应变计的布置，这包括测点位置的选择和方位的确定。

在用于强度分析的应变测量中，一般根据材料力学的概念进行理论计算，选择应变计粘贴的位置及方位。下面针对几种不同的平面应力状态，确定相应的测点位置及其方位。

5.4.1 已知主应力方向的单向应力状态

构件在外力作用下，若被测点为单向应力状态，则主应力方向已知，只有主应力 σ 的值是一个未知量。此时只需在该点沿主应力 σ 的方向粘贴一个应变计，测得应变 ε 后，由单向应力状态的胡克定律即可求得主应力

$$\sigma = E\varepsilon \tag{5-2}$$

式中，E 为被测构件材料的弹性模量。

5.4.2 已知主应力方向的二向应力状态

如果测点应力状态是二向的，并且其主应力的方向已确定，那么只有两个未

知量，即 σ_1 和 σ_2 的值。例如图 5-3 所示的承受内压作用的薄壁容器，其表面各点为二向应力状态，且主应力方向已知。此时，只需沿两个主应力方向各粘贴一个应变计，分别测出两个主应变 ε_1 和 ε_2（可采用半桥接法中的单臂测量技术）。然后由广义胡克定律即可求得主应力 σ_1 和 σ_2

$$\sigma_1 = \frac{E}{1-\mu^2}(\varepsilon_1 + \mu\varepsilon_2)$$

$$\sigma_2 = \frac{E}{1-\mu^2}(\varepsilon_2 + \mu\varepsilon_1) \tag{5-3}$$

式中，μ 为被测构件材料的泊松比。

5.4.3 未知主应力方向的二向应力状态

对于形状和受力情况比较复杂的构件，常常是除了被测点两个主应力值未知外，主应力方向也未知，即存在 σ_1、σ_2、α_0 三个未知量。根据式（5-3）可知，要确定 σ_1 和 σ_2 需先求两个主应变 ε_1 和 ε_2。为此，可以在该点沿与某一坐标轴 x 夹角分别为 α_1、α_2 和 α_3 的三个方向上，各粘贴一个工作片，分别测出这三个方向上的应变 ε_{α_1}、ε_{α_2}、ε_{α_3}，再通过计算，即可确定该点的主应力和主方向角。其原理如下：

如图 5-4 所示，设 xOy 是在构件自由表面上待测点处任意选定的直角坐标系。由二向应力状态的应变分析可知，如果已知构件在 O 点处沿坐标轴方向的线应变 ε_x、ε_y 和切应变 γ_{xy}，则该点处沿任意方向的线应变 ε_α 可按下式计算

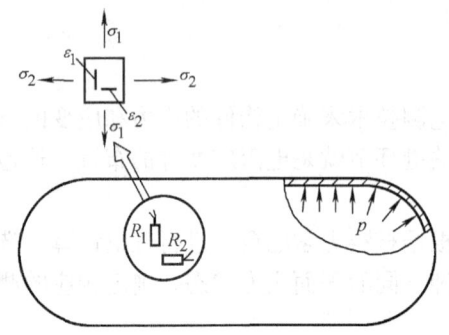
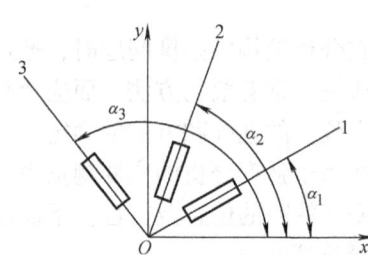

图 5-3　承受内压作用的薄壁容器　　图 5-4　三个应变计测量一点处的主应力

$$\varepsilon_\alpha = \frac{\varepsilon_x + \varepsilon_y}{2} + \frac{\varepsilon_x - \varepsilon_y}{2}\cos2\alpha + \frac{\gamma_{xy}}{2}\sin2\alpha$$

式中，ε_x、ε_y 和 ε_α 与弹性力学的规定一致，以伸长时为正；γ_{xy} 与 τ_{xy} 一致，如图 5-5 所示。这样便有

$$\varepsilon_{\alpha_1} = \frac{\varepsilon_x + \varepsilon_y}{2} + \frac{\varepsilon_x - \varepsilon_y}{2}\cos2\alpha_1 + \frac{\gamma_{xy}}{2}\sin2\alpha_1$$

$$\varepsilon_{\alpha_2} = \frac{\varepsilon_x + \varepsilon_y}{2} + \frac{\varepsilon_x - \varepsilon_y}{2}\cos2\alpha_2 + \frac{\gamma_{xy}}{2}\sin2\alpha_2 \quad (5\text{-}4)$$

$$\varepsilon_{\alpha_3} = \frac{\varepsilon_x + \varepsilon_y}{2} + \frac{\varepsilon_x - \varepsilon_y}{2}\cos2\alpha_3 + \frac{\gamma_{xy}}{2}\sin2\alpha_3$$

据此，测出 ε_{α_1}、ε_{α_2} 和 ε_{α_3}，则可由上式解出 ε_x、ε_y 和 γ_{xy}。

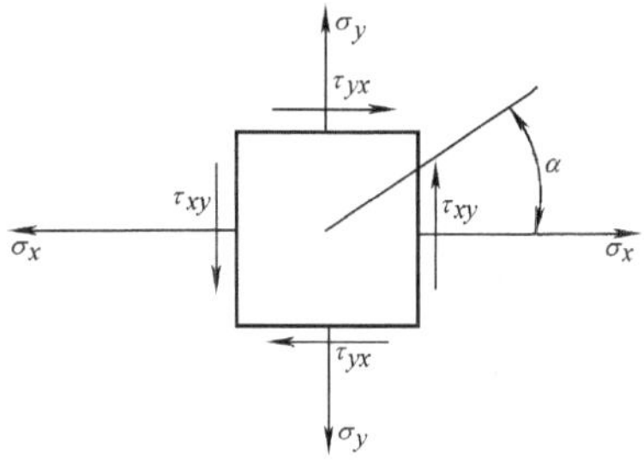

该点处的主应变 ε_1 和 ε_2 以及主方向与 x 轴的夹角 α_0 由下式计算

图 5-5 平面应力状态

$$\begin{matrix}\varepsilon_1\\\varepsilon_2\end{matrix} = \frac{\varepsilon_x + \varepsilon_y}{2} \pm \frac{1}{2}\sqrt{(\varepsilon_x - \varepsilon_y)^2 + \gamma_{xy}^2}$$

$$\tan2\alpha_0 = \frac{\gamma_{xy}}{\varepsilon_x - \varepsilon_y} \quad (5\text{-}5)$$

最后，再根据广义胡克定律式（5-3），即可求出该点的主应力 σ_1 和 σ_2。

三个应变计之间的夹角理论上可以任意设定，但是为了便于计算，常取一些特定值，如 45°或 60°，并且把几个敏感栅按照一定夹角排列制作在同一基底上，成为一个整片，即应变花。对不同形式的应变花，均可由测量结果 ε_{α_i}（$i = 1, 2, 3$），根据式（5-4）、式（5-5）以及式（5-3）导出被测点的主应力和主方向计算公式。作为例子，下面推导应用最广的三轴 45°应变花的应变-应力换算关系。其他形式应变花的结果参见表 5-1。

三轴 45°应变花如图 2-7b 所示。其中 $\alpha_1 = 0°$，$\alpha_2 = 45°$，$\alpha_3 = 90°$，若测出的应变相应为 ε_0、ε_{45}，ε_{90}，将它们代入式（5-4），可解得

$$\varepsilon_x = \varepsilon_0$$
$$\varepsilon_y = \varepsilon_{90}$$
$$\gamma_{xy} = \varepsilon_0 + \varepsilon_{90} - 2\varepsilon_{45}$$

根据式（5-5），得到主应变为

$$\begin{matrix}\varepsilon_1\\\varepsilon_2\end{matrix} = \frac{\varepsilon_0 + \varepsilon_{90}}{2} \pm \frac{1}{2}\sqrt{(\varepsilon_0 - \varepsilon_{90})^2 + (\varepsilon_0 + \varepsilon_{90} - 2\varepsilon_{45})^2}$$

再将上式代入式（5-3）即得主应力为

$$\begin{matrix}\sigma_1\\\sigma_2\end{matrix} = \frac{E}{2}\left[\frac{\varepsilon_0 + \varepsilon_{90}}{1-\mu} \pm \frac{1}{1+\mu}\sqrt{(\varepsilon_0 - \varepsilon_{90})^2 + (\varepsilon_0 + \varepsilon_{90} - 2\varepsilon_{45})^2}\right]$$

因主应力方向和主应变方向一致，故可由式（5-5）得到

$$\tan2\alpha_0 = \frac{2\varepsilon_{45} - \varepsilon_0 - \varepsilon_{90}}{\varepsilon_0 - \varepsilon_{90}}$$

以上的 γ_{xy}，ε_1 与 ε_2，σ_1 和 σ_2，$\tan2\alpha_0$ 也可表示为表 5-1 中的形式。

表 5-1 应变花的应力应变计算公式

应 变 花	应变计算式	应力计算式
(三片直角应变花图)	$\varepsilon_x = \varepsilon_0 \quad \varepsilon_y = \varepsilon_{90}$ $\gamma_{xy} = (\varepsilon_0 - \varepsilon_{45}) - (\varepsilon_{45} - \varepsilon_{90})$ 主应变：$\begin{matrix}\varepsilon_1\\\varepsilon_2\end{matrix} = \dfrac{\varepsilon_0 + \varepsilon_{90}}{2} \pm \dfrac{1}{\sqrt{2}} \times$ $\sqrt{(\varepsilon_0 - \varepsilon_{45})^2 + (\varepsilon_{45} + \varepsilon_{90})^2}$ 主应变方向： $\tan 2\alpha_0 = \dfrac{(\varepsilon_{45} - \varepsilon_{90}) - (\varepsilon_0 - \varepsilon_{45})}{(\varepsilon_{45} - \varepsilon_{90}) + (\varepsilon_0 - \varepsilon_{45})}$	主应力： $\begin{matrix}\sigma_1\\\sigma_2\end{matrix} = \dfrac{E}{1-\mu^2}\left[\dfrac{1+\mu}{2}(\varepsilon_0 + \varepsilon_{90}) \pm \right.$ $\left.\dfrac{1-\mu}{\sqrt{2}}\sqrt{(\varepsilon_0 - \varepsilon_{45})^2 + (\varepsilon_{45} - \varepsilon_{90})^2}\right]$
(三片等角60°应变花图)	$\varepsilon_x = \varepsilon_0 \quad \varepsilon_y = \dfrac{1}{3}[2(\varepsilon_{60} + \varepsilon_{120}) - \varepsilon_0]$ $\gamma_{xy} = \dfrac{2}{\sqrt{3}}(\varepsilon_{120} - \varepsilon_{60})$ 主应变：$\begin{matrix}\varepsilon_1\\\varepsilon_2\end{matrix} = \dfrac{\varepsilon_0 + \varepsilon_{60} + \varepsilon_{120}}{3} \pm \dfrac{\sqrt{2}}{3} \times$ $\sqrt{(\varepsilon_0 - \varepsilon_{60})^2 + (\varepsilon_{60} - \varepsilon_{120})^2 + (\varepsilon_{120} - \varepsilon_0)^2}$ 主应变方向： $\tan 2\alpha_0 = \sqrt{3}\dfrac{(\varepsilon_0 - \varepsilon_{120}) - (\varepsilon_0 - \varepsilon_{60})}{(\varepsilon_0 - \varepsilon_{120}) + (\varepsilon_0 - \varepsilon_{60})}$	主应力： $\begin{matrix}\sigma_1\\\sigma_2\end{matrix} = \dfrac{E}{1-\mu^2}\left[\dfrac{1+\mu}{3}(\varepsilon_0 + \varepsilon_{60} + \varepsilon_{120})\right.$ $\pm \dfrac{\sqrt{2}(1-\mu)}{3} \times$ $\left.\sqrt{(\varepsilon_0 - \varepsilon_{60})^2 + (\varepsilon_{60} - \varepsilon_{120})^2 + (\varepsilon_{120} - \varepsilon_0)^2}\right]$
(四片应变花图)	$\varepsilon_x = \varepsilon_0 \quad \varepsilon_y = \varepsilon_{90} \quad \gamma_{xy} = \varepsilon_{135} - \varepsilon_{45}$ 主应变： $\begin{matrix}\varepsilon_1\\\varepsilon_2\end{matrix} = \dfrac{\varepsilon_0 + \varepsilon_{90}}{2} \pm \dfrac{1}{2} \times$ $\sqrt{(\varepsilon_0 - \varepsilon_{90})^2 + (\varepsilon_{45} - \varepsilon_{135})^2}$ 主应变方向：$\tan 2\alpha_0 = \dfrac{\varepsilon_{45} - \varepsilon_{135}}{\varepsilon_0 - \varepsilon_{90}}$ 校核：$\varepsilon_0 + \varepsilon_{90} = \varepsilon_{45} + \varepsilon_{135}$	主应力： $\begin{matrix}\sigma_1\\\sigma_2\end{matrix} = \dfrac{E}{1-\mu^2}\left[\dfrac{1+\mu}{2}(\varepsilon_0 + \varepsilon_{90}) \pm \right.$ $\left.\dfrac{1-\mu}{2}\sqrt{(\varepsilon_0 - \varepsilon_{90})^2 + (\varepsilon_{45} - \varepsilon_{135})^2}\right]$
(四片T形应变花图)	$\varepsilon_x = \varepsilon_0 \quad \varepsilon_y = \varepsilon_{90} \quad \gamma_{xy} = \dfrac{2}{\sqrt{3}}(\varepsilon_{120} - \varepsilon_{60})$ 主应变：$\begin{matrix}\varepsilon_1\\\varepsilon_2\end{matrix} = \dfrac{\varepsilon_0 + \varepsilon_{90}}{2} \pm \dfrac{1}{2} \times$ $\sqrt{(\varepsilon_0 - \varepsilon_{90})^2 + \dfrac{4}{3}(\varepsilon_{60} - \varepsilon_{120})^2}$ 主应变方向： $\tan 2\alpha_0 = \dfrac{2}{\sqrt{3}}\dfrac{(\varepsilon_{60} - \varepsilon_{120})}{(\varepsilon_0 - \varepsilon_{90})}$ 校核：$\varepsilon_0 + 3\varepsilon_{90} = 2(\varepsilon_{60} + \varepsilon_{120})$	主应力： $\begin{matrix}\sigma_1\\\sigma_2\end{matrix} = \dfrac{E}{1-\mu^2}\left[\dfrac{1+\mu}{2}(\varepsilon_0 + \varepsilon_{90}) \pm \right.$ $\dfrac{1-\mu}{2} \times$ $\left.\sqrt{(\varepsilon_0 - \varepsilon_{90})^2 + \dfrac{4}{3}(\varepsilon_{60} - \varepsilon_{120})^2}\right]$

应变花的结构形式有多种。在测量时,选择的原则是:

1) 在主方向虽不确切知道,但大体上可以估计到的情况下,以用三轴45°应变花为好。因为在0°和90°两个方向附近,应变的大小对于角度的微小变化并不敏感;而在45°方向附近,应变的大小对于角度的微小变化比较敏感。所以,如果将应变花的0°和90°两个方向沿大致估计的主方向粘贴,即使角度有少量误差,测量结果准确度也比其他的贴法为高。

2) 如果在测量前对主方向无法估计,就应采用三轴60°应变花。这时,三个测量方向均匀分布,使得由角度误差而产生的测量结果误差不会太大。

另外,为了校核测量结果的准确性,可以使用四片式应变花。它们的结构形式和计算公式也列于表5-1中。由二向应力状态的应变分析可知,四片式应变花的四个测量读数之间应该符合下列关系

四轴45°应变花:$\varepsilon_0 + \varepsilon_{90} = \varepsilon_{45} + \varepsilon_{135}$

四轴60°~90°应变花:$\varepsilon_0 + 3\varepsilon_{90} = 2(\varepsilon_{60} + \varepsilon_{120})$ (5-6)

上式是对测量结果进行校核的依据。

5.5 测量结果的修正

在实际测量时,由于各种因素的影响会在测量读数中产生一定的误差。其中,有一些是因为使用条件的限制所不可避免,主要包括:

1) 应变计的电阻值与应变仪的设计电阻值不一致。
2) 应变计的灵敏系数与应变仪的灵敏系数不一致。
3) 应变计的横向效应。
4) 长导线的影响。

由于上述原因产生的误差,可以通过理论分析得到对使用应变仪测得的读数 δ_d 加以修正的方法。下面就介绍这些误差的计算及修正方法。

5.5.1 应变计电阻值不同的修正

我国生产的应变仪的电桥,通常是按使用电阻值为 120Ω 的应变计而设计的。测量时,如果采用其他电阻值的应变计,就会改变测量电桥的输出阻抗,从而破坏原来电桥输出阻抗与放大器输入阻抗之间的匹配关系。对于不同型号的电阻应变仪,因为线路设计的不同,由这种改变而产生的影响是不同的,因而对应变测量读数的影响也不相同。对于采用双电桥零位法测量原理的静态电阻应变仪,使用不同电阻值的应变计,对应变测量读数基本无影响。对于采用单电桥偏位法测量原理的静(或动)态电阻应变仪,使用不同电阻值的应变计,将会影响应变测量读数,因而需要对读数进行修正。而且误差还与电桥的接线方式有关,全桥接线法产生的误差与半桥接线法产生的误差是不同的。

实际上，各种型号的电阻应变仪在其使用说明书中，对应变计电阻值的适用范围都作了规定，凡需要对测量读数进行修正的，都给出了相应的修正公式或修正曲线。在使用时，根据应变计的电阻值和接线方法，由修正公式或修正曲线查出修正系数 a，再将应变计读数应变 ε_d 按下式修正，即可得到修正后的应变 ε

$$\varepsilon = \frac{1}{a}\varepsilon_d \tag{5-7}$$

5.5.2 应变计灵敏系数不同的修正

设应变仪的灵敏系数为 K_0，测量时使用的应变计的灵敏系数为 K。对于静态电阻应变仪，只有在 $K = K_0$ 的情况下，读数值才等于实际应变值。因此，在静态电阻应变仪上，都设有灵敏系数调节装置。测量时，只要根据所用应变计的 K 值调节应变仪灵敏系数，使得 $K = K_0$，应变仪的读数就等于实际应变值。

若应变计灵敏系数 K 超出了应变仪灵敏系数 K_0 的调节范围，或一台应变仪上接有几种不同灵敏系数的应变计，应变仪的读数就不可能等于实际应变值，就需要进行修正。方法是在测量时可以将应变仪的灵敏系数 K_0 调节为某一数值（一般采用 $K_0 = 2$），测量之后对应变仪的读数 ε_d 进行修正，修正公式为

$$\varepsilon = \frac{K_0}{K}\varepsilon_d \tag{5-8}$$

5.5.3 应变计横向效应的修正

由于电阻应变计具有横向效应，如式（2-30），所以应变计对应变的响应为

$$\frac{\Delta R}{R} = K_x\varepsilon_x + K_y\varepsilon_y = K_x\varepsilon_x(1 - \mu_0 H) \tag{5-9}$$

由标定梁确定的应变计电阻变化率与纵向应变的关系为

$$\frac{\Delta R}{R} = K\varepsilon_x \tag{5-10}$$

式中，K 通过标定来得到，比较式（5-9）和式（5-10），有标定灵敏系数与纵向灵敏系数的关系

$$K = K_x(1 - \mu_0 H) \tag{5-11}$$

应变仪的基本关系式为

$$\frac{\Delta R}{R} = K_0\varepsilon_d \tag{5-12}$$

代入式（5-10），有

$$\varepsilon_d = \frac{K}{K_0}\varepsilon_x \tag{5-13}$$

由于当应变计的使用条件与标定条件不符时，即不满足标定的三个条件时，如果应变计的横向效应系数不为零，则按关系式（5-13）所确定的应变读数就存在一定的误差。由于这个误差是在横向效应系数不等于零时才有的，故它的修正

即为横向效应的修正。

下面分别讨论两种情况的应变应力横向效应修正公式（假设 $K_0 = K$）。

1. 单向应力状态

被测点为单向应力状态，被测材料的泊松比 μ 与标定梁材料的泊松比 μ_0 不相同，即 $\mu \neq \mu_0$。设 x 方向与应力方向平行，y 方向与应力方向垂直。被测点的应变为 ε_x、ε_y，且 $\varepsilon_y = -\mu\varepsilon_x$。

在被测点处沿 x、y 方向分别粘贴两个应变计，它们的读数应变相应为 ε_{xd} 和 ε_{yd}，根据式（5-9）、式（5-12）得

$$K\varepsilon_{xd} = K_x\varepsilon_x + K_y\varepsilon_y$$

$$K\varepsilon_{yd} = K_x\varepsilon_y + K_y\varepsilon_x$$

将 $\varepsilon_y = -\mu\varepsilon_x$，$H = \dfrac{K_y}{K_x}$ 以及式（5-11）代入，解出 ε_{xd}、ε_{yd} 为

$$\varepsilon_{xd} = \varepsilon_x \frac{1-\mu H}{1-\mu_0 H}$$

$$\varepsilon_{yd} = \varepsilon_y \frac{\mu - H}{\mu(1-\mu_0 H)} \tag{5-14}$$

由此得到应变的修正公式为

$$\varepsilon_x = \varepsilon_{xd} \frac{1-\mu_0 H}{1-\mu H}$$

$$\varepsilon_y = \varepsilon_{yd} \frac{\mu(1-\mu_0 H)}{\mu - H} \tag{5-15}$$

若将式（5-15）中的第一式代入单向应力状态的胡克定律公式，便可得到应力修正公式为

$$\sigma_x = E\varepsilon_x = E\frac{1-\mu_0 H}{1-\mu H}\varepsilon_{xd} = E_a\varepsilon_{xd} \tag{5-16}$$

式中，E_a 称为表观弹性模量，其表达式为

$$E_a = E\frac{1-\mu_0 H}{1-\mu H} \tag{5-17}$$

式（5-16）与胡克定律的形式完全相同，因此只要将胡克定律公式中的 E 改为 E_a，即可直接由读数应变得到修正后的应力。

此外，由式（5-15）可以得到

$$\frac{\varepsilon_y}{\varepsilon_x} = -\mu = \mu\frac{\varepsilon_{yd}(1-\mu H)}{\varepsilon_{xd}(\mu - H)}$$

整理后得到

$$\frac{\varepsilon_{yd}}{\varepsilon_{xd}} = -\frac{\mu - H}{1-\mu H} = -\mu_a \tag{5-18}$$

式中，μ_a 称为表观泊松比，其表达式为

$$\mu_a = \frac{\mu - H}{1 - \mu H} \tag{5-19}$$

由式（5-18）可知，μ_a 也是单向应力状态下两个读数应变的比值。

由式（5-15）可得，单向应力状态下纵、横向读数应变的相对误差分别为

$$e_x = \frac{\varepsilon_{xd} - \varepsilon_x}{\varepsilon_x} = \frac{\varepsilon_{xd}}{\varepsilon_x} - 1 = \frac{1 - \mu H}{1 - \mu_0 H} - 1 = \frac{H(\mu_0 - \mu)}{1 - \mu_0 H}$$

$$e_y = \frac{\varepsilon_{yd} - \varepsilon_y}{\varepsilon_y} = \frac{\varepsilon_{yd}}{\varepsilon_y} - 1 = \frac{\mu - H}{\mu(1 - \mu_0 H)} - 1 = \frac{H(\mu_0 \mu - 1)}{\mu(1 - \mu_0 H)}$$

设 $\mu_0 = 0.28$，所用应变计 $H = 5\%$，被测材料为有机玻璃 $\mu = 0.40$，则

$$|e_x| = \left| \frac{0.05 \times (0.28 - 0.40)}{1 - 0.05 \times 0.28} \right| = 0.6\%$$

$$|e_y| = \left| \frac{0.05 \times (0.28 \times 0.40 - 1)}{0.40 \times (1 - 0.05 \times 0.28)} \right| = 11.3\%$$

计算表明：测点是单向应力状态，应变计和应力同向时，读数应变误差不大，一般不超过1%。对于测量应变计和应力不同向时，则要注意修正，如测量简单拉伸的横向应变，误差是很大的。

2. 平面应力状态

对于已知主应力方向的二向应力状态，在主应力方向各粘贴一个应变计，以测量主应变 ε_1 和 ε_2。其读数应变为 ε_{1d} 和 ε_{2d}，则

$$\varepsilon_{1d} = \frac{1}{K}(K_x \varepsilon_1 + K_y \varepsilon_2) = \frac{K_x}{K}(\varepsilon_1 + H\varepsilon_2)$$

$$\varepsilon_{2d} = \frac{K_x}{K}(\varepsilon_2 + H\varepsilon_1)$$

由上两式解出实际应变 ε_1 和 ε_2

$$\varepsilon_1 = \frac{1 - \mu_0 H}{1 - H^2}(\varepsilon_{1d} - H\varepsilon_{2d})$$

$$\varepsilon_2 = \frac{1 - \mu_0 H}{1 - H^2}(\varepsilon_{2d} - H\varepsilon_{1d}) \tag{5-20}$$

式（5-20）即为主应变的修正公式，将式（5-20）代入广义胡克定律，再将式（5-17）表观弹性模量 E_a 和式（5-19）表观泊松比 μ_a 代入，经过整理后，可得到应力修正公式为

$$\sigma_1 = \frac{E_a}{1 - \mu_a^2}(\varepsilon_{1d} + \mu_a \varepsilon_{2d})$$

$$\sigma_2 = \frac{E_a}{1 - \mu_a^2}(\varepsilon_{2d} + \mu_a \varepsilon_{1d}) \tag{5-21}$$

式 (5-21) 与式 (5-3) 广义胡克定律的形式完全相同。因此，只要将式 (5-3) 中的 E、μ 改为 E_a、μ_a，即可直接得到修正后的由读数应变表达的主应力式 (5-21)。

对于主应力方向未知的二向应力状态，只要将表 5-1 各公式中的 E、μ 相应改为 E_a、μ_a，即可直接由读数应变得到修正后的主应力。而由于主应力方向与 E、μ 无关，故不需要进行修正。例如表 5-1 中的 45°应变花，计算公式应为

$$\begin{matrix}\sigma_1\\\sigma_2\end{matrix} = \frac{E_a}{1-\mu_a^2}\left[\frac{(1+\mu_a)}{2}(\varepsilon_{0d}+\varepsilon_{90d}) \pm \frac{(1-\mu_a)}{\sqrt{2}}\sqrt{(\varepsilon_{0d}-\varepsilon_{45d})^2+(\varepsilon_{45d}-\varepsilon_{90d})^2}\right]$$

$$\tan 2a_0 = \frac{2\varepsilon_{45d}-\varepsilon_{0d}-\varepsilon_{90d}}{\varepsilon_{0d}-\varepsilon_{90d}}$$

式中，ε_{0d}、ε_{45d}、ε_{90d} 分别为应变花中的 $a=0°$、$45°$、$90°$ 时的读数应变。

5.5.4 长导线影响及其修正

应变测量有时遇到待测构件尺寸很大或由安全考虑测量仪器需要与被测构件保持很大距离的情况，这就需要用很长的导线连接应变计与测量仪器。这时，导线电阻 R_L 与应变计电阻 R 相比不可忽略，它的存在相当于增大了桥臂的初始电阻值，所以它将使桥臂电阻变化率发生改变。

对于半桥接法，如果工作片与补偿片分别各用两根电阻值为 R_L 的长导线接入电桥，如图 5-6a 所示，则电桥工作臂的电阻变化率为

$$\frac{\Delta R}{R+2R_L} = \frac{\Delta R}{R} \times \frac{1}{1+\frac{2R_L}{R}}$$

因此，应变读数的修正公式为

$$\varepsilon = \left(1+\frac{2R_L}{R}\right)\varepsilon_d \tag{5-22}$$

为了减小上述影响，通常采用如图 5-6b 所示的用三根导线的接法。先将工作片和补偿片的一端连成公共线，然后用长导线引至应变仪；再在工作片和补偿片的另一端分别各用一根长导线串联接入桥臂；这样有一根长导线是接在桥臂之外，在电桥的输出回路中。这时的应变读数修正公式为

$$\varepsilon = \left(1+\frac{R_L}{R}\right)\varepsilon_d \tag{5-23}$$

对于全桥接法，如图 5-7 所示。接在电桥输入回路上的两根长导线的电阻将使供桥电压由 U_{AC} 下降为 $\frac{R}{R+2R_L}U_{AC}$，电桥的输出电压也将按同一比值下降。因此，这时的应变读数修正公式为

$$\varepsilon = \frac{R+2R_L}{R}\varepsilon_d = \left(1+\frac{2R_L}{R}\right)\varepsilon_d \tag{5-24}$$

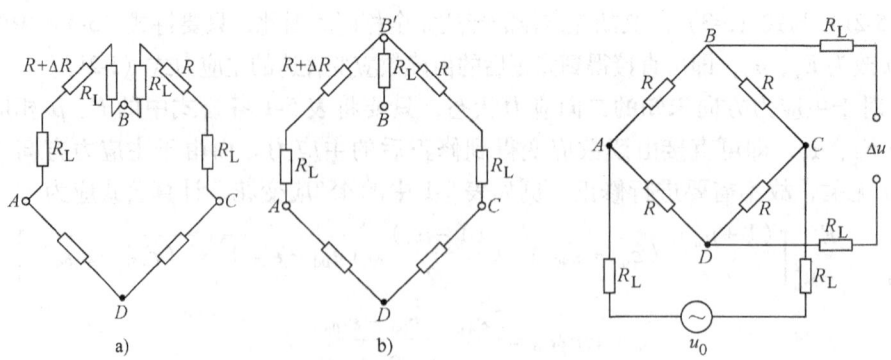

图5-6 半桥接法时导线电阻的影响　　　　图5-7 全桥接法时导线电阻的影响

它与半桥接法时的式（5-22）相同。

实际测量中采用的多股绞合导线，其每米长度上的电阻值约为 0.05~0.1Ω。如果测量导线的长度为 20m，应变计电阻值为 120Ω，则在半桥三线接法时的读数相对误差为

$$e = \frac{R_L}{R} \times 100\% = 0.83\% \sim 1.67\%$$

其他两种接法时的相对误差均为此值的两倍。

习　题

5-1　对于主应力方向未知的二向应力状态的被测点，若要测出其主应力的大小及方向，需贴几个应变片？如何贴法？并简述计算主应力的推导过程。

5-2　试推导纯剪切应力状态单元体的切应变与主应变的关系式。

5-3　圆轴承受扭矩作用。为了测定轴表面 A 点处的主应变，在 A 点沿与轴线成 45°、135° 的方向各贴一片应变片 R_1 和 R_2，如图5-8所示。已知应变计的横向效应系数 $H = 4.5\%$，其灵敏系数 K 值是在 $\mu_0 = 0.285$ 的标定梁上标定给出的。试计算应变计的横向效应给应变测量带来的相对误差。

5-4　测点上应变花的粘贴位置如图5-9所示。实验测出 $\varepsilon_{(1)} = 240$ 微应变，$\varepsilon_{(2)} = 440$ 微应变，$\varepsilon_{(3)} = -50$ 微应变，求出该点的主应力（结构材料的 $E = 210 \times 10^3 \text{MPa}$，$\mu = 0.32$）。

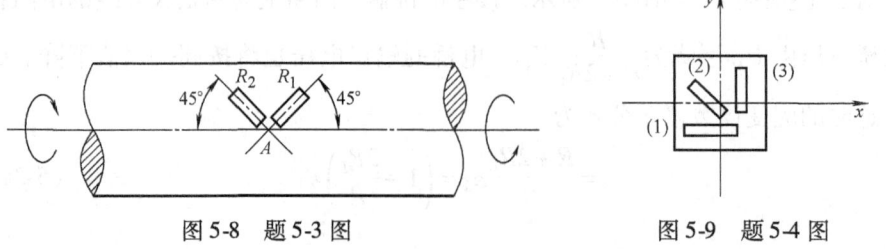

图5-8 题5-3图　　　　图5-9 题5-4图

5-5 将两片应变计分别贴在板状拉伸的轴向和横向上,如图 5-10 所示。加载后由应变计测得的轴向和横向应变读数值分别为 $\varepsilon_1^* = 988 \times 10^{-6}$ 和 $\varepsilon_2^* = -293 \times 10^{-6}$。并知应变计在标定梁上标定出的灵敏系数 $K = 2.185$,它的横向效应系数 $H = 4.5\%$。试确定该试件材料的泊松比 μ。

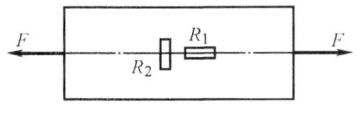

图 5-10　题 5-5 图

第 6 章 动态应变测量

6.1 动态应变的类型

工程结构上的动态应变产生的原因是：①处在一定的运动状态；②承受的载荷按一定的规律变化。只有对于运动及载荷变化较为缓慢的情况，在一定的时间范围内，才可以作为静态问题考虑。然而运动是绝对的，静止是相对的。因此，研究结构的动态应变问题具有十分重要的实际意义。

根据随时间变化的规律，动态应变可以分为不同的类型。应变随时间变化的规律可以用明确的数学关系式描述的，称为确定性动态应变，否则属于非确定性动态应变，动态应变的分类如图 6-1 所示。

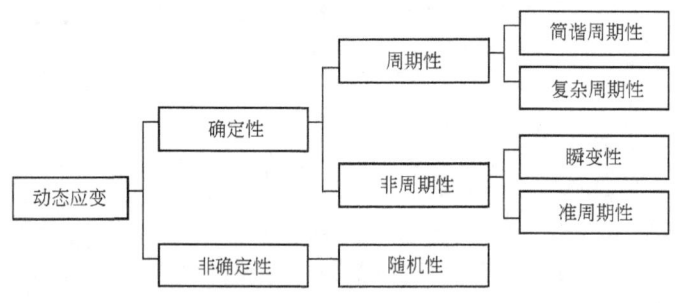

图 6-1 动态应变的分类

6.1.1 周期性动应变

应变随时间变化的规律可以用周期函数来描述，则这种动态应变称为周期性动应变。其变化规律的数学表达式为

$$\varepsilon(t+nT) = \varepsilon(t) \tag{6-1}$$

式中，T 为变化的周期；n 为任意整数。

不平衡的转动部件和交流磁场都是周期激振源。例如，由于机器中旋转构件的质量偏心而在支架上产生的动应变，曲柄连杆机构中的连杆在工作时产生的动应变等，均属于周期性动应变。

周期性动应变又包括简谐周期性动应变与复杂周期性动应变。

1）简谐周期性动应变的波形为正弦波，如图 6-2a 所示，其数学表达式为

$$\varepsilon(t) = \varepsilon_m \sin(\omega t + \varphi) = \varepsilon_m \sin(2\pi f t + \varphi) \tag{6-2}$$

式中，ε_m 为最大应力幅值，即振幅；ω 为角频率；φ 为初始相位；f 为频率。

2）复杂周期性动应变的波形如图 6-2b 所示，它可以分解为两个或两个以上振幅不同、频率为某一基波频率整数倍的简谐波，其任意两个谐波频率之比都是有理数。其数学表达式为傅里叶级数，即

$$\varepsilon(t) = \varepsilon_0 + \sum_{n=1}^{\infty} \varepsilon_n \sin(\omega_n t + \varphi_n)$$
$$= \varepsilon_0 + \sum_{n=1}^{\infty} \varepsilon_n \sin(2\pi f_n t + \varphi_n) \quad (6\text{-}3)$$

式中，ε_0 为静态应变分量；ε_n 为第 n 次谐波的振幅；φ_n 为第 n 次谐波的初始相位；ω_n 为第 n 次谐波的角频率，f_n 为第 n 次谐波的频率。

复杂周期信号的频率包括基波频率与各高次谐波的频率，即

$$f_n = \frac{\omega_n}{2\pi} = n \cdot \frac{\omega}{2\pi} = nf \quad (n = 1, 2, \cdots, \infty)$$

式中，f 为基波频率。

对于复杂周期信号，在选用测量仪器时，除应考虑基波频率外，还应考虑重要的高次谐波的频率。

6.1.2 非周期性动态应变

非周期性动态应变分为两种，瞬变性动态应变和准周期性动态应变。

1）瞬变性动态应变主要是由于瞬态载荷作用所引起的。瞬变性应变的特点是它只在有限的时间范围内存在，其波形或是单个的脉冲，或是迅速衰减的振荡曲线，如图 6-2c、d 所示。

机械冲击、爆炸或弹性系统在解除激振力之后的瞬态振动等都会在构件中产生的瞬变性动应变。

瞬变性动应变通常含有从零到无限大的连续分布的所有频率成分。在测量时，可以根据具体情况与要求确定测试频率范围。对于冲击应变，应该考虑冲击波形的持续时间 τ，因为冲击能量的绝大部分是分布在从零到 $f = 1/\tau$ 的频率范围内的。此外，为了更准确地反映冲击应变的波形，在选定测量系统的工作频率时，还应该考虑信号的脉冲前沿宽度，即从零上升到最大值所需要的时间。

2）准周期性动应变是由若干个简谐周期性动应变叠加而成的，但其谐波频率之比不全是有理数。准周期性动应变虽然是非周期的，但它在某些性质上及在处理方法上与复杂周期性动应变相同。因此，在动态应变测量中，对非周期性动应变的讨论主要是针对瞬变性动应变。

6.1.3 随机性动态应变

随机性动态应变属于非确定性应变，其变化规律不能用确定的数学关系描

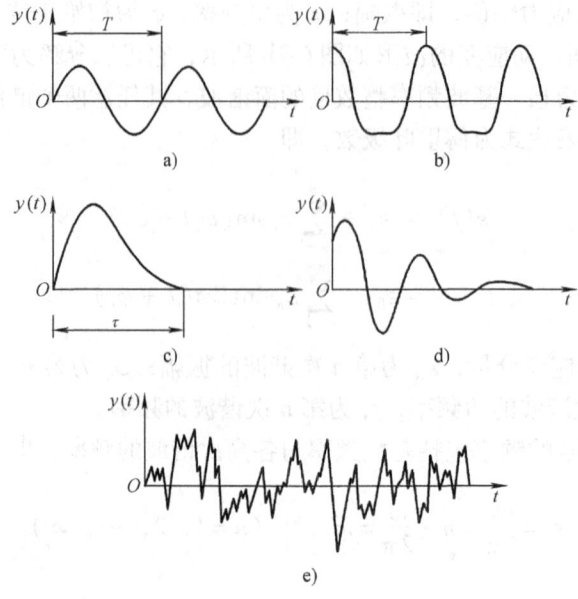

图 6-2 动态应变的波形

述。例如,因机床加工零件时的振动而产生的动应变,因车辆在道路上行驶时的振动而产生的动应变等,均属于随机性动态应变。

对随机性动态应变,虽然无法预测其在未来时刻的数值;且在进行重复测量时,所得到的记录都是互不相同的,似乎毫无规律;但大量重复实验的数据表明存在着一定的统计规律性,可以用概率统计的方法描述和分析。

从这一方面的特点来讲,前面介绍的周期性动应变与瞬变性动应变,都属于确定性动应变。即如果不考虑各种误差的影响,在对这类应变进行重复测量时,每次所得到的结果都是相同的。对于非确定性应变,要选用频率响应范围很宽的测量记录系统,进行大量重复试验,并根据其统计特性进行研究。

随机性动应变一般含有十分丰富的频率成分,图 6-2e 所示为某一种随机性动应变的单次测量记录。在对随机性动应变进行测量时,从应变计开始,整个测量系统的频率响应特性都应符合要求。

6.2 应变计的动态响应特性和疲劳寿命

用电阻应变计测量动态应变,需考虑应变计的动态响应特性,同时要求应变计有较高的疲劳寿命。

6.2.1 应变计的动态响应特性

在动态测量中,对应变计的要求是既能正确地感受构件的应变,还能正确地反映应变的变化。构件的应变是以应变波的形式按一定的速度传播的，为了使应变计能正确地反映应变的变化，应变计的几何尺寸与被测应变的频率之间应该满足一定的关系。

构件上应变的传播过程，有两种形式：

1）应变波由构件表面经粘接层和基底传播到应变计的敏感栅。由于应变计基底和粘结的胶层很薄，应变从构件表面传递到敏感栅所需的时间很短，时间常数为微秒级，所以可认为是立即响应，在实际测量中不予考虑。

2）应变波沿应变计的栅长方向传播。由于应变计的栅长对测量结果有一定的影响，所以，分析的重点是在这一过程中应变计的动态响应，建立应变计栅长和最高响应频率之间的关系。

在被测构件的表面上 A 点处贴一栅长为 l 的应变计。应变沿应变计的栅长方向按正弦规律传播，波长为 λ，如图 6-3 所示。图中的曲线表示在某瞬时构件表面上的应变分布情况，其数学表达式为

$$\varepsilon = \varepsilon_m \sin \frac{2\pi}{\lambda} x \quad (6\text{-}4)$$

式中，ε_m 为应变波的最大幅值。

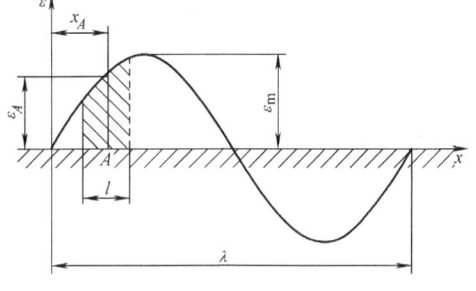

图 6-3 应变计的动态响应

则 A 点处的真实应变值，即应变计栅长中点处的应变值为

$$\varepsilon_A = \varepsilon_m \sin \frac{2\pi}{\lambda} x_A \quad (6\text{-}5)$$

式中，x_A 为 A 点的横坐标。

A 点的应变测量读数 $\bar{\varepsilon}_A$ 表示应变计的输出，它等于在应变计栅长 l 范围内各点应变的平均值，即

$$\begin{aligned}\bar{\varepsilon}_A &= \frac{1}{l}\int_{x_A-\frac{l}{2}}^{x_A+\frac{l}{2}} \varepsilon_m \sin \frac{2\pi}{\lambda} x \, dx \\ &= \varepsilon_m \sin \frac{2\pi}{\lambda} x_A \sin \frac{\pi l}{\lambda} \Big/ \frac{\pi l}{\lambda} \end{aligned} \quad (6\text{-}6)$$

比较式（6-5）、式（6-6）可知，用栅长范围内的平均应变值表示栅长中点处的应变，将产生误差，其相对误差为

$$\delta = \frac{\varepsilon_A - \bar{\varepsilon}_A}{\varepsilon_A} = 1 - \left(\sin \frac{\pi l}{\lambda} \Big/ \frac{\pi l}{\lambda} \right) \quad (6\text{-}7)$$

由式（6-7）可见，相对误差与比值 λ/l 有关。由于

$$\lambda = vT = \frac{v}{f} \quad (6\text{-}8)$$

式中，v 为应变波在被测构件中的传播速度；T 为应变变化周期；f 为应变变化的频率。

因此，对一定栅长的应变计，当被测应变的频率越高时，其测量读数的相对误差也越大。应变计的输出与被测应变频率之间的关系，称为应变计的频率响应特性，它取决于应变计的栅长 l。

当 $l \ll \lambda$，即 $\dfrac{\pi l}{\lambda} \ll 1$ 时，可以采用近似公式

$$\sin\frac{\pi l}{\lambda} \Big/ \frac{\pi l}{\lambda} \approx 1 - \frac{\left(\frac{\pi l}{\lambda}\right)^2}{6}$$

于是式（6-7）可以写为

$$\delta = \frac{1}{6}\left(\frac{\pi l}{\lambda}\right)^2 = \frac{1}{6}\left(\frac{\pi l f}{v}\right)^2 \tag{6-9}$$

由于应变波在材料中传播速度 v 是常数，所以根据上式有：

1）若给定允许的相对误差 δ 和被测动态应变的最高频率 f_{max}，则可得出应变计允许的最大栅长。

2）若给定允许的相对误差 δ 和应变计栅长 l，可确定应变计允许的极限频率 f_{max}。

例如：应变波在钢材中传播速度 $v \approx 5000\mathrm{m/s}$，给定允许的相对误差 $\delta = 1\%$，应变计的栅长 $l = 5\mathrm{mm}$，则应变计允许的极限频率为

$$f_{max} = \frac{v}{\pi l}\sqrt{6\delta} \approx 78000\,\mathrm{Hz}$$

如果被测动态应变的频率远小于此数值，应变计的动态响应误差可忽略不计。

在进行动态测量时，通常是根据被测信号的最高频率来合理选择应变计的栅长。经常使用的栅长在 20mm 以下的应变计，对于一般机械工程中的动应变，其频率响应是足够的。

6.2.2 应变计的疲劳寿命

动态应变测量时，若测点的应变变化频率较快，测量的时间较长，应变计所经受的应变循环次数也就很多。在这种情况下，要求所选用的应变计具有较高的疲劳寿命。一般的电阻应变计在常温下的疲劳寿命为 $10^5 \sim 10^6$ 次，动态应变计的疲劳寿命可达 $10^7 \sim 10^8$ 次。应变计的疲劳寿命与所经受的应变幅值有关，厂家提供的疲劳寿命值是在 ±1000 微应变的应变幅值下标定的。所以，如果应变幅值大于 ±1000 微应变，则应变计的实际疲劳寿命将低于给定值。试验研究表明，疲劳寿命指标为 10^6 次的箔式应变计，若在 ±（1000~5000）微应变的应变幅值下工作，疲劳寿命有可能降到 2×10^3 次左右。

此外，对于动态应变测量，应特别注意应变计引线与测量导线的可靠连接，以及导线的牢固安装与保护（在运动构件上尤需如此），以保证测量的持续与可靠。

6.3　动态应变测量的标定

6.3.1　动态应变测量的仪器系统

由于动态应变测量要得到应变随时间的变化过程，因此，在测量仪器系统中，包含动态应变仪及相应的记录装置。由于被测应变的频率变动范围不同，而各种动态应变仪和记录器的频率适用范围都有限制，因此，应根据测量应变频率的需要选择合适的测量仪器系统。

图 6-4 所示为一些常用的动态应变测量的仪器系统，图中标出了有关仪器的适用频率范围，供选用时参考。此外，还需注意仪器之间抗匹配问题。

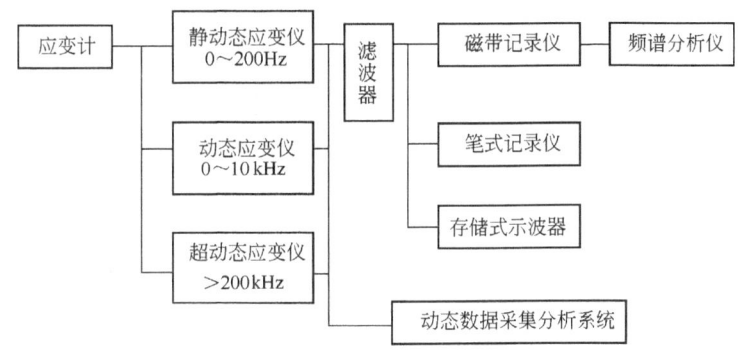

图 6-4　动态应变测量的仪器系统

滤波器的选用要根据测量的目的而定。当只需测量动态应变在某一频带中的谐波分量时，应选用相应频带的带通滤波器。当只需测量低于某一频率的谐波分量时，应选用有相应截止频率的低通滤波器。一般对频率结构没有特殊要求时可不用滤波器。

磁带记录仪有独特的优点，它可以在现场记录，回到实验室再现，且易于输出给频谱分析仪或计算机进行分析处理。

数字存储式示波器，一方面具有传统示波器的实时显示功能，又有将测量数据保存起来的功能；既能做实时在线的分析，又能对历史数据进行分析。如果选配接口卡，还可将储存的数据输入到计算机，进行进一步的分析处理。

由计算机控制的动态数据采集分析系统，是目前发展最快的一种动态测量手段，越来越得到广泛的应用，而且正向着网络化、远程化和智能化的方向发展。

6.3.2　动态测量的标定

在进行动态应变测量时，为了使测量记录能精确地反映实际的应变变化过程,并能得到定量的数值关系,除了选用性能稳定的测量仪器之外,还需对其显示的应变数值进行正确的标定。

标定的方法可分为:静态标定和动态标定。对于工作频率不太高的情况,通常是按静态标定的原理进行。

1. 静态标定

静态标定的原理是,用在静态装置上产生的静态应变作为标准应变和被测应变作比较,其方法有两种:

(1) 电标定　应变值的电标定,其原理是由标准电阻应变仪或动态电阻应变仪上的标定装置(电路)产生标准电信号,并用这种电信号来模拟标准应变信号,然后传输给记录设备进行记录。

不同型号的电阻应变仪其标定电路的结构也不同。一种是采用在测量电桥桥臂上并联标准电阻的方法。它的结构简单,标定精度较高,但只能采用电阻值为 120Ω 的应变计,而且在测量记录过程中不能随时进行标定。另一种是采用在测量电桥之外独立设置标定电桥,并在桥臂上并联标准电阻的方法。标定电桥的输出与测量中采用的应变计无关。它的标定精度高,且可在测量过程中随时标定,使用方便。

在进行应变值的电标定时应注意,应变仪的灵敏度及衰减档位、记录设备的型号与工作状态设置、数据采集系统的放大倍数以及导线状况等,都必须和测量时完全一致。

(2) 机械标定　应变值的机械标定,其原理是由一套机械装置直接产生定值标准应变信号,然后用应变仪测量并通过记录设备进行记录,或用数据采集系统进行应变信号采集。机械标定的装置一般是等截面纯弯曲梁或等强度梁(图6-5),其上粘贴有应变计,当梁产生一定的变形时,应变计即输出相应的应变信号。这种方法标定精度高,但设备及操作比较复杂,而且在测量过程中不能随时进行标定,不如电标定使用方便。

在利用应变计电测法进行其他机械量的测量时,应按给定被测量标准值的方

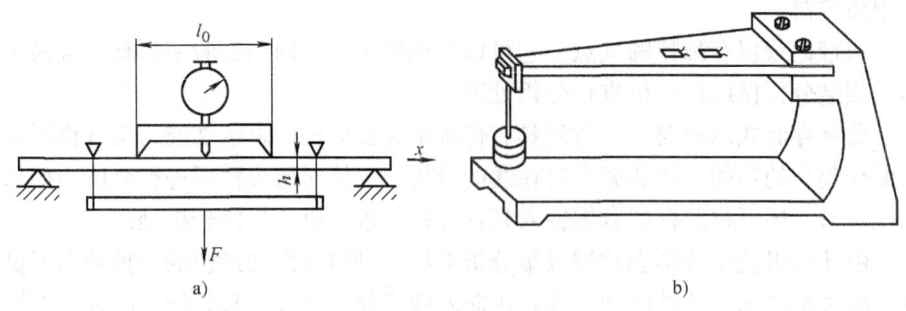

图 6-5　标定梁
a) 等截面纯弯曲梁　b) 等强度梁

法进行标定。例如，对于力的测量，应通过标准测力装置，或利用杠杆系统直接施加砝码等方法，在测量记录中获得与标准力值相应的标定信号记录。标定时，也应注意使整个测量系统的工作状态与测量时的状态完全一致。

2. 动态标定

当测量较高频率（100Hz 以上）的动态应变时，最好采用动态标定。动态标定的原理，是使标准试件上某点产生一个简谐规律变化且幅值已知的动应变，它的频率和被测结构动应变的频率相近。将应变计粘贴在标准试件上，并与测量记录仪器连接，便可根据已知的动应变幅值进行标定。

例如，用一等截面梁作为动态标定用的标准试件，将其一端夹固在振动台台面上构成悬臂梁，材料与被测结构相同，在根部处粘贴应变计，接成半桥或全桥，并连到动应变测量记录仪器上。若用读数显微镜（或其他的方法）读出梁自由端的振幅，用测振仪测出振动台台面振幅，则可算出此时梁根部处动应变的幅值。

动态标定时，应变计和导线要和实测时一样，动应变仪和记录仪应是实测时所使用的仪器。实测时，先将仪器接到标定装置的应变计导线上，记录已知应变幅值的一小段谐波，然后再转接到实测结构物的应变计导线上记录被测的动应变，并根据前者来标定后者的应变量值。

6.4 动态应变测量中的干扰与防干扰措施

应变信号在变换、传输、放大及记录过程中，若从内部或外部混入其他信号，从而造成误差，即所谓干扰。特别是当干扰频率在所测动应变信号频率范围内时，其混入应变信号内造成假象，严重地影响测量结果。在应变测量时，干扰的来源很多，有机械的（振动、冲击、声响）、热的、电的、磁的各种干扰，也有测试仪器内部引起的干扰。本节主要是讨论外界的电、磁对应变计、测量导线的干扰问题。

6.4.1 干扰源的分类及特点

应变测试通常是在各种不同环境中进行的，如实验室、工厂、施工现场、野外等。来自外界的各种电的、磁的干扰也是多种多样的，归纳起来主要有以下几种：

1. 电磁干扰

应变计的信号是通过测量导线输入应变仪的，数值非常微小（电桥的输出电压通常为毫伏级，有时甚至只有若干微伏），当外界电磁场变化时，就会受到电磁干扰。根据干扰源的特点，电磁干扰又可以分为：①工频干扰，即工业上使用的 50Hz 交流电造成的干扰；②无线电干扰，大功率无线电发射台的强磁场在测量导线中产生感生电流引起的干扰。

2. 静电干扰

当应变计的测量导线和干扰源（例如电力线）之间存在漏电容时，就可能在测量导线中产生静电干扰。

3. 地电压、地电流的干扰

目前的动态应变仪和记录仪大多数用交流市电电源，为了操作人员的安全起见，仪器外壳要接通大地。但在某些工厂，只要相隔几米，地电位差就会高达几伏；在某些风沙大的地区，地电位还会波动，频率为几赫到几千赫，最大幅值为几毫伏。此外，在应变测量现场，如果发生雷电、电力线开闭、电源事故、负载变化时都会产生地电流。

测量时，应变仪接大地，如果被测处的应变计也接大地，由于两地之间有一定距离，它们之间就有地电位差 U，它将干扰被测信号。

即使被测处的应变计并不直接通大地，但由于应变计及引线受潮或绝缘电阻下降、应变计或导线与被测物之间存在漏电容，这样就等于以一定的阻抗与大地相连，地电位差 U 也同样会干扰被测信号。

4. 测量仪器之间的干扰

当多台应变仪同时工作时，由于每台应变仪的实际载波频率不完全相同，会产生仪器之间的相互干扰。这种干扰是同时使用多台电阻应变仪进行测试时经常碰到的现象。

干扰信号可能是直流、低频、脉冲等，要减小或排除干扰，应当确定干扰信号的种类。如果所测的动应变频率不太高，则高频干扰将使应变测量的记录曲线上附加"高频毛刺"。直流干扰使记录曲线产生零点漂移。低频干扰却往往混在应变信号中难以确定，只有在被测点的应变规律是周期性的并且其频率可以预先知道的情况下，才可能分辨。常见的电源频率干扰，由于它表现为稳定的 50Hz 及其倍数的频率，所以在频谱分析中可分辨出来。

6.4.2 干扰源的检查

干扰来源的检查方法为：

1）首先排除仪器内部等因素造成的干扰，如应变仪本身的漂移、多台仪器之间的干扰等。

2）在加载之前，接上测量导线检查仪器是否有输出信号，如果有输出信号，就表明有干扰信号通过应变计及测量导线进入。

3）用标准无感电阻代替应变计，如果干扰信号消除，表明干扰就是应变计处进入的，可能是应变计受潮，绝缘电阻下降等原因而引起的地电压、地电流的干扰。如果干扰仍然存在，那就可能是外界对测量导线造成的电磁干扰和静电干扰，移动测量导线的位置或改变走向，寻找干扰来源。

4）加载后卸载发现记录结果中有零点漂移，那就表明有直流干扰。这种干扰现象往往发生在发动机或电动机开动或关闭时，这可以在这些物体上安放不受载的应变计，并用测量导线接到动态应变仪和记录仪，检查发动机和电动机开动和关闭时的干扰情况。

6.4.3 抑制干扰的措施

在工程动态测量中，由于各种外界因素的影响，会使应变仪产生一些干扰杂波输出。有时干扰信号与被测信号大小相当，使正常的测量工作无法进行。因此，如何有效地防止干扰，是动态测量技术中的一个重要问题。

下面针对前面所讨论的几种干扰源，寻找抑制的途径。

1. 抑制电磁干扰和静电干扰的措施

1）将测量导线绞扭，如图 6-6a 所示。这样可以减少干扰磁通的耦合面积，并使每一绞的感应电流与下一绞的感应电流相反，互相抵消。此外，最好将电源线也绞扭，使干扰磁场减弱。

在绞扭线的外面采用金属屏蔽套，如图 6-6b 所示，它可以防止静电干扰，使通过漏电容器 C 的电流从屏蔽套上旁路，不再串入信号回路中。

在半桥接线时采用三芯屏蔽线；全桥接线时采用四芯屏蔽线，或采用两根二芯屏蔽线，但其中一根接电桥的 A、C，另一根接电桥的 B、D。

采用屏蔽的方法不仅能抑制静电干扰，还能抑制静磁和电磁干扰，分别称为静磁屏蔽、静电屏蔽。静磁屏蔽是利用磁阻很小的强磁屏蔽材料（如钢等），它将干扰磁场限制在屏蔽体内，不影响信号回路。电磁屏蔽主要是防止高频电磁场的影响，它是采取低电阻金属材料，如铜、铝等作为屏蔽材料，使高频干扰信号在其上产生涡流损失来达到电磁屏蔽作用。屏蔽体愈厚，对频率愈高的干扰电流就有更好的抑制作用。

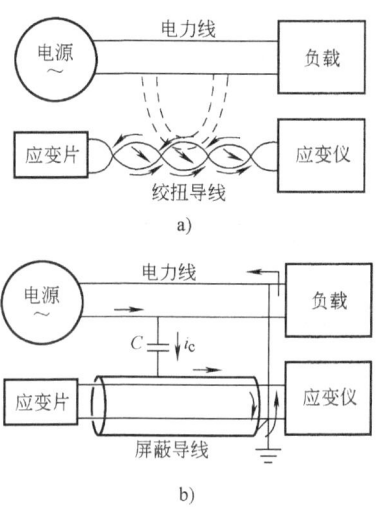

图 6-6 测量导线防干扰
a) 测量导线绞扭防电磁干扰
b) 测量导线金属屏蔽套防静电干扰

在较强的磁场情况下进行试验时，仅靠电缆本身的屏蔽作用是不够的，还需要另外增加屏蔽体进行屏蔽。

从屏蔽效果来看以屏蔽套两端接地为好。

2）因为磁场强度与距离成反比，电源线与测量导线的耦合电容也随距离的加大而减小，因此尽量增大测量导线与干扰源之间的距离，或者改变测量导线的方向，将它与电力线垂直，就可以减小电磁干扰和静电干扰。

3）尽可能地缩短测量导线的长度。

2. 抑制地电压、地电流干扰的措施

1）信号电路必须一点接地。如果应变仪使用市电电源，仪器的外壳接地，这时应变计处不允许接地，并且应变计与被测构件绝缘电阻要大，分布电容要小，否则地电压、地电流将干扰信号回路。如应变仪采用外壳接地，屏蔽套在该处也接地，这样称为一点接地。

2）如果应变仪使用电池供电，可以将屏蔽套接仪器外壳，但都不接地，称为"浮空"。

3. 抑制测量仪器之间的相互干扰

要抑制测量仪器之间的相互干扰，必须强迫各台应变仪载波频率同步，一般应变仪都有这样的接线端子和联接器。如果应变仪之间的载波频率相差太大时，将无法同步，这时应首先调整应变仪的振荡频率，使它们接近，然后接上同步线。但是同步的应变仪台数不宜过多，否则达不到同步目的，反而使应变仪无法工作。如果测量时使用的应变仪的台数很多时，应当将应变仪分组，每组内的几台同步，同步线要尽量短，且尽量避免与电源线平行布线。同时各组的测量导线要隔开，最好在每一组测量线外增加一层屏蔽层，这样处理后，即可达到抑制多台电阻应变仪同时工作的相互干扰。

4. 其他抑制干扰的措施

1）如果采取措施后，应变信号中仍有较明显的干扰，且干扰频率范围在被测的动态应变信号频率范围之外，则可以使用滤波器将干扰信号滤除。

2）如果确定了干扰的来源，应当对干扰源采取屏蔽、接地等措施。

6.5 动态应变的记录曲线与修正

动态应变测量的结果是应变记录曲线。记录了构件上某测点处的应变时间历程，其波形曲线如图 6-7 所示。

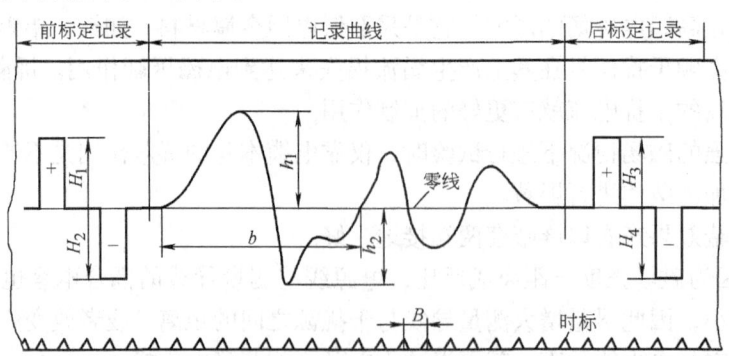

图 6-7 动态应变记录曲线

在测量前后应进行标定,标定方法一般用静态标定,有电标定和机械标定两种。电标定是利用动态应变仪上的标定装置产生标准电信号;机械标定是由机械装置直接产生标准应变量,用应变仪测量并记录,使用上不如电标定方便。

在应变幅值记录的曲线上,要给出时间的作图比例标记。波形曲线上幅高为 h 所对应的应变值 ε_h 为

$$\varepsilon_h = \frac{h}{H}\varepsilon_H \tag{6-10}$$

H 取记录前后标定 H_1 和 H_3 的平均值,对于正负幅标不相等的情况($H_1 \neq H_2$)则应对正应变取正幅标,负应变取负幅标。

时标是用一已知频率为 f_B 的信号,记录在波形图的一侧。波形图上应变变化和时标的周期记录长度各为 b 和 B,则应变波形的周期 T 为

$$T = \frac{b}{B} \times \frac{1}{f_B} \tag{6-11}$$

为了得到反映最终测量结果的数据及有关信号特征的描述,对动态测量得到的记录曲线,应进行必要的修正。

1. 零线的修正

在连续记录时间较长的情况下,记录曲线上的前零线和后零线有时并不重合。如果已经查明零线的移动只是由于应变仪及应变仪等测量系统的输出漂移而引起的,那么,可以认为对零线的移动与记录时间成比例,如图6-8所示,在实测所得的记录曲线上,逐点减去与时间成比例的零线移动量,即可以得到修正后的正确记录曲线。

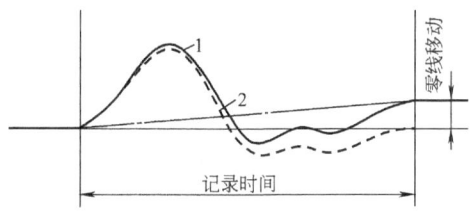

图6-8 零线的修正
1—实测记录曲线 2—修正后曲线

2. 应变测量值的修正

在动态应变测量中,若应变值的标定采用电标定方法,对应变测量值 ε_h 的修正计算,与静态测量时一样,根据应变计的电阻值与应变仪的设计电阻值不一致、应变计的灵敏系数与应变仪的灵敏系数不一致及用较长的测量导线等因素,按5.5节中的方法进行。如果应变值的标定不是采用应变仪的电标定,而是采用机械标定,则由于在进行机械标定时,所用应变计的型号以及连接导线的规格、长度均和测量时所用的相同,因而可不必再进行上述的各项修正。

6.6 动态应变的数据分析

对于动态应变信号,除了需要确定其应变幅值与周期之外,还需要了解其频谱,即其各次谐波的振幅及相位与频率之间的关系。周期性应变信号与瞬变性应变信号在这方面具有不同的特点,下面分别介绍。

6.6.1 周期性应变信号

根据波形图,除了确定应变的幅值 ε 和基频 f_1 外,还需计算其频谱。根据 6.1 节中所述,复杂周期应变 $\varepsilon(t)$ 可用式(6-3)表示。为了确定 ε_0、ε_n 和 φ_n,通常把式(6-3)写成以下形式

$$\varepsilon(t) = \varepsilon_0 + \sum_{n=1}^{\infty}(a_n\cos2\pi nf_1t + b_n\sin2\pi nf_1t) \qquad (6\text{-}12)$$

式中,ε_0、a_n、b_n 称为傅里叶系数,并按下式计算

$$\varepsilon_0 = \frac{1}{T}\int_0^T \varepsilon(t)\,\mathrm{d}t \qquad (6\text{-}13)$$

$$a_n = \frac{2}{T}\int_0^T \varepsilon(t)\cos2\pi nf_1 t\,\mathrm{d}t \qquad (6\text{-}14)$$

$$b_n = \frac{2}{T}\int_0^T \varepsilon(t)\sin2\pi nf_1 t\,\mathrm{d}t \quad (n=1,2,\cdots,\infty) \qquad (6\text{-}15)$$

这样,第 n 次谐波的幅值 ε_n 和相位 φ_n 可由 a_n、b_n 确定如下

$$\varepsilon_n = \sqrt{a_n^2 + b_n^2} \qquad (6\text{-}16)$$

$$\varphi_n = \arctan(a_n/b_n) \quad (n=1,2,\cdots,\infty) \qquad (6\text{-}17)$$

因此,计算周期信号的频谱即为确定 $\varepsilon(t)$ 时间历程的傅里叶系数。对于实测得到的波形图曲线 $\varepsilon(t)$,由于无法得到其解析式,只能进行近似数值计算。即将记录的波形图曲线 $\varepsilon(t)$(图6-9)离散处理得到一组数值,再进行数值积分。

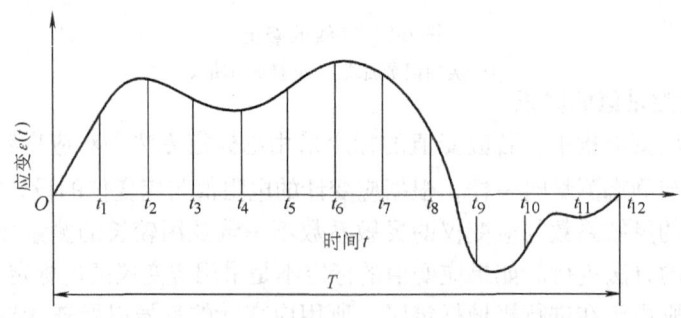

图6-9 周期性应变信号的波形图曲线

将基波周期 T 分为 N 等分，分点编号为 $k = 0,1,2,\cdots,N-1$ 分点时间间隔为 Δt，$T = N\Delta t$，$t_k = k\Delta t$，频率为

$$f = \frac{1}{T} = \frac{1}{N\Delta t} \tag{6-18}$$

则傅里叶系数计算公式为

$$\varepsilon_0 = \frac{1}{N}\sum_{k=0}^{N-1}\varepsilon(t_k) \tag{6-19}$$

$$a_n = \frac{2}{N}\sum_{k=0}^{N-1}\varepsilon(t_k)\cos 2\pi\frac{nk}{N} \tag{6-20}$$

$$b_n = \frac{2}{N}\sum_{k=0}^{N-1}\varepsilon(t_k)\sin 2\pi\frac{nk}{N} \tag{6-21}$$

傅里叶级数的项数 n 设为 m，即 $n = 1,2,\cdots,m$，则包括 ε_0 在内的傅里叶系数共有 $2m+1$ 个。由 N 个数值来确定 $2m+1$ 个系数，则要求 $m = \frac{N-1}{2}$。因此用离散方法计算应变信号的频谱时，所得到的最高谐波次数不超过 $\frac{N-1}{2}$ 次。如取 N 为偶数，由于对 $n = \frac{N}{2}$ 有 $\sin\frac{2\pi nk}{N} = 0$，所以 $b_{\frac{N}{2}} = 0$。这时待定傅里叶系数只有 $2m$ 个，即 $m = \frac{N}{2}$。实用上为计算方便，常取 $N = 6,12,24$ 等偶数。例如取 $N = 12$ 时，最多只能求得信号的 6 次谐波，这时 $\varepsilon(t)$ 的级数展开式为

$$\varepsilon(t) = \varepsilon_0 + a_1\cos 2\pi f_1 t + a_2\cos 4\pi f_1 t + \cdots + a_6\cos 12\pi f_1 t +$$
$$b_1\sin 2\pi f_1 t + b_2\sin 4\pi f_1 t + \cdots + b_5\sin 10\pi f_1 t$$

系数 a_n、b_n 计算可用表格法完成。$\varepsilon(t)$ 按曲线取值 $\varepsilon(t_k)$，由计算 a_n、b_n 再计算得各次谐波幅值 ε_n 和相位角 φ_n。这样确定了周期信号的幅值和相位频谱。

6.6.2 瞬变性应变信号

瞬变性应变信号属于非周期应变信号，其时间历程 $\varepsilon(t)$ 不能展开成上述傅里叶级数形式，但是可以把它看成周期 T 趋近于无穷大时的周期信号，并且由此可得到傅里叶积分的形式

$$\varepsilon(t) = \varepsilon_0 + \sum_{n=1}^{\infty}\left(\frac{a_n - jb_n}{2}e^{2\pi jnf_1 t} + \frac{a_n + jb_n}{2}e^{-2\pi jnf_1 t}\right) \tag{6-22}$$

式中，$j = \sqrt{-1}$，f_1 为基频，$e^{2\pi jf_1 t}$ 是三角函数的复数形式，令

$$C_n = \frac{a_n - jb_n}{2} \tag{6-23}$$

将上式等号右边各项合并，则有

$$\varepsilon(t) = \sum_{n=-\infty}^{\infty} C_n e^{2\pi j n f_1 t} \tag{6-24}$$

由式 (6-14)、式 (6-15) 和式 (6-23), 可得

$$C_n = \frac{1}{T}\int_{-\frac{T}{2}}^{\frac{T}{2}} \varepsilon(t) e^{-2\pi j n f_1 t} dt \tag{6-25}$$

C_n 为 $\varepsilon(t)$ 复数频谱分量,它又可写成

$$C_n = |C_n| e^{j\theta_n} \tag{6-26}$$

式中,复数模 C_n 及幅角 θ_n 分别等于信号第 n 次谐波的振幅及相位。

现考虑周期 $T\to\infty$ 的情况。T 为有限值时,则周期信号各次谐波频率仅出现在离散的 nf_1 各点,频率间隔 $f_1 = \Delta f = \frac{1}{T}$; 当 $T\to\infty$ 时,$\Delta f = f_1 \to 0$,离散点 nf_1 变为连续变量 f_1,这时信号频谱变为无限密集的连续频谱。

为了描述 $T\to\infty$ 时应变信号频谱分布的密度,将复数频谱分量 C_n 除以频率间隔 Δf,得

$$\frac{C_n}{\Delta f} = \frac{C_n}{f_1} = \int_{-\frac{T}{2}}^{\frac{T}{2}} \varepsilon(t) e^{-2\pi j n f_1 t} dt$$

当 $T\to\infty$ 时,有

$$\lim_{T\to\infty}\left(\frac{C_n}{f_1}\right) = \int_{-\infty}^{\infty} \varepsilon(t) e^{-2\pi j f_1 t} dt = F(f) \tag{6-27}$$

$F(f)$ 称为 $\varepsilon(t)$ 信号的频谱密度。

这时式 (6-24) 求和运算将变为积分运算

$$\varepsilon(t) = \sum_{n=-\infty}^{\infty} C_n e^{2\pi j n f_1 t} = \sum_{n=-\infty}^{\infty} \frac{C_n}{f_1} e^{2\pi j n f_1 t} \Delta f = \int_{-\infty}^{\infty} F(f) e^{2\pi j f_1 t} df \tag{6-28}$$

$F(f)$ 称为 $\varepsilon(t)$ 的傅里叶积分变换,$\varepsilon(t)$ 称为 $F(f)$ 的傅里叶逆变换。有

$$F(f) = |F(f)| e^{j\theta(f)} \tag{6-29}$$

$|F(f)|$ 模与 $\theta(f)$ 幅角分称为应变信号的幅值谱密度和相位谱密度。一般说来,瞬变应变信号的频谱是包括从零到无限大的所有频率成分谐波分量的连续谱。对于实测得到的瞬变应变曲线,可通过数值积分或离散傅里叶变换完成频谱计算。式 (6-28) 表示的傅里叶变换是在 $-\infty \to +\infty$ 时间范围内进行的。但实测应变信号曲线的计算只能在 $0 \to T$ 有限时间范围内进行。这时的变换是有限傅里叶变换,其定义为

$$F(f,T) = \int_0^T \varepsilon(t) e^{-2\pi j f_1 t} dt \tag{6-30}$$

进行数值计算时,先将应变信号时间历程 $\varepsilon(t)$ 离散化为数据 $\varepsilon(t_k)$,$k = 0, 1, 2, \cdots, N-1$。

计算得离散频率为

$$f_n = \frac{n}{N\Delta t}, \qquad (n = 0, 1, 2, \cdots, N-1)$$

这样,变换式为

$$F(f_n, T) = \sum_{k=0}^{N-1} \varepsilon(t_k) e^{-2\pi nk} \frac{n}{N\Delta t} \qquad (6\text{-}31)$$

式中,$F(f_n, T)$ 为信号在频率 f_n 处的频谱密度。

第7章 电阻应变式传感器

7.1 基本原理

在工程结构的强度分析中，了解和掌握力、力矩、位移、速度、加速度以及流体的压力等物理量的大小及其变化规律是十分重要的，而这些数据的获取常常是通过工程测量。

工程测量的方法有很多，应用较为普遍的是电测法。其基本原理是通过特定的转换元件和由它组成的转换装置，把被测物理量转换为电信号，然后再用专门的仪器对电信号进行测量。根据工作原理，转换元件可以有不同的类型，但简单而又实用的一种就是电阻应变计，而由它组成的转换装置称为电阻应变式传感器。

电阻应变式传感器，早在20世纪30年代末，由美国E. Simmons 和 A. C. Ruge 制造出第一批应变计以后不久，在20世纪40年代初（1944年）就发明了粘贴式电阻应变传感器。至今已有半个多世纪的发展历史。其间，几乎每间隔10年就出现一次质的飞跃。

20世纪四五十年代，是传感器早期发展阶段。当时弹性材料、纸基丝式应变计以及粘结剂均处于发展研究阶段，其性能还不完善。因此，电阻应变式传感器的准确度、稳定性都不能满足测量技术的要求。

自20世纪50年代箔式电阻应变计问世后，应变计的温度特性和粘结剂的力学性能都得到改善，使传感器的温度影响及蠕变影响有了明显抑制，精度提高了约一个数量级。

在20世纪60年代中期，传感器进入了测量领域。从60年代末到80年代初的十余年中，由于与传感器性能密切相关的各项技术所取得的突破性进展，使电阻应变式传感器获得了前所未有的高速发展。

20世纪80年代以后，随着加工工艺、粘贴工艺等的技术进步，使传感器的准确度、可靠性大大提高，在测量技术领域里得到了广泛应用，成为应变电测技术中的重要组成部分。现在，传感器已由单纯作为转换元件而发展成为多功能、智能化的信息测量元件。特别是微电子和微机械技术发展，必将给传感器的发展带来更广阔的空间。

7.1.1 传感器的构造与原理

以电阻应变计为转换元件的电阻应变式传感器，主要由弹性元件和粘贴于其上的电阻应变计构成。其工作原理是，由于被测物理量（如载荷、位移、压力等）能够在弹性元件上产生弹性变形（应变），而粘贴在弹性元件表面的电阻应变计可以将感受到弹性变形转变成电阻的变化，这样电阻应变式传感器就将被测物理量的变化转换成电信号的变化。

传感器中感受被测物理量的弹性元件是其关键部分，结构形式有多样，旨在提高感受被测物理量的灵敏性和稳定性。常用的弹性元件的结构形式有：受拉压的直杆、受弯曲的梁、受扭转的圆轴、受均布压力的薄圆板、受内压的圆筒、受径向载荷的圆环以及受轴向载荷的剪切轮辐式结构等。

在力、扭矩及流体压力的测量中，通常把被测物理量直接作为弹性元件所承受的载荷；在静位移的测量中，利用刚性极小的弹性元件直接感受位移的变化；在振动测量中，则是按照惯性式测振原理，利用一个由弹性元件和惯性质量块构成的质量-弹簧系统，来反映被测振动的位移、速度或加速度。

7.1.2 传感器的设计

为了进行高精度的测量，对传感器的使用性能提出以下要求：输出灵敏度高、非线性误差小、有良好的重复性（即工作稳定性）、湿度对传感器的零点及输出灵敏度的影响小、在动态测量时有足够的频率响应范围等。

与上述要求相适应，对弹性元件的结构和尺寸设计、弹性元件材料的选择及热处理、应变计与粘合剂的选择、应变计的粘贴与防护工艺等方面必须有严格的要求。

1. 弹性元件结构的设计原则

弹性元件结构设计的要求，往往与传感器使用的状态、环境条件、准确度等要求密切相关。因此，要获得满意的设计，首先应进行全面的考察和了解。

下面所阐述的是一般设计原则，使用时应结合具体情况，合理取舍、灵活运用。

1）结构简单。简单的结构形式可以简化加工工艺、降低成本。

2）有很好的刚性。为了使传感器工作状态保持稳定，减弱外界振动干扰的影响，特别是低频影响，应尽量使弹性元件在载荷作用下的弹性位移减小，使之有较高的固有频率。

3）结构的整体性好。弹性元件应尽量是一个整体，避免采用组合结构形式。因为诸如紧固松动、焊接变形、滑动位移等因素的存在，都可能对传感器的重复性、可靠性带来潜在影响。

4）弹性元件对作用力位置的变化和干扰力的影响不敏感。弹性元件应变敏感区的应力分布，应只随作用力的大小而变化。但是，一般的结构形式很难避免受干扰力，以及受作用力方向和位置变化的影响。为此，设计不受上述因素影响的弹性元件，优点是显而易见的。

5）弹性元件有效工作区应有良好的线性。有效工作区即是应变计工作的敏感区，该处应有良好的应力-应变线性关系。因此，对该区域的几何尺寸、加工精度都应有更为严格的要求。

6）弹性元件有效工作区应具有最大应变值。这样，弹性元件其他部位的变形都较小。因此，在载荷作用下的弹性元件具有较高的灵敏度和较好的疲劳寿命。

7）工作区的最佳额定应变值。选择工作区的最佳额定应变值是弹性元件设计的基础。由于传感器处在长期频繁的使用状态下，且要求有较高的分辨率和线性度。所以，在保证输出信号足够大的情况下，选择较低的应力水平为佳。通常的额定应变值选择在 600~2000 微应变之间。

8）弹性元件工作区的工艺性能好。结构形式的工艺性包括机械加工、粘贴和密封等安装工艺。应变计工作区要求加工精度高、几何尺寸的一致性好，因此要尽可能考虑便于实现加工要求的结构设计。同时，工作区的结构还应便于应变计的粘贴操作，适于半自动、大批量生产，在要求密封时能方便地进行局部密封或全密封。

9）弹性元件自身具有过载保护能力或便于设置过载保护装置。对于大量程传感器，安全过载保护是十分必要的。弹性体结构本身具有过载保护能力固然很好，但往往结构较复杂使加工变得更加困难。因此，多数情况下可以借助简单的附加装置。

10）安装方便，互换性好。

2. 弹性元件材料的选择

传感器弹性元件的材料应具有高强度、高弹性极限、低弹性模量、稳定的物理性质以及良好的机械加工和热处理性能。常用的材料有：合金钢 40Cr、35CrMnSiA、50CrMnA、50CrVA、40CrNiMoA、65Si2MnWA、铍青铜 QBe2、硬铝 LY12 及超硬铝 LC4 等。对性能要求不太高的传感器，也可以用优质碳素钢，如 45 钢。

弹性元件在加工过程中与加工以后，必须按一定规范进行热处理及载荷处理，以提高弹性极限、消除残余应力、减小材料本身的滞后和蠕变，达到较高的长期工作的稳定性。

3. 应变计的选择与粘贴

对一次性使用或短期使用的传感器，其应变计的选择及粘贴可以和通常的应变测量相同。对反复使用或长期连续使用的传感器，一般应选择高质量、高稳定性的箔式应变计，采用热固化的粘合剂进行粘贴，同时，对粘贴工艺的质量应严格控制，并且应覆盖良好的防护层。

7.1.3 传感器的标定

同一类型的传感器，常因弹性元件的加工和应变计工作特性指标的差异，以及其他各种原因，输出往往不同。因此，传感器制成以后，必须经过严格的标定，即以标准量（如拉力、单位压力、位移或加速度等）作用在传感器的弹性元件上，随同相应的测试仪器测其输出值（读数应变），从而由输出值（读数应变）反映被测量的大小，这一过程称为标定。标定要在下列条件下进行：

1）标定时传感器的加载情况与实测条件应一致，使用工作环境也应注明。

2）标准量的精度必须比所需标定的传感器的精度高一级。例如，被标定的测力传感器为三等测力计，则其标定必须在二等测力计上进行，方能满足精度要求。

3）测试仪器同样应高于传感器所要求的精度的 3~5 倍。

4）标定过程中，为了减少滞后误差，一般要在满量程（最大载荷）下反复加载、卸载 3~5 次，然后将额定量程（或额定载荷）分成 5~10 级加、卸载，并读取相应的数值，至少连续三次取值，再取平均值，制成图或表供实际使用。同时可按不确实度理论计算出传感器的不确实度。

传感器精度的性能指标，一般用如下三个典型技术指标来表示：

（1）非线性 在传感器的标定曲线图（即输入（载荷）-输出（电压或应变）特性曲线图）中，标定曲线与理论直线（连接零点与额定载荷对应点所做的直线）的最大输出偏差与额定载荷下输出值之比，即表示非线性度。

（2）滞后 载荷从零增至额定值，然后回到零，在输出的特性曲线上，上升时输出和下降时输出之间的最大偏差与额定值之比称之为滞后。

（3）重复性 在同一工作条件下，按同一方式，做数次（三次以上）加载至额定值时，特性曲线的一致性。它的数值为特性曲线上的点与理论直线上相应点间最大差值对满量程的百分比。

传感器的性能指标，尚有温度效应、偏载效应、常温蠕变、动态特性等，可参照有关标准，或按提出的特殊要求来标定。

7.1.4 供桥电压的选择

供桥电压低时，读数应变小，测量的灵敏度低。供桥电压过高时，虽然读数应变增大，但会使应变计工作性能变坏，滞后和蠕变增大，并产生很大的零点漂移。为了使得测试工作能够得到满意的效果，应选择最佳的供桥电压。影响最佳供桥电压数值的因素有应变计的型式、敏感栅的面积和电阻值、试件和弹性元件的散热能力、环境温度等。

可用下列经验公式确定最佳供桥电压 u_i （V），即

$$u_i = 2\sqrt{RP'_g F_g} \tag{7-1}$$

式中，R 为应变计的电阻（Ω）；F_g 为敏感栅的面积（mm^2）；P_g' 为敏感栅上的功率密度（W/mm^2），在静态测量、精度要求中等、散热条件良好时，可取 $P_g' = (1.6 \sim 3.1) \times 10^{-3} W/mm^2$。

7.1.5 传感器的电路补偿

对于一个传感器除了要考虑弹性元件的结构形式、材料和加工工艺，选用性能良好的应变计、粘结剂及掌握熟练的粘贴技术外，由于弹性元件实际所用的材料和应变计的实际性能参数都不可能十分理想的，会产生桥路的初始不平衡、零点的漂移、输出灵敏度的漂移和输出非线性等缺陷，还应采用电路的补偿技术，以提高它的精度。

补偿电路如图 7-1 所示，图中 R_1、R_2、R_3、R_4 为应变计，R_z、R_t、R_E、R_L、R_s 为调整电阻。通过调整电阻的阻值可以对相应的缺陷进行一定程度的补偿。

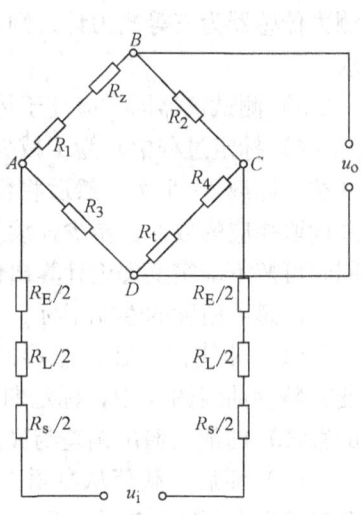

图 7-1 传感器的补偿电路

下面将补偿技术分述如下：

1. 初始不平衡补偿

在应变计测量电桥中，只有当 $R_1 R_4 = R_2 R_3$ 时，电桥才会平衡。但各桥臂中的应变计的阻值总会存在一定的偏差，使得电桥不平衡，这时可以在桥臂中串联电阻 R_z 进行补偿，使电桥平衡（图7-1）。

串联电阻 R_z 的材料应与应变计敏感栅的材料相同，且粘贴在弹性元件非变形的部位上。串联电阻 R_z 的位置，根据实际工作情况选择合适的桥臂。

2. 零点漂移补偿

一般传感器中都有初步的温度补偿措施，如利用桥臂特性进行补偿，采用温度自补偿应变计等。但由于电阻应变计的特性不完全相同，弹性元件各处的材料性能存在差别，当温度变化时，电桥仍会有输出，造成测量误差。这种当温度变化，电桥产生输出的现象，称为零点漂移（简称零漂）。

影响零点漂移的因素很多，主要是当温度发生变化时，应变计的电阻温度系数变化、应变计和弹性元件材料的线膨胀系数不同、应变计的性能不均匀等原因造成的。为了消除零点漂移，在桥臂中串接一个补偿电阻 R_t（图7-1）。补偿电阻 R_t 应阻值小、电阻温度系数高，粘贴在弹性元件不变形的部位上，并且与工作应变计处于相同的温度环境。R_t 串接在哪个桥臂以及它的大小取多大，应根据实际工况通过试验确定。

3. 灵敏度漂移补偿

在有负载时，电桥的输出灵敏度随温度的变化而变化的现象，称为灵敏度漂移（简称动漂）。由于传感器采用弹性元件，存在因温度改变而引起传感器灵敏度变化的问题。这是由于弹性元件材料的弹性模量 E 及应变计灵敏系数 K 随温度改变所致。在通常情况下，当温度升高时，弹性模量 E 要减少，如果外力不变，则应变 ε 要增加，电桥输出要增加，传感器的灵敏度变大。

对传感器灵敏度的补偿方法，可在电桥的电源电路中接入一可调补偿电阻 R_E，如图 7-1 所示。由于 R_E 的电阻温度系数很高，随温度升高其电阻值变大，因而使供桥电压随着温度的升高而降低，电桥的输出灵敏度也随之下降，使得适当地调整 R_E 的电阻值就能起到灵敏度的补偿作用。为了使电桥对称，一般用两个 $\dfrac{R_E}{2}$ 分别加在电源的两端。

4. 非线性补偿

在一般情况下，传感器的输出与感受的被测量之间并不是直线关系，而是呈非线性关系，如图 7-2 所示。引起非线性的原因有：

1）弹性元件受力后，横断面产生变化，使得读数应变与作用力不呈线性关系。

2）电桥电路的输出与桥臂电阻变化存在的非线性。

3）应变计本身的非线性。

4）弹性元件本身存在的非线性。

5）电桥线路中接入 R_E、R_S，使输出有逐渐的非线性。

非线性补偿的措施是将半导体应变计 R_L 粘贴在弹性元件上，并串入电桥的电源电路中，如图 7-1 所示。R_L 是灵敏系数很高的半导体应变计，它与工作应变计同样地感受弹性元件的变形。根据不同情况，R_L 的灵敏系数可选为正或负。如果非线性呈上升型的，如图 7-2 中的曲线 a 所示，则补偿电阻 R_L 的阻值应随载荷的增大而增大，这样可以降低桥压，从而使输出下降，以达到补偿的目的。反之，如果非线性呈下降型的，如图 7-2 中的曲线 b 所示，则 R_L 的阻值应随载荷的增大而减小。为了电桥的对称性，R_L 最好分为两半，对称地接入电路中，其阻值的大小，应在传感器标定时确定。

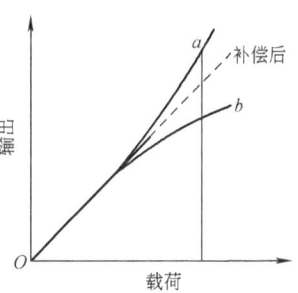

图 7-2 非线性补偿

5. 输出灵敏度补偿

对于成批生产的传感器，总希望输出灵敏度相同，并为一特定值。这时可在电桥的电源电路中串入补偿电阻 R_S，R_S 采用电阻温度系数小的材料制成，调整其电阻值使得输出灵敏度相同。为了使电桥对称，R_S 在电源两端各串接一半。

7.2 测力传感器

测力传感器根据测量的对象不同，习惯上又称为力传感器、载荷传感器、荷重传感器等。测力传感器的弹性元件有多种形式，根据结构形式可分为：柱式、板式、梁式、环式及轮辐式等；根据弹性元件上粘贴应变计处的变形特点可分为：拉压弹性元件、弯曲弹性元件和剪切弹性元件。下面根据弹性元件的特点分别予以介绍。

7.2.1 拉压弹性元件

1. 柱式弹性元件

测量拉力或压力的传感器，其弹性元件常采用空心圆柱，以便于粘贴应变计和易于热处理淬透。但壁厚不宜太薄，以防承受压力时失稳。

柱式拉压传感器的弹性元件如图 7-3a 所示。应变计粘贴在圆筒中部的四等分圆周上，其四个轴向片和四个横向片，将它们接成如图 7-3b 所示的串联式全桥线路。当圆筒受压后，其轴向应变为 ε，各个桥臂的应变分别为

$$\varepsilon_1 = \varepsilon_4 = -\varepsilon + \varepsilon_t$$

$$\varepsilon_2 = \varepsilon_3 = \mu\varepsilon + \varepsilon_t$$

由式（4-6）得到读数应变为

$$\varepsilon_d = \varepsilon_1 - \varepsilon_2 - \varepsilon_3 + \varepsilon_4 = -2(1+\mu)\varepsilon$$

由此可知圆筒的轴向应变为

$$\varepsilon = -\frac{\varepsilon_d}{2(1+\mu)}$$

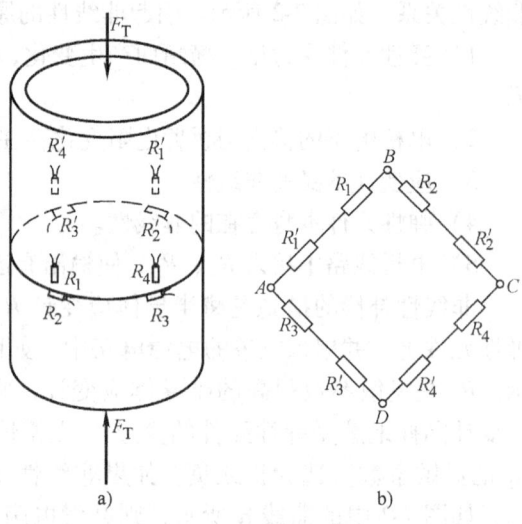

图 7-3 柱式弹性元件

如果圆筒截面积为 A，则压力 F_T 与读数应变之间的关系为

$$F_T = \sigma A = E\varepsilon A = -\frac{EA}{2(1+\mu)}\varepsilon_d \tag{7-2}$$

由式（7-2）可知，压力和应变成线性关系。当然，这仅仅是理论计算结果。实际上截面积 A 在加载时是变化的，因此每一个传感器的读数应变与力的关系都要由严格的标定试验来确定。

当受到拉力或压力作用时，上述弹性元件很难保证作用力严格通过柱的轴

线，因此除使弹性元件受轴向力外，还会受到横向力和弯矩的作用。为了消除这种影响，可在圆筒受载荷端增加两片膜片，以抵抗横向力和弯矩。这种形式称为附加双膜片柱式弹性元件，如图7-4所示。它的缺点是结构复杂、体积较大、重量增加。

2. 平板开孔式弹性元件

当测量较小的载荷时，可以选用有小孔的平板作为弹性元件，将应变计粘贴在孔的边缘，如图7-5所示。由于孔边产生应力集中，应变比无孔时大得多，故可以提高测量应变的读数。

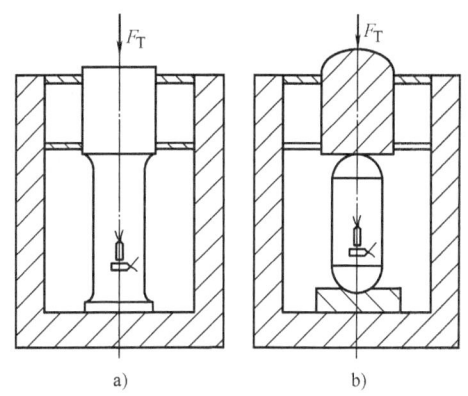

图7-4 附加双膜片柱式弹性元件

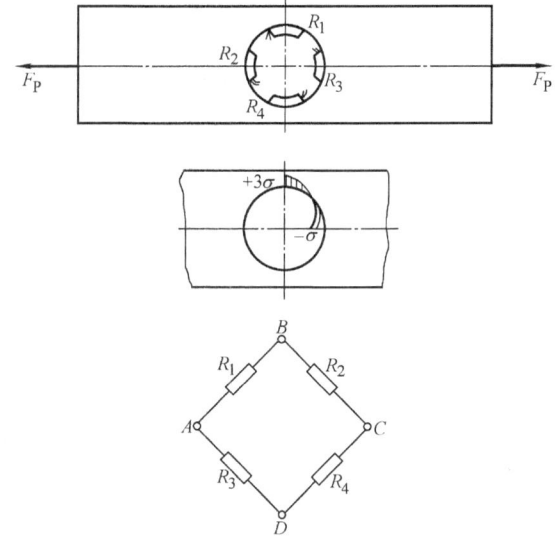

图7-5 平板开孔式弹性元件

7.2.2 弯曲弹性元件

1. 悬臂梁式弹性元件

悬臂梁式弹性元件可用于制作小载荷测力传感器，它结构简单、容易加工、应变计容易粘贴、灵敏度较高，如图7-6所示为悬臂梁式弹性元件示意图。在梁固定端附近截面的上下表面各粘贴两个应变计（图7-6a），R_1、R_4感受的弯曲应变为ε_M，R_2、R_3感受的弯曲应变为$-\varepsilon_M$。按图7-6b接成全桥线路。由式(4-6)，可得读数应变

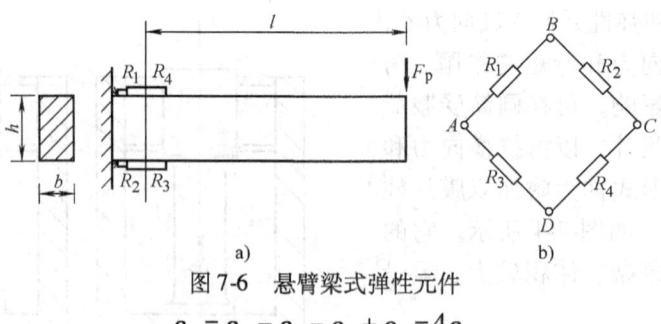

图 7-6 悬臂梁式弹性元件

$$\varepsilon_d = \varepsilon_1 - \varepsilon_2 - \varepsilon_3 + \varepsilon_4 = 4\varepsilon_M$$

由材料力学可知

$$\varepsilon_M = \frac{\sigma}{E} = \frac{M}{EW} = \frac{6F_p l}{Ebh^2}$$

因此，得到力 F_p 与读数应变的关系为

$$F_p = \frac{bh^2 E}{24l}\varepsilon_d \tag{7-3}$$

这种传感器的缺点是当 F_p 力作用点移动时会产生误差。为此，悬臂梁式弹性元件可采用如图7-7所示的结构形式，并将应变计粘贴在两个不同截面的上下表面处，且按图7-6b接成全桥线路。此时若作用力从 A 点偏移至 B 点，则 R_1、R_2 处的应变绝对值增加，R_3、R_4 处的应变绝对值减小，但它们增加与减小的量相等，因此不会影响读数的大小（如图7-7虚线所示）。

2. 圆环式弹性元件

圆环式弹性元件可用于制作测量（5~50）× 10^2N 力的传感器。这种弹性元件可有以下两种形式：

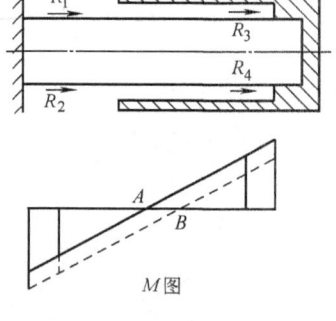

图 7-7 改进的悬臂梁式弹性元件

（1）纯圆环弹性元件 由材料力学可知，纯圆环弹性元件（图7-8a）的弯矩图如图7-8b所示。截面 A、B 的弯矩值分别为

$$M_A = +0.318F_p R$$
$$M_B = -0.182F_p R$$

式中，R 为圆环的平均半径。

如果按图7-8a所示粘贴应变计，R_1、R_4 感受的弯曲应变为 ε_M，R_2、R_3 感受的弯曲应变为 $-\varepsilon_M$。按图7-8c接成全桥线路，由式（4-6）可得到读数应变与 ε_M 的关系为

$$\varepsilon_d = \varepsilon_1 - \varepsilon_2 - \varepsilon_3 + \varepsilon_4 = 4\varepsilon_M$$

由材料力学可知，若忽略圆环曲率的影响，则贴片处的弯曲应变为

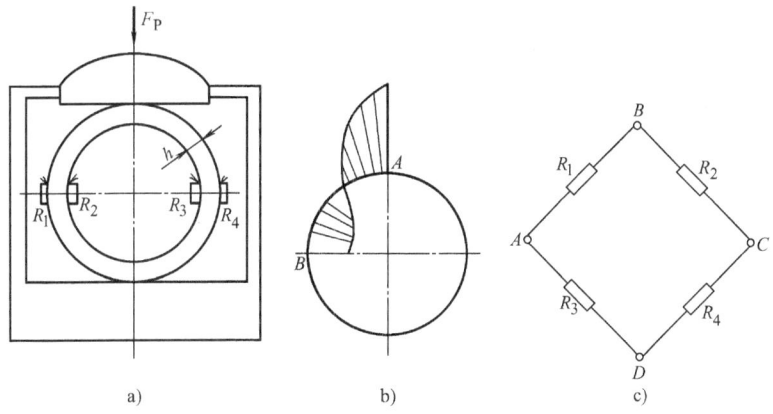

图 7-8 纯圆环弹性元件

$$\varepsilon_M = \frac{\sigma}{E} = \frac{M}{EW} = \frac{1.09 F_P R}{Ebh^2}$$

式中，b 为圆环截面厚度；h 为圆环截面宽度。由此得到力 F_P 与读数应变的关系为

$$F_P = \frac{Ebh^2}{4.36R}\varepsilon_d \qquad (7\text{-}4)$$

（2）有加载端头的圆环弹性元件 这种弹性元件如图 7-9a 所示。由于环的两端尺寸加大部分刚度很大，故可把它看做圆环的固定端，圆环只在 $2\phi_0$ 区域产生变形，其弯矩图如图 7-9b 所示。截面 A、B 的弯矩分别为

$$M_A = \frac{F_P R}{2}\left(\frac{\sin\phi_0}{\phi_0} - \cos\phi_0\right)$$

$$M_B = \frac{F_P R}{2}\left(\frac{\sin\phi_0}{\phi_0} - 1\right)$$

可以按图 7-9a 所示粘贴应变计，并接成如图 7-9c 所示的全桥线路，便可得到力 F_P 与读数应变的关系。

7.2.3 剪切弹性元件

1. 梁式剪切弹性元件

梁式剪切弹性元件如图 7-10 所示。在梁的中性轴上，各点均为纯剪切应力状态。可沿与轴线成 45° 方向粘贴四个

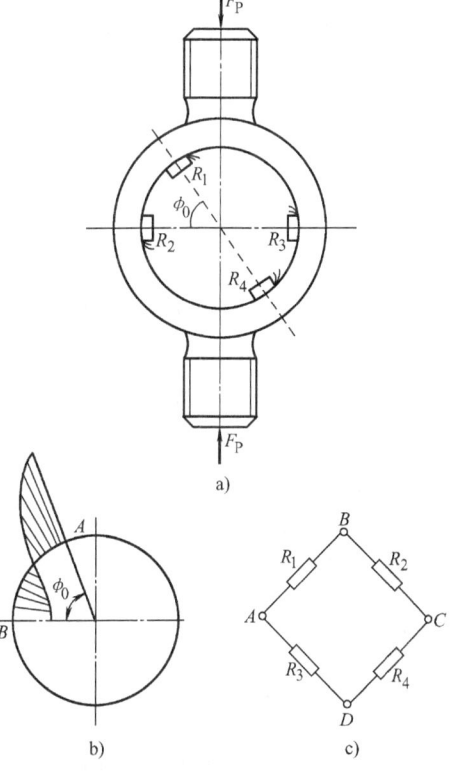

图 7-9 有加载端头的圆环弹性元件

应变计，R_1、R_4 感受的伸长线应变为 ε_{45}，R_2、R_3 感受的缩短线应变为 $-\varepsilon_{45}$。接成全桥线路，由式（4-6）可得读数应变

$$\varepsilon_d = \varepsilon_1 - \varepsilon_2 - \varepsilon_3 + \varepsilon_4 = 4\varepsilon_{45}$$

根据材料力学，有

$$\varepsilon_{45} = \frac{1+\mu}{E}\tau = \frac{1}{2G}\tau$$

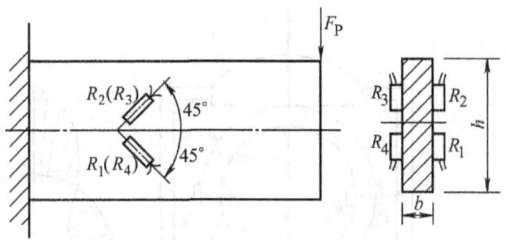

图 7-10 梁式剪切弹性元件

而

$$\tau = \frac{3F_P}{2A} = \frac{3F_P}{2bh}$$

式中，b 为梁的横截面宽度；h 为梁的横截面高度。则可得到力 F_P 与读数应变 ε_d 的关系为

$$F_P = \frac{bhG}{3}\varepsilon_d \qquad (7-5)$$

梁式剪切弹性元件的特点是，当载荷 F_P 的作用位置有偏移时，中性轴上的切应力和 45°方向上的线应变不会产生变化，因此可以消除由于载荷作用点偏移造成的误差。由于应变计无法准确地贴在中性层上，因而会产生弯矩引起的线应变离中性层越远，这个影响越大。为了尽可能减少弯矩的影响，可采用图 7-11 所示的结构形式，使得贴片截面处的弯矩等于零。

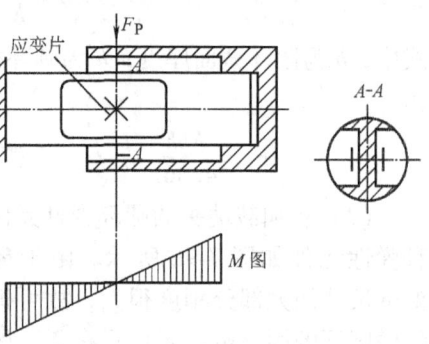

图 7-11 改进的梁式剪切弹性元件

2. 轮辐式剪切弹性元件

轮辐式弹性元件形似一个平放的车轮，其辐条的横截面形状是矩形。应变计粘贴在辐条侧面的中点处，并且与轴线成 45°角。图 7-12a 所示为这种传感器的结构示意图。

由材料力学可知，当弹性元件承受荷重 F_P 作用时，在辐条中间截面的中性轴附近，材料处于纯剪切应力状态，横截面上有最大切应力为

$$\tau_{max} = \frac{3F_Q}{2A}$$

式中，F_Q 为横截面上的剪力，如果轮辐的数目为 4，则 $F_Q = \frac{F_P}{4}$；A 为轮辐横截面面积 $A = bh$，b 为横截面宽度；h 为横截面高度。

因轮辐的主要变形形式是剪切，故这种传感器称为剪切轮辐式传感器，或轮

辐式传感器。

在与轴线成45°角的方向上，辐条侧面的最大伸长及缩短线应变的数值为

$$\varepsilon_{45} = \frac{1+\mu}{E}\tau_{max}$$

如果轮辐的数目为4，则

$$\varepsilon_{45} = \frac{1+\mu}{E} \cdot \frac{3F_P}{8bh}$$

由此可知，在材料的弹性范围内，ε_{45} 与 F_P 成线性关系，如果测得 ε_{45}，那么就可以确定荷重 F_P

$$F_P = \frac{8bhE\varepsilon_{45}}{3(1+\mu)} \tag{7-6}$$

如图7-12a所示进行布片，应变计 R_1、R_3、R_5、R_7 感受最大伸长线应变，应变计 R_2、R_4、R_6、R_8 感受最大缩短线应变。测量电桥的组成方法如图7-12b所示。这种接法的电桥灵敏度高，并且在实现温度补偿的同时，还可以消除因力的偏心而产生的影响和因有侧向力而产生的影响。

轮辐式荷重传感器的结构特点是外形高度较小，并且可以实现过载保护。如图7-12a所示，间隙δ是最大允许位移，当被测荷重达到一定限度时，因受底面的限制，轮辐则不再继续变形。δ的大小应通过强度计算来确定。

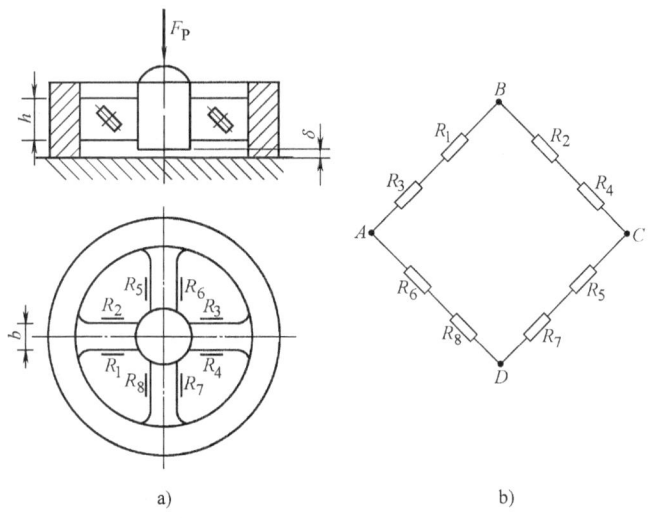

图7-12 轮辐式剪切弹性元件

7.3 扭矩传感器

在扭矩测量中，电阻应变式扭矩传感器是最常用的一种，其弹性元件有圆

轴、杆和板等多种形式。圆轴式扭矩传感器的弹性元件感受扭转变形。杆和板式扭矩传感器是将扭转变形转为弯曲变形，其弹性元件感受弯曲变形。

7.3.1 圆轴式弹性元件

根据材料力学原理，圆轴扭转时，横截面上的最大切应力发生在圆周边处，其大小为

$$\tau_{max} = \frac{M_e}{W_P}$$

式中，M_e 为圆轴承受的扭矩；W_P 圆轴横截面的抗扭截面系数，对于实心圆轴 $W_P = \frac{\pi D^3}{16}$，D 为实心圆轴的直径。在圆轴表面沿与轴线成 45°的方向上，最大伸长线应变和最大缩短线应变的大小为

$$\varepsilon_{45} = \frac{1+\mu}{E}\tau_{max} = \frac{1+\mu}{E}\frac{M_e}{W_P}$$

或

$$\varepsilon_{45} = \frac{16}{\pi D^3}\frac{1+\mu}{E}M_e \tag{7-7}$$

由此可知，在材料的线弹性范围内，ε_{45} 与 M_e 成线性关系，如果测得圆轴表面与轴线成 45°方向上的线应变 ε_{45}，那么，就可以确定圆轴承受的扭矩 M_e。这就是扭矩测量的原理。

测量的方法是：在横截面圆周上的四个等分点处，沿与轴线相交成正、负45°角的方向，各粘贴一个应变计。把方向相同的应变计作为电桥中相对的桥臂，R_1、R_4 感受的伸长线应变为 ε_{45}，R_2、R_3 感受的缩短线应变为 $-\varepsilon_{45}$。四片应变计组成全桥，如图 7-13 所示。由式（4-6）有

$$\varepsilon_d = \varepsilon_1 - \varepsilon_2 - \varepsilon_3 + \varepsilon_4 = 4\varepsilon_{45}$$

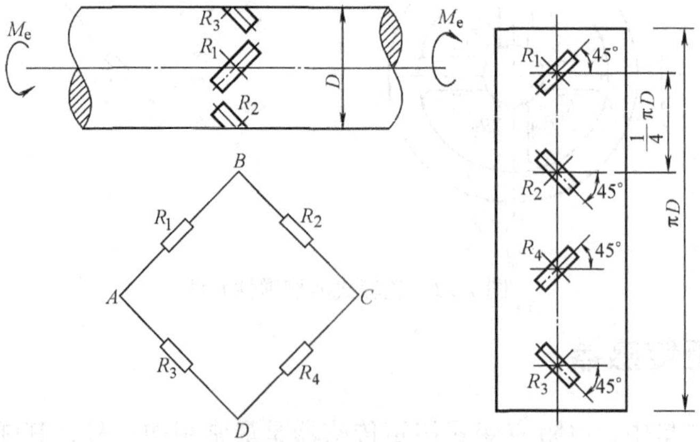

图 7-13 扭矩测量原理

全桥接法，灵敏度高，并且在实现温度补偿的同时，还可以消除因存在轴向力而产生的影响及因存在弯矩而产生的影响。

在进行圆轴扭矩的测量时，一般有两种方法：

1）使用扭矩传感器。图 7-14 所示是一种测量旋转轴传递的扭矩的扭矩传感器，在测量时需要将其接入被测的旋转轴。

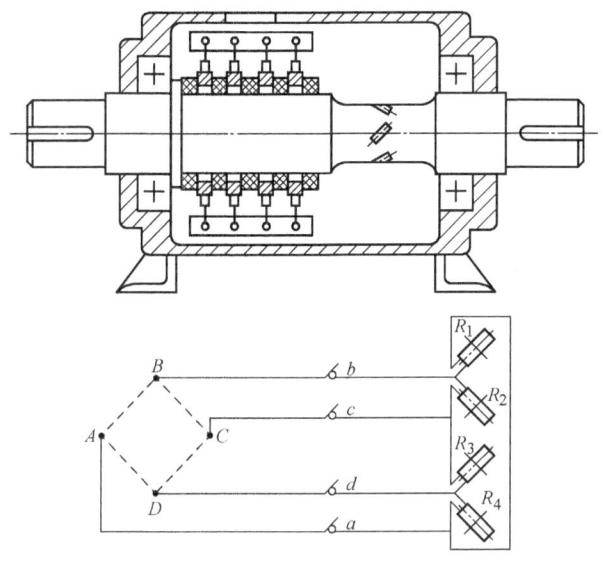

图 7-14 扭矩传感器

2）将应变计直接粘贴在被测的工作轴上。这时，工作轴即被作为传感器的弹性元件，结构没有大的变动，操作比较方便。特别是对于扭矩传感器无法安装的结构，这是一个十分有效的方法。

对于旋转轴的扭矩测量，不论是在工作轴上直接贴片还是采用传感器，都应妥善地解决信号的传输问题。根据具体情况和要求的不同，可以采用有线传输方式，即使用集流环装置，也可以采用无线传输方式，即使用遥测装置。当使用集流环装置时，为了减小接触电阻的变化对测量精度的影响，应把贴在轴上的四个应变计按图 7-14 所示的方法在轴上接成全桥，并从 a、b、c、d 四点引出导线接到滑环上。这样，电刷与滑环之间的接触电阻都不在测量电桥的桥臂之中，接触电阻的变化对测量读数的影响较小。

7.3.2 杆式弹性元件

小量程的扭矩传感器常采用多杆形式，如图 7-15a 所示。它是由圆筒加工成四杆式，当它承受扭矩后，四根杆件产生弯曲，变形为两端固支梁的弯曲，其展开图 7-15b，杆件两端截面处的弯矩最大，因此将应变计粘贴在距杆端 a 处。

每根杆件的计算简图，如图 7-15d 所示。在扭矩作用下，每根杆端的受力情

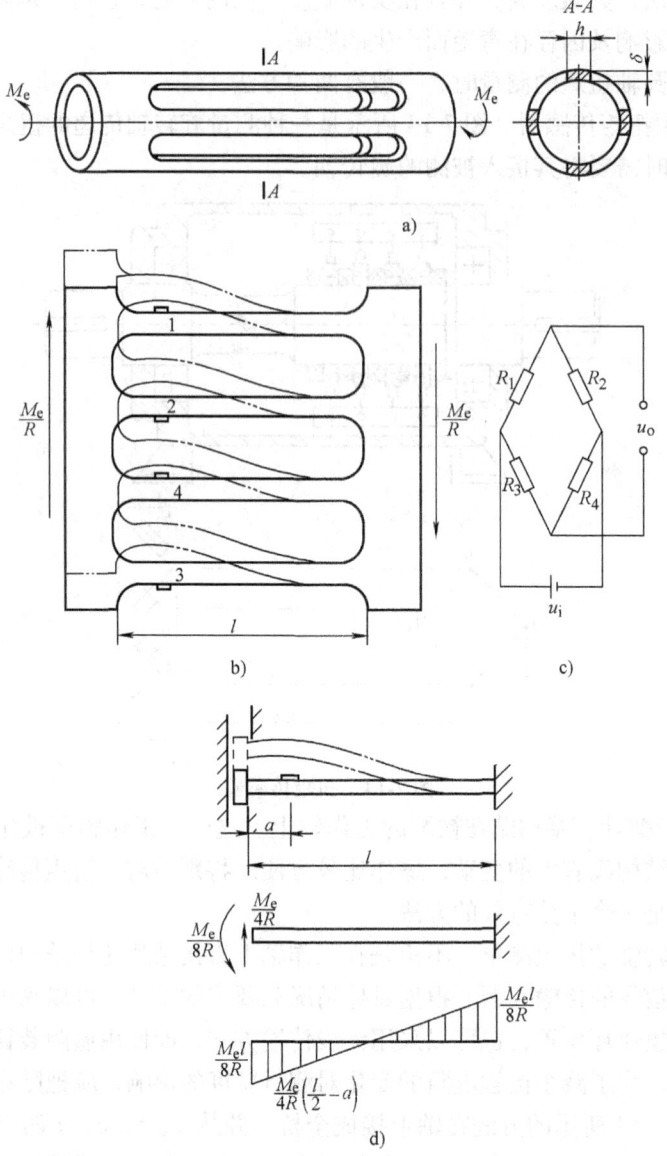

图 7-15 多杆式扭矩传感器

况是力 $\dfrac{M_e}{4R}$ 及弯矩 $\dfrac{M_e l}{8R}$，由材料力学理论可知，粘贴应变计处的弯曲应变为

$$\varepsilon_{M_e} = \dfrac{\dfrac{M_e}{4R}\left(\dfrac{l}{2}-a\right)}{EW} = \dfrac{3M_e\left(\dfrac{l}{2}-a\right)}{2ER\delta h^2}$$

则 R_1、R_4 感受的弯曲应变为 ε_{Me}，R_2、R_3 感受的弯曲应变为 $-\varepsilon_{Me}$。将其接成如图 7-15c 所示的全桥电路。由式（4-6）读数应变为

$$\varepsilon_d = \varepsilon_1 - \varepsilon_2 - \varepsilon_3 + \varepsilon_4 = 4\varepsilon_{Me} = \frac{6\left(\frac{l}{2}-a\right)}{ER\delta h^2}M_e \tag{7-8}$$

7.3.3 板式弹性元件

图 7-16 所示是板式扭矩传感器。在扭矩作用下，平板产生弯曲变形，在平板前后两面沿着杆的轴线方向粘贴应变计。由材料力学理论可知，贴片处的应变与扭矩的关系为

$$M_e = \frac{Ebh^2}{6}\varepsilon_{Me}$$

如图 7-16a 所示，R_1、R_4 感受的弯曲应变为 ε_{Me}，R_2、R_3 感受的弯曲应变为 $-\varepsilon_{Me}$。将四个应变计组成电桥，如图 7-16b 所示。根据式（4-6）有读数应变为

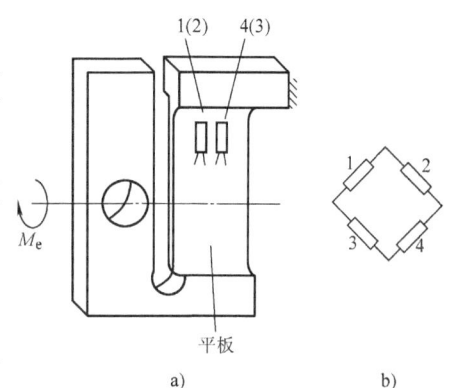

图 7-16 板式扭矩传感器

$$\varepsilon_d = \varepsilon_1 - \varepsilon_2 - \varepsilon_3 + \varepsilon_4 = 4\varepsilon_{Me} = \frac{24}{Ebh^2}M_e \tag{7-9}$$

7.4 压力传感器

工程测试中的压力测量，主要是指测量液体或气体在单位面积上作用的压力，即液体或气体的压强。所以习惯上说的压力传感器，实际上是压强传感器。它不仅可以测量气体和流体的压力，还可以用来制造测量高度、密度、速度等仪表。

压力传感器按其结构形式可以分为膜片式、圆筒式和组合式等几种。

7.4.1 膜片式

膜片式压力传感器以圆形薄板（膜片）作为弹性元件。膜片的材料一般是金属，形状是半径为 a 的圆形，且四周边固定，如图 7-17 所示。当承受压强 p 作用时，膜片产生弯曲变形。由弹性力学可知，周边固定的圆形薄板在均布压力 p 作用下，设径向应变为 ε_r，切向应变为 ε_θ，则任意半径 r 处某点的应变为

$$\varepsilon_r = \frac{3p}{8h^2 E}(1-\mu^2)(a^2-3r^2) \tag{7-10}$$

$$\varepsilon_\theta = \frac{3p}{8h^2 E}(1-\mu^2)(a^2-r^2)$$

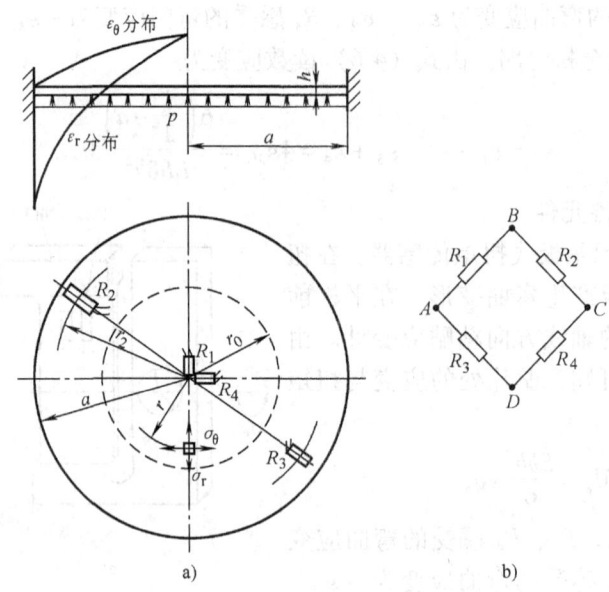

图 7-17 膜片式压力传感器

式中，p 为压强；h 为膜片的厚度；E 为膜片材料的弹性模量；μ 为膜片材料的泊松比。应变 ε_r 和 ε_θ 沿 r 的变化规律如图 7-17a 所示，由于对称，只画出左边部分。

在膜片中心（$r=0$），ε_r 和 ε_θ 均达极大值，即

$$\varepsilon_{r\max} = \varepsilon_{\theta\max} = \frac{3pa^2}{8h^2E}(1-\mu^2) \tag{7-11}$$

当 $r = r_0 = \dfrac{a}{\sqrt{3}}$ 时，$\varepsilon_r = 0$

当 $r = a$ 时，
$$\varepsilon_r = -\frac{3pa^2}{4h^2E}(1-\mu^2) = -2\varepsilon_{r\max} \tag{7-12}$$

$$\varepsilon_\theta = 0$$

若用小栅长应变计，两片贴于正值应变区的中心点处（图 7-17a 中的 R_1 及 R_4），另两片贴于负值应变区（$r_2 > r_0$，图 7-17a 中的 R_2 及 R_4）接成全桥线路，如图 7-17b 所示，则有

$$\varepsilon_1 = \varepsilon_4 = \varepsilon_{r\max} + \varepsilon_t, \qquad \varepsilon_2 = \varepsilon_3 = -\varepsilon_r + \varepsilon_t$$

所以读数应变为

$$\varepsilon_d = \varepsilon_1 - \varepsilon_2 - \varepsilon_3 + \varepsilon_4 = 2(\varepsilon_{r\max} + |\varepsilon_r|) \tag{7-13}$$

将式 (7-11) 及式 (7-12) 代入式 (7-13)，得到读数应变与压强 p 之间的关系为

$$\varepsilon_d = \frac{3(1-\mu^2)}{4h^2 E}(a^2 + |a^2 - 3r_2^2|)p \qquad (7\text{-}14)$$

由式（7-14）可知，在材料的线弹性范围内，ε_d 与 p 之间成线性关系。根据读数应变 ε_d，可以确定板所承受的均布压力 p。这就是膜片式压力传感器的原理。

注意，因为应变 ε_r 在圆板的周边缘附近沿半径方向变化较剧，粘贴在这个位置的应变计，栅长与圆板的半径之比应足够小。

图 7-18 是一种平面膜片式压力传感器的结构示意图。

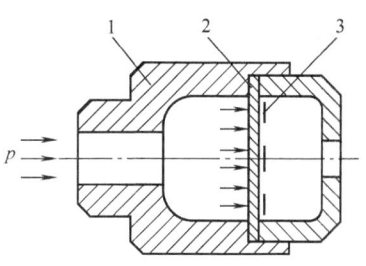

图 7-18　膜片式压力传感器
1—外壳　2—弹性元件　3—应变计

7.4.2　圆筒式

圆筒式压力传感器以薄壁或厚壁圆筒作为弹性元件，圆筒的一端闭合，如图 7-19a 所示。根据弹性力学可知，厚壁圆筒受内压 p 作用时，外表面处沿圆周方向和沿轴线方向的应变分别为

$$\varepsilon_\theta = \frac{p(2-\mu)}{E\left[\left(\dfrac{D}{d}\right)^2 - 1\right]}$$

$$\varepsilon_x = \frac{p(1-2\mu)}{E\left[\left(\dfrac{D}{d}\right)^2 - 1\right]}$$

式中，D 为圆筒的外径；d 为圆筒的内径。

由上式可知，在材料的线弹性范围内，圆筒表面应变 ε_θ 或 ε_x 与内压 p 成线性关系，这就是圆筒式压力传感器的工作原理。如果测得表面应变 ε_θ 或 ε_x，就可以确定圆筒所承受的内压 p。

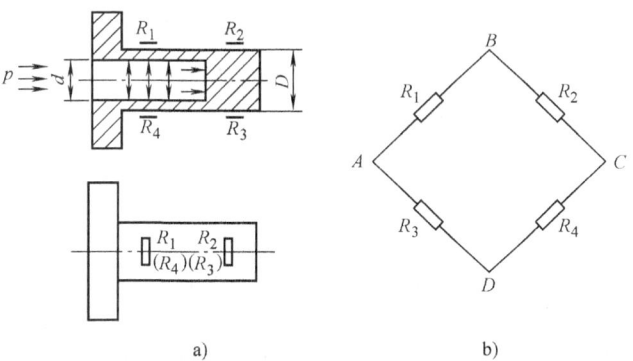

图 7-19　圆筒式压力传感器的工作原理图

应变计的粘贴及接桥方法如图 7-19 所示。R_1、R_3 沿圆周方向对称地粘贴在圆筒中部外表面上,用以感受应变 ε_θ。相应的温度补偿片 R_2、R_4 贴在厚度与直径相当的圆筒的底部,它不受内压 p 的影响。采用全桥接法,有

$$\varepsilon_1 = \varepsilon_3 = \varepsilon_\theta + \varepsilon_t \quad \varepsilon_2 = \varepsilon_4 = \varepsilon_t$$

则读数应变为

$$\varepsilon_d = \varepsilon_1 - \varepsilon_2 - \varepsilon_3 + \varepsilon_4 = 2\varepsilon_\theta = \frac{2p(2-\mu)}{E\left[\left(\dfrac{D}{d}\right)^2 - 1\right]} \tag{7-15}$$

图 7-20 所示是一种圆筒式压力传感器的结构示意图。

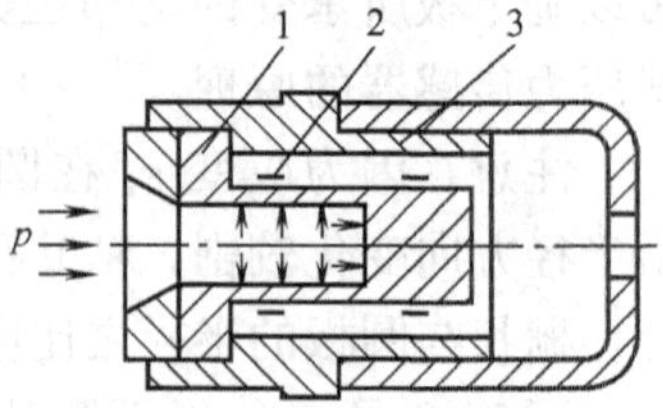

图 7-20　圆筒式压力传感器
1—弹性元件　2—应变计　3—外壳

7.4.3　组合式

组合式压力传感器在结构上把压力感受元件和测压弹性元件分开,而在前述的各种传感器中,这两者是合为一体的。常用的压力感受元件有:平面膜片、波纹膜片、波纹管等。常用的测压弹性元件有:悬臂梁、两端固定梁、空心圆杆等。

图 7-21a、b 所示是两种组合式压力传感器的结构示意图。前者的压力感受元件是波纹膜片,测压弹性元件是空心圆杆;后者的压力感受元件是波纹管,测压弹性元件是两端固定的梁。

根据不同的要求与使用条件,可以设计出许多不同的组合式压力传感器。

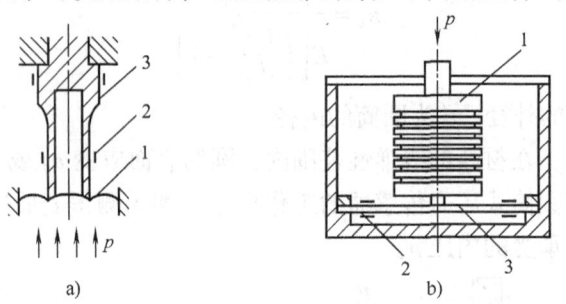

图 7-21　组合式压力传感器
1—压力感受元件　2—应变计　3—弹性元件

7.5　位移传感器

电阻应变式位移传感器与测力传感器的原理相同,但要求不同。对测力传感器弹性元件的要求是刚度大,而对位移传感器弹性元件的要求是刚度小,否则当弹性元件变形时,将对被测构件形成一个反力,影响被测构件的位移数值。位移传感器中与弹性元件相连接的触点直接感受被测的位移,从而引起弹性元件的变

形。为了保证测量精度，触点的位移与应变计感受的应变之间应保持线性关系。

位移传感器的弹性元件可以采用不同的形式，常用的是梁式和弹簧组合式。

7.5.1 梁式弹性元件位移传感器

图 7-22 所示是这种位移传感器的原理图，弹性元件为一端固定、一端自由的矩形截面悬臂梁，应变计粘贴在固定端附近。

由材料力学可知，在小变形条件下，梁自由端的挠度 f 与载荷 F_P 间的关系为

$$f = \frac{F_P l^3}{3EI} \quad (7\text{-}16)$$

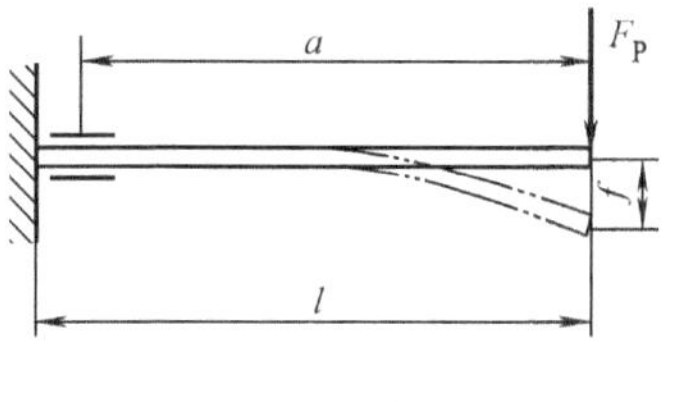

图 7-22 悬臂梁式位移传感器原理

式中，$I = \frac{bh^3}{12}$ 为梁横截面的惯性矩；b 为梁横截面的宽度；h 为梁横截面的高度。而贴片处梁的应变 ε 与载荷 F_P 之间的关系为

$$\varepsilon = \frac{F_P a}{EW} \quad (7\text{-}17)$$

式中，$W = \frac{bh^2}{6}$ 梁横截面的抗弯截面系数。由式（7-16）和式（7-17）可得

$$\varepsilon = \frac{3ah}{2l^3} f$$

上式表明，应变计感受的应变 ε 与被测位移 f 之间成线性关系。

在固定端附近截面的上下表面各粘贴两个应变计，并组成全桥线路。由式（4-6）读数应变 ε_d 与位移 f 之间的关系为

$$\varepsilon_d = \varepsilon_1 - \varepsilon_2 - \varepsilon_3 + \varepsilon_4 = 4\varepsilon = \frac{6ah}{l^3} f \quad (7\text{-}18)$$

图 7-23a 所示是矩形截面悬臂梁式弹性元件的另一种形式。它的计算简图如图 7-23b 所示。在固定端附近截面的上下表面各粘贴两个应变计，组成全桥线路。则读数应变 ε_d 与位移 f 之间的关系为

$$\varepsilon_d = \frac{12(l - 2l_0)h}{l^3} f \quad (7\text{-}19)$$

图 7-24 所示是两端固支矩形截面梁式弹性元件的原理图，应变计粘贴在固定端附近，上下表面各两片，组成全桥线路。则读数应变 ε_d 与梁的中点位移 f 之间的关系为

$$\varepsilon_d = \frac{48(l - 4l_0)h}{l^3} f \quad (7\text{-}20)$$

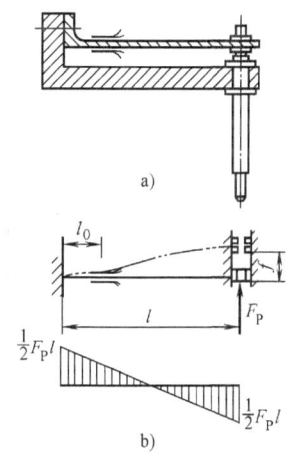

图 7-23 悬臂梁式位移传感器

图 7-25 所示是由两个悬臂薄钢片组成的位移传感器,通常称为双悬臂夹式引伸计。

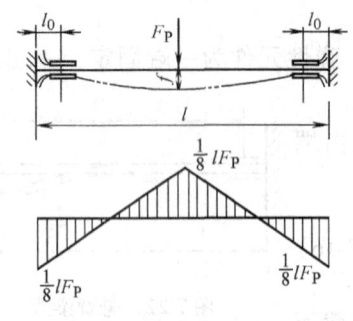

图 7-24 两端固定的弹性元件

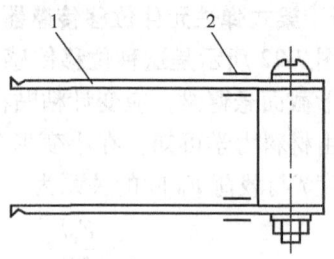

图 7-25 双悬臂夹式引伸计
1—弹性元件 2—应变计

上述三种传感器的特点是失真小、灵敏度高,但前两种位移传感器由于它们的刚度较大,一般只作为小位移传感器。双悬臂夹式引伸计,根据弹性元件的材料(刚度)和尺寸不同,可设计出不同位移量程的传感器。

7.5.2 弹簧组合式位移传感器

采用梁式位移传感器测量大位移时,会出现不同程度的失真,因此在测量大位移时常使用弹簧组合式位移传感器,如图 7-26a、b 所示。它的测量导杆不直接固定在悬臂梁上,而是通过一个线性弹簧把二者连接起来,这就进一步降低了

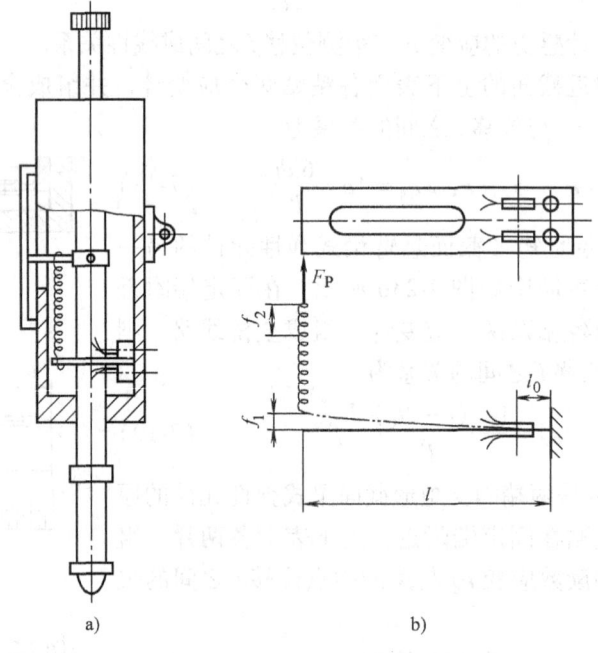

图 7-26 弹簧组合式位移传感器

传感器的刚性。在悬臂梁根部附近粘贴应变计,当测点位移传递给导杆后,导杆带动弹簧,使其伸长,并使悬臂梁产生弯曲变形。因此,测点的位移为弹簧伸长量和悬臂梁自由端位移之和,即

$$f = f_1 + f_2 \tag{7-21}$$

式中,f_1 为悬臂梁的位移;f_2 为弹簧的伸长量。

设悬臂梁的刚度为 k_1,弹簧的刚度为 k_2,则悬臂梁上的作用力为 $F_{P1} = k_1 f_1$,弹簧上的力为 $F_{P2} = k_2 f_2$,由于两者连接在一起,作用力等于反作用力,故 $F_{P1} = F_{P2}$,因而得到

$$f_2 = \frac{k_1}{k_2} f_1$$

将上式代入式(7-21),得到

$$f = \left(\frac{k_2 + k_1}{k_2} \right) f_1 \tag{7-22}$$

在测量大位移时,弹簧的 k_2 应选得很小,即 $k_1 \gg k_2 \left(\frac{k_1}{k_2} > 10 \right)$,这样当测量大位移时,可以使悬臂梁的端点位移仍保持很小。

如果在悬臂梁的固定端附近上下表面各粘贴两个应变计,并接成全桥线路,则可由式(7-18)得到读数应变 ε_d 与自由端位移 f_1 的关系为

$$\varepsilon_d = \frac{6(l - l_0)h}{l^3} f_1$$

将式(7-22)代入,可得到读数应变 ε_d 与测量位移 f 之间的关系为

$$\varepsilon_d = \frac{6 k_2 (l - l_0) h}{(k_2 + k_1) l^3} f \tag{7-23}$$

除悬臂梁外,刚性很小的薄圆环也可以作为位移传感器的弹性元件。由材料力学可知,等截面闭口薄圆环沿直径方向受一对集中力 F_P 作用时,两力作用点间的相对位移为

$$\delta = \frac{F_P R^3}{EI} \left(\frac{\pi}{4} - \frac{2}{\pi} \right)$$

式中,I 为圆环横截面的惯性矩。上式表明,位移 δ 与力 F_P 之间成线性关系。而我们知道,圆环内外侧表面的应变与力 F_P 之间也成线性关系,因此,如果用圆环的直径变化来感受被测位移,那么,应变计的输出也将是线性的。

圆环式位移传感器的贴片与接桥方法与圆环式测力传感器的相同。

7.6 加速度传感器

电阻应变式加速度传感器通常由质量块、弹性元件和基座组成。测量时,将

基座固定在被测对象上，当被测物体以加速度 a 运动时，质量块受到一个与加速度方向相反的惯性力，该惯性力使弹性元件产生变形。此时，安装在弹性元件上的应变计将感受粘贴处的应变，如果把应变计组成电桥则有电压输出。

图 7-27 所示是加速度传感器的原理图。设 m 为质量块的质量，K 为弹性元件的弹性常数，c 是阻尼系数。假如被测物体的运动规律是

$$y = y_m \sin\omega t \tag{7-24}$$

式中，y_m 为振幅；ω 为振动的角频率。

当某一瞬间被测物体相对于静基准为 y，引起惯性质量块相对于被测物体的位移为 x，质量块相对于静基准的位移为 $y+x$。

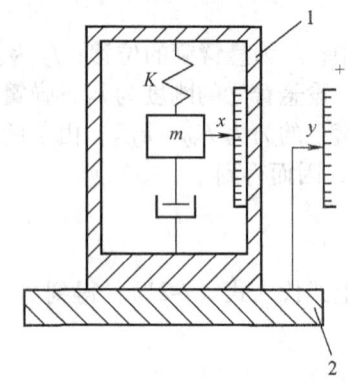

图 7-27 加速度传感器的原理图
1—被测物体　2—基座

质量块相对基座（被测物体）的运动微分方程为

$$m\frac{d^2x}{dt^2} + c\frac{dx}{dt} + Kx = -m\frac{d^2y}{dt^2} \tag{7-25}$$

令：$\omega_0 = \sqrt{\dfrac{K}{m}}$——弹性系统的固有频率；

$\zeta = \dfrac{c}{2m\omega_0}$——阻尼系数。

并根据式（7-24），则式（7-25）可化简为

$$\frac{d^2x}{dt^2} + 2\zeta\omega_0\frac{dx}{dt} + \omega x = \omega^2 y_m \sin\omega t \tag{7-26}$$

上式的稳态解为

$$x = x_m \sin(\omega t - \varphi) \tag{7-27}$$

式中

$$x_m = \frac{y_m\left(\dfrac{\omega}{\omega_0}\right)^2}{\sqrt{\left[1-\left(\dfrac{\omega}{\omega_0}\right)^2\right]^2 + 4\zeta^2\left(\dfrac{\omega}{\omega_0}\right)^2}} \tag{7-28}$$

$$\varphi = \arctan\frac{2\zeta\left(\dfrac{\omega}{\omega_0}\right)}{1-\left(\dfrac{\omega}{\omega_0}\right)^2} \tag{7-29}$$

这里表明：当被测物体是正弦振动时，质量块相对于被测物体的运动规律也是正弦变化，不同的是两者有一个相位差 φ，以及振幅 x_m 不仅与被测物体的振幅 y_m 有关，而且还与 $\dfrac{\omega}{\omega_0}$ 及 ζ 有关。

对于加速度传感器，可将式（7-28）改写为

$$\frac{x_m}{y_m \omega^2}\omega_0^2 = \frac{1}{\sqrt{\left[1-\left(\dfrac{\omega}{\omega_0}\right)^2\right]^2 + 4\zeta^2\left(\dfrac{\omega}{\omega_0}\right)^2}} \qquad (7\text{-}30)$$

式中，$y_m \omega^2$ 为被测物体振动的加速度幅值。

如果 $x_m/y_m\omega^2$ 能够保持常数，则质量块的位移将与被测物体的加速度成正比，这样就可以用质量块的位移量来反映被测物体振动加速度的大小，从公式看，也就是要求右边不随 ω/ω_0 而变化，即保持为定值。

图 7-28 所示是以 $\dfrac{x_m}{y_m\omega^2}\omega_0^2$ 为纵坐标，以频率比 $\dfrac{\omega}{\omega_0}$ 为横坐标，根据式（7-30）获得加速度传感器在不同阻尼系数时的幅频特性曲线。由图可见，$\zeta = 0.7$ 左右，在 $\dfrac{\omega}{\omega_0} < 0.4$ 时，$\dfrac{x_m}{y_m\omega^2}\omega_0^2 \to 1$ 趋于常数。加速度传感器的设计就是根据这个特性，其使用条件是被测振动频率应低于传感器固有频率的 0.4 倍。

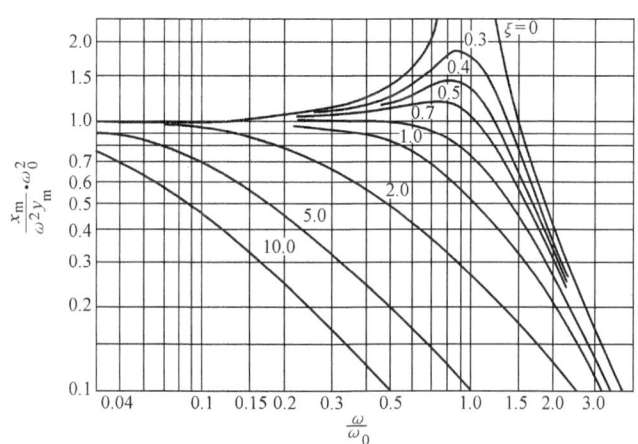

图 7-28 加速度传感器的幅频特性曲线

常见的电阻应变式加速度传感器的弹性元件是悬臂梁式，一般包括等强度梁和等截面梁两种形式。

1. 等强度梁加速度传感器

图 7-29 所示是等强度梁弹性元件。它的刚度为

$$K = \frac{Eb_0h^3}{6L^3} \tag{7-31}$$

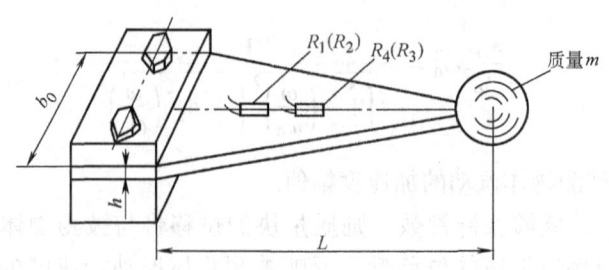

图 7-29 等强度梁弹性元件

自振频率为

$$\omega_0^2 = \frac{K}{m} = \frac{Eb_0h^3}{6mL^3} \tag{7-32}$$

或

$$f_0 = \frac{1}{2\pi}\sqrt{\frac{Eb_0h^3}{6mL^3}} \tag{7-33}$$

式中，b_0 为等强度梁固定端处的宽度；h 为等强度梁的厚度；L 为等强度梁的长度；E 为等强度梁的弹性模量；m 为质量块的质量。

实际使用时，为了使传感器具有长期稳定性，减少温度的影响及防止失真，通常在外壳中充满油液，将质量块均处于油液中，因而弹性系统的自振频率将发生变化，将式（7-33）改写成

$$f_0 = \frac{1}{2\pi}\sqrt{\frac{Eb_0h^3}{6mL^3}(1-\beta^2)} \tag{7-34}$$

如果利用油液使阻尼系数 $\zeta = 0.7$，当被测频率 $f \leqslant 0.4f_0$，这时质量块的位移将正比于被测物体振动的加速度。在等强度梁上、下表面粘贴四个应变敏感元件，它们的应变值 ε 都相同。采用全桥电路时，电桥的输出为

$$u_o = u_i K\varepsilon \tag{7-35}$$

根据质量块的位移 x_m 和被测物体加速度 a 的关系式

$$a = y_m\omega^2 = x_m\omega_0^2 \tag{7-36}$$

式中

$$x_m = \frac{L^2}{h}\varepsilon \tag{7-37}$$

将式（7-32）和式（7-37）代入式（7-36），得到被测物体的加速度 a 与应变 ε

的关系式，即

$$\varepsilon = \frac{6mL}{Eb_0 h^2} a \tag{7-38}$$

将上式代入式（7-35），得到被测物体的加速度与电桥输出电压之间的关系式为

$$u_o = \frac{6K u_i L m}{Eb_0 h^2} a \tag{7-39}$$

由式（7-38），如果等强度梁的尺寸已定，根据加速度 a 和规定的满量程时的应变值 ε，就可以由下式确定质量块的重量，即

$$F_W = \frac{Eb_0 h^2 g \varepsilon}{6La} \tag{7-40}$$

2. 等截面梁加速度传感器

图 7-30 所示是等截面梁，它的自振频率是

$$\omega_0^2 = \frac{Ebh^3}{4mL^3}$$

$$f_0 = \frac{1}{2\pi} \sqrt{\frac{Ebh^3}{4mL^3}}$$

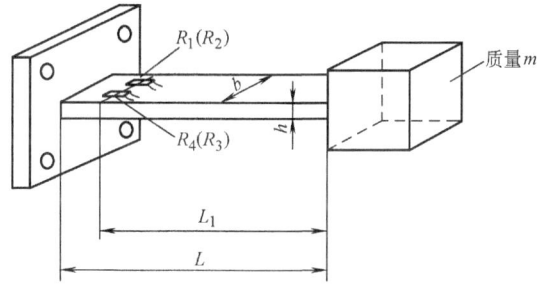

图 7-30　等截面梁弹性元件

考虑阻尼系数后的自振频率为

$$f_0 = \frac{1}{2\pi} \sqrt{\frac{Ebh^3}{4mL^3}(1-\beta^2)}$$

被测物体的加速度 a 与应变 ε 之间的关系为

$$\varepsilon = \frac{6mL_1}{Ebh^2} a \tag{7-41}$$

采用全桥电路的输出电压为

$$u_o = \frac{6K u_i L_1 m}{Ebh^2} a \tag{7-42}$$

计算质量块重量的表达式为

$$F_W = \frac{Ebh^2 g\varepsilon}{6L_1 a} \tag{7-43}$$

图 7-31 所示是电阻应变式加速度传感器的结构图。图中是等强度梁，自由端安装质量块，另一端固定在壳体上。等强度梁上粘贴四个电阻应变计。为了调节振动系统的阻尼系数 $\zeta \approx 0.7$，在壳体内充满硅油。

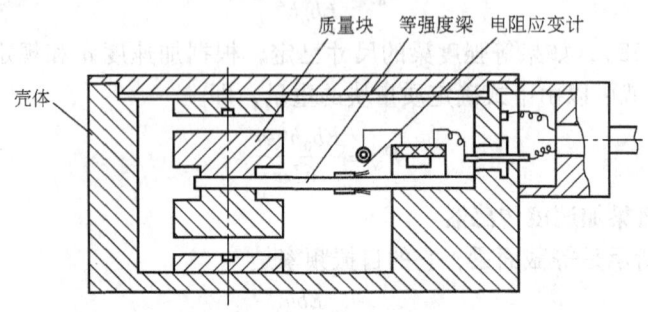

图 7-31　电阻应变式加速度传感器的结构图

第 2 篇 光 测 法

第 8 章 光测弹性学方法

8.1 引言

光测弹性学方法（photoelasticity），简称光弹性法，是一种将光学与力学相结合进行应力分析的实验技术。从 1816 年布儒斯特（Devid Brewster）观察到透明非晶体材料的人工双折射现象算起，至今已经有近 200 年的历史。19 世纪工业的发展，光学仪器和透明塑料的产生使这种方法得以应用和发展而形成一门独立学科，同应变电测等其他实验应力分析技术相比，光弹性法具有以下一些特点：

1) 光弹性实验是一种模型实验。当光弹性模型与实物（或称为原型）满足一定的相似关系时，无论是桥梁、水坝、飞行器、船舶、气轮机等大型结构还是金刚砂、微机械零件、微电子器件、动物骨块等微小结构，经过比例缩放，都可以制作成便于进行光弹性实验分析的适当大小的模型。测取模型应力，然后按照相似关系换算成实物的应力。

2) 全场显示与分析。光弹性实验可以全场照明模型，得到反映全场应力分布的干涉条纹图，利用干涉条纹，能够迅速确定边界应力，并对全场应力进行分析，给出定量计算的结果。利用光弹性法，可以测定形状及受力复杂结构的应力，不仅可以准确地分析平面问题，而且能够有效地解决三维问题。

3) 直观性强。在光弹性实验中，受力结构上应力分布的规律和特点可以通过干涉条纹的分布形象地显示出来。光弹性实验这种形象直观的特点，对于分析应力集中以及接触应力问题十分有利，不仅可以很容易地找到应力集中的部位，而且可以确定应力集中系数。光弹性实验还可以作为结构设计的辅助手段，例如为了从强度的角度比较同一构件的不同设计方案，可以分别按每一设计方案制作光弹性模型，通过光弹性实验观察各个模型上的应力分布，从中选出最佳结构，也可以通过修改模型观察模型上应力分布的变化，达到优化设计的目的。

8.2 光弹性法的基本原理

8.2.1 光弹性中的光学知识

1. 光波和光的波动方程

（1）光波 在光弹性实验中遇到的光学现象，主要研究的是光通过一系列光学元件后的偏振状态、位相的变化和干涉的情况，一般不涉及光与物质之间的相互作用问题，所以我们用光的波动理论或电磁理论作为处理问题的工具。如图 8-1 所示，光的波动方程可以写成

$$E = a\sin\left[\omega\left(t - \frac{x}{v}\right) + \phi_0\right] = a\sin\left[\frac{\omega}{v}(vt - x) + \phi_0\right] = a\sin\left[\frac{2\pi}{\lambda}(vt - x) + \phi_0\right] \tag{8-1}$$

式中，a 是振幅；ω 是角频率；t 是时间；ϕ_0 是初始相位；v 是光波的相位传播速度；λ 是光波的波长；T 是光波的周期。

（2）相位差，程差和光程差 假设波列上的任意两点 1、2（图 8-1）的初始相位 $\phi_0 = 0$，它们的振动方程为

$$E_1 = a\sin\frac{2\pi}{\lambda}(vt - x_1)$$

$$E_2 = a\sin\frac{2\pi}{\lambda}(vt - x_2)$$

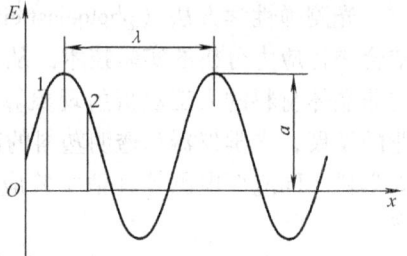

图 8-1 理想单色光波

相位差 δ 为：$\delta = \frac{2\pi}{\lambda}(vt - x_2) - \frac{2\pi}{\lambda}(vt - x_1) = \frac{2\pi}{\lambda}(x_1 - x_2)$。程差 R' 为点 2 相对点 1 的几何路程差：$R' = x_1 - x_2$。光程差 R 相当于两点在真空中的程差：$R = n(x_2 - x_1)$，n 为光所通过的介质的折射率。

光程差和相位差的关系为

$$\delta = \frac{2\pi}{\lambda}R \tag{8-2}$$

2. 光的干涉

两束或两束以上的光在空间相遇，它们的光振动应为各列光波产生的振动矢量的叠加，可以产生互相加强或互相减弱的效果，从而光强产生明暗变化的现象，这种现象称为光的干涉。物理中著名的杨氏双狭缝试验，就是光干涉的例子。从光源中发出的光，经过距离为 a 的双狭缝，在离狭缝距离为 L 处放一屏幕，我们看到屏幕上将出现明暗相间的条纹，这些条纹就是由光的干涉引起的。

产生干涉的两束光要满足以下三个条件，称为相干光，条件是：

1）频率相同（由同一光源发出）。
2）振动方向一致。
3）相位差恒定。

3. 光的反射和折射

光由介质1进入介质2时，一部分光由交界面返回介质1中（图8-2），这种现象称为光的反射；另一部分光则改变方向进入介质2内，这种现象称为光的折射。

光的反射遵循光的反射定律，即：

1）入射线与反射线在法线 n 的两侧，三者共面。

2）入射角 i 等于反射角 r。

光的折射遵循光的折射定律，即：

1）入射线与折射线在法线 n 的两侧，三者共面。

2）入射角 i 的正弦与折射角 R 的正弦之比等于光在两种介质中传播的速度之比，且等于一个常数

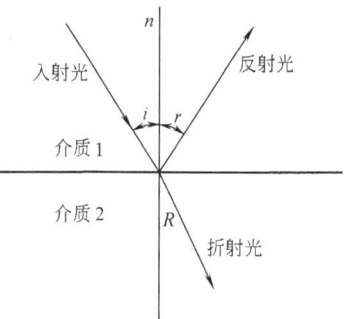

图 8-2　光的反射和折射

$$\frac{\sin i}{\sin R} = \frac{v_1}{v_2} = N_{21}$$

N_{21} 为介质2对于介质1的相对折射率。如果光线从真空中射入介质，其折射率称为该介质的绝对折射率 N

$$N = \frac{c}{v} = \frac{N_\text{介}}{N_\text{真空}}$$

式中，c 是光在真空中的传播速度，$c = 3 \times 10^8$ m/s；v 是光在介质中的传播速度。

4. 白光和单色光

光弹性实验常用光源有白光、汞光和钠光等，波长 400~800nm。

（1）白光　白光是红、橙、黄、绿、青、蓝、紫七种可见光的混合。可见光的波长在 400~760nm 内变化，表8-1 列出了可见光谱。

表8-1　可见光谱

波长范围/nm	颜色	波长范围/nm	颜色
400~450	紫色	550~570	黄绿
450~480	蓝色	570~590	黄色
480~510	蓝绿	590~630	橙色
510~550	绿色	630~700	红色

（2）单色光　单色光是指仅有一种波长或频率的光。

光弹性实验中经常用到的光源有：

钠光	589.3nm 的单色黄光
汞光加绿色滤色片	546.1nm 的绿光
氦氖激光器	632.8nm 的红光
红宝石激光器	689.3nm 的红光

5. 自然光和平面偏振光

（1）自然光　其特点是：

1）在垂直于光波传播方向的平面内，这些波的振动取任意方向，各方向振动的几率相同。

2）光矢量的振动和光波进行的方向始终正交，即为横波。

图 8-3 所示是自然光振动的示意图。

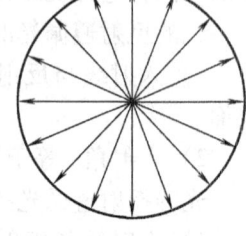

图 8-3　自然光的光振动

（2）平面偏振光　光矢量的横向振动在一个平面内，称为平面偏振光，在垂直于光传播方向的平面上，我们可以看到光矢量端点的轨迹为一直线，故又称线偏振光，如图 8-4 所示。

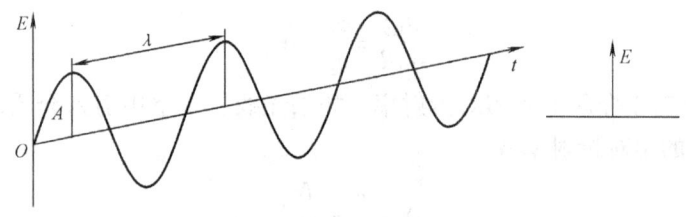

图 8-4　平面偏振光的光振动

获得平面偏振光的元件有尼科尔棱镜（方解石晶体制成）和人造偏振片（二同色性偏振片），我们把偏振片所能通过的振动方向叫作偏振片的偏振轴。

当光矢量通过两个偏振方向一致的偏振片时，光强最大，称为明场；当光矢量通过两个偏振方向正交的偏振片时，光完全被遮挡，称为暗场。

6. 双折射

光在各向同性的晶体与在各向异性的晶体中的传播情况是不相同的。

对于各向同性透明介质，例如不受力的玻璃，光的折射严格地遵循折射定律：折射光在其中的传播速度总是一个常数，不因传播方向改变而改变。所以当一束光入射一块不受力的玻璃后，出射后仍将是一束光。

对于各向异性晶体，例如方解石，情形就要复杂得多，如图 8-5 所示，当一束光入射方解石时，出射的将是两束光，这种现象称为双折射，根据实验可知，这两束光都是平面偏振光，它们有如下性质（对单轴晶体）：

1)其中一束光遵循折射定律,称为寻常光或 o 光;另一束光不遵循折射定律,称为非常光或 e 光。

2)o 光的传播速度在各个方向上都相同;e 光的传播速度 v_e 则随传播方向的变化而变化。

3)两束光的光矢量的振动方向相垂直。

4)两束光通过晶体时速度各不相同,o 光比 e 光快,此类晶体是正晶体。反之为负晶体。

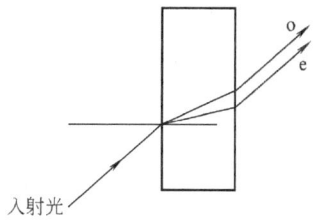

图 8-5 光通过各向异性晶体发生双折射

5)晶体中有的方向不发生双折射,即当一束光沿此方向射入晶体时,射出的光束仍为一束光,此方向称为光轴。只有一个光轴的晶体称为单晶体(如方解石、石英),有两个光轴的晶体称为双晶体(如云母)。

晶体中任一点在各个方向的双折射现象,几何上可以用折射率椭球形象地加以说明。如图 8-6 所示,椭球的三个长轴 OA、OB、OC 分别与主折射率 n_1、n_2 和 n_3 成正比,任一点的主折射率可以用以下椭球方程表示

$$\frac{x^2}{n_1^2}+\frac{y^2}{n_2^2}+\frac{z^2}{n_3^2}=1$$

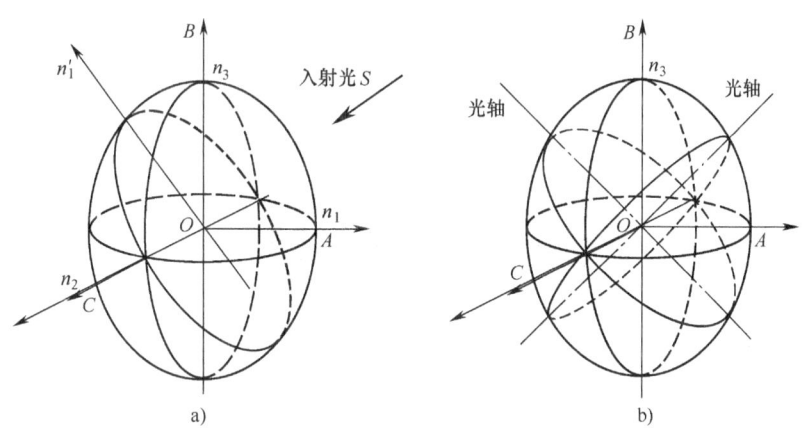

图 8-6 折射率椭球
a)单轴晶体 b)双轴晶体

现在我们利用折射率椭球来说明晶体在不同方向的双折射性质。对应于某一给定传播方向的两个折射率 n_1' 和 n_2'(称为次主折射率),与椭球被一平行于波前并通过椭球中心的平面相截所得到的椭圆的两条半轴之长度成正比。

根据折射率椭球的形状,可将所有晶系中的各种透明晶体分为三类:单轴晶体、双轴晶体和各向同性晶体。

(1)单轴晶体 折射率主轴 OB 与光轴重合,则通过 O 点垂直于 OB 的截面

是一个圆,可见:

1) 当传播方向与光轴 OB 重合时,截面是圆,所以 $OC = OA$,不发生双折射。

2) 对于任意方向 S,过球心 O 作 S 的垂直平面与椭球的交线为一椭圆,该椭圆的长、短轴分别为产生双折射后两束光的折射率,其中一轴不论 S 方向如何,长短不变,代表了 o 光的折射率;另一轴代表了 e 光的折射率,从折射率椭球我们可以看出,e 光的折射率 n_e 是在 n_0 和主折射率 n_3 之间变化。

(2) 双轴晶体 设 $OA \neq OB \neq OC$,且 $OB > OC > OA$,则在 $BA\ B'A$ 必有一点 P 满足 $OP = OC$,过 OP 和 OC 的平面与椭球交线必为圆,并发现 ON 即为一光轴方向,同理还可以得出另一光轴方向 N'。

我们可以看出双轴晶体有两个也只有两个光轴,但无 o 光和 e 光。

(3) 各向同性透明材料 显然,其折射率椭球 $OA = OB = OC$,即为一圆球,光波无论从哪个方向通过,各方向的折射率都一样,因此不产生双折射。

7. 1/4 波片和圆偏振光

(1) 1/4 波片 如果在一块单轴双折射晶体上,从平行于光轴的方向切出一块薄片,使两晶面保持平行,再用单色平面偏振光垂直照射上述晶片,则该平面偏振光在晶片内被分解为两列平面偏振光,其中一列的振动方向与光轴平行(对应 e 光),另一列与光轴垂直(对应 o 光),它们在晶片内的传播速度不同,一个方向称为快轴,以 F 表示;一个称为慢轴,以 S 表示。调整晶片的厚度,使 o 光与 e 光之间的光程差等于入射光波波长的 1/4,则称此波片为 1/4 波片,即:$d(n_o - n_e) = \frac{1}{4}\lambda + n\lambda$,或 $d = \frac{\lambda}{n_o - n_e}\left(n + \frac{1}{4}\right)$。$d$ 为晶片厚度,λ 为使用的波长,n_o 和 n_e 为 o 光与 e 光的折射率;n 为整数,因为从工艺的角度,加工波长级的薄片是不现实的。此时的相位 $\Delta = \frac{2\pi}{\lambda} \cdot \frac{\lambda}{4} = \frac{\pi}{2}$。换言之,能使 o 光和 e 光产生的相位差为 $\pi/2$ 或其奇数倍的晶体薄片,称为 1/4 波片,光程差为 $\lambda/4$。

(2) 圆偏振光 当一束平面偏振光通过 1/4 波片且其偏振方向与 1/4 波长的快慢轴成 45°时,当此平面偏振光到达 1/4 波片后,沿着 1/4 波片的快慢轴方向被分解为两个平面偏振光

$$E_x = a\sin\omega t \cdot \cos 45° = \frac{a}{\sqrt{2}}\sin\omega t$$

$$E_y = a\sin\omega t \cdot \sin 45° = \frac{a}{\sqrt{2}}\sin\omega t$$

通过 1/4 波片后,这两个平面偏振光产生 1/4 波长的光程差,也就是 $\pi/2$ 的相位差,从 1/4 波片出射的两个平面偏振光为

$$E'_x = \frac{a}{\sqrt{2}}\sin\omega t$$

$$E'_y = \frac{a}{\sqrt{2}}\sin\left(\omega t - \frac{\pi}{2}\right) = \frac{a}{\sqrt{2}}\cos\omega t$$

将以上两式分别平方后相加，即得到合成后的光波运动方程

$$(E'_x)^2 + (E'_y)^2 = \left(\frac{a}{\sqrt{2}}\right)^2$$

这是一个半径为 $a/\sqrt{2}$ 的圆的方程。这说明出射的光矢量大小不变，在垂直于光传播轴的平面上，光矢量端点的运动轨迹为一个圆，其方向随时间作等速旋转，这就是圆偏振光。图 8-7 所示为圆偏振光矢量的运动轨迹。当一束平面偏振光通过 1/4 波片且其偏振方向与 1/4 波片的快慢轴成 45°时，出来的光是圆偏振光。

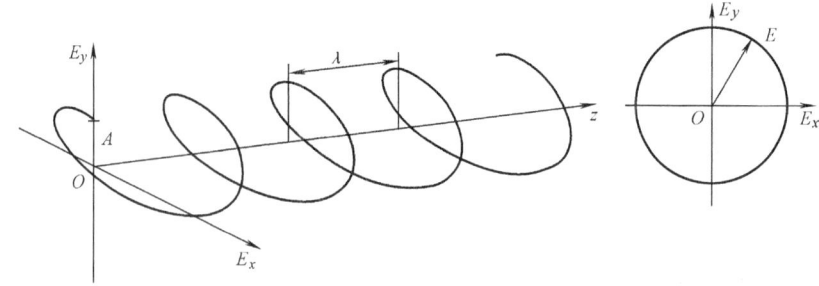

图 8-7　圆偏振光

8. 偏振光的矢量表达式和琼斯（Jones）向量

按照光的电磁理论和波动理论，偏振光束都可以用矢量来表示，或用波动方程来表示。如果沿着传播路径上每一位置的光矢量已知，则该光束的偏振状态是完全确定的。

（1）偏振光的矢量表达法

1）线偏振光（振动方向与 x 轴平行）。光矢量 $\boldsymbol{E}$ 为

$$\boldsymbol{E} = A_x\cos\ (\omega t + \delta_x)\ \boldsymbol{i} = A_x\mathrm{Re}\ (\mathrm{e}^{(\omega t + \delta_x)\mathrm{i}})$$

2）圆偏振光。一束圆偏振光，可以用下式给出的光矢量 $\boldsymbol{E}$ 来表示

$$\boldsymbol{E} = A\cos\ (\omega t)\ \boldsymbol{i} + A\sin\ (\omega t)\ \boldsymbol{j} = A\mathrm{Re}\ (\mathrm{e}^{(\omega t + \frac{\pi}{2})\mathrm{i}})$$

3）椭圆偏振光。在更一般的情况下，光矢量由下式给出

$$\boldsymbol{E} = A_x\cos\ (\omega t + \delta_x)\ \boldsymbol{i} + A_y\cos\ (\omega t + \delta_y)\ \boldsymbol{j} \tag{8-3}$$

以上式中，$\boldsymbol{i}$ 和 $\boldsymbol{j}$ 分别为 x 和 y 方向上的单位矢量；A_x 和 A_y 分别为偏振光在 x 轴和 y 轴上的振幅分量；δ_x 和 δ_y 分别为偏振光在 x 和 y 方向的初始相位分量；ω 为偏振光的角频率。另外对于光矢量的旋转方向有以下定义：当观察者对着光源看时，若光矢量沿顺时针方向旋转，则称为右旋椭圆偏振光；若逆时针，则称为左旋椭圆偏振光。对于椭圆偏振光的各种形式可以做一小结如下：偏振光的最

普遍形式是椭圆偏振光。线偏振光和圆偏振光都是椭圆偏振光的特例。而且用矢量的方式，已可以充分地描述光的偏振形态和进行光强的分析。当：

① $\delta = \delta_x - \delta_y = 0$ 时，即为线偏振光；

② $A_x = A_y = a$，$\delta = \pm 90°$时，即为圆偏振光。

（2）琼斯向量

1）椭圆偏振光的琼斯向量表达法

我们已经知道，任一平面偏振光、圆偏振光都可认为是椭圆偏振光的一个特例，椭圆偏振光是最为一般的偏振形式，我们来看如何以琼斯向量的形式来表示椭圆偏振光，从椭圆偏振光的一般形式 $\boldsymbol{E} = A_x\cos(\omega t + \delta_x)\boldsymbol{i} + A_y\cos(\omega t + \delta_y)\boldsymbol{j}$，可写出在 x 轴和 y 轴上的振动为

$$E_x = A_x\cos(\omega t + \delta_x) = A_x\mathrm{Re}\left[e^{(\omega t + \delta_x)i}\right]$$
$$E_y = A_y\cos(\omega t + \delta_y) = A_y\mathrm{Re}\left[e^{(\omega t + \delta_y)i}\right]$$

由于时间因子 $e^{\omega t}$ 对振幅和光强无影响，所以我们可以略去因子 $e^{(\omega t)i}$，用以下式子来表示复振幅，就足以描述一个椭圆偏振光，即

$$E_x = A_x e^{i\delta_x}$$
$$E_y = A_y e^{i\delta_y}$$

因此，椭圆偏振光可以用它的光矢量的两个分量的复振幅构成的一个列矩阵表示

$$\boldsymbol{E} = \begin{pmatrix} A_x e^{i\delta_x} \\ A_y e^{i\delta_y} \end{pmatrix} \tag{8-4}$$

这一矩阵称为琼斯向量，A_x、A_y 为分振动振幅；δ_x、δ_y 为绝对相位。光强计算公式

$$I = E^* \cdot E \tag{8-5}$$

式中，E^* 是 E 的转置共轭矩阵。

$$I = E^* \cdot E = \begin{bmatrix} A_x e^{-i\delta_x}, & A_y e^{-i\delta_y} \end{bmatrix} \begin{pmatrix} A_x e^{i\delta_x} \\ A_y e^{i\delta_y} \end{pmatrix}$$
$$= A_x^2 + A_y^2$$

归一化的琼斯向量

在光弹性实验和全息光弹性实验中，我们研究的往往是光强的相对变化，为简化运算，常把表示偏振光的矩阵归一化，即用一常数去乘琼斯向量的两个分量，使其光强化为1，经过这样处理的琼斯向量称为归一化的琼斯向量或称标准化的琼斯向量，显然，归一化常数是 $\sqrt{A_x^2 + A_y^2}$，所以

① 椭圆偏振光的一般归一化琼斯向量为

$$E = \frac{1}{\sqrt{A_x^2 + A_y^2}} \begin{pmatrix} A_x e^{i\delta_x} \\ A_y e^{i\delta_y} \end{pmatrix}$$

② 圆偏振光

$$E_{右} = \frac{1}{\sqrt{2}} \begin{pmatrix} -i \\ 1 \end{pmatrix} = \frac{1}{\sqrt{2}} \begin{pmatrix} 1 \\ i \end{pmatrix}, \qquad E_{左} = \frac{1}{\sqrt{2}} \begin{pmatrix} i \\ 1 \end{pmatrix} = \frac{1}{\sqrt{2}} \begin{pmatrix} 1 \\ -i \end{pmatrix}$$

③ 平面偏振光

a) 光矢量沿 x 轴的平面偏振光可表示为 $E = \begin{pmatrix} 1 \\ 0 \end{pmatrix}$；同理，沿 y 轴 $E = \begin{pmatrix} 0 \\ 1 \end{pmatrix}$。

b) 光矢量与 x 轴成 θ 角，$E_\theta = \begin{pmatrix} \cos\theta \\ \sin\theta \end{pmatrix}$，与其垂直为 $E_{\theta \pm 90°} = \begin{pmatrix} -\sin\theta \\ \cos\theta \end{pmatrix}$。

若 $I = E_1^* \cdot E_2 = 0$，则称 E_1 和 E_2 为正交型偏振光。常用偏振光的琼斯向量表达式见表 8-2。

表 8-2 偏振光的琼斯向量表达

	基本参数	琼斯参数	归一化琼斯向量
	光矢量 $E = E_x i + E_y j$ $E_x = A_x e^{i\delta_x}$ $E_y = A_y e^{i\delta_y}$ $\delta = \delta_y - \delta_x$	$\begin{pmatrix} A_x e^{i\delta_x} \\ A_y e^{i\delta_y} \end{pmatrix}$	$\begin{pmatrix} \cos\theta e^{-i\left(\frac{\delta}{2}\right)} \\ \sin\theta e^{i\left(\frac{\delta}{2}\right)} \end{pmatrix}$
圆偏振光 右旋	$A_x = A_y = A$ $\delta = \delta_y - \delta_x = \frac{\pi}{2}$ E_x 滞后 $E_y \frac{\pi}{2}$	$\begin{pmatrix} A e^{i\left(\delta_c - \frac{\pi}{2}\right)} \\ A e^{i\delta_x} \end{pmatrix}$	$\frac{1}{\sqrt{2}} \begin{pmatrix} -i \\ 1 \end{pmatrix}$ 或 $\frac{1-i}{2} \begin{pmatrix} 1 \\ i \end{pmatrix}$
圆偏振光 左旋	$A_x = A_y = A$ $\delta = \delta_y - \delta_x = -\frac{\pi}{2}$ E_x 超前 $E_y \frac{\pi}{2}$	$\begin{pmatrix} A e^{i\left(\delta_c + \frac{\pi}{2}\right)} \\ A e^{i\delta_x} \end{pmatrix}$	$\frac{1}{\sqrt{2}} \begin{pmatrix} i \\ 1 \end{pmatrix}$ 或 $\frac{1+i}{2} \begin{pmatrix} 1 \\ -i \end{pmatrix}$
圆偏振光 右旋	$A_x = A_y = A$ $\delta = \delta_y - \delta_x = \frac{\pi}{2}$ E_y 滞后 $E_x \frac{\pi}{2}$	$\begin{pmatrix} A e^{i\delta_x} \\ A e^{i\left(\delta_x + \frac{\pi}{2}\right)} \end{pmatrix}$	$\frac{1}{\sqrt{2}} \begin{pmatrix} 1 \\ i \end{pmatrix}$ 或 $\frac{1+i}{2} \begin{pmatrix} -i \\ 1 \end{pmatrix}$
圆偏振光 左旋	$A_x = A_y = A$ $\delta = \delta_y - \delta_x = -\frac{\pi}{2}$ E_y 超前 $E_x \frac{\pi}{2}$	$\begin{pmatrix} A e^{i\delta_x} \\ A e^{i\left(\delta_x - \frac{\pi}{2}\right)} \end{pmatrix}$	$\frac{1}{\sqrt{2}} \begin{pmatrix} 1 \\ -i \end{pmatrix}$ 或 $\frac{1-i}{2} \begin{pmatrix} i \\ 1 \end{pmatrix}$

（续）

基本参数		琼斯参数	归一化琼斯向量
平面偏振光	偏振轴与 x 轴成 $\pm\theta$ 角，$\delta=0$	$\begin{pmatrix} A\cos\theta \\ \pm A\sin\theta \end{pmatrix}$	$\begin{pmatrix} \cos\theta \\ \pm \sin\theta \end{pmatrix}$
	水平偏振光 $\theta=0, A_y=0, \delta=0$	$\begin{pmatrix} A_x \mathrm{e}^{\mathrm{i}\delta_x} \\ 0 \end{pmatrix}$	$\begin{pmatrix} 1 \\ 0 \end{pmatrix}$
	垂直偏振光 $\theta=\dfrac{\pi}{2}, A_x=0, \delta=0$	$\begin{pmatrix} 0 \\ A_y \mathrm{e}^{\mathrm{i}\delta_y} \end{pmatrix}$	$\begin{pmatrix} 0 \\ 1 \end{pmatrix}$
	偏振轴与 x 轴成 $\pm 45°$ 角		$\dfrac{1}{\sqrt{2}}\begin{pmatrix} 1 \\ \pm 1 \end{pmatrix}$

2）用琼斯矩阵表示各种光学元件

① 偏振片的琼斯矩阵。我们以光通过偏振片后的变化，描述偏振片的作用，如图 8-8 所示。椭圆偏振光 E 射入偏振片 P，P 与 x 轴成 θ 角

$$E = \begin{pmatrix} A_x \mathrm{e}^{\mathrm{i}\delta_x} \\ A_y \mathrm{e}^{\mathrm{i}\delta_y} \end{pmatrix}$$

到达偏振片后，沿 P 和 n 方向分解为两个分量

$$E_P = A_x \mathrm{e}^{\mathrm{i}\delta_x}\cos\theta + A_y \mathrm{e}^{\mathrm{i}\delta_y}\sin\theta$$
$$E_n = -A_x \mathrm{e}^{\mathrm{i}\delta_x}\sin\theta + A_y \mathrm{e}^{\mathrm{i}\delta_y}\cos\theta$$

经偏振片后合成为

$$E'_P = A_x \mathrm{e}^{\mathrm{i}\delta_x}\cos\theta + A_y \mathrm{e}^{\mathrm{i}\delta_y}\sin\theta$$
$$E'_n = 0$$

在 xOy 坐标系中，出射的椭圆偏振光的琼斯向量可表示为

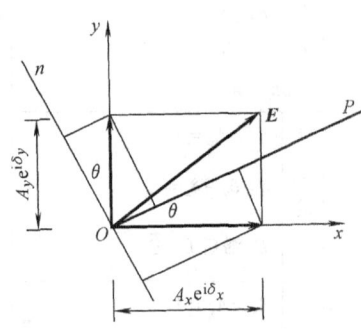

图 8-8 光通过偏振片后的变化

$$E' = \begin{pmatrix} E'_P\cos\theta \\ E'_n\sin\theta \end{pmatrix} = \begin{pmatrix} A_x \mathrm{e}^{\mathrm{i}\delta_x}\cos^2\theta + A_y \mathrm{e}^{\mathrm{i}\delta_y}\cos\theta\sin\theta \\ A_x \mathrm{e}^{\mathrm{i}\delta_x}\cos\theta\sin\theta + A_y \mathrm{e}^{\mathrm{i}\delta_y}\sin^2\theta \end{pmatrix}$$

也就是

$$E' = \begin{pmatrix} \cos^2\theta & \cos\theta\sin\theta \\ \cos\theta\sin\theta & \sin^2\theta \end{pmatrix}\begin{pmatrix} A_x \mathrm{e}^{\mathrm{i}\delta_x} \\ A_y \mathrm{e}^{\mathrm{i}\delta_y} \end{pmatrix} = J \cdot E$$

式中，$J = \begin{pmatrix} \cos^2\theta & \cos\theta\sin\theta \\ \cos\theta\sin\theta & \sin^2\theta \end{pmatrix}$，称为偏振片的琼斯矩阵。

可以看出椭圆偏振光通过一偏振片的效应，相当于用一矩阵去乘它的琼斯向

量，这种数学处理的手段给光强分析以清晰和简洁的形式。主要光学元件的琼斯矩阵见表 8-3。

② 双折射介质的琼斯矩阵。对于椭圆偏振光 $E = \begin{pmatrix} A_x e^{i\delta_x} \\ A_y e^{i\delta_y} \end{pmatrix}$ 通过双折射介质，除了 E 在双折射介质的主折射率轴 f 和 s 上的投影外，还将使两者产生相位差，如图 8-9 所示。

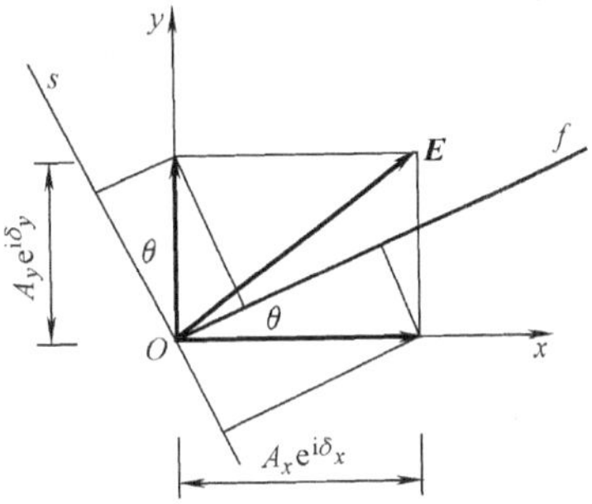

a）在 f 和 s 上的投影分别为

$$E_f = A_x\cos\theta e^{i\delta_x} + A_y\sin\theta e^{i\delta_y}$$
$$E_s = -A_x\sin\theta e^{i\delta_x} + A_y\cos\theta e^{i\delta_y}$$

b）通过双折射介质后，光矢量的两个分量产生相位差 δ

$$E'_f = E_f e^{i\delta}$$
$$E'_s = E_s$$

图 8-9　偏振光通过双折射介质

表 8-3　主要光学元件的琼斯矩阵

光学元件	表示符号	放置状态	琼斯矩阵
偏振类	P_θ	偏振轴与 x 轴成 θ 角的偏振片	$\begin{pmatrix} c^2 & sc \\ sc & s^2 \end{pmatrix}$
	$P_0, P_{90°}$	水平或垂直偏振片	$P_0 = \begin{pmatrix} 1 & 0 \\ 0 & 0 \end{pmatrix}, P_{90°} = \begin{pmatrix} 0 & 0 \\ 0 & 1 \end{pmatrix}$
	$P_{\pm 45°}$	与 x 轴成 $\pm 45°$ 的偏振片	$\dfrac{1}{2}\begin{pmatrix} 1 & \pm 1 \\ \pm 1 & 1 \end{pmatrix}$
双折射类	J_θ	一般双折射介质，快轴与 x 轴成 θ 角，相位差 δ	$\begin{pmatrix} e^{i\delta}c^2 + s^2 & (e^{i\delta}-1)cs \\ (e^{i\delta}-1)sc & e^{i\delta}s^2 + c^2 \end{pmatrix}$
	J_0	受力模型快轴方向与 x 轴重合 $\theta = 0$	$\begin{pmatrix} e^{i\delta} & 0 \\ 0 & 1 \end{pmatrix}$
	Q_θ	$\lambda/4$ 片快轴与 x 轴成 θ 角 $\delta = \dfrac{\pi}{2}$	$\begin{pmatrix} ic^2 + s^2 & (i-1)cs \\ (i-1)cs & is^2 + c^2 \end{pmatrix}$
	$Q_0, Q_{90°}$	$\lambda/4$ 片快轴与 x 轴成 $0°$ 或 $90°$ 角 $\delta = \dfrac{\pi}{2}$	$Q_0 = \begin{pmatrix} i & 0 \\ 0 & 1 \end{pmatrix}, Q_{90°} = \begin{pmatrix} 1 & 0 \\ 0 & i \end{pmatrix}$
	$Q_{\pm 45°}$	$\lambda/4$ 片快轴与 x 轴成 $\pm 45°$ 角 $\delta = \dfrac{\pi}{2}$	$\dfrac{i+1}{2}\begin{pmatrix} 1 & \pm i \\ \pm i & 1 \end{pmatrix}$ 或 $\dfrac{1}{\sqrt{2}}\begin{pmatrix} 1 & \pm i \\ \pm i & 1 \end{pmatrix}$

光学元件	表示符号	放置状态	琼斯矩阵
双折射类	H_θ	λ/2 片快轴与 x 轴成 θ 角 $\delta = \pi$	$\begin{bmatrix} \cos2\theta & \sin2\theta \\ \sin2\theta & -\cos2\theta \end{bmatrix}$
	$H_0, H_{90°}$	λ/2 片快轴与 x 轴成 $0°$ 或 $90°$ 角 $\delta = \pi$	$\begin{bmatrix} 1 & 0 \\ 0 & -1 \end{bmatrix}$
	$Q_{\pm 45°}$	λ/2 片快轴与 x 轴成 $\pm 45°$ 角 $\delta = \pi$	$\begin{bmatrix} 0 & 1 \\ 1 & 0 \end{bmatrix}$
	$R_{90°}$	$90°$ 旋光器	$\begin{bmatrix} 0 & 1 \\ -1 & 0 \end{bmatrix}$
		均匀介质	$\begin{bmatrix} 1 & 0 \\ 0 & 1 \end{bmatrix}$

注：为简明起见，表中用 c 表示 $\cos\theta$，s 表示 $\sin\theta$。

c）将 E'_f、E'_s 向 x、y 轴上投影合成，得到

$$E'_x = A'_x e^{i\delta'_x} = E'_f \cos\theta - E'_s \sin\theta$$
$$= (e^{i\delta}\cos^2\theta + \sin^2\theta) A_x e^{i\delta_x} + (e^{i\delta} - 1)\sin\theta\cos\theta A_y e^{i\delta_y}$$

$$E'_y = A'_y e^{i\delta'_y} = E'_f \sin\theta - E'_s \cos\theta$$
$$= (e^{i\delta} - 1)\sin\theta\cos\theta A_x e^{i\delta_x} + (e^{i\delta}\sin^2\theta + \cos^2\theta) A_y e^{i\delta_y}$$

所以，出射光 E' 的琼斯向量可写作

$$E' = \begin{bmatrix} e^{i\delta}\cos^2\theta + \sin^2\theta & (e^{i\delta} - 1)\sin\theta\cos\theta \\ (e^{i\delta} - 1)\sin\theta\cos\theta & e^{i\delta}\sin^2\theta + \cos^2\theta \end{bmatrix} \cdot E$$

显然双折射介质的琼斯矩阵为

$$J_\theta = \begin{bmatrix} e^{i\delta}\cos^2\theta + \sin^2\theta & (e^{i\delta} - 1)\sin\theta\cos\theta \\ (e^{i\delta} - 1)\sin\theta\cos\theta & e^{i\delta}\sin^2\theta + \cos^2\theta \end{bmatrix}$$

也可以写为

$$J_\theta = \begin{bmatrix} \cos\theta & -\sin\theta \\ \sin\theta & \cos\theta \end{bmatrix} \begin{bmatrix} e^{i\delta} & 0 \\ 0 & 1 \end{bmatrix} \begin{bmatrix} \cos\theta & \sin\theta \\ -\sin\theta & \cos\theta \end{bmatrix}$$

进一步简写为

$$J_\theta = \tilde{R}_{(\theta)} J_0 R_{(\theta)}$$

式中，$J_0 = \begin{bmatrix} e^{i\delta} & 0 \\ 0 & 1 \end{bmatrix}$ 即为双折射介质的快轴与 x 轴重合时的琼斯矩阵；$R_{(\theta)} = \begin{bmatrix} \cos\theta & \sin\theta \\ -\sin\theta & \cos\theta \end{bmatrix}$ 称为旋转矩阵，表示旋转变换；$\tilde{R}_{(\theta)} = \begin{bmatrix} \cos\theta & -\sin\theta \\ \sin\theta & \cos\theta \end{bmatrix}$ 为 $R_{(\theta)}$ 的转置

矩阵。一旦 J_0 和旋转方向已知，就可以很方便地根据上式写出相应的琼斯矩阵。

各种波片和受力模型均可视为双折射介质，因此其琼斯矩阵的表达式也都可以写出，但要注意相位差的正负的影响。表 8-3 为常用光学元件的琼斯矩阵。

③ 琼斯运算。从以上对偏振片和双折射介质的光效应的推导中可以看出，如果我们用 E、E' 和 J 分别表示入射和出射光束的琼斯矢量及装置的琼斯矩阵，则有

$$E' = J \cdot E$$

进一步推广，当由 $1, 2, \cdots, n$ 个光学元件组成一系列光学装置，这些装置的琼斯矩阵分别为 $J_1, J_2, \cdots, J_n$。

若一个琼斯矢量为 E_0 的光束首先进入第一个光学装置，然后依次进入其余所有装置，直到最后第 n 个装置，那么从这一系列装置出射的光束之琼斯向量则为

$$E' = J_n J_{n-1} \cdots J_2 J_1 E_0 \tag{8-6}$$

换言之，由一系列光学元件组成的光学系统所产生的光效应相当于乘以一系列元件的琼斯矩阵，这种数学处理的手段给光强分析以清晰和简洁的形式。光强可用式（8-5）写出。

8.2.2 应力-光性定理

当具有暂时双折射性质的材料受到载荷作用时，其内部的应力与折射率之间存在一定的关系，对于线弹性材料，折射率的变化与载荷以及应力的变化成正比，麦克斯韦（Maxwell）建立了描述这种关系的方程式

$$\left. \begin{array}{l} n_1 - n_0 = C_1 \sigma_1 + C_2 (\sigma_2 + \sigma_3) \\ n_2 - n_0 = C_1 \sigma_2 + C_2 (\sigma_3 + \sigma_1) \\ n_3 - n_0 = C_1 \sigma_3 + C_2 (\sigma_1 + \sigma_2) \end{array} \right\} \tag{8-7}$$

式中，n_0 为无应力状态下材料的折射率；n_1、n_2、n_3 分别为沿主应力 σ_1、σ_2、σ_3 方向的折射率；C_1、C_2 为与材料性质有关的常数，称为绝对应力光性系数。

式（8-7）称为应力-光性定律。

1. 永久双折射和人工双折射

各向异性透明晶体如方解石、石英等的双折射，是其固有的特性，称为永久双折射。有些各向同性的非晶体材料，例如环氧树脂、有机玻璃、聚碳酸酯等，虽然在自然状态下不会产生双折射，但是当其受到载荷作用而产生应力时，就会像晶体一样表现出光学各向异性，产生双折射现象。去掉载荷后，双折射现象随即消失，这种现象称为暂时双折射或人工双折射。光弹性法就是利用了这种暂时双折射效应。

2. 平面应力-光性定理

用具有人工双折射效应的透明材料如环氧树脂等制成平板模型，并使模型受力处于平面应力状态。当光束垂直入射到受力模型内部时，就会产生人工双折射

现象。通过模型后的光波将遵循以下规律：

1) 一束平面偏振光通过平面受力模型内任一点时，它将会沿主应力方向分解为两束振动方向互相垂直的平面偏振光。

2) 两束偏振光在模型中具有不同的传播速度，其折射率的改变与主应力大小成线性关系，可表示为

$$N_1 - N_2 = C(\sigma_1 - \sigma_2) \tag{8-8}$$

式中，N_1，N_2 为沿 σ_1，σ_2 方向模型材料对偏振光的绝对折射率；C 为模型材料的绝对应力光性系数。

假设模型的厚度为 d，那么光程差 $R = (N_1 - N_2)d$，由式 (8-8) 可得

$$R = Cd(\sigma_1 - \sigma_2) \tag{8-9}$$

相位差为

$$\delta = \frac{2\pi}{\lambda} Cd(\sigma_1 - \sigma_2) \tag{8-10}$$

式 (8-9) 即为平面应力-光性定理。应力-光性定理描述了从受力模型出射的两束平面偏振光的光程差或相位差与主应力的关系，是光弹性法的理论基础。

8.2.3 光测弹性仪

光测弹性仪又叫做偏光弹性仪，简称光弹仪，是光弹性实验的基本设备。常用的光弹仪有平行光式和漫射式两种，这里只介绍平行光式光弹仪，其基本光路系统（图 8-10）一般包括下列部件：

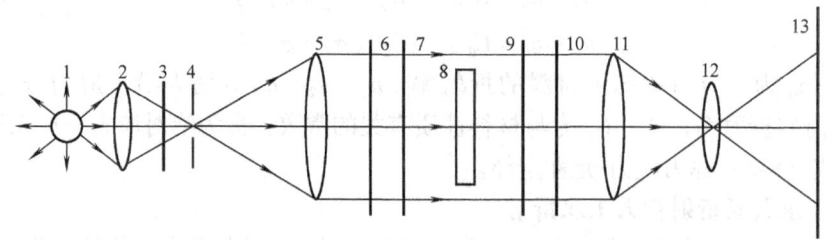

图 8-10 平行光式光弹性仪的光路系统

1—光源 2—聚光镜 3—滤色镜 4—光栏 5—准直透镜 6—起偏镜 7—1/4 波片
8—模型 9—1/4 波片 10—检偏镜 11—场镜 12—成像透镜 13—屏幕

(1) 光源及聚光镜 光弹性实验通常需要使用两种光源，即白光和单色光来照射模型，因此光弹仪一般配备有白光灯、钠灯和高压汞灯等光源。白光灯主要是提供光波波长范围大致在 400~760nm 之间的可见光。钠光灯产生的波长为 589.3nm 的准单色光——黄光。在高压汞灯后面加上滤色片，可以获得波长为 546.1nm 的准单色光——绿光。聚光镜将来自光源的发散光波汇聚，并以适当的

锥度投射到后面的准直透镜上,这样可以大大地减少光能的损失。滤色片用来从复色光源获得单色光。

(2) 光栏　用于遮挡杂散光。

(3) 准直透镜　将光源发出的锥型光束变成平行光,使光线垂直通过模型。

(4) 偏振镜　由 H 偏振片制成,一共有两块。靠近光源的一块偏振镜称为起偏镜,作用是从自然光获得平面偏振光;后面一块偏振镜称为检偏镜,用来检验所通过光波的偏振态。起偏镜和检偏镜一般配有同步回转机构,使两块偏振镜的偏振轴能够绕光传播的轴线同步旋转。

(5) 1/4 波片　数量也是两块,可以加入光路,也可以移出光路。当在光路中加入波片时,前面靠近起偏镜的第一块 1/4 波片的快轴和慢轴分别与起偏镜的透光轴成 45°角,因此能够把从起偏镜传来的平面偏振光变为圆偏振光。后面的第二块 1/4 波片的快轴和慢轴分别与第一块 1/4 波片的快轴和慢轴正交,因此正好能抵消第一块 1/4 波片产生的相位差,将圆偏振光还原为平面偏振光。

(6) 加载架和模型　加载架用于放置模型,并给模型施加外力。加载架能够整体作上下及左右移动,以便调整模型在光场中的位置。

(7) 场镜　用于汇聚平行光,使后面的成像物镜能接收到更多的光线,以充分利用光能。由于场镜有一定的焦距,所以成像物镜实际上是与场镜组合成像的。

(8) 成像透镜或照相机　成像透镜用于将模型和条纹图案在后面的屏幕上成像,而使用照相机可以直接拍摄光弹模型的条纹图案。通过改变透镜或照相机的位置,可以调整成像放大倍率。用相机拍摄照片或用 CCD 摄像仪摄取图像时,为了获得比较理想的效果,也可以采用漫射光源,使模型得到均匀柔和的照明。

(9) 成像屏　通常是一块毛玻璃或一张贴附在透明玻璃上的描图纸,用来接受物镜所成的光弹模型及条纹的实像,以便人眼观察及描绘条纹曲线图。

在上述部件中,偏振镜和 1/4 波片是光弹性仪的核心器件,其余部分都可以看做是辅助器件。弄清偏振镜和 1/4 波片的作用原理,是掌握光弹性仪的关键。各个辅助器件的作用也是非常重要的,使用是否得当,将会直接影响实验效果。

8.2.4　平面偏振光场中的光效应

起偏镜的偏振轴与分析镜偏振方向正交,且其中之一的偏振方向为水平方向;去掉两个 1/4 波片即得平面偏振光暗场如图 8-11 所示。用琼斯向量和琼斯矩阵可写出出射光的光强 I 如下

$$E = P_0 J_\theta P_{90} \begin{pmatrix} 1 \\ 1 \end{pmatrix} = \begin{pmatrix} 1 & 0 \\ 0 & 0 \end{pmatrix} \begin{pmatrix} \cos\theta & -\sin\theta \\ \sin\theta & \cos\theta \end{pmatrix} \begin{pmatrix} e^{i\delta} & 0 \\ 0 & 1 \end{pmatrix} \begin{pmatrix} \cos\theta & \sin\theta \\ -\sin\theta & \cos\theta \end{pmatrix} \begin{pmatrix} 0 & 0 \\ 0 & 1 \end{pmatrix} \begin{pmatrix} 1 \\ 1 \end{pmatrix}$$

$$I = E^* \cdot E = \sin^2 2\theta \sin^2 \frac{\delta}{2} \tag{8-11}$$

式中，θ为主应力方向与水平轴的夹角；δ为相位差。$I=0$ 时形成黑色条纹，我们可以得出以下结论：

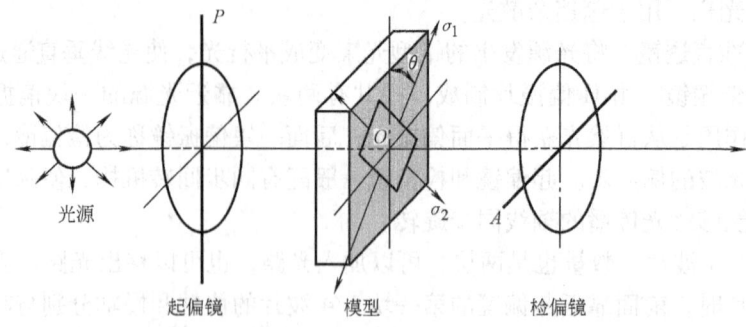

图 8-11 平面偏振光暗场

1) 当 $\theta = 0$ 或 $\theta = \dfrac{\pi}{2}$，$I=0$。这说明该点应力方向与偏振轴方向一致时，光强为零，模型上一系列这样的点构成黑线，在这条线上的点的主应力方向都相同，且与偏振轴的方向平行，这样的点的轨迹称为等倾线。

一般来说，模型内各点的主应力方向是不同的，故若将起、检偏镜一起转过某一相同的角度，会得到另一组等倾线。通常取水平方向为基准方向，从投影屏向光源看去，当反时针同步旋转起、检偏镜 θ 角时（θ 称为等倾线参数），则对应的等倾线称为 θ 角等倾线。

2) 当 $\sin\dfrac{\delta}{2}=0$ 时，这些光强为零的点又形成另一类条纹，即此时 $\dfrac{\delta}{2}=n\pi$，$n=0,\pm1,\pm2,\cdots$，δ 是在 σ_1 和 σ_2 方向上的相位差，根据应力-光性定理我们有 $\dfrac{\delta}{2}=n\pi=\dfrac{1}{2}\dfrac{2\pi}{\lambda}Cd(\sigma_1-\sigma_2)$，即

$$\sigma_1-\sigma_2=\dfrac{f_\sigma n}{d} \tag{8-12}$$

这里引入 $f_\sigma=\dfrac{\lambda}{C}$ ——模型材料的条纹值，与材料和所使用的光源有关，单位为 N/mm·条，表示单位厚度的模型产生一级条纹所需要的主应力差值。

这类光强为零的点形成的轨迹的特点是主应力差相等，因此称为等差线。只要知道了模型的厚度、材料的条纹值和条纹级数 n，就可以得到该点的主应力差值。

综上所述，我们可以知道在平面偏振光路的安排中，将会得到两类信息，即模型内各点的主应力方向和主应力差的值。等差线与等倾线在平面偏振光场中同时存在，会互相干扰，影响信息的提取，我们可以用以下方式进行区别：

① 改变载荷大小,等倾线不变,等差线改变。
② 同步转起偏镜和检偏镜,等倾线改变,等差线不变。

下一节将要介绍的圆偏振光场,可以消去等倾线,只显示等差线。还可以用白光作为光源,等差线除零级外都是彩色条纹,其他还有近年来发展的用频域和小波变换等图像处理方法进行识别。

8.2.5 圆偏振光场中的光效应

在平面偏振光场中,得到的图像同时包含等差线和等倾线,这会使条纹的判断产生困难,用圆偏振光场可以消去等倾线,得到仅包含等差线条纹的光弹性图像。圆偏振光暗场光路简图如图 8-12 所示。

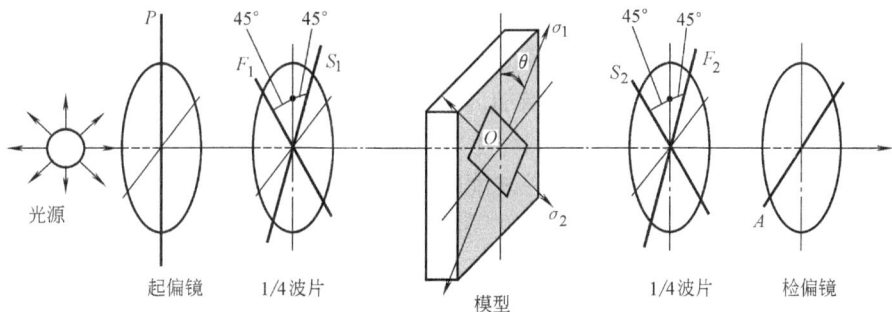

图 8-12 圆偏振光暗场光路简图

用琼斯向量和琼斯矩阵可写出出射光的光强 I 如下

$$E = P_0 Q_{45°} J_\theta Q_{-45°} P_{90} \begin{bmatrix} 1 \\ 1 \end{bmatrix}$$

$$= \begin{bmatrix} 1 & 0 \\ 0 & 0 \end{bmatrix} \begin{bmatrix} 1 & -i \\ -i & 1 \end{bmatrix} \begin{bmatrix} \cos\theta & -\sin\theta \\ \sin\theta & \cos\theta \end{bmatrix} \begin{bmatrix} e^{i\delta} & 0 \\ 0 & 1 \end{bmatrix} \begin{bmatrix} \cos\theta & \sin\theta \\ -\sin\theta & \cos\theta \end{bmatrix} \begin{bmatrix} 1 & i \\ i & 1 \end{bmatrix} \begin{bmatrix} 0 & 0 \\ 0 & 1 \end{bmatrix} \begin{bmatrix} 1 \\ 1 \end{bmatrix}$$

$$I = E^* \cdot E = \sin^2 \frac{\delta}{2} \tag{8-13}$$

与平面偏振光场光强公式(8-11)比较,我们可以看出,式(8-13)中没有 $\sin 2\theta$ 项,因而消除了等倾线,而仅有等差线。此时如果将分析镜转 90°,得到的是圆偏振光明场,背景最亮;半级次等差线为暗条纹。

8.2.6 等差线、等倾线和主应力迹线

1. 等差线的测定

(1) 白光下的等差线 在单色光照明的情况下,等差线条纹是黑色的。采用白光照明时,等差线只有零级是永久性黑色条纹,其他非零级等差线条纹都是彩色的,因此等差线也叫做等色线。

白光是由多种颜色的谱线即不同波长的光组合成的,每一种颜色都对应着确定的波长,赤、橙、黄、绿、青、蓝、紫七种色光称为主色。所谓一种色光,实

际上是一定波长范围内的光。光弹性实验中，在白光照明的情况下，当模型上某点的光程差刚好等于某一色光波长的整数倍时，该色光发生干涉相消，从偏振系统后方看到的就是该色光的互补色光。模型上所有光程差相等的点，形成同一种颜色的等差线条纹。由于模型上各点的光程差是连续变化的，所以白光照明时看到的等差线是颜色连续变化的彩色条纹。

模型上所有光程差为0的点，各种不同波长的色光均发生干涉相消，因此形成黑色条纹，即0级等差线。从0级的位置开始，随着光程差逐渐增加，波长最短的紫光首先发生消光，然后依次是蓝、青、绿、黄、橙、红各色光发生消光，这些色光的互补色黄绿、黄、橙、红、蓝、青、绿就连续显现出来。光程差继续增大，消光过程又进入第二个循环，当光程差等于紫光波长的2倍时，紫光再次消失，其互补色又显现出来，接着是其他色光按色序排列进入2次消光，对应的互补色又依次显现。光程差继续增加，消光过程还会进入三次以上的循环。对于1级和2级等差线，一般把红色到绿色之间的过渡色紫色作为整数级的位置，3级和4级等差线以粉红色与淡绿色之间的过渡颜色作为整数级条纹的位置。通常4级以下的等差线条纹是比较清晰的，而4级和4级以上的等差线条纹由于颜色很淡，往往显得很模糊，实际上是不容易辨认的，因此使用白光照明得到的等差线，一般不能准确地测定高级次等差线的干涉级，这是采用白光照明存在的缺点。如果等差线条纹级数超过5，就需要使用单色光光源，这时可以得到清晰的等差线条纹。

尽管采用白光光源在定量分析上有局限性，但在光弹性实验中，白光照明所形成的彩色等差线仍然发挥着非常重要的辅助分析作用，例如可以根据条纹的颜色确定0级等差线，或根据等差线颜色变化的趋势来判断条纹级数的升降以及应力分布的特点等。

已知等差线条纹级次，我们即可知主应力差的值，下面我们来分析如何判断等差线条纹级次。

(2) 整数级等差线的判断

1) 零级的确定。零级是永久性的黑色，我们可以用白光作为光源，在圆偏振光场中通过变载（永远的黑色）和颜色确定零级。依据力学知识，也可以协助我们找到零级条纹。如各向同性点 ($J_1 - J_2 = 0$)，零应力点（自由方角），奇点（自由边界上应力变号）处，都必定存在零级条纹。

2) 判断条纹增减方向。可以通过白光下色序的变化，黄红绿是增加，反之为减少；也可以通过改变载荷来判断或用两种以上的波长的光源，通过色序判断。

(3) 非整数级等差线的测量

最常用和最方便的方法是利用光弹仪本身的设备，用检偏镜进行补偿，即Tardy补偿法，也称旋转偏振镜法。我们仍用琼斯矩阵阐述方法的原理。安排光路如图 8-13a 所示,圆偏振光场中,主应力方向与分析镜的偏振方向一致,分析镜与 x 方向成 θ 角。

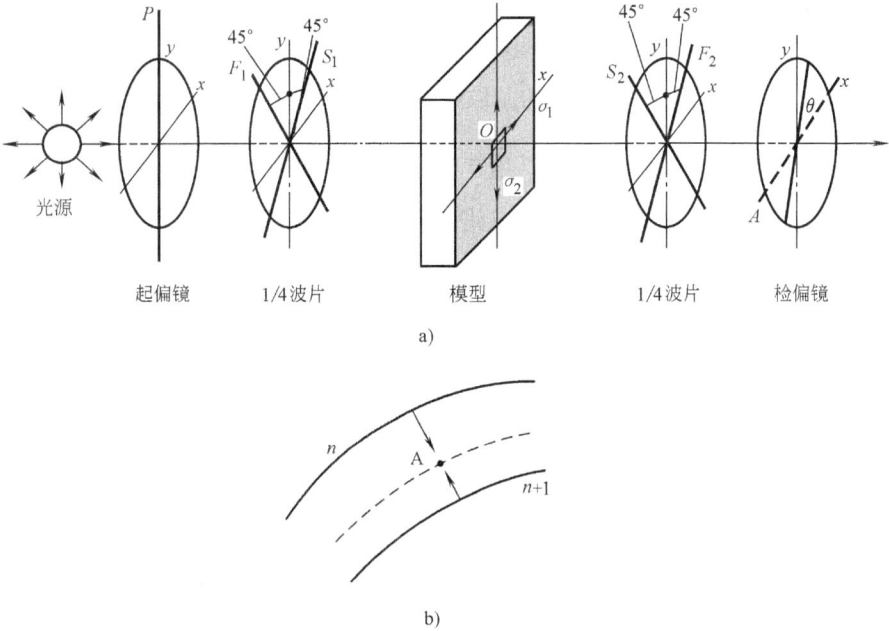

图 8-13 Tardy 补偿法的光路
a) 补偿法的光路 b) 确定分数级条纹范围

此时,出射的光矢量 E 的琼斯矩阵可写为

$$E = P_\theta Q_{45°} J_0 Q_{-45°} P_{90°} \begin{bmatrix} 1 \\ 1 \end{bmatrix}$$

$$= \begin{bmatrix} \cos^2\theta & \cos\theta\sin\theta \\ \cos\theta\sin\theta & \sin^2\theta \end{bmatrix} \begin{bmatrix} 1 & i \\ i & 1 \end{bmatrix} \begin{bmatrix} e^{i\delta} & 0 \\ 0 & 1 \end{bmatrix} \begin{bmatrix} 1 & i \\ -i & 1 \end{bmatrix} \begin{bmatrix} 0 & 0 \\ 0 & 1 \end{bmatrix} \begin{bmatrix} 1 \\ 1 \end{bmatrix}$$

$$= \begin{bmatrix} -\cos\theta\sin\left(\dfrac{\delta}{2} - \theta\right) \\ -\sin\theta\sin\left(\dfrac{\delta}{2} - \theta\right) \end{bmatrix}$$

$$I = E^* \cdot E = \sin^2\left(\dfrac{\delta}{2} - \theta\right)$$

设 $\delta = 2\pi n_k$,n_k 为非整数级条纹级次。当旋转分析镜时(即改变 θ 值),光强将发生变化,在光强为零时,有 $\dfrac{\delta}{2} - \theta = n\pi$,即

$$n_k = n + \dfrac{\theta}{\pi} \tag{8-14}$$

设该点的条纹级次 n_k 是在 $n+1$ 和 n 这两个整级次之间。在操作过程中，可以观测到这样的现象，即当你向某一个方向旋转分析镜时，是低级次 n 级向该点靠近，假设此时的角度为 θ_1；而向相反方向旋转分析镜时，则会是高级次（$n+1$）级向该点靠近，设此时的角度为 θ_2。在旋转分析镜的过程中，当被测点附近较低级次 n 级向测点靠近，测点的条纹级次应为

$$n_k = n + \frac{\theta_1}{\pi} \tag{8-15}$$

在旋转分析镜的过程中，被测点附近较高级次 n' 级向测点靠近，测点的条纹级次应为

$$n_k = n' - \frac{\theta_2}{\pi} \tag{8-16}$$

且 $\theta_1 + \theta_2 = \pi$，这可以用做校核。主应力方向可以通过平面偏振光场中同步旋转起偏镜和分析镜观察等倾线确定。在实验中，旋转加载后的试件有困难，但可以通过同步旋转起偏镜、两个1/4波片和分析镜来满足以上公式推导的条件。

Tardy 补偿法的步骤如下：

1）确定被测点条纹级次所处的范围 n 和 $n+1$。

2）确定被测点的主应力方向。使用白光光源，在正交平面布置状态下，同步旋转起偏镜和检偏镜，当某一条等倾线正好通过被测点时停下，这时的等倾线角度就指示了被测点的主应力方向。

3）将光路系统设置为正交圆偏振光场，并使起偏镜和检偏镜的光轴分别与被测点的两个应力主轴方向一致，1/4波片的快轴和慢轴与偏振镜光轴的相对位置保持不变。

4）单独旋转检偏镜，观察等差线的移动。如果与被测点相邻的 n 级整数级等差线移向被测点（图8-13b），当其刚好与该点重合时，记下检偏镜的旋转角度 θ_1，按式（8-15）计算被测点的条纹级数；如果与被测点相邻的 $n+1$ 级条纹移动到被测点，而相应的偏振镜转角为 θ_2，则按式（8-16）计算被测点的条纹级数。

其他如库克补偿器、巴比涅-索利尔补偿器法和双波片法等可见有关文献。近年来发展起来的数字图像处理的方法可以直接得到与主应力差有关的相位值。

2. 等倾线的观测

（1）等倾线的测定　等倾线的基本测定方法是，在用白光作光源的正交平面偏振光场下拍摄或描绘。以水平位置为起始位置，此时出现的等倾线为零度等倾线。从0°起，面向光源，按逆时针方向同步旋转的起偏镜和检偏镜，可以获得不同角度的等倾线，偏振镜每转过90°，等倾线的变化就会重复一次。在实际工作中，一般根据对实验精度的要求，给定一个角度间隔，描绘出一系列不同角度的等倾线，并把等倾线角度标注在等倾线上，例如每隔5°角描绘一组等倾线，

得到 0°, 5°, 10°, 15°, …, 90° 等倾线。图 8-14 所示是经描绘得到的对径受压圆盘的等倾线图。

(2) 等倾线的特征

1) 自由边界上的等倾线：

① 曲线自由边界：各点的切线即为该点的等倾角，如对径受压圆盘的边界。

② 自由直线边界（或只受法向载荷的直线边界）：边界线同时也是一条等倾线，如受压方板的直边界。

③ 自由角边界由小圆弧过渡：可以视为一小段曲边界。

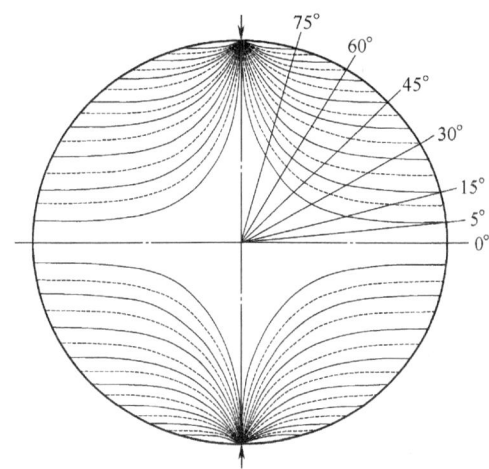

图 8-14 对径受压圆盘的等倾线图

2) 模型内部的等倾线：

① 对称轴上的等倾线：如果模型的几何形状和载荷都是轴对称的，则对称轴上每一点的两个应力的主轴分别与对称轴平行和垂直。因此，对称轴就是一条等倾线，如对径受压圆盘的水平和垂直对称轴。

② 各向同性点：在各向同性点上，各个方向的应力值相等，都可以作为主应力方向，因此不同角度的等倾线都通过各向同性点，它们是不同角度等倾线的交汇点，如图 8-15 中所示的 O 点就是各向同性点，各种不同参数的等倾线都通过它。如果通过它的等倾线参数是向逆时针方向增加的，称之为正各向同性点（图 8-15a）；反之为负各向同性点（图 8-15b）。

3. 主应力迹线

利用等倾线图，可以绘制出表示主应力方向的主应力迹线图。主应力迹线图由两族相互正交的曲线组成，曲线上每一点的切线和法线与该点的两个应力主轴重合。

(1) 主应力迹线的绘制

以水平轴基准线，画出一组等间隔分度（例如 10°、20°、30°、…）的斜线，并分别与角度相同的等倾线相交。在各条等倾线上，按适当密度画出若干与相应斜线平行的短线。以这些短线为切线，画一系列

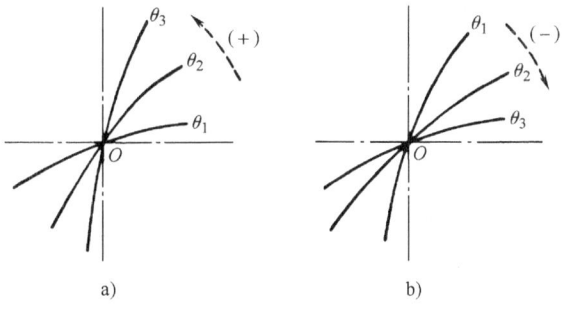

图 8-15 各向同性点
a) 正各向同性点（$\theta_1 < \theta_2 < \theta_3$）
b) 负各向同性点（$\theta_1 < \theta_2 < \theta_3$）

光滑曲线，得到第一族主应力迹线（图8-16中的粗实线）。作一系列与第一族主应力迹线正交光滑曲线，得到第二主族应力迹线（图8-16中的虚线）。

图8-17所示为对径受压的椭圆环的等倾线和主应力迹线图。

(2) 主应力迹线的特性

1) 两族主应力迹线相互正交。

2) 不包含各向同性点和角点的自由边界以及对称轴，同时也是主应力迹线。

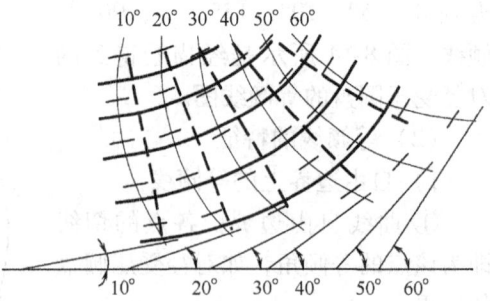

图8-16 主应力迹线的绘制

3) 同性点附近的两族主应力迹线或将各向同性点包围，或将各向同性点排除。

主应力迹线直接指示主应力方向，这对一些工程实际问题很有意义，例如在混凝土构件中布置钢筋，就是以主应力迹线为依据，将钢筋沿主（拉）应力方向排列的。

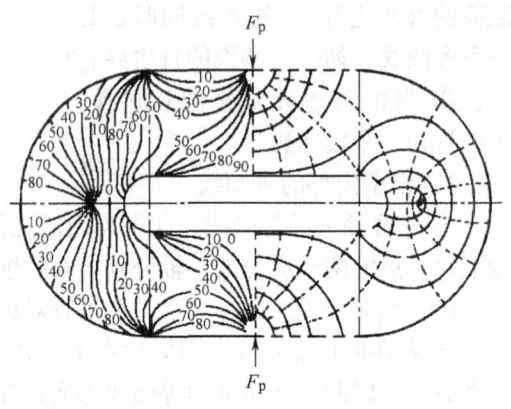

图8-17 对径受压的椭圆环的等倾线和主应力迹线图

由等倾线图还可以绘制出最大的剪应力迹线图，最大剪应力迹线图是表示最大剪应力方向的曲线族。由于最大剪应力的方向与主应力方向成45°角，所以如果将主应力迹线族逐点转动45°，应成为最大剪应力迹线。最大剪应力迹线图也是有实际应用价值的，例如对金属锻压问题的分析，需要了解锻件中的剪应力分布，最大剪应力迹线图可以提供有力的帮助。

8.3 平面光弹性

工程中的平面问题包括平面应力问题（即厚度方向的应力为零）和平面应变问题（即沿厚度方向应变为常数），这两类问题都可以用平板的光弹性模型分析，通常称为平面光弹性。

8.3.1 边界应力

平面模型自由边界上的应力，用光弹性法求很方便。自由边界上法向应力为零，主应力方向是与边界相切。用Tardy补偿法得到自由边界点的条纹级次 n，由式（8-12）可得

$$\sigma_1,\ \sigma_2 = \pm n f_\sigma / d \qquad (8\text{-}17)$$

式中，d 为模型的厚度。对于应力的符号，我们可用钉压法确定。用一钉状物体对被测点施加压力，若该点条纹级次增加，为拉应力；反之为压应力。也可以用补偿器的办法测定。

8.3.2 应力集中

用平面光弹性确定应力集中系数既方便、又形象。如图 8-18 所示具有中心圆孔的板，受轴向力拉伸的等差线条纹图，可以看到孔边条纹密集。测出孔边最大的条纹级次 $n_{\max}$，则孔边最大应力为

$$\sigma_{\max} = \pm \frac{n_{\max} f_\sigma}{d}$$

式中，d 为板厚。

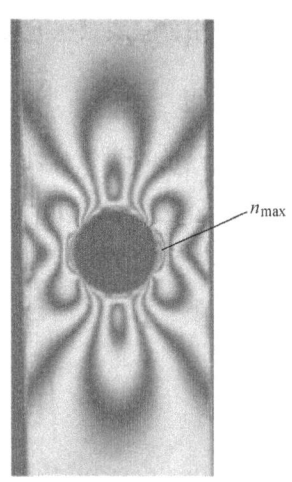

图 8-18 中心圆孔受拉时孔边应力集中系数的测定

设 σ_0 为平均应力，则应力集中系数 α_k 为

$$\alpha_k = \frac{\sigma_{\max}}{\sigma_0} = \frac{\dfrac{f_\sigma n_{\max}}{d}}{\dfrac{F}{bd}} = \frac{f_\sigma n_{\max} b}{F} \qquad (8\text{-}18)$$

式中，F 为轴向拉力；b 为板宽。

8.3.3 内部应力

一旦利用光弹性实验得到了等差线和等倾线，就可以知道模型上各点的主应力差 $\sigma_1 - \sigma_2$ 和应力主轴的方向角 θ。但是，对于弹性力学平面问题，要完整地表示一点的应力状态需要三个分量 σ_1、σ_2 和 θ 或者 σ_x、σ_y 和 τ_{xy}。为了将主应力从 $\sigma_1 - \sigma_2$ 的形式中分离出来，还需要补充一些其他方程。获得补充方程可以用不同的方法，分别为：

1）求主应力和法，可用全息光弹补充等和线，也可求解拉氏方程。
2）斜射法，补充一个斜射方向的等差线条纹级次。
3）切力差法等。

下面介绍应力分离方法中最常用的切力差法（也叫做切应力差法）。

1. 切应力 τ_{xy} 的计算

从材料力学可知，任一点的切应力分量 τ_{xy} 为

$$\tau_{xy} = \frac{\sigma_1 - \sigma_2}{2} \sin 2\theta \qquad (8\text{-}19)$$

式中，θ 是 σ_1 的方向线与 x 轴的夹角，即等倾线角度，规定由 x 轴按逆时针方向转到 σ_1 的 θ 为正。

利用等差线级次 n 即得到切应力分量 τ_{xy} 的计算公式

$$\tau_{xy} = \frac{nf_\sigma}{2d}\sin 2\theta \tag{8-20}$$

式中，τ_{xy} 的符号按弹性力学的符号规则确定；f_σ 为材料条纹值；d 为模型厚度。

2. 正应力 σ_x 的计算

弹性理论平面问题的平衡方程为（忽略体积力）

$$\frac{\partial \sigma_x}{\partial x} + \frac{\partial \tau_{xy}}{\partial y} = 0 \tag{8-21a}$$

$$\frac{\partial \tau_{xy}}{\partial x} + \frac{\partial \sigma_y}{\partial y} = 0 \tag{8-21b}$$

对式（8-21a），沿 x 轴从原点 O 到计算点 x_0 积分，得到

$$(\sigma_x)_{x_0} = (\sigma_x)_0 - \int_0^{x_0} \frac{\partial \tau_{xy}}{\partial y} \mathrm{d}x \tag{8-22}$$

将式（8-22）写成有限差分的代数和，得到

$$(\sigma_x)_i = (\sigma_x)_0 - \sum_0^i \frac{\Delta \tau_{xy}}{\Delta y}\Delta x \tag{8-23}$$

式中，$(\sigma_x)_i$ 表示分点 i 的 σ_x 值；$\Delta \tau_{xy}$ 表示切应力 τ_{xy} 在分段区间 Δx 内沿 y 轴的增量。

如果在计算截面 Ox 的上下各取一个与 Ox 平行的辅助截面 AB 和 CD，如图 8-19 所示，则 $\Delta \tau_{xy}$ 就是上下辅助截面之间的切应力之差。因此，用式（8-23）计算截面 Ox 上的正应力分布，应该先以适当间隔 Δx 将 Ox 轴分成若干段，并在该截面的上下两侧分别作辅助截面 AB 和 CD，然后就可以从自由边界点 O 开始（点 O 的 σ_x 值已知），依次求出各分点的 σ_x 值。则分点 i 的 σ_x 值可以写成

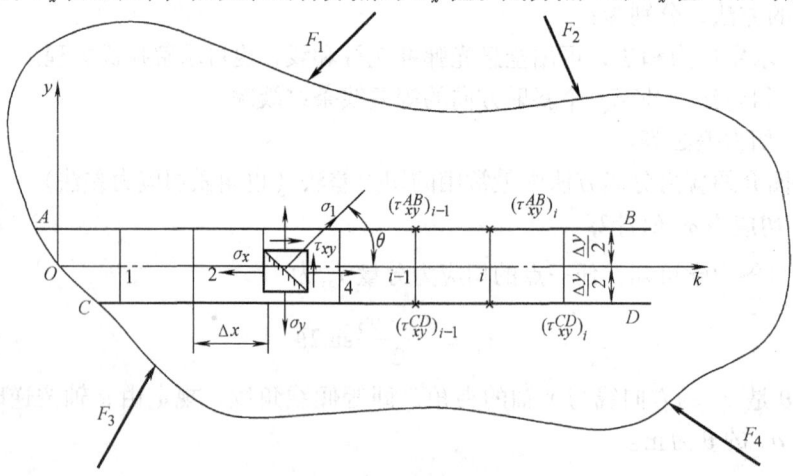

图 8-19　切应力差法的计算

$$(\sigma_x)_i = (\sigma_x)_{i-1} - \Delta\tau_{xy}\big|_{i-1}^{i} \frac{\Delta x}{\Delta y} \tag{8-24}$$

式中，$\Delta\tau_{xy}$ 是辅助截面 AB 与 CD 之间的切应力之差，即

$$\Delta\tau_{xy} = \tau_{xy}^{AB} - \tau_{xy}^{CD} \tag{8-25}$$

$\Delta\tau_{xy}\big|_{i-1}^{i}$ 表示分点 $i-1$ 和 i 的切应力差的平均值，即

$$\Delta\tau_{xy}\big|_{i-1}^{i} = \frac{(\Delta\tau_{xy})_{i-1} + (\Delta\tau_{xy})_i}{2} \tag{8-26}$$

式（8-24）是用切力差法计算正应力 σ_x 的基本公式。

3. 正应力 σ_y 和主应力 σ_1，σ_2 的确定

解得 σ_x 后，结合材料力学有关应力状态分析的公式可得

$$\sigma_y = \sigma_x - (\sigma_1 - \sigma_2)\cos 2\theta = \sigma_x - \frac{nf_\sigma}{d}\cos 2\theta \tag{8-27}$$

$$\begin{matrix}\sigma_1\\ \sigma_2\end{matrix} = \frac{(\sigma_x + \sigma_y) \pm (\sigma_1 - \sigma_2)}{2} = \frac{(\sigma_x + \sigma_y) \pm \dfrac{nf_\sigma}{d}}{2} \tag{8-28}$$

4. 静力校核

为了检查实验精度，通常用平衡法校核，如某截面实验得出的 y 方向的应力的和应与相应的外力平衡。

5. 模型与原型的应力换算

光弹性实验是用模型来研究实际结构（一般称为原型）的应力和变形。这里必然要遇到以下问题：

1）模型的所有尺寸是否要与原型保持几何相似？
2）模型是否要求与原型用同一种材料？
3）模型上的载荷按什么比例选择？
4）从模型上测出的应力如何换算成原型的应力？

只有解决了这些问题，才有可能设计模型实验的方案，并将从模型实验中得到的数据换算到实物中去。上述问题要通过模型相似理论或相似条件来解决，可以用方程分析法和 π 定理进行推导，请参考有关专著。以下是一些重要的结论：

1）在弹性静力学问题中，除了几何相似，载荷相似和边界条件相似外，还要求胡克相似律 $k_E = \dfrac{k_p}{k_l^2}$ 和泊松相似律 $k_\mu = 1$。凡能满足这两个条件，称为严格相似。胡克相似律要求模型和实物的弹性模量之比、尺寸之比和载荷之比不能任取；泊松相似律要求模型和实物材料的泊松相同；这些都是很严格的相似条件。若能满足这两个条件，此时模型和实物有 $k_\sigma = k_\tau = k_E$ 和 $k_\varepsilon = 1$。

2）线性结构的相似条件中除了几何相似、载荷相似和边界条件相似外，不要求满足胡克相似律，只要求满足泊松相似律。

3）平面问题中，厚度方向的相似数 k_l 可不同于其他方向的相似数，即可为变态模型。当满足米歇尔条件时，可不考虑泊松相似。

4）对同一结构同时承受两种类型以上的载荷时，不同类型载荷的相似数不能随意选取，可参照表8-4、表8-5和表8-6。表中 k 表示的是模型和实物同类物理量的比值，下标指的是物理量，如 E 为弹性模量，F_p 为集中力，p 为分布力，l 为长度，γ 为重度，μ 为泊松比，σ 为正应力，ε 为应变。

表8-4　各种载荷下的相似数（用于弹性结构的普遍情况）

集中载荷 F_p	力偶 M	单位体积上的分布力 γ	单位面积上的分布力 p	单位长度上的分布力 q
$k_F = \dfrac{F_p'}{F_p}$	$k_M = k_F k_l$	$k_\gamma = \dfrac{k_E}{k_l}$	$k_p = k_E$	$k_q = \dfrac{k_E}{k_l}$

表8-5　线性结构的相似关系

加载方式	应力换算	应变换算	位移换算
集中载荷 F_p	$k_\sigma = \dfrac{k_F}{k_l^2}$	$k_\varepsilon = \dfrac{k_F}{k_E k_l^2}$	$k_u = \dfrac{k_F}{k_E k_l}$
力偶 M	$k_\sigma = \dfrac{k_M}{k_l^3}$	$k_\varepsilon = \dfrac{k_M}{k_E k_l^3}$	$k_u = \dfrac{k_M}{k_E k_l^2}$
单位面积上的分布力 p	$k_\sigma = k_p$	$k_\varepsilon = \dfrac{k_p}{k_E}$	$k_u = \dfrac{k_p k_l}{k_E}$
单位体积上的分布力 γ	$k_\sigma = k_\gamma k_l$	$k_\varepsilon = \dfrac{k_\gamma k_l}{k_E}$	$k_u = \dfrac{k_\gamma k_l^2}{k_E}$
单位长度上的分布力 q	$k_\sigma = \dfrac{k_q}{k_l}$	$k_\varepsilon = \dfrac{k_q}{k_E k_l}$	$k_u = \dfrac{k_q}{k_E}$

表8-6　线性结构中各种载荷的相似数

集中载荷 F_p	力偶 M	单位体积上的分布力 γ	单位面积上的分布力 p	单位长度上的分布力 q
$k_F = \dfrac{F_p'}{F_p}$	$k_M = k_F k_l$	$k_\gamma = \dfrac{k_F}{k_l^3}$	$k_p = \dfrac{k_F}{k_l^2}$	$k_q = \dfrac{k_F}{k_l}$

8.4　光弹性材料性能和模型浇铸

8.4.1　对光弹性材料的一些基本要求

1）质地均匀，透明度好。

2）不受力时的力学和光学性质都是各向同性的，受力时具有双折射性质。

3）光学灵敏度高，即条纹值 f_σ 要小。

4）外载荷与应变、应力与条纹的变化在较宽的范围内具有线性关系。

5）无初始（工艺）应力。如果有初始应力，能够经过退火消除。

6）时间边缘效应弱，光学蠕变小。

7）工艺性能好，易于切削加工，且加工效应小。加工效应是指模型边缘部分由于机械加工而产生的初应力，这种初应力一般是不能消除的。

8）用于三维光弹性的材料，还必须具有良好的应力冻结性能。

9）容易制造，价钱便宜。

8.4.2 光弹性材料的主要性质

1. 常温下模型材料的主要性质

(1) 材料条纹值　条纹值 $f_\sigma = \lambda/C$，是光弹性材料的一个基本性能参数，与模型的形状、尺寸及受力方式无关，只与所用材料的应力-光性系数和所用光的波长有关。可以用有解析解的试件测取，再利用 $f_\sigma = (\sigma_1 - \sigma_2)d/n$ 关系求得条纹值。如图 8-20 所示的径向受压圆盘的中心点的理论解为

$$\sigma_1 = \frac{2F_p}{\pi dD}, \quad \sigma_2 = -\frac{6F_p}{\pi dD}$$

$$f_\sigma = \frac{8F_p}{n\pi D} \tag{8-29}$$

式中，F_p 为径向载荷；n 为中心点条纹级次；D 为圆盘直径；d 为厚度。其他纯弯梁、单向拉伸试件等也都可以用于确定材料条纹值。

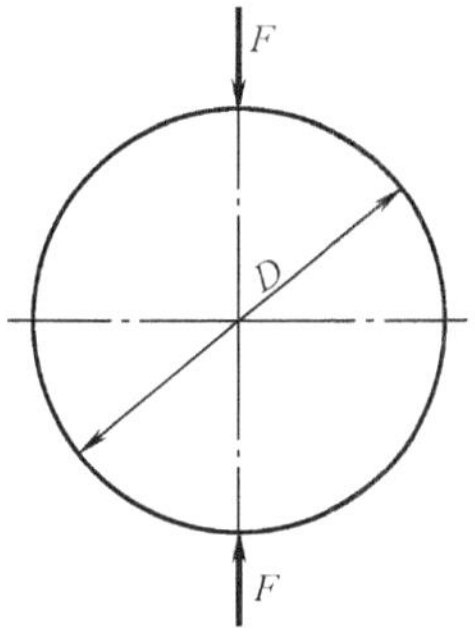

图 8-20　用径向受压圆盘测条纹值

(2) 光学比例极限　光学比例极限是指轴向拉伸时，条纹级次与应力成线性关系的最大应力，为了便于测量，偏离线性关系为 2% 时的应力作为名义光学比例极限，光弹实验时应力超过此值，应力-光性定理不适用。

(3) 弹性模量 E、泊松比　其定义和测试方法与材料力学中相同。

(4) 相对光学蠕变　常用光弹材料如环氧树脂、CR39、聚碳酸脂等都是工程塑料，在恒定的载荷下，条纹级次随时间而增加。用拉伸试件，单色光源，加载后 0.5min 和 $t$min 分别测取对应的条纹级次，按下式计算 t 时刻的光学蠕变

$$\phi_t = \frac{n_t - n_{0.5}}{n_{0.5}} \times 100\%$$

(5) 时间-边缘效应　光弹性试件加工后，无外力作用，但在边缘上产生条纹的现象，称为时间边缘效应，是材料内部水分与空气中的水分不平衡所致，与环境湿度有关。

2. 高温下模型材料的主要性质

(1) 热光曲线与冻结温度　热光曲线反映了光弹性材料人工双折射性能随

温度而变化的规律。图 8-21 所示的热光曲线显示了径向受压圆盘试件中心点的条纹级次和温度的关系，热光曲线分三个阶段：

第Ⅰ阶段称为玻璃态；特点是弹性模量 E 大，蠕变小，应力-条纹间呈线性关系。

第Ⅱ阶段称为过渡态；特点是蠕变大，材料的 E 随温度增加降低很快。

第Ⅲ阶段称为高弹态；特点是材料呈完全弹性，E、f_σ 都比前两个阶段小得多。

图 8-21 中的 A 点对应的温度称为玻璃化温度，B 点对应的温度称为临界温度。临界温度是材料在加载后变形立即达到最大、卸载后变形立即消失的最低温度。光弹性模型冻结应力时，通常选取比临界温度高 5℃ 作为冻结温度。

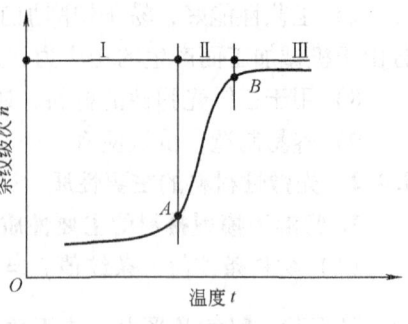

图 8-21 热光曲线

（2）冻结材料条纹值　材料冻结后的条纹值，一般在做三维应力冻结模型的同时，在相同条件下冻结一个对径受压圆盘，测取条纹值，作为该批材料的冻结条纹值，应注明温度和波长。

（3）冻结的材料弹性模量 E 和横向变形系数 μ　可以用一宽型拉伸试件，预先在其表面用薄刀片刻痕作为标距，用光学放大镜测量。

（4）冻结温度下材料的光学比例极限　与测量室温下的光学比例极限相同。

（5）材料的质量系数 K　定义为

$$K = \frac{E}{f_\sigma} \times 10^{-3}$$

K 是衡量材料优劣的指标，进行实验时，我们希望材料的变形小（即 E 大），条纹灵敏度高（即 f_σ 小），所用材料的质量系数越大越好。

光弹性材料的光学和力学性能，不仅取决于原料的种类、配方及成形工艺，而且与温度有关。对于平面光弹性来讲，主要用到的是材料在常温下的性能。表 8-7 列出了环氧树脂和聚碳酸酯的主要常温性能数据。

表 8-7　环氧树脂和聚碳酸酯的主要常温性能

性能指标	环氧树脂	聚碳酸酯
弹性模量 E/GPa	3.3～3.5	2.2～2.3
泊松比 μ	0.35～0.37	0.37～0.38
抗拉强度 σ_b/MPa	70～90	65～70
条纹值 f/（N/mm）	11～13	6.6～7.1
折射率 n	1.57～1.58	1.57～1.58
质量系数 $K=(E/f)$/m^{-1}	$(2.0～3.2)\times 10^5$	$(3.33～3.48)\times 10^5$
弹性极限内的蠕变持续时间/min（时间边缘效应）	有	很小

8.4.3 模型制作

环氧树脂塑料是使用比较普遍的一种光弹性材料,这种材料的应力-光性灵敏度较高、光学蠕变较小,但性质偏脆、工艺性能稍差。

环氧树脂按一定的比例与固化剂、增塑剂配合并按一定的工艺搅拌、浇铸和固化可以制成平板材料和三维模型。用于制造平板模型的模具如图 8-22 所示。

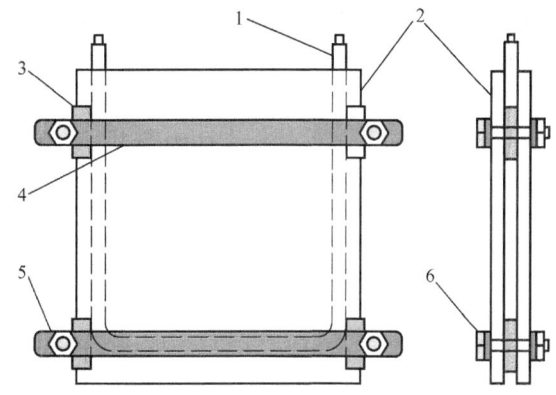

图 8-22 制作环氧树脂平板模型的模具
1—橡胶管 2—平板玻璃 3—刚性垫块
4—压板 5—螺母 6—螺栓

聚碳酸酯塑料也是目前使用较多的一种材料,这是一种热塑性塑料,可以重复使用,而且同环氧树脂塑料一样,具有较高的应力-光性灵敏度。聚碳酸酯还可以用于制作弹塑性模型。

8.5 三向光弹性

在工程实际中,三维问题即处于三向应力状态的结构是十分普遍的,例如螺栓、内燃机连杆及连杆盖、气轮机转子、压缩机叶轮、飞机起落架、轧钢机机架、高压容器等。三维问题中有一些可以简化为平面问题处理,而对于不能简化为平面问题的构件,就需要制作立体模型,进行三维光弹性分析。

8.5.1 应力冻结切片法概述

应力冻结切片法是建立在应力冻结效应基础上的。如果使受力光弹性模型的温度升高到材料的冻结温度(一般在 110~120℃之间),经过一段时间的恒温,再让模型温度缓慢降至室温,然后卸去载荷,首先将应力"冻结"在模型中,利用光弹性材料的可加工性质,把模型切成薄片进行分析。

光弹性材料的应力冻结效应可以用高分子聚合物的结构特性来解释。

8.5.2 次主应力

三向模型在任意载荷作用下,其任意一点的应力状态如图 8-23 所示。在偏振光场中,当光线沿某方向(如 z 轴)照射时,这六个应力分量并不都产生光效应。

实验证明,当光线沿 z 轴照射时,与 z 轴平行的法向应力 σ_z 不产生光效应;与光线照射方向同处于一个平面内的切应力系 τ_{xz}、τ_{zx}、τ_{yz} 和 τ_{zy} 也不产生光效应,所以,只有在 xy 平面内的 σ_x、σ_y 和 τ_{xy} 产生光效应。在 xy 平面内也存在两个主方向（只有正应力，切应力为零），该方向上的应力我们称为次主应力 σ_1 和 σ_2。显然当光线照射方向改变时，对应的次主应力及其方向也相应的改变。

从已冻结应力的三向模型中，截取一个厚度为 d 的薄切片，如图 8-23b 所示，当光线沿 z 轴对切片垂直入射时，则对应于该切片的等差线和等倾线参数近似表示切片中面上各点的次主应力差 $\sigma_1' - \sigma_2'$ 和次主应力方向 θ'，设薄切片中面上某点的等差线条纹级次为 n，主应力差为

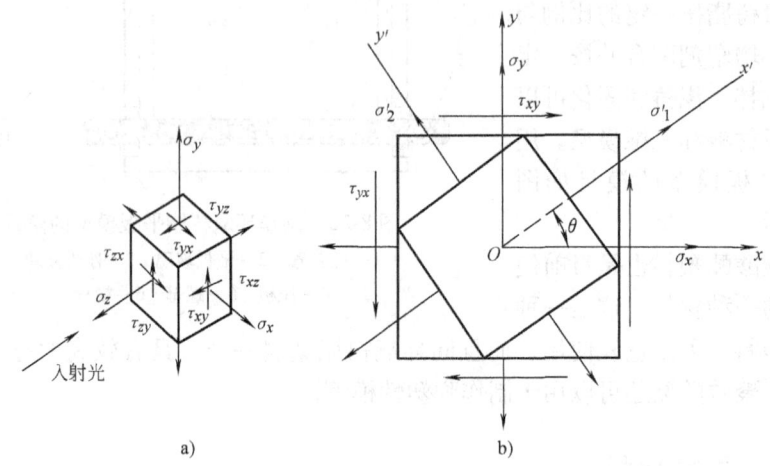

图 8-23 任意一点的应力分量和光效应

$$\sigma_1' - \sigma_2' = \frac{nf_\sigma}{d} \tag{8-30}$$

8.5.3 应力冻结模型的切片分析

对三维应力冻结模型作切片分析的基本方法有正射法和斜射法。正射法需要制作三个几何形状、加载情况及应力冻结过程完全相同的模型，并分别从每个模型中切出一块薄片，这三块切片的方位互相垂直并包含所研究的点（图 8-24a、b、c 中的点 a），然后，如同平面光弹性法一样，在光弹性仪上使偏振光垂直通过切片，分别获取这三块切片的等倾线和等差线资料，有了光弹性资料，就可计算出各个应力分量。斜射法只需要一个应力冻结模型，沿要求分析的截面切出一块薄片，但必须利用液缸将切片浸没在与模型材料折射率相同的液体中，在液缸中对切片进行一次正射和两次斜射，然后结合应力转轴公式计算出六个应力分量。下面简要介绍正射法。

设已经截取了模型的三块相互垂直的切片，对这三块切片建立统一的三维坐标系，使它们的切平面分别处在 xy、yz、zx 平面内，如图 8-24a、b、c 所示。在 xy 平面内的切片，光线沿 z 轴方向垂直入射，该平面内各应力分量与次主应力及光弹性数据之间的关系式为［参看式（8-27）、式（8-19）、式（8-20）］

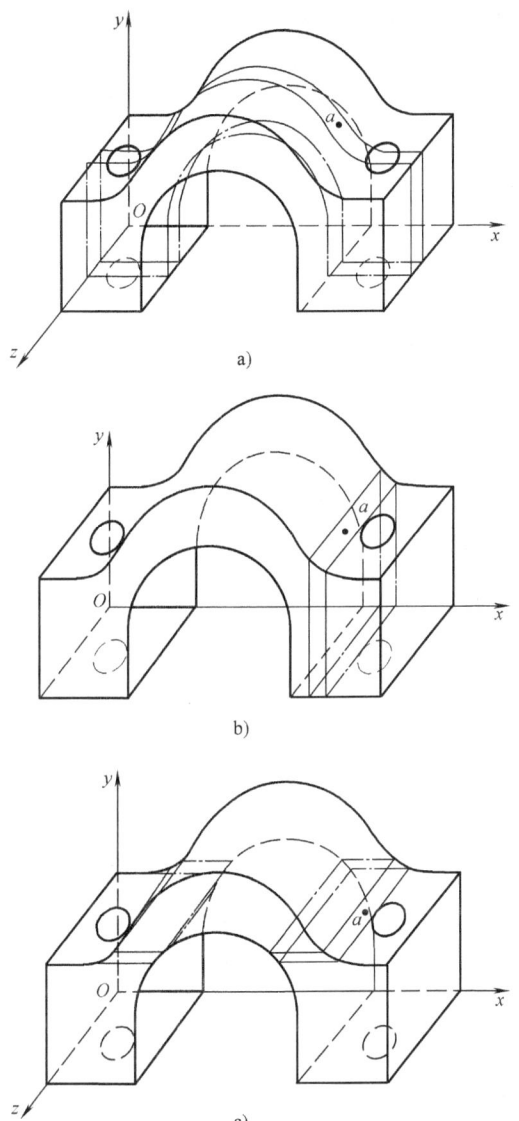

图 8-24 正射法的模型切片和子切片
a) 正射法的模型切片 (xy 切片) b) 正射法的模型切片 (yz 切片)
c) 正射法的模型切片 (zx 切片)

$$\left.\begin{array}{l}\sigma_x - \sigma_y = (\sigma_1' - \sigma_2')_z \cos2\theta_z = \dfrac{n_z f}{h_z}\cos2\theta_z \\ \tau_{xy} = \dfrac{(\sigma_1' - \sigma_2')_z}{2}\sin2\theta_z = \dfrac{n_z f}{2h_z}\sin2\theta_z\end{array}\right\} \quad (8\text{-}31)$$

类似地，在 yz 和 zx 平面内的切片，光线分别沿 x 轴和 y 轴方向垂直入射，yz 和 zx 平面内各应力分量与次主应力及光弹性数据之间的关系式为

$$\left.\begin{aligned}\sigma_y - \sigma_z &= (\sigma_1' - \sigma_2')_x \cos2\theta_x = \frac{n_x f}{h_x}\cos2\theta_x \\ \tau_{yz} &= \frac{(\sigma_1' - \sigma_2')_x}{2}\sin2\theta_x = \frac{n_x f}{2h_x}\sin2\theta_x\end{aligned}\right\} \quad (8\text{-}32)$$

$$\left.\begin{aligned}\sigma_z - \sigma_x &= (\sigma_1' - \sigma_2')_y \cos2\theta_y = \frac{n_y f}{h_y}\cos2\theta_y \\ \tau_{zx} &= \frac{(\sigma_1' - \sigma_2')_y}{2}\sin2\theta_y = \frac{n_y f}{2h_y}\sin2\theta_y\end{aligned}\right\} \quad (8\text{-}33)$$

以上六式中，$(\sigma_1' - \sigma_2')_z$、$(\sigma_1' - \sigma_2')_x$、$(\sigma_1' - \sigma_2')_y$ 分别是 xy 平面（z 方向入射）、yz 平面（x 方向入射）和 zx 平面内（y 方向入射）的次主应力差，由对应的等差线图求得；n_z、n_x、n_y 分别为 xy、yz、zx 切片的等差线条纹级数；h_z、h_x、h_y 分别为 xy、yz、zx 切片的切片厚度；θ_z、θ_x、θ_y 分别为 xy、yz、zx 平面内的次主应力方向角，由对应的等倾线图求得。

由于 $(\sigma_x - \sigma_y) + (\sigma_y - \sigma_z) + (\sigma_z - \sigma_x) = 0$，所以以上六个方程中，只有五个是独立的，必须再补充一个方程才能求解。一般利用平衡微分方程中的一个方程，例如在直角坐标系中，将体积力为零时的平衡方程 $\frac{\partial \sigma_x}{\partial x} + \frac{\partial \tau_{yx}}{\partial y} + \frac{\partial \tau_{zx}}{\partial z} = 0$ 写成有限差分的形式

$$(\sigma_x)_i = (\sigma_x)_0 - \sum_0^i \frac{\Delta\tau_{yx}}{\Delta y}\Delta x - \sum_0^i \frac{\Delta\tau_{zx}}{\Delta z}\Delta x \quad (8\text{-}34)$$

式（8-34）中各量与式（8-31）和式（8-32）中对应量的含义相同，只是需要利用 xy 和 zx 两块切片的光弹性资料。有了补充方程式（8-34），就可以解出六个应力分量。

采用正射法，由于光线垂直入射模型，因此可以获得比较准确的等差线图和等倾线图。该法的缺点是一般需要制作三个模型，然而这三个模型的几何形状、加载情况及应力冻结条件不可能完全相同，因此会带来一定的实验误差。为了避免制作多个模型，还可以用子切片的方法，即在切片上再取切片。应力冻结三维光弹性实验的误差因素较多，而且一些工艺因素不容易控制，因此实验精度一般大大低于平面光弹性。对于平面光弹性，通常能够控制实验误差不超过 5%，而应力冻结三维光弹性的实验误差一般都在 20% 以上。图 8-25a 所示是为了研究蜗杆副的接触应力而制作的三维光弹性模型，对冻结好的蜗轮模型沿垂直于齿廓的截面切片（图 8-25b），切片的光弹性条纹如图 8-25c 所示。

如果只需要测定构件自由表面的应力，也可以利用切片法，只要从三维应力

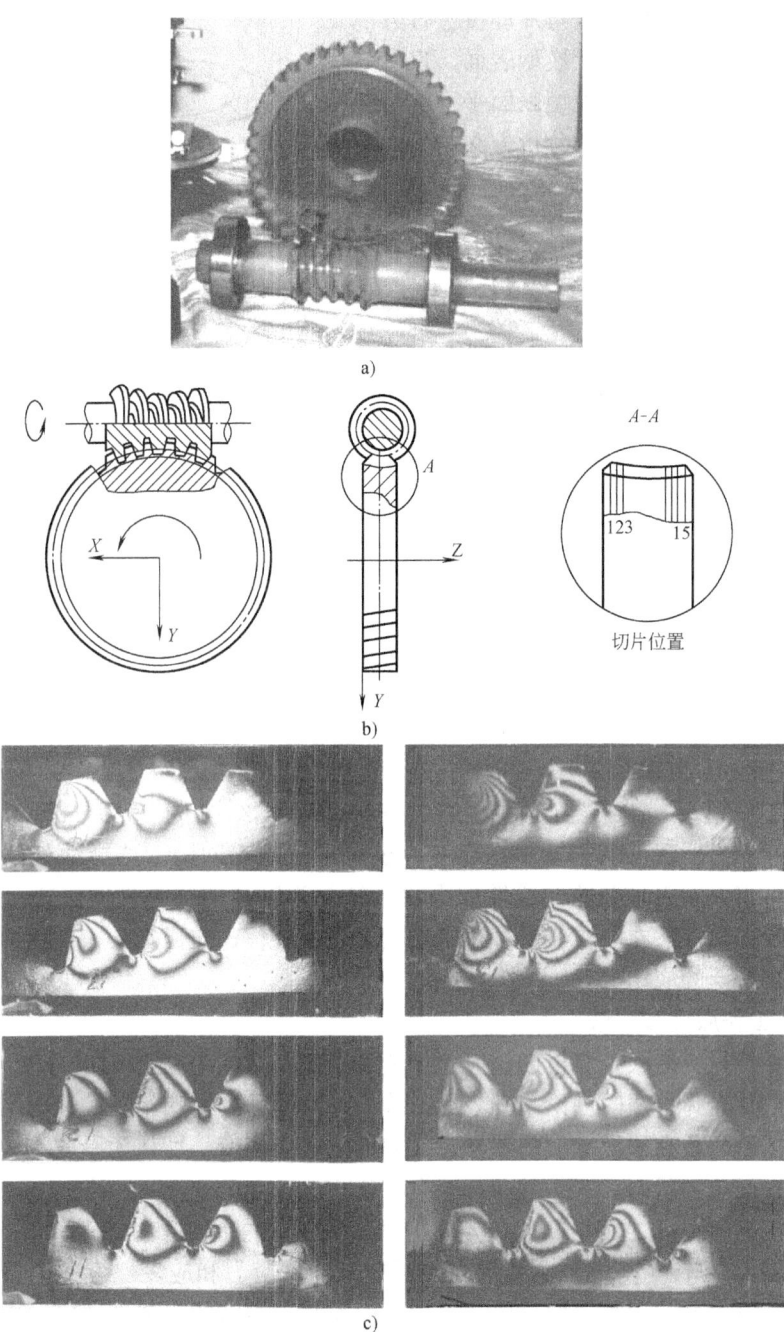

图 8-25 用冻结切片法研究蜗杆副的接触应力
a) 蜗杆副的三维光弹性模型   b) 垂直于齿廓的截面切片位置   c) 切片的光弹性条纹

冻结模型的表层切取一块薄片即可进行分析。切片方向可以平行于模型表面，也可以垂直于模型表面。与模型表面平行的切片，处于二向应力状态，分析方法与平面光弹性相同。对垂直于模型表面的切片，可用正射法和斜射法两种分析方法。

正射法比较简单，设模型表面需要测定应力的轴线为 x 轴，切取包含 x 轴的立方柱体，柱体的截面尺寸为 h_y 和 h_z，建立直角坐标系如图 8-26 所示。对柱体切片分别沿 y、z 方向进行正射，即可求出表面点的各个应力分量。

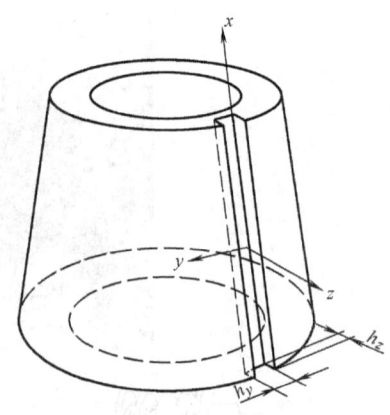

图 8-26　用冻结切片法研究构件自由表面的应力

8.6　光弹性贴片法

平面和三维光弹性方法通过模型试验可以求解许多工程和科学研究上的问题，是实验力学的经典技术之一。本节介绍的贴片光弹性法，把光弹性原理扩展到原型结构表面应变（应力）的测量。将具有光弹性效应的薄片粘贴在需要分析的结构上，当结构受载时，其表面应变通过剪切传递，能够使原型的应变场在贴片中再现。利用反射式光弹性仪和直接观察或摄录光弹性条纹，从而对结构进行应力分析。

贴片光弹性法可以测量静态应变，也可求解动态问题。选择适当的贴片材料，还可将原型中复杂的非线性应力状态转化为贴片的线弹性问题来处理。因此，贴片光弹性法在航空航天、建筑结构、机械工程、交通工具、生物力学等领域获得了广泛的应用。

8.6.1　工作原理和方法

光弹性材料的人工双折射效应，结构物表面和贴片在变形时的应变连续性，构成了贴片光弹性法的理论基础。此时我们忽略了下列影响：①贴片对结构的加强效应以及两者在泊松比上的差异；②表面的法向应变，即认为厚度不大的贴片工作于平面应力状态。

用 $(\sigma_1)_c$、$(\sigma_2)_c$ 和 $(\varepsilon_1)_c$、$(\varepsilon_2)_c$ 表示贴片的主应力和主应变。用 $(\sigma_1)_p$、$(\sigma_2)_p$ 和 $(\varepsilon_1)_p$、$(\varepsilon_2)_p$ 表示结构表面对应点的主应力和应变。考察偏振光正入射贴片，透过贴片后被界面反射，再次透过贴片出射时的光弹性效应。由平面光弹性原理，贴片上任一点的主应力差为

$$(\sigma_1)_c - (\sigma_2)_c = \frac{n f_\sigma}{2h} \tag{8-35}$$

式中，n 为等差线条纹级次；f_σ 为贴片的应力条纹值；因光线两次通过贴片，贴片厚度相当于 $2h$。

用广义胡克定律分析贴片中的应力-应变关系

$$\left.\begin{aligned}\varepsilon_1 &= \frac{1}{E}(\sigma_1 - \mu\sigma_2) \\ \varepsilon_2 &= \frac{1}{E}(\sigma_2 - \mu\sigma_1)\end{aligned}\right\} \tag{8-36}$$

$$\left.\begin{aligned}(\varepsilon_1)_c - (\varepsilon_2)_c &= \frac{1+\mu_c}{E_c}[(\sigma_1)_c - (\sigma_2)_c] \\ (\varepsilon_1)_p - (\varepsilon_2)_p &= \frac{1+\mu_p}{E_p}[(\sigma_1)_p - (\sigma_2)_p]\end{aligned}\right\} \tag{8-37}$$

把式（8-35）代入式（8-37），同时注意到贴片和结构上对应点的应变量相等，则有

$$(\varepsilon_1)_c - (\varepsilon_2)_c = (\varepsilon_1)_p - (\varepsilon_2)_p = \frac{1+\mu_c}{E_c}\frac{nf_\sigma}{2h} = \frac{nf_\varepsilon}{2h} \tag{8-38}$$

式中，$f_\varepsilon = \frac{1+\mu_c}{E_c}f_\sigma$ (mm/条)，定义为贴片材料的应变条纹值。

由此可推导出结构表面的主应力之差为

$$(\sigma_1)_p - (\sigma_2)_p = \frac{E_p}{1+\mu_p}\frac{nf_\varepsilon}{2h} \tag{8-39}$$

在结构的自由边界法向应力为零，则另一主应力由式（8-39）求得

$$(\sigma_1)_p \,[\text{或}\,(\sigma_2)_p] = \pm\frac{E_p}{1+\mu_p}\frac{nf_\varepsilon}{2h} \tag{8-40}$$

对于构件的非自由边界，构件表面内任意一点的应力由式（8-36）得

$$\left.\begin{aligned}(\sigma_1)_p &= \frac{E_p}{1-\mu_p^2}[(\varepsilon_1)_p + \mu_p(\varepsilon_2)_p] \\ (\sigma_2)_p &= \frac{E_p}{1-\mu_p^2}[(\varepsilon_2)_p + \mu_p(\varepsilon_1)_p]\end{aligned}\right\} \tag{8-41}$$

把式（8-36）代入上式得

$$\left.\begin{aligned}(\sigma_1)_p &= \frac{E_p}{E_c(1-\mu_p^2)}[(\sigma_1)_c(1-\mu_p\mu_c) + (\sigma_2)_c(\mu_p-\mu_c)] \\ (\sigma_2)_p &= \frac{E_p}{E_c(1-\mu_p^2)}[(\sigma_2)_c(1-\mu_p\mu_c) + (\sigma_1)_c(\mu_p-\mu_c)]\end{aligned}\right\} \tag{8-42}$$

8.6.2 反射式光弹仪

根据贴片光弹性法的工作过程，在经典的透射式光弹仪基础上派生了 V 形

和正交型两种反射式测量系统（图 8-27）。

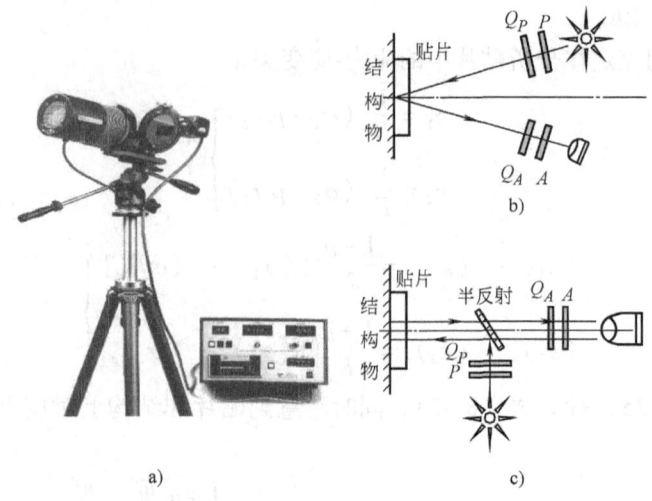

图 8-27　反射式光弹仪
a）Vishay 公司反射式光弹仪　b）V 形光路　c）正交型光路

1. V 形光路

图 8-27a、b 所示是 Vishay 公司出品的反射式光弹仪及其光路图，入射光经过偏振镜 P 和 1/4 波片 Q_P，进入粘贴在结构物表面的贴片中，由界面反射后通过 1/4 波片 Q_A 和分析镜 A，最后由光采集器摄录处理光弹性条纹，光场调整与透射式光弹仪相同。但由于入射光和反射光与贴片表面法线有一偏角 α，得到的是测点附近小区域内的平均应变值，当应变梯度较大时精度会有所降低。研究表明，当光线与表面法线的夹角在 4° 以内时，一般应力场的误差才可以忽略。

2. 正交型光路

图 8-27c 所示是正交型光弹仪的光路图，这种光路的入射光与反射光均垂直于贴片表面，不存在光线斜射带来的误差，但光两次通过 45° 半反射镜后能量损失较大，要求光接收器有较高的灵敏度。

为便于现场使用及提高测量精度，小型化和条纹自动采集分析是贴片光弹仪的发展方向。

目前，较先进的仪器配置除主机外，还有电子补偿器、斜射器、激光方向指示器、频闪灯、数码摄像机、数据采集卡及软件和光弹涂层应用包等。

8.6.3　贴片材料和工艺

理想的贴片材料应满足下列要求：

1）应变-光性灵敏度高，光学蠕变小、有利于提高测量灵敏度和精度。

2）较高的应力-应变比例极限和应变-光性比例极限，扩大检测量程。

3）弹性模量低，以减小贴片的加强效应，这在非金属及轻薄型结构测量中尤为重要。

4）有良好的粘结性能和加工性能，固化应力低。

5）光学应力条纹和力学性能的温度效应弱。

使用较多的为平面贴片和曲面贴片，近年来现场涂层技术已进入实用化阶段。

平面贴片一般用环氧树脂板材裁切或常温下敞模制板，用相同配比的环氧树脂粘结。

曲面贴片的关键是二次成型技术。按平面贴片制作工艺，待树脂胶凝结到不能流动时起模。将薄膜连同贴片材料一起剪成所需形状，轻覆在涂有硅油的被测结构表面，揭去薄膜用吹风机略加温使贴片软化与表面吻合，室温固化24h后取下，用丙酮擦去油脂并测量厚度。这样得到的贴片与结构表面形状几乎完全吻合，初应力小。粘结剂配方与贴片相同。

直接将光敏层涂布于测量结构表面的构思由来已久，这样不管测量面形状多么复杂，对不同尺寸和材质的构件，均可适用。长期以来，因无法避免涂层固化时产生的附加高应力条纹的干扰，这个方法未能推广。国外现已能提供固化应力甚低的涂层配方。涂层厚度用超声波测厚仪逐点测量。

8.6.4 主应力（主应变）的分离

由式（8-42）可以看出，为了求得构件非自由边界任意一点的主应力，需先找出对应点的贴片主应力 $(\sigma_1)_c$ 和 $(\sigma_2)_c$。下面介绍常用的对贴片一次正射和一次斜射的应力分离法。

如图8-28所示，当光线沿 z 方向正射贴片时，可测得该点的等差线条纹级次 n_z，由式（8-35）得主应力之差为

$$(\sigma_1)_c - (\sigma_2)_c = \frac{n_z f_\sigma}{2h} \quad (8\text{-}43)$$

由等倾线参数可确定该点的主方向。

当光线在 yz 平面内与 z 轴成 ϕ 角方向斜射时，由式 (8-43) 得

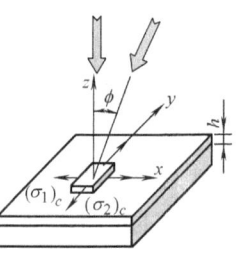

图8-28 贴片的正射和斜射

$$(\sigma_1)_c - (\sigma_2)_c \cos^2\phi = \frac{n_\phi f_\sigma \cos\phi}{2h} \quad (8\text{-}44)$$

将式（8-43）和式（8-44）联立求解，得到

$$\left.\begin{aligned}(\sigma_1)_c &= \frac{f_\sigma}{2h}\left(\frac{n_z \cos^2\phi - n_\phi \cos\phi}{\cos^2\phi - 1}\right) \\ (\sigma_2)_c &= \frac{f_\sigma}{2h}\left(\frac{n_z - n_\phi \cos\phi}{\cos^2\phi - 1}\right)\end{aligned}\right\} \quad (8\text{-}45)$$

把式（8-45）代入式（8-41）得

$$\left.\begin{array}{l}(\sigma_1)_p = \dfrac{f_\sigma E_p}{2hE_c(1-\mu_p^2)}\left[(1-\mu_p\mu_c)\left(\dfrac{n_z\cos^2\phi - n_\phi\cos\phi}{\cos^2\phi - 1}\right) + (\mu_p - \mu_c)\left(\dfrac{n_z - n_\phi\cos\phi}{\cos^2\phi - 1}\right)\right] \\ (\sigma_2)_p = \dfrac{f_\sigma E_p}{2hE_c(1-\mu_p^2)}\left[(1-\mu_p\mu_c)\left(\dfrac{n_z - n_\phi\cos\phi}{\cos^2\phi - 1}\right) + (\mu_p - \mu_c)\left(\dfrac{n_z\cos^2\phi - n_\phi\cos\phi}{\cos^2\phi - 1}\right)\right]\end{array}\right\}$$

(8-46)

在 V 形光路中增加两个对称的全反镜 K，可以实现斜射测试。由于空气和贴片材料折射率不同，所以光在贴片中的实际斜射角需按折射定律计算。图 8-29 所示是 V 形反射光弹仪的斜射器及其光路。

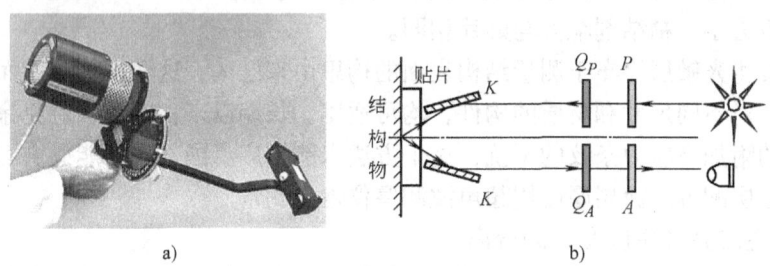

图 8-29 V 形光弹仪的斜射测量系统
a）反射式光弹仪上的斜射器 b）斜射法光路

其他的应力（应变）分离方法主要还有：

1）条带法。其基本思路是用等间距的条状贴片取代连续贴片，使平面应力问题被分解为一维问题来求解。

2）辅助应变计法。先用正射法求得贴片条纹级次 n，由式（8-35）获得主应变之差。然后在测点沿主应力方向布置一直角应变花，并接成半桥，测得相同加载下的电桥输出，可得主应变之和，进而联立求解分离主应变。

8.6.5 影响测量精度的主要因素

1）贴片厚度。贴片对结构的增强效应能够改变结构测量区域的力学特性，使应力（应变）测量值偏低。厚度方向存在的应变梯度，使贴片分析中平面应力-光性定律的运用引入误差。

2）泊松比不匹配的影响。当构件与贴片受力变形时，两者泊松比的差异将使贴片沿厚度方向的位移场发生畸变（边界尤为明显）。研究表明，对于单向拉伸试件，泊松比不匹配影响区的尺寸约为贴片厚度的四倍。

3）光弹性条纹的温度效应。不少研究和应用者发现，在现场昼夜几十摄氏度的温差下，即使机械载荷不变，贴片的光弹性条纹也会有明显的变化。对于一些大型结构的现场试验,这主要是由于结构的温度变形对贴片的机械作用以及两者线膨胀系数不一致所引起的,也和贴片材料的光学、力学性能受温度影响有关。

8.6.6 应用与展望

贴片光弹性法将光弹性技术拓展到结构原型的力学分析,它可用于不同材质的对象(如金属、塑料、混凝土、橡胶乃至复合材料与生物材料等),对线弹性和弹塑性、静态或动态、断裂力学、生物力学、热应力等问题的分析有独特的优点。下面举例说明贴片技术的应用及其特色。

1. 结构应力实测

几乎所有新型号的飞机在样机上都有重要部件进行过贴片光弹性试验。如波音公司大型客机、道格拉斯DC系列、B-1型轰炸机和协和式飞机等的起落架受力,军用飞机在恶劣降落条件下滑行时加油门区的应力集中试验,战斗机特技飞行中机窗结构的应力变化等。图8-30所示是用反射式光弹仪测定某型飞机机窗应力随飞行高度不同而变化的示意图。透明机窗是用光学不灵敏材料制成的,利用窗外贴片的双折射效应,可实时提供窗玻璃在内外压差下的弯曲应力。

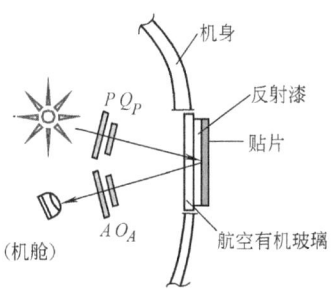

图 8-30 贴片法测定飞机机窗表面应力

2. 材料性能研究

曾进行过玻璃纤维开孔板和相同尺寸铝板在单向拉伸下的对比试验。从图8-31所示条纹图可以看到两者孔边的光弹性图案十分相似,然而铝板的应变条纹是连续的,复合材料玻璃纤维板的条纹则呈现不连续性。

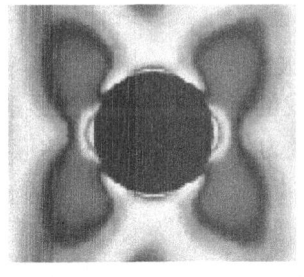 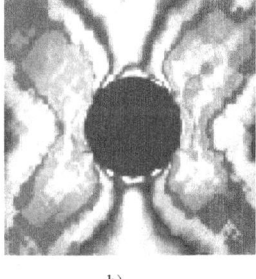

a)   b)

图 8-31 孔边应力集中贴片条纹对比
a) 铝板 b) 玻纤复合板

3. 指导优化设计

对图8-32所示的汽车转向部件进行了有限元三维应力计算,研究者同时采用了最新的光敏涂层技术,分析实物的表面应力。高应力区的实测应力比计算值大20%,按其结果改进了设计,降应力延寿效果显著。

4. 在线故障诊断

某大型电力机组调速轮运行中多次发生螺孔区早期失效,造成机组停产事故。诊断人员在分析区贴片,反射式光弹仪加上光学消转器,摄得了不同转速下

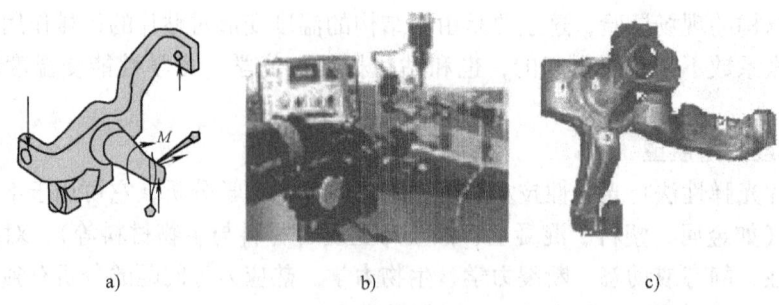

图 8-32 转向部件的应力分析
a) 有限元模型与受力 b) 贴片光弹性实验 c) 表面条纹图

的"静止"孔边应力图。分析表明,高应力区应力幅已超过材料的疲劳极限。改进设计后再测试,应力状态得到改善(图 8-33)。

笔者完成的另一个试验,是研究高速叶轮边缘的裂纹在旋转应力场作用下的扩展过程。试验在转速达 12000r/min 的旋转破坏试验台上进行(图 8-34),原型取自某型压气机上已发现周边有径向短裂纹的叶轮。在裂纹区布置光弹性贴片,对称部粘贴平衡片,在试验台上部观测窗分设一次闪光

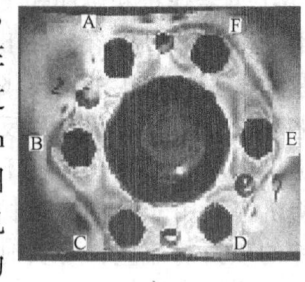 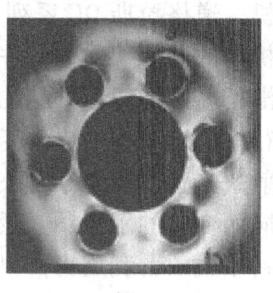

a)　　　　　　　b)

图 8-33 调速轮螺孔区的贴片光弹条纹
a) 改进前 b) 改进后

光源和装有闪光同步触发的反射式光弹性摄影系统。只要闪光脉宽与转速相匹配,可记录到在强大惯性力作用下裂纹扩展的应力条纹图谱,直至叶轮破坏。

5. 生物力学中的应用

腿骨、骨盆、头骨、膝盖、肘等人体骨骼与关节以及牙齿的应力分析在人体康复医疗工程、战争和交通事故分析等领域是十分重要的。国内外许多研究者把光弹性方法引入生物力学,取得了有特色的进展。

此外,如头盖骨上贴片法应力条纹的高速摄影,为安全帽设计、军事工程学研究等提供了十分有价值的数据。图 8-35 所示为臂骨在装入关节前后的贴片应力条纹图。

6. 光弹性传感器

光弹性贴片也可作为一种应变敏感元件制成传感器,但其分辨率一般低于应变式传感器。当要求传感器与仪表系统之间不接触,如有的使用环境不允许使用电子仪器与连接线路,或是要求极低的成本投入、免维护时,光弹性传感器仍是一个极好的选择。

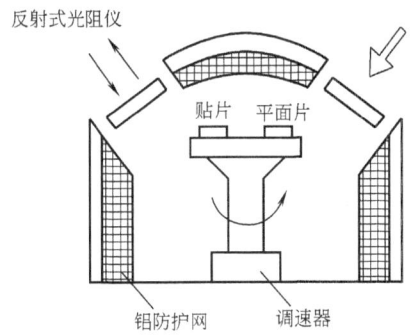 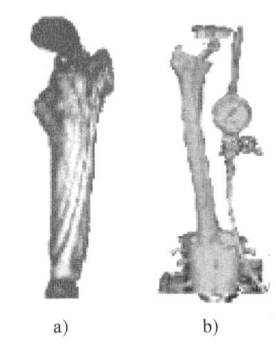

图 8-34 叶轮裂纹扩展试验　　　　图 8-35 贴片法臂骨应力试验
　　　　　　　　　　　　　　　　　　a）装入前　b）装入后

这方面的一个例子是在动力轴上用贴片构成自动扭矩计，用反射式光弹仪远距离观测。与应变式扭矩传感器相比，避免了复杂而昂贵的集流环信号输出环节。

在采矿和土木工程中采用测定岩体应力的光弹性传感器，可以测到因施工或地层结构变化引起的应力。其形式有围护、坑道支柱应力计或嵌入式岩体应力计等。最大的优点是不需要信号放大和传输系统，十分便于多测点巡检或危险地区的远距离摄影检测。图 8-36 所示为光弹性传感器原理示意图。

在国外一些家庭卫浴设施上，装有通过热应力检测以光弹条纹图案的变化指示水温的传感器，视觉效果好，指示精度也可满足要求。

必须指出，这类传感器的检测元件往往"冻结"了某种初始应力条纹，外载荷使图案发生变化，条纹的移动量表征力学参量的变化。这为开发新型光弹性传感器提供了充分的空间。

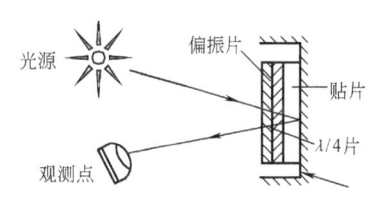

图 8-36 光弹性传感器原理

作为光弹性法的一种派生与发展，贴片法的技术水平和应用价值与贴片材料性能、安装工艺以及光力学条纹图像处理技术的进步有直接的关联。可以预测，这种简便、直观和全场观测的光力学技术，将会获得更加广泛的应用和发展。

8.7　光弹性散光法

光弹性散光法是解光弹性问题的另一种方法。对于平面问题，散光法不像平面光弹性法那样还需要一个补充方程，如切力差法、斜射法、等和线等；对于解决三向问题，散光法可以不需要对已冻结应力的模型进行切片，既节省了冻结应力与切片的工艺，又能解决由于模型材料与实物材料的横向变形系数 μ 不等带来的误差。由于散光法为了解决光进入不规则边界的折射问题，需将模型放在有相同折射率的浸没液中，在试验中还常常需要将模型反复转动，这些都给散光法的实际应用带来困难和局限。但散光法实质上是一种应力分析的层析技术，随着计算机图像处理技术的发展和应用，散光法将更能发挥其独特的优点，从而得到更广泛的应用。

8.7.1 光的散射

光在通过介质时，不仅在正对着光传播的方向可以感受到光强，如前面介绍的透射式光弹性方法；而且在垂直于光传播的方向也可以感受到光强，这是因为介质中的微小粒子对光的散射造成的，物理中著名的瑞利定理描述了散射光强度的一般规律。下面着重介绍与光力学有关的光的散射性质。先考虑光通过各向同性介质的情况，如图8-37所示。

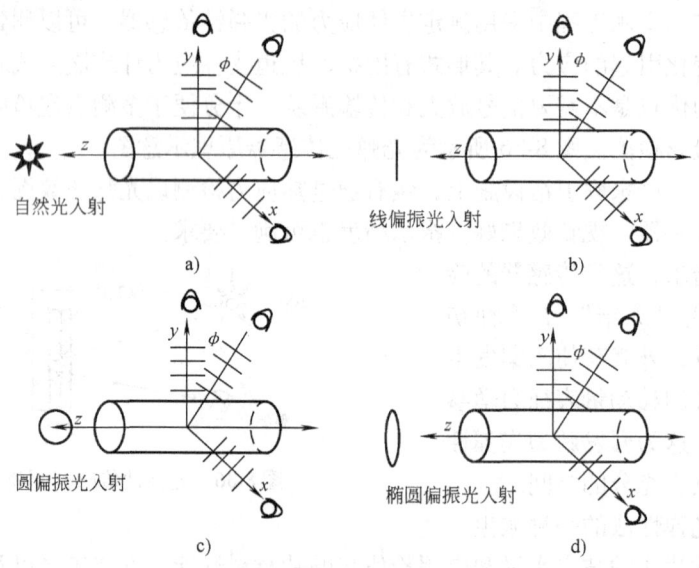

图 8-37 光的散射

1. 自然光

当自然光沿 z 轴方向射入模型材料时，如果在与入射光束垂直的平面内沿任意方向观察（例如沿 x 轴、y 轴或任意角的方向），所见到的都是振幅相等的平面偏振光，且振动平面都在与 z 轴垂直的平面内，偏振轴方向与观察方向垂直，如图8-37a所示。

当观察方向不与 z 轴垂直时，所见到的光的偏振度随视向而不同。如果沿 z

轴方向观察，则偏振度为零，也就是见到的仍为自然光。

2. 平面偏振光

如图 8-37b 所示，当平面偏振光（设其偏振轴平行于 y 轴）沿 z 轴射入模型时，如果在 xy 平面内沿任意方向观察，例如沿 x 轴观察，所见到的是振幅最大的平面偏振光；沿其他任意角的方向观察时，见到的仍为平面偏振光，但其振幅减小；如果沿 y 轴观察，则光强为零。以上所观察到的平面偏振光的振动平面皆在 xy 平面内，偏振轴与观察方向垂直。

3. 圆偏振光

如图 8-37c 所示，当圆偏振光沿 z 轴射入模型时，如果在 xy 平面内沿任意方向观察（例如沿 x 轴、y 轴或任意角度的方向），所见到的都是振幅相同的平面偏振光。其振动平面皆在 xy 平面内，且偏振轴与观察方向垂直。

4. 椭圆偏振光

如图 8-37d 所示，当椭圆偏振光沿 z 轴射入模型时，如果在 xy 平面内沿任意方向观察，例如沿 x 轴观察（假设它垂直于椭圆的长轴方向），所见到的是振幅最大的平面偏振光，沿任意角的方向观察时，见到的仍为平面偏振光，但其振幅减小；如沿 y 轴观察，则见到的平面偏振光的振幅最小。以上所观察到的平面偏振光的振动平面皆在 xy 平面内，偏振轴与观察方向垂直。

椭圆偏振光是偏振光的最一般的形式，我们可以将它分解为两个偏振方向互相垂直的分量，其中一个分量的偏振方向与观测方向一致，散射光的光强为零；另一个分量的偏振方向与观测方向垂直，散射光的光强最大。因此我们可以将散射光的观测等效于在散射光的方向加一个与观测方向 θ 成 $\theta + \frac{\pi}{2}$ 的偏振片。

8.7.2 偏振光经过双折射介质的光效应和散光法的应力-光性定律

1. 偏振光经过双折射介质的光效应

在讨论了光学各向同性材料的光的散射后，我们考虑光线通过具有双折射效应的光弹性模型时的散射光的干涉现象。为简单起见，先考虑以平面偏振光入射时光的散射效应，且模型内次主应力的方向沿光入射的方向不变，并将次主应力的方向设为坐标轴的方向，如图 8-38 所示。

如图 8-38 所示线偏振光通过双折射介质中 O' 点。设入射偏振光与 x 轴的偏振方向及与 x 轴夹角为 α，观测平面为 $xO'y$ 平面，观测方向与 x 轴的夹角为 θ。入射的线偏振光经双折射模型后在观察点 O' 处成为椭圆偏振光，可以用琼斯向量表示如下

$$E = \begin{bmatrix} \cos\alpha \\ \sin\alpha e^{i\delta} \end{bmatrix}$$

δ 为在次主应力方向上的相位差。那么当我们在与 x 轴成 θ 角的方向观测 O'

点散射光的光强时，散射光的效果相当于在散射光的光路上加上一块偏振方向与 x 轴为 $\theta+\frac{\pi}{2}$ 的偏振片，我们用琼斯向量和琼斯矩阵的方法推导所观测的散射光的琼斯向量 E' 为

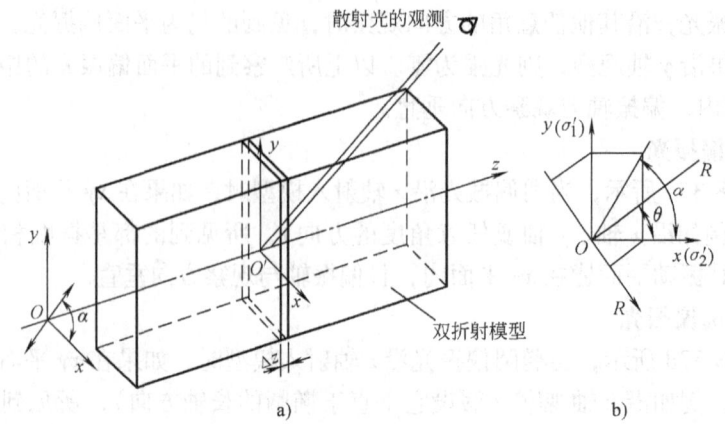

图 8-38　平面偏振光通过光弹性模型时光的散射

$$E' = P_{\theta+\frac{\pi}{2}} E = \begin{bmatrix} \cos^2(\theta+\frac{\pi}{2}) & \sin(\theta+\frac{\pi}{2})\cos(\theta+\frac{\pi}{2}) \\ \cos(\theta+\frac{\pi}{2})\sin(\theta+\frac{\pi}{2}) & \sin^2(\theta+\frac{\pi}{2}) \end{bmatrix} \begin{bmatrix} \cos\alpha \\ \sin\alpha e^{i\delta} \end{bmatrix}$$

其光强 I 为

$$I = E'^* \cdot E' = \sin^2(\alpha-\theta) + \sin2\alpha\sin2\theta\sin^2\frac{\delta}{2} \tag{8-47}$$

从以上散光光强的表达式（8-47）可以了解散射光的强度是与入射光的偏振方向 α、观测方向 θ 和次主应力的差 δ 有关。我们可以得到以下结论：

1) 当 $\alpha=\theta=\pi/4$ 时，$I=\sin^2\delta/2$；可以观测到单独由相位差 δ 引起的干涉条纹。也就是偏振方向和观测方向都与次主应力方向成 45° 角时，条纹的反差最好。相位差 δ 沿光通过的各点是不同的，是从光入射点 O 到观测点 O' 的累加。当 $\delta=2n\pi$，$n=0$，± 1，± 2，…，此时光强最小，是暗条纹。

2) 当 $\alpha=\theta=0$ 或 $\pm\pi/2$ 时，即偏振方向、次主应力方向和观测方向一致，产生消光，此时条纹消失，可以通过这种方法得到主应力的方向。

2. 散光法的应力-光性定律

我们进一步分析相位差 δ 与次主应力差的关系，也就是散射光形成的干涉条纹级数与次主应力的关系。仍令 x 轴和 y 轴与次主应力的方向一致。平面偏振光进入模型后沿次主应力 σ_1 和 σ_2 方向分解，并产生光程差 R，随着光路各点次主

应力差的变化而改变。沿 M 方向观测，可以看到干涉条纹，令 dR 为两个次主应力分量在 dz 微段上产生的光程差增量，当 dz 足够小时，可以认为次主应力大小不变，根据应力-光性定律有

$$dR = C(\sigma_1' - \sigma_2')dz \tag{8-48}$$

光程差 R 与相位差 δ 的关系为 $\delta = \dfrac{2\pi}{\lambda}R$，已知观测到的散射光的干涉条纹与相位差的关系为 $\delta = 2n\pi$，$R = \dfrac{\delta}{2\pi}\lambda = n\lambda$ 表示从入射点到观察点两主应力方向偏振光的光程差，用 $f_\sigma = \dfrac{\lambda}{C}$ 表示材料的条纹值，上式可写为

$$\sigma_1' - \sigma_2' = f_\sigma \frac{dn}{dz} \tag{8-49}$$

式（8-49）即为散光法的应力-光性定律，与透射式光弹性相比，次主应力的差与条纹级次的导数成正比，条纹值的定义相同。

式（8-49）一般只适用于次主应力方向不变的情况。对于次主应力旋转的情况，应加以修正。但如旋转缓慢，在单位条纹间隔内（$\Delta n = 1$）次主应力旋转角 $\Delta\theta < \pi/6$ 时，可以不必修正，其误差不超过 1.5%，这一般是允许的。

8.7.3 散光法光路

散射光的光强与透射光的光强相比，通常要弱得多，因此要求散光法的光源能产生较强的准直和单色性好的细光束或薄片的偏振光。采用激光器（氦氖激光器或氩离子激光器）可以满足以上要求，图 8-39 所示为散光法的一般光路系统。

激光束通过偏振片、1/4 波片、补偿器后由柱面透镜将激光束在一个平面内扩散开来，再经过球面透镜汇聚成一个平行的光片，再通过置于浸没液容器

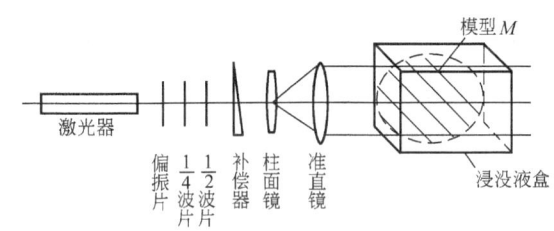

图 8-39 散光法的一般光路系统

中的模型 M。光片所照明的截面即为所要测试的截面。在偏振片的后面加一个 1/2 波片，可以很方便地通过旋转 1/2 波片改变偏振光的偏振方向而不改变光强。补偿器是为了补偿小数条纹级次和判断条纹增减方向。为了防止光线进入边界后的折射现象，模型应置于浸没液容器中。对浸没液的要求是折射率与模型相同，对试件无腐蚀，可以用硅油或由 α—溴代萘和白油混合配置。模型在容器内能够旋转。

8.7.4 用散光法解平面问题

平面应力和平面应变问题都可以使用平板模型，因此垂直表面的应力为零。

为了获得最好的条纹反差,由式(8-47)可知,在图 8-39 的散光光路中使入射光束的偏振方向 α 和观测方向 θ 都与主应力方向成 45°角。此时次主应力之一与表面垂直且值为零,另一次主应力即为 σ_y,由式(8-49)可得

$$\sigma_y = f_\sigma \frac{\mathrm{d}n_x}{\mathrm{d}x} \tag{8-50}$$

式中,n_x 表示当光线沿 x 方向入射时的条纹级次。

对于平面问题,从沿某方向入射的散光条纹图中可以得到与该方向垂直的应力分量。如果为了得到整个截面的应力分布,需使用光片,此时模型表面法线与观察方向成 45°角,若使用光片,截面会有扭曲。图 8-40 所示为对径受压的圆盘的散光干涉条纹图。

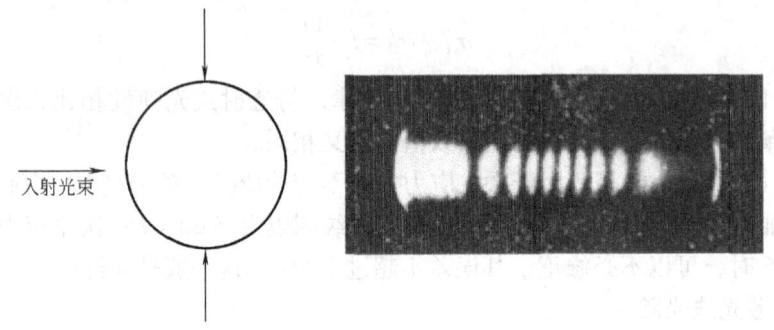

图 8-40 对径受压圆盘的散光干涉条纹图

J. T. Pindera 教授提出的等达因法是对散光法的一种改进。从两幅正交方向的等达因条纹图,就可以分解模型内各点的全部三个应力分量。等达因法光路如图 8-41 所示。设激光束以平行于 x 轴的方向射入模型,其偏振方向与 y 轴成 45°角,N_1 和 N_2 为全反镜,收集 ±45°方向的散射光,通过一机械装置使激光束可以实现 y 方向的扫描,照相机或 CCD 摄像机记录由反射镜 N_1 或 N_2 反射的散射光形成的干涉条纹图。将模型旋转 90°,重复以上过程可以得到另一个特征方向的干涉条纹图。

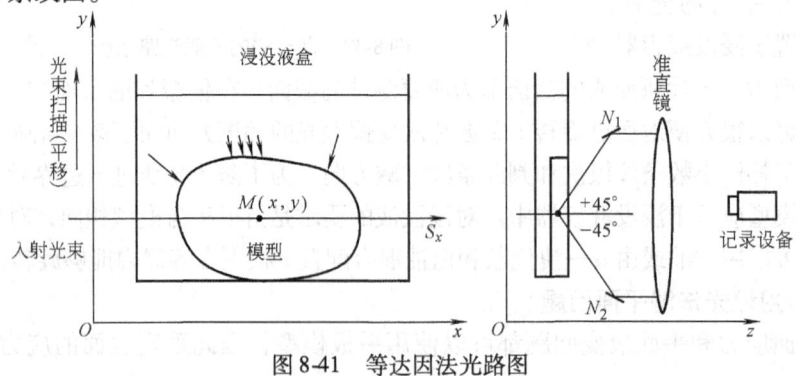

图 8-41 等达因法光路图

受力模型内部各点的应力分量与条纹级次的关系为

$$\sigma_x = f_\sigma \frac{\partial n_{sy}}{\partial y}$$

$$\sigma_y = f_\sigma \frac{\partial n_{sx}}{\partial x} \qquad (8\text{-}51)$$

$$\tau_{xy} = -f_\sigma \frac{\partial n_{sx}}{\partial y} = -f_\sigma \frac{\partial n_{sy}}{\partial x}$$

式中，n_{sy}，n_{sx} 为入射光沿 y 轴或 x 轴入射时的等达因条纹图中的条纹级次；f_σ 为模型材料的条纹值。

图 8-42 所示为对径受压圆盘、受压方板和受三点弯梁的等达因条纹图。

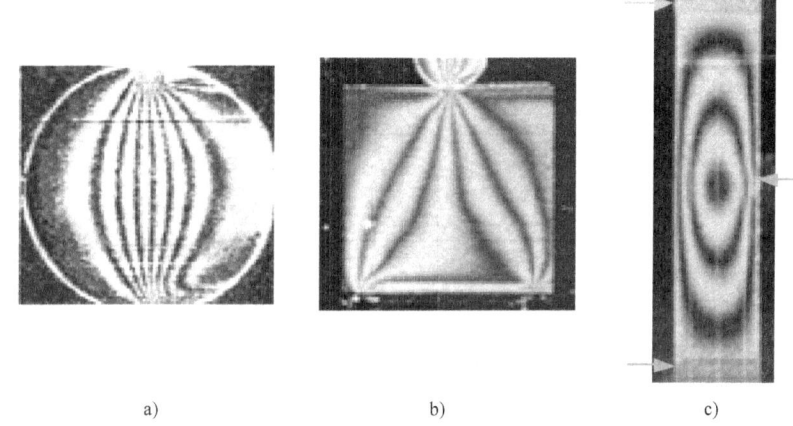

图 8-42 等达因条纹图
a) 对径受压圆盘　b) 三点受压方板　c) 三点弯曲梁

8.7.5　用散光法解三维问题

散光法独特的优点是可以非破坏性地得到物体内部的三维信息。但是由于加载、旋转模型和界面折射所带来的技术问题，使散光法对三维问题的应用还受到限制，有时需要配合冻结切片法。由双折射介质散光光强表达式（8-47）可知，如果在某些特殊情况下，次主应力的方向不变或变化可以不考虑，那么问题可以简化。在光路安排中令入射光的偏振方向与次主应力的方向成 45°角，观测方向与偏振方向一致。散光法在解决扭转、轴对称和局部三维效应问题方面已比较成熟，以下介绍一些实例。

1. 圆柱体的扭转问题

受纯扭作用的圆柱如图 8-43 所示，z 方向的正应力为零，因此可以用散光法比较简便地求得切应力分布。片光束直接垂直于柱体轴线，入射的平面偏振光的偏振方向与观测方向一致，沿圆柱体轴线。在这样的光路安排下，次主应力的方向与 xy 平面成 45°角。根据散光法的应力-光性定律，切应力 τ_{xy} 与条纹分布级次

n_x 有以下关系

$$\sigma'_1 - \sigma'_2 = f_\sigma \frac{\mathrm{d}n_x}{\mathrm{d}x}$$

纯扭转问题的材料力学解为 $\tau_{xy} = \frac{1}{2}(\sigma_1 - \sigma_2)$，因此可以很方便地得到切应力

$$\tau_{xy} = \frac{1}{2} f_\sigma \frac{\mathrm{d}n_x}{\mathrm{d}x}$$

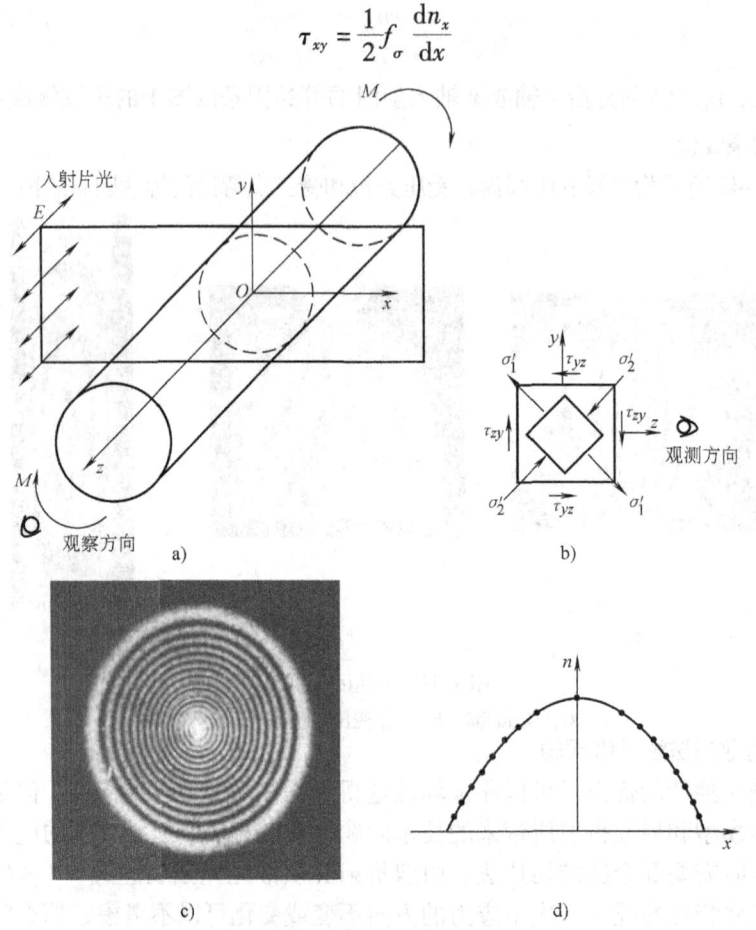

图 8-43 散光法解圆柱体的扭转问题

a) 试验简图 b) 应力分析 c) 纯扭转横截面的散光条纹 d) 通过中心的条纹级次分布图

2. 散光法求解局部三维效应

在一般作为平面问题处理的应力集中、粘结、断裂和接触问题中，其实在局部都存在着三维效应，并且是不可忽视的，用一般实验方法分析时都有困难，然而用散光法解决却很方便。因为此时次主应力的方向变化不大，可以作为准平面问题处理。图 8-44 所示即为分析粘接界面局部三维的例子。用细激光束从 y 方向入射，沿 x 方向扫描，在厚度方向得到不同位置（图中 A、B 和 C 处）的等达

因图像，即可分析局部的三维效应。

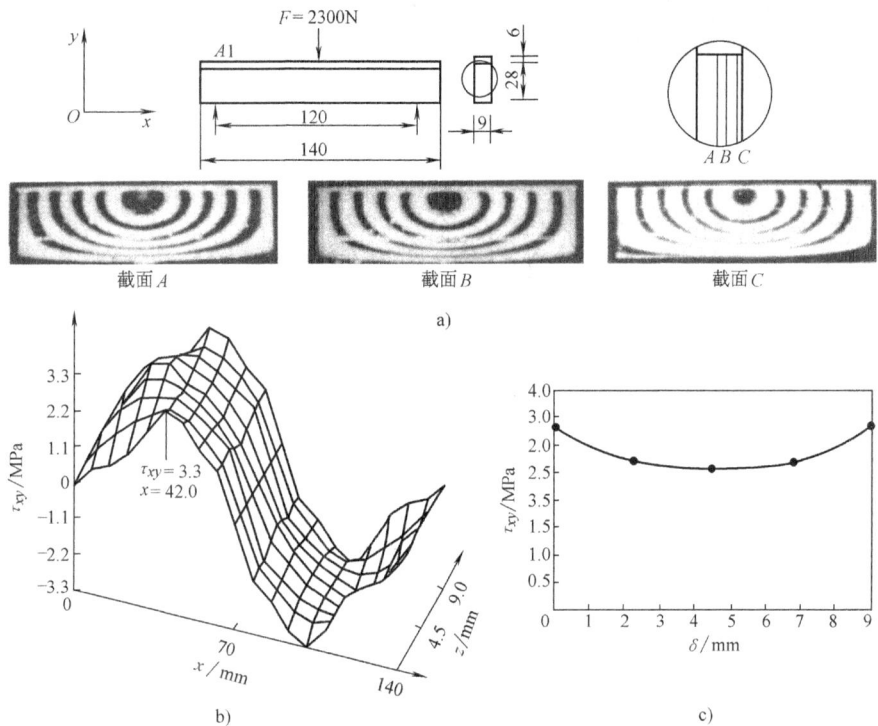

图 8-44 用等达因法研究双材料梁界面的局部三维效应
a) 等达因条纹图　b) 沿界面的切应力分布　c) $x=42\text{mm}$ 处沿厚度方向的切应力分布

习　题

8-1　与应变电测技术相比，光弹性法有哪些特点？

8-2　阐述应力-光性定律。

8-3　平面偏振布置和圆偏振布置有何不同？平面偏振布置和圆偏振布置各有什么用处？

8-4　亮场和暗场是怎样产生的？各有什么用处？

8-5　什么是等差线？什么是等倾线？试说明形成等差线的机理（物理过程）与形成等倾线的机理（物理过程）有何不同，以及如何区别等差线和等倾线。

8-6　如何确定模型内任意一点的等差线级次？白光照明得到的等差线有什么用处？

8-7　如何确定模型内任意一点的等倾线角度和应力主轴的方向？主应力方向与等倾线角度及偏振镜光轴的方位之间有什么关系？

8-8　什么是各向同性点？有什么用处？怎样找到各向同性点？

8-9　试述贴片法的原理，实物表面与贴片材料的应力相同吗？

8-10　如何用散光法解轴对称问题？

8-11　写出琼斯向量和琼斯矩阵。

（1）偏振方向与 x 轴一致的平面偏振光的琼斯向量。

（2）偏振方向与 y 轴一致的平面偏振光的琼斯向量。

（3）偏振方向与 x 轴成 θ 角的平面偏振光的琼斯向量。

（4）1/4 波片的琼斯矩阵，其快轴与 x 轴成 $45°$ 角。

（5）运用琼斯运算，分析以上偏振光经过快轴与 x 轴成 $45°$ 角的 1/4 波片后的偏振状态和光强。

8-12 图 8-45 所示各试件置于圆偏振光暗场中，请在图中找出条纹级次为零的点和等倾线交汇的点。

8-13 图 8-46 中所示为一单向拉伸试件，材料为环氧树脂（条纹值为 f_σ，拉力为 F，宽度为 b，厚度为 t，入射光为 $45°$ 方向偏振的线偏振光，要使出射光为圆偏振光，问应该施加多大拉力？

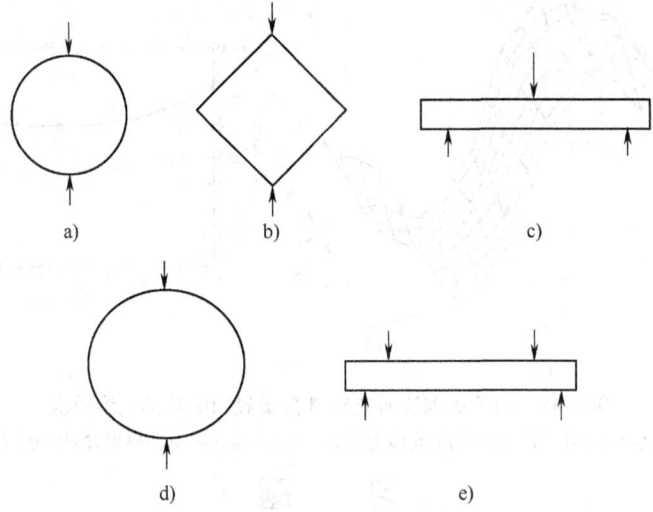

图 8-45　题 8-12 图

a）对径受压圆　b）受压方板　c）三点弯梁　d）对径受压圆环　e）纯弯梁

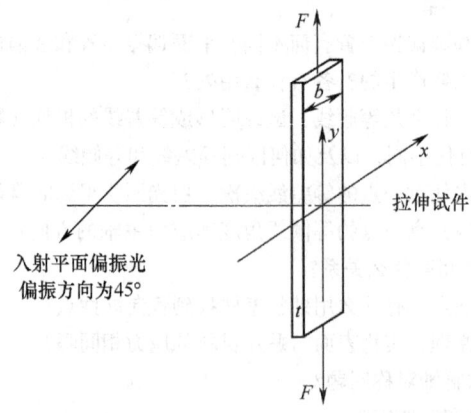

图 8-46　题 8-13 图

第 9 章 云 纹 法

9.1 引言

将两块印有密集平行线条的透明板重叠起来，对着亮的背景看去，会有明暗相间的条纹出现，称为"云纹"，国外称为"moire"法。该词出自法文，有丝绸波纹之意，国内有时也按其发音，译为"莫尔"法。云纹法就是将这一物理现象应用到实验力学测量领域内的测量方法。它不同于利用材料双折射效应的光弹性法，也不同于利用空间相干性的全息干涉法和散斑法，有时也被称为网格法（gratting），它是一种非相干光学测量方法，是一种因挡光量不同而产生的机械干涉，与材料本身无关。因此，它具有独特优点，主要有：

1）设备简单，操作方便。
2）适用范围广，尤其适用于大变形和弹塑性变形的测量。
3）可应用在静载、动载、高温等特殊工况下的测量。
4）在复合材料力学方面有广泛的应用前景。

图 9-1 所示为云纹原理示意和云纹栅板，两块叠加的栅板，因角度不同或栅线距不同都会形成云纹条纹。

云纹法的一些基本参数的定义如下：

栅——平行等距黑线的格子，简称为栅，黑线称为栅线。

节距——相邻栅线的间距，称为节距。

栅线密度——也称栅频，为节距的倒数，常用

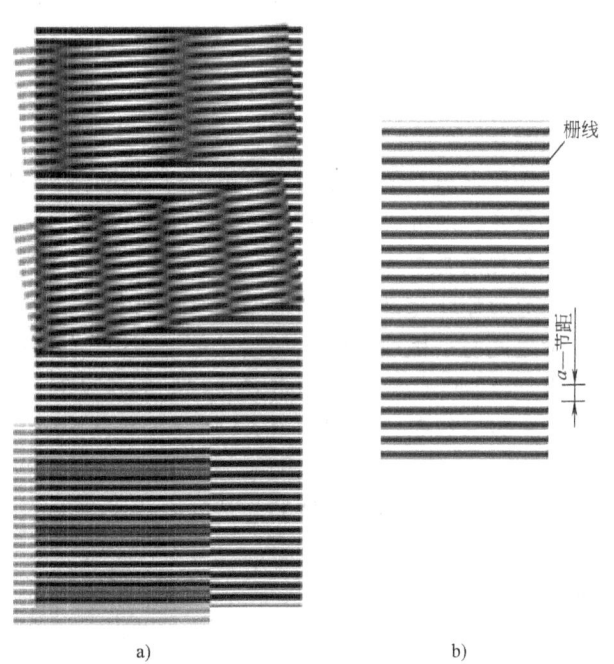

图 9-1 云纹原理示意和云纹栅板
a) 不同角度和不同栅线距的栅板叠加 b) 云纹栅板

线/mm来表示。

9.2 平面云纹法

平面云纹法，是确定平面问题中的应变和位移的云纹方法，在试件表面用粘贴或其他方法制上平行栅线，称为试件栅。试件变形后栅线随之变形，与未变形的栅——参考栅重叠，将产生云纹条纹。我们通常用的两种分析云纹条纹的方法是应变分析的几何法和位移场法。

9.2.1 云纹应变分析的几何法

在几何法中，应变分析的方法是以几何量分析为基础的，可以得到正应变和切应变，直观、简单，用于均匀应变场的测试是很方便的。下面介绍用几何法进行拉压应变和纯切应变的测量。

1. 拉伸和压缩应变的测量

可采用平行云纹法或转角云纹法来测量拉伸和压缩应变。

（1）平行云纹法 将试件栅和基准栅的栅线与欲测应变方向垂直放置，设试件栅与基准栅的栅距相等。当 $\varepsilon=0$ 时，无云纹条纹产生。在试件受载拉伸或压缩变形后，设节距增量为 Δa，此时试件栅的节距为 $a' = a + \Delta a$，Δa 为正是拉应变，为负是压应变，如图9-2所示。

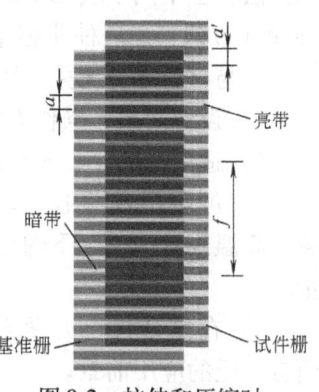

图9-2 拉伸和压缩时的云纹条纹

试件变形后，原来重合的试件栅和基准栅的栅线不再重合，对光线的阻挡将会改变。经过 n 根栅线（基准栅线数）后，一根栅线（基准栅）又与原试件栅对应栅线相邻的另一根栅线（试件栅）重合。挡光量最少区域形成亮带，两亮带之间有一黑线，也就是挡光量最多处。这些亮带和黑线即为云纹条纹，因此可以判断相邻的亮带与亮带之间差1个栅线距，相邻亮带与黑线之间差1/2个栅线距，设云纹条纹的间距为 f，则

$$f = na \tag{a}$$

而每一云纹间距内试件栅与基准栅数之差为1，即

$$f = (n-1)a' \tag{b}$$

消去 n，可得

$$f = \frac{aa'}{a'-a} \tag{c}$$

而

$$\varepsilon = \frac{\Delta a}{a} \tag{d}$$

$$a' = a + \Delta a = a(1+\varepsilon) \tag{e}$$

将式（d）和式（e）代入式（c），可得

$$f = \frac{a(1+\varepsilon)}{\varepsilon} \tag{f}$$

因为 $\varepsilon \ll 1$，所以由式（f）可得

$$\varepsilon = \frac{a}{f} \tag{9-1}$$

所以只要测出云纹间距 f，即可计算出试件的均匀拉伸或压缩应变。我们也可以用更直观的方式理解式（9-1）。两条相邻的条纹之间的距离 f，意味着在该区域，试件栅与参考栅在垂直栅线的方向移动了一个栅线距的长度，所以在该区域内的平均应变即为 a/f，与式（9-1）的推导一致。

（2）转角云纹法　将试件栅与拉伸或压缩的方向垂直放置，基准栅与试件栅交叉放置，两栅夹角为 θ，可看到两栅线交叉点连线形成亮带云纹，亮带之间为暗条纹。当 $\theta \approx 0.2° \sim 0.35°$ 时，条纹基本上与栅线垂直，在试件未变形前，云纹条纹为 OA，试件拉伸变形后，云纹为 OA_1，设在变形前两栅线节距均等于 a，云纹与基准栅线夹角为 ϕ，并令 θ 和 ϕ 逆时针为正，顺时针方向为负，则根据图9-3中所示的关系可得

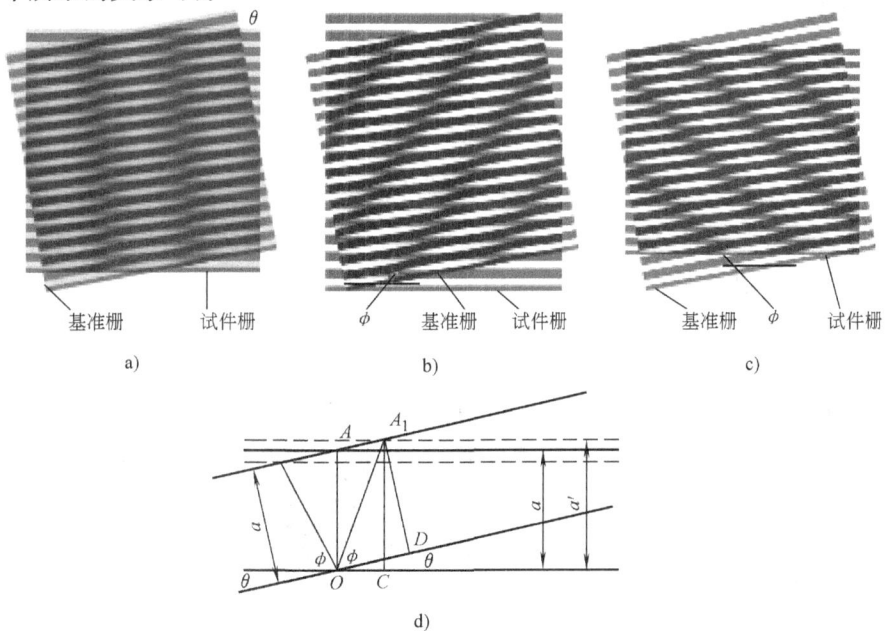

图9-3　转角云纹原理图

a) 参考栅倾斜 θ 角形成云纹条纹　b) 试件拉伸后云纹条纹转 ϕ 角
c) 试件压缩后云纹条纹反向转 ϕ 角　d) 转角云纹的几何分析

$$\varepsilon = \frac{a'-a}{a} = \frac{a'}{a} - 1 \tag{g}$$

$$\sin(\phi+\theta) = \frac{A_1C}{A_1O} = \frac{a'}{A_1O} \tag{h}$$

$$\sin\phi = \frac{A_1D}{A_1O} = \frac{a}{A_1O} \tag{i}$$

由式（g）、式（h）和式（i），可以得到应变

$$\varepsilon = \frac{\sin(\phi+\theta)}{\sin\phi} - 1 \tag{9-2}$$

式中，θ 为已知角，只要测出 ϕ 角，便可求得 ε 值，按以上规定，ϕ 和 θ 角逆时针方向为正，顺时针方向为负，求得的应变正号即为拉应变，负号即为压应变。

2. 纯切应变的测量

根据切应变的定义：$\gamma_{xy} = \theta_x + \theta_y$，$\theta_x$ 和 θ_y 使直角变小为正，反之为负。云纹法是先将 θ_x 和 θ_y 分别测出后求得切应变 γ_{xy}，原理如图9-4所示。在试件变形前，使试件栅和参考栅都平行于 x 方向。试件变形后，由于切应变的发生，原来平行的两栅栅线产生 θ 角，形成了平行条纹。栅线交点连线成亮条纹，因为是纯剪切，两栅的节距不变，也就是说在 y 方向没有位移。设此两栅节距都为 a，CD 垂直于 AB。从图9-4中，我们可看出

$$\sin\theta = \frac{CD}{AC} = \frac{a}{f_x}$$

当 θ 很小时

$$\theta_x = \sin\theta = \frac{a}{f_x} \tag{9-3}$$

因此在测量纯剪切变形时，应分两步进行。第一步，将基准栅和试件栅都平行于 x 方向放置，当试件栅发生剪切变形时，θ_y 仅使试件栅沿 x 方向移动但不产生云纹条纹。θ_x 使试件栅的栅线转动 θ_x 角，根据转角与云纹的关系式，可得 $\theta_x = a/f_x$。第二步，将基准栅和试件栅都平行于 y 方向放置，当发生切应变时，类似的可得：$\theta_y = a/f_y$。于是，总的切应变为

$$\gamma_{xy} = a\left(\frac{1}{f_x} + \frac{1}{f_y}\right) \tag{9-4}$$

以上的正应变和切应变公式在非均匀变形时，得到的是平均应变值。

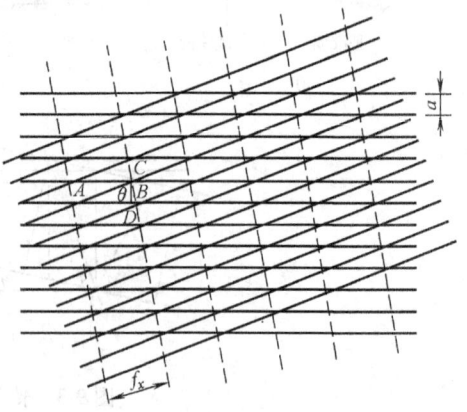

图9-4 云纹法测切应变原理图

9.2.2 云纹分析的位移场法

用几何法对云纹条纹的分析,是基于均匀应变的假设得到的是平均应变。但在工程实际问题中,更多的是非均匀应变场的测试。因此除了采用以上几何法外,还有一种位移场分析法,这种方法对云纹条纹的意义做了物理阐述,是一种全场方法,也便于对云纹条纹进行数值分析,从而求得位移和应变,是目前常用的方法。

将试件栅与基准栅的栅线重合放置,试件栅在非均匀变形的平面问题中,栅线之间不仅伸长(或缩短),而且发生相对转动,栅线由原来的平行直线变成曲线,并与基准栅发生相对移动,如图9-5所示。为分析方便,对两栅线分别编号,凡编号相同的栅线在变形前重合。变形后,两栅线的交点处,因遮挡最小,形成亮带云纹。凡编号相同的

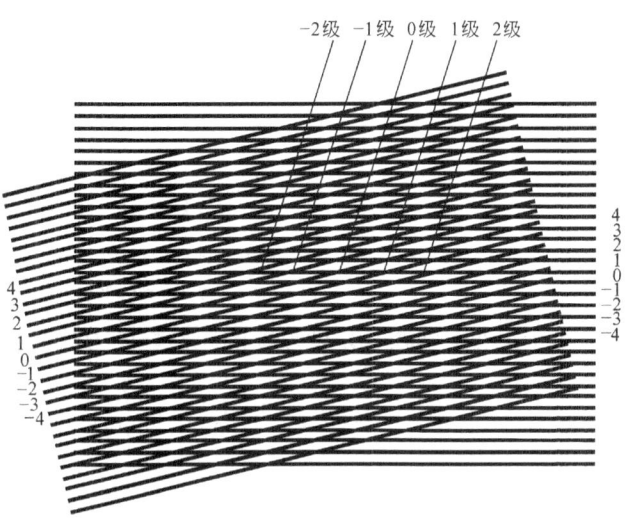

图9-5 云纹分析的位移场法

两栅的栅线交点处,如(0,0),(1,1),(2,2) 在垂直于基准栅方向应没有位移,称为零级条纹。在试件栅1与基准栅0,试件栅2与基准栅1,…交点形成的云纹条纹上,试件在垂直于栅线方向移动了 a(一个节距)。依此类推,图中的云纹条纹,分别代表了该点 y 方向的位移为 $\pm a$,$\pm 2a$,…的点的轨迹。因此,每一云纹条纹表示试件变形后垂直于栅线方向的等位移线,我们可以应用这些等位移线,很方便地求出应变。

若将试件栅与基准栅的栅线平行于 y 轴方向放置,则可以得到另一组云纹条纹,是等 u (x 方向的位移)线,即

$$u = na$$
$$v = ma \tag{9-5}$$

式中,n、m 为云纹条纹级次;a 为栅线节距。

有了等 u 线和等 v 线的条纹图,就可以计算应变,根据变形的特点,采用相应的弹性力学公式。

对于线弹性问题

$$\left.\begin{aligned}\varepsilon_x &= \frac{\partial u}{\partial x} \\ \varepsilon_y &= \frac{\partial v}{\partial y} \\ \gamma_{xy} &= \frac{\partial v}{\partial x} + \frac{\partial u}{\partial y}\end{aligned}\right\} \quad (9\text{-}6)$$

在物体有限变形的情况下，如仍以变形前的坐标作为自变量（称为拉格朗日公式）

$$\left.\begin{aligned}\varepsilon_x &= \frac{\partial u}{\partial x} + \frac{1}{2}\left[\left(\frac{\partial u}{\partial x}\right)^2 + \left(\frac{\partial v}{\partial x}\right)^2\right] \\ \varepsilon_y &= \frac{\partial v}{\partial y} + \frac{1}{2}\left[\left(\frac{\partial u}{\partial y}\right)^2 + \left(\frac{\partial v}{\partial y}\right)^2\right] \\ \gamma_{xy} &= \frac{\partial v}{\partial x} + \frac{\partial u}{\partial y} + \frac{\partial u}{\partial x}\frac{\partial u}{\partial y} + \frac{\partial v}{\partial x}\frac{\partial v}{\partial y}\end{aligned}\right\} \quad (9\text{-}7)$$

对于大变形问题（以变形前的原始长度为基准）

$$\left.\begin{aligned}\varepsilon_x &= \sqrt{\left(1+\frac{\partial u}{\partial x}\right)^2 + \left(\frac{\partial v}{\partial x}\right)^2} - 1 \\ \varepsilon_y &= \sqrt{\left(1+\frac{\partial v}{\partial y}\right)^2 + \left(\frac{\partial u}{\partial y}\right)^2} - 1 \\ \gamma_{xy} &= \arcsin\left[\frac{\frac{\partial u}{\partial y}+\frac{\partial v}{\partial x}+\frac{\partial u}{\partial x}\frac{\partial u}{\partial y}+\frac{\partial v}{\partial x}\frac{\partial v}{\partial y}}{(1+\varepsilon_x)(1+\varepsilon_y)}\right]\end{aligned}\right\} \quad (9\text{-}8)$$

式（9-6）~式（9-8），很适合对实验数据进行数值处理。可以看出，因为云纹条纹与材料本身无关，十分适合处理大变形，弹塑性一类问题。

图 9-6 所示为一圆盘对径受压后产生的 u、v 方向的云纹图像。

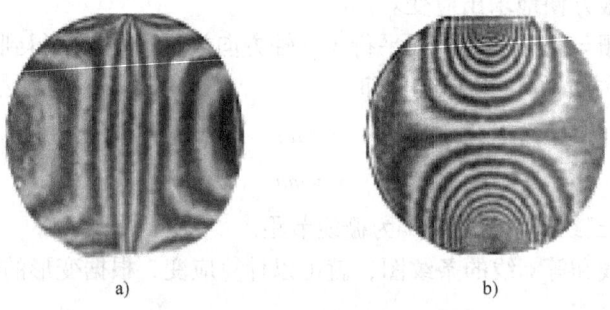

图 9-6 对径受压圆盘的云纹图
a) 与水平方向位移 u 有关的云纹条纹　b) 与垂直方向位移 v 有关的云纹条纹

9.2.3 平面云纹应变记录装置

平面云纹法的光路简单,可根据测试对象的特点如透明、不透明或不适合直接接触等分别用以下光路:

1. 透射式(图9-7)

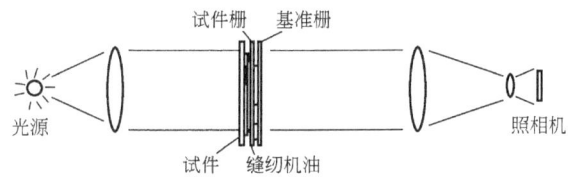

图9-7 透射式云纹光路

2. 反射式(图9-8)

3. 非接触式(图9-9)

非接触式可用于高温和动应变测量。

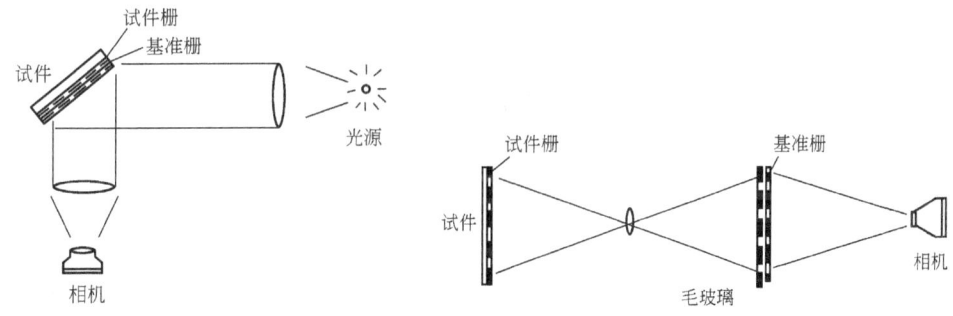

图9-8 反射式云纹光路　　　图9-9 非接触式云纹光路

9.2.4 栅板的制造

云纹方法的精度与栅板的制造质量紧密相关,要求栅线具有高衍射效率。测量弹性小变形的构件常用栅线密度为50~100线/mm,测量塑性大变形的构件常用栅线密度为10~50线/mm,测量离面位移为2~10线/mm。常用以下方法制造栅板:

1. 试件栅直接刻在试件表面上

1) 光刻法:先在试件表面上涂上感光材料形成感光膜,再用高精度母板对准感光膜进行曝光,显影后用冷水冲走未感光的药膜,然后对未感光部分进行腐蚀,最后清除药膜,于是在试件上留下栅线。

2) 机刻法:用刻线机在试件表面直接刻栅。

2. 照相复制法

对于一般栅线密度为200~100线/mm的振幅型试件栅,可采用可撕膜软片转贴法。可撕膜软片的构造如图 9-10 所示，在软片的感光膜上印有黑白相间的振幅型栅线。将试件表面清洗干净，用 502 胶水将感光膜面粘贴到试件表面上去，使试件栅的栅线方向与欲求试件的位移方向垂直。过几小时后，轻轻撕下涤纶片基，于是很薄的一层印有栅线的感光膜留在试件表面上，这就完成了试件栅的制作。

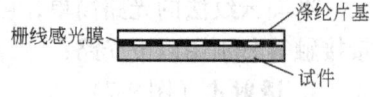

图 9-10 可撕膜软片

9.2.5 栅板种类

主要有正交栅、平行栅、三角型栅、射线栅、曲面栅等。

9.2.6 提高云纹法精度的一些技术

云纹法由于栅线密度的限制，在小变形问题中，条纹数目较少，因此影响了它的测量精度。人们对这一问题做了研究，提出了不少提高云纹法精度的技术，主要有：

1. 条纹的错配法（或载波法）（mismatch）

平行云纹法的精度在很大程度上取决于如何将位移曲线画准确，而位移曲线的准确度取决于条纹的数目。对于一个给定的位移场，条纹数目取决于栅板，栅线越细密，则生成的条纹越多，但当栅线密度大于 100 线/mm 时，则会产生衍射晕而影响透光，我们可以用错配的方法来增加数据点的数目。

（1）线性错配 可利用参考栅与试件栅节距不等，产生初始条纹，如图 9-11a 所示。图 9-11b 所示为加载后的云纹图像，图 9-11c 所示为减去初始条纹后的等位移条纹。

（2）旋转错配 线性错配条纹是平行于参考栅的栅线方向的，它的效果是使其垂直方

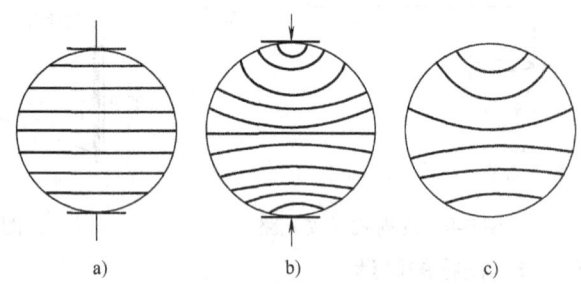

图 9-11 线性错配原理图

向的导数 $\partial v/\partial y$ 取得更为精确，但它对计算横向导数 $\partial v/\partial x$ 没有任何帮助，为了增加 x 方向的导数，就要采用旋转错配的技术，这可将试件栅稍稍旋转得到，如图 9-12 所示。

2. 用光学方法倍增条纹

用光学方法倍增条纹可提高栅线密度以增加条纹数，增加灵敏度。

利用单色平行光作光源，使它通过栅板后发生衍射，出射的平行光束沿镜头会聚，在镜头的焦平面设一缝隙板，利用这缝隙板以选取适当的衍射阶进入照相机，在其映像平面形成的云纹干涉图样倍增，如图 9-13 所示。条纹数目最多可达到 10 倍以上。

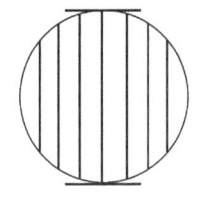
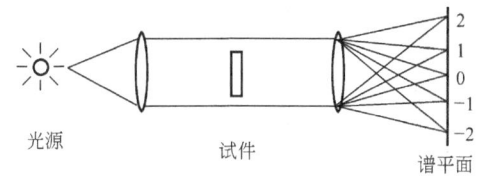

图 9-12　旋转错配图　　　　图 9-13　光学方法倍增条纹原理图

9.3　云纹法测量物体等高线、离面位移及其导数

云纹方法不仅可以用来测定物体的面内位移和应变，还可以用来测定离面位移和物体表面等高线及其导数，这在形状测量方面是很有用的。

9.3.1　阴影云纹法

将一平行光栅置于物体表面，并用一束与光栅表面法线夹角为 γ 的光线照射，设观测方向与光栅表面法线夹角为 φ，如图 9-14 所示。在远处观测，从 P 点入射的光线（假想 P 点为光栅透光量最大点），由物表面 P' 点反射，经 P'' 点（亦为光栅上透光量最大点）为观测者所接受，则形成亮点，一系列这样的亮点形成了亮条纹。它们必然满足以下几何关系

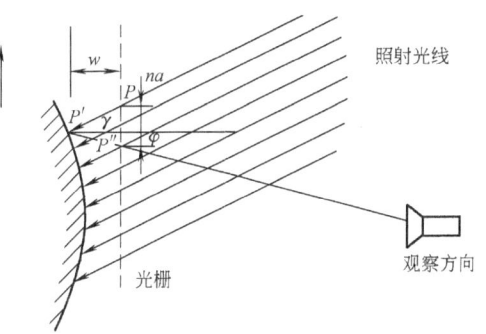

图 9-14　阴影云纹法原理图

$$PP'' = f = na$$

式中，a 为光栅的节距；n 为整数 0，1，2，…。从图 9-14 中分析几何关系可得

$$f = w\tan\gamma + w\tan\varphi = w(\tan\gamma + \tan\varphi)$$

$$w = \frac{na}{\tan\gamma + \tan\varphi} \tag{9-9}$$

式中，w 为物体上的点的高度。条纹是物体表面高度相等的点的轨迹。

图 9-15 所示为用阴影云纹法得到人体表面的等高线图。

9.3.2　投影云纹法

用投影云纹法测定物体表面轮廓，可以做到非接触测量。这对于大型物体和不便于接触的物体的形

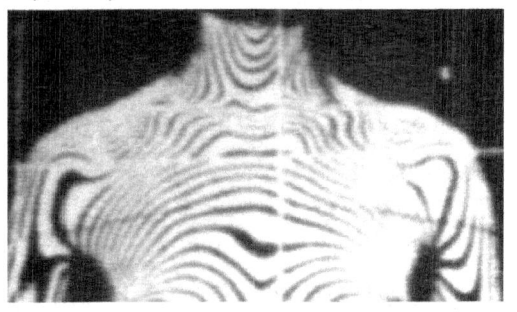

图 9-15　用阴影云纹法得到的人体表面等高线图

貌测量是非常有用的，而且便于用计算机处理。图 9-16 所示为投影云纹法测表面轮廓的光路。将一光栅投射到物体表面，用照相机记录下由于物体表面不平而引起变形的栅线，再与未变形的栅线叠加（可用计算机生成），即可得到物体表面的等高线。

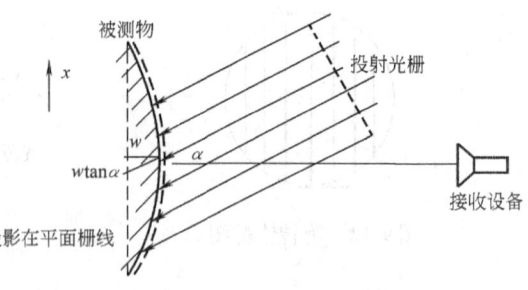

图 9-16　投影云纹法测表面轮廓的光路

条纹与表面高度的关系推导如下：栅线频率为 f，光栅投射到平面上的光强分布可表达为

$$I = A\cos 2\pi f x$$

式中，f 为栅线频率，则栅距为 $1/f$。此时记录的为平行条纹。

那么光栅投射到曲面上的光强分布为

$$I' = A\cos [2\pi f (x - w\tan\alpha)]$$

此时记录的是变形了的栅线，w 为各点的高度。将两幅底片重合在一起，将会出现明暗相间的条纹，透过的光强分布即为

$$I \cdot I' = A^2 \cos 2\pi f x \cos [2\pi f (x - w\tan\alpha)]$$

$$= \frac{A^2}{2} [\cos 2\pi f (2x - w\tan\alpha) + \cos (2\pi f w\tan\alpha)]$$

括号内的第一项显示的是高频光栅背景，第二项即为我们所见到的条纹，亮条纹满足

$$2\pi f w\tan\alpha = 2n\pi$$

式中，$n = 0, 1, 2, \cdots$；f 为光栅频率，为栅线距 a 的倒数。因此条纹级次 n 与高度 w 之间存在以下关系

$$w = \frac{n}{f\tan\alpha} \text{或} w = \frac{na}{\tan\alpha} \tag{9-10}$$

图 9-17 所示为用投影云纹法测试一个球冠表面轮廓线的过程：图 9-17a 所示为未变形的光栅；图 9-17b 所示为投射到球冠表面变形后的光栅；图 9-17c 所示为二者叠加后得到的球冠表面等高线。

图 9-18 所示为用投影云纹法得到的轿车表面轮廓的等高线，未变形的栅线由计算机生成。

9.3.3　反射云纹法

在薄板弯曲一类的问题中，从用前面介绍的投影云纹法和阴影云纹法获得的等高线图便是板的挠度等值线，可以用它微分得到斜率图，还可以用反射云纹法直接获得表征斜率等值线的云纹图。

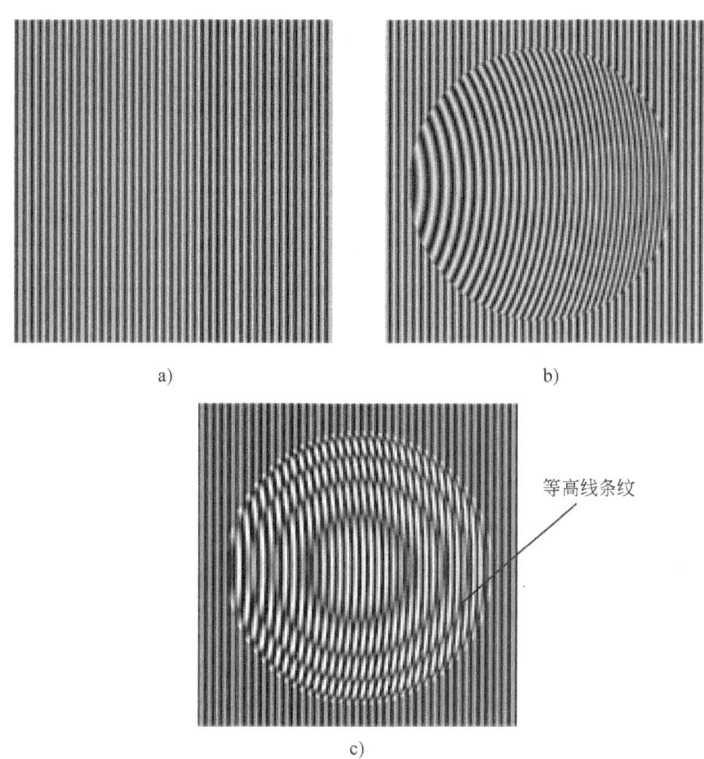

图 9-17 用投影云纹法测试一个球冠表面轮廓的过程

用反射云纹法得到斜率云纹图,要求试件必须有一个很好的反光表面,使放在它前面的参考栅能在试件表面上形成虚像,这个栅线虚像起试件栅作用。当试件挠曲时,虚像发生变形。采用双曝光法将变形前后的虚像记录在同一张底片上形成云纹图。反映云纹法的光路布置如图9-19所示。

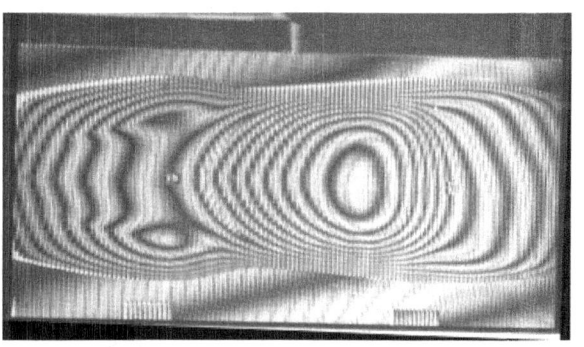

图 9-18 轿车表面轮廓的等高线

观测经两次曝光得到的反射云纹图,F 点在某级亮条纹上。在物体变形前,栅线上 E 点的亮条纹经物体表面的 P' 点反射,在焦平面上的 F 形成的亮条纹;在物体变形后,栅线上的 D 点的亮条纹经物体表面上的 P'' 点反射,也到了焦平面上的 F 点。假定板的变形足够小,可以认为它们是物体上的同一点 P。如果沿着 x 方向,变形后板的斜率由 0 变化到 ϕ,那么光线恰好转动了 2ϕ,P 点的影像

从 D 转到 E。对于亮条纹，ED 应该正好是栅线的整数倍。即 $ED = Na$，a 是栅线节距。图中 PC 与栅线板垂直，从几何关系我们有：$ED = CE - CD = L[\tan(2\phi + \theta)] - L\tan\theta = Na$，整理后可得

$$\frac{Na}{L} = \frac{\tan 2\phi(1 + \tan^2\theta)}{1 - \tan 2\phi \tan\theta}$$

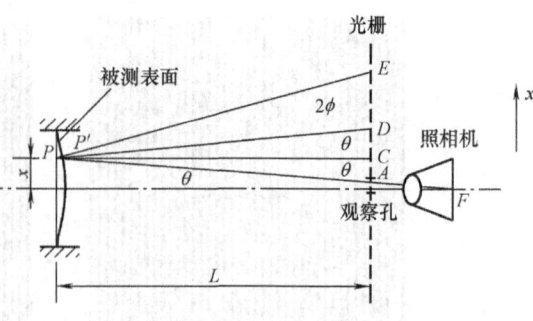

图 9-19　反射云纹法光路布置

ϕ 即为 P 点的斜率，当它的值很小时，有 $\tan 2\phi \approx 2\phi$，$\tan\theta \ll 1$，上式可写为

$$\frac{\partial w}{\partial x} = \phi = \frac{Na}{2L(1 + \tan^2\theta)} \tag{9-11}$$

$\tan\theta$ 的存在使得 $\partial w/\partial x$ 值依赖于 x 位置，当 L 相对于薄板尺寸大得多时，可以不考虑。为了消除这一影响，可采用另一光学系统，如图9-20所示。

用一半反射半透射镜 B，使之与栅线 D 成 45°角放置，平行光将栅线投射到半透镜 B 上，镜子将栅线 D 反射到试件 A 表面，试件 A 又将栅线 D 经透镜 B 透射到相机 C 内。变形前后两次曝光得到等斜率云纹。在 $\tan\theta \ll 1$ 的情况下，式 (9-11) 可写为

$$\frac{\partial w}{\partial x} = \frac{Na}{2L} \tag{9-12}$$

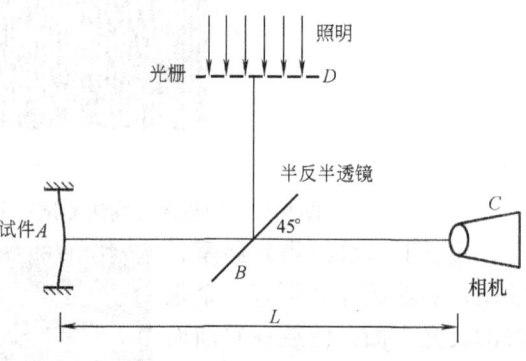

图 9-20　半反半透镜光学系统

这样得到的等斜率线是沿栅线主方向的斜率等值线，如果将栅线旋转 90°，可得到另一方向的斜率等值线。上式中 N 是条纹级数；a 是栅线节距；L 是相机到试件表面的距离。

图 9-21 所示为四边固支受垂直板面均布载荷的圆盘得到的反射云纹的图像。条纹反映了等离面位移的导数。图像为 x 方向的导数。左图的偏移较小，右图的偏移量较大，可以通过距离 L 值来调整。

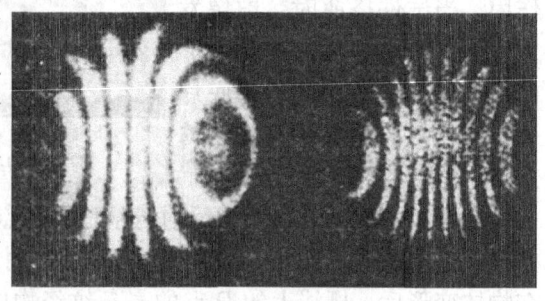

图 9-21　四边固支圆盘的反射云纹条纹图

习 题

9-1 各种云纹法的特点和适用范围是什么？

9-2 图 9-22 所示为圆盘受压的 u 场和 v 场的云纹条纹图，设栅线距为 1/100mm，试做两对称轴的水平和垂直位移分布及应变分布。

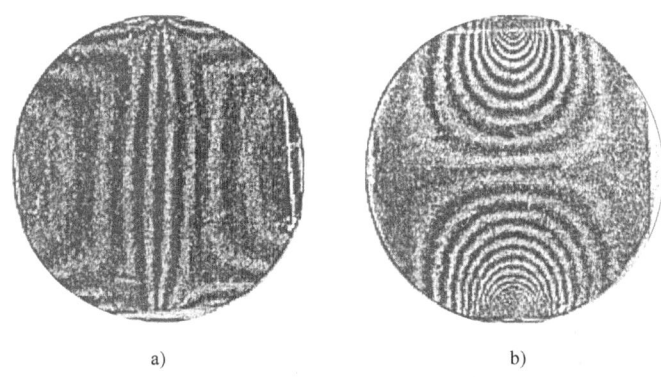

图 9-22 题 9-2 图
a) u 场 b) v 场

9-3 有一曲面，估计其最高处约为 5mm，用投影云纹法测等高线，希望其灵敏度为 1 条/mm，试选择合适的投影栅线和布置光路，叙述实验过程。

第 10 章　全息干涉法

10.1　激光全息照相

在全息照相出现以前，以化学介质记录为基础的传统照相术已发展到了很高水平，传统照相记录的是物体表面的光强分布，是与物体相似的平面的记录。英国科学家盖伯（Gabor）为了提高电子显微镜的分辨能力提出了一种新的基于光的干涉和衍射原理的两步成像的方法，为全息照相的发展奠定了基础；20 世纪 60 年代，由于激光的出现，密执安大学从事过雷达研究工作的利思（Leith）和乌帕特尼克斯（Upatnieks）等采用盖伯全息原理记录了三维物体的高质量的再现像，全息图是光波波前的记录，再现时能够重现原物体光波的强度和相位，所以是物体真正的三维像，而不是普通照片中光强度分布的二维记录。从这一角度来讲，全息本身是摄影术的一次重大突破。此后激光全息技术成为当时世界上最受关注的领域，迅速发展，并在军事、通信和学术研究方面获得广泛的应用。

10.1.1　激光全息照相原理

我们已经知道，表征光波的两个基本量是波的振幅及相位。在普通照相里，是把从物体表面反射过来的或物体本身发出的光（统称为物光）记录在照相感光底片上，经过冲晒之后，就得到原来物体的像。由于使感光底片感光的只是光的振幅，所以普通照相就不能完全反映物体的全部情况，只能显示出一个平面像。

全息照相术是一个两步成像法。第一步，使物光光波同另外一个与其相干的光波（称为参考光）在全息底片上相干涉，形成了干涉图样，这个干涉图样同时记录了物光的振幅和相位，故称之为全息图，这相当于普通照相的摄影过程。第二步，用一束相干光照射在全息图上，光发生衍射，从而把物光再现出来，这相当于普通照相的冲晒过程。由于全息照相术记录了物光的全部信息，故再现的像是立体的。

我们可以用平行衍射光栅的形成和照射光波的再现过程来介绍全息照相的基本概念。为了进一步了解全息照相原理，下面用数学形式来进行分析。

如图 10-1 所示，假设投射到底片上的物光光波为

$$U_1 = a(x)e^{-i\alpha(x)} = ae^{-i\alpha} \qquad (10\text{-}1)$$

射到底片上的参考光波为

$$U_2 = e^{-i\psi_x} \qquad (10\text{-}2)$$

这里假设参考光的振幅为1，在底片上 x 点参考光的行程比在 O 点的远 $x\sin\theta$，因此相当于 O 点的相位是

$$-x\sin\theta \frac{2\pi}{\lambda} = -\psi_x$$

$$-Kx\sin\theta = -\psi_x$$

所以

$$\theta = \arcsin\left(\frac{\psi_x}{K}\right)$$

故式（10-2）表示的是与底片法线成 θ 角入射的一系列平面

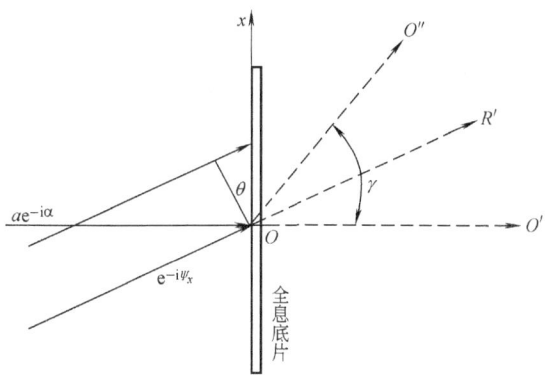

图 10-1　全息图的形成及其衍射光波

波，式中 $K = \frac{2\pi}{\lambda}$。由于物光和参考光是来自同一个激光光源，即它们是相干的，所以在底片上合成光波的复数振幅是

$$U = U_1 + U_2 = ae^{-i\alpha} + e^{-i\psi_x}$$

所以

$$I = U^* \cdot U = (a^2 + 1) + ae^{i(\psi_x - \alpha)} + ae^{i(\alpha - \psi_x)} \tag{10-3}$$

设曝光时间为 t，则底片上的曝光量 $E = It$，全息底片曝光后经过显影、定影处理后成为全息图。干涉图样为平行光栅。用参考光波照射，在其全息图后就有衍射光波射出。出射光波的复数振幅与入射光波的振幅之比称为全息底片的振幅透射率，记为 T_{am}，在一定的曝光范围内透射率与曝光量成线性关系，即

$$T_{am} = \beta I$$

β 为一常数，这时只用参考光来照射全息底片，就能使原始的物光光波再现。从全息底片上出射光波的复数振幅则是

$$T_{am} \cdot e^{-i\psi_x} = \beta(1 + a^2)e^{-i\psi_x} + \beta a e^{-i\alpha} + \beta a e^{i(\alpha - 2\psi_x)} \tag{10-4}$$

式中，第一项代表通过全息底片未发生偏离的参考光 R'（强度与原来的不同）；第二项代表物光 O'；第三项表示的是物光的共轭光波 O''。这三个光波是彼此分离的，R' 和 O' 两个光波的分离是比较明显的。为了说明光波 O'' 传播方向并不与 R'、O' 相重。可假设 $a(x) = \alpha_0$（等于常数），这时光波 O'' 可写为 $\beta a e^{i\alpha_0} \cdot e^{-i2\psi_x}$，这是一个平面光波，它的传播方向与法线的夹角 $\gamma = \arcsin\left(\frac{2\psi}{K}\right)$。

由此可见，当用参考光照射全息图时，从全息图后就有三列光波射出，这就是衍射现象。从这个意义上讲，全息图相当于一个衍射光栅。从全息图后射出的三列光波中，R' 是零级衍射波，O' 和 O'' 是两个一级衍射波，这两个一级衍射波构成了物体的再现像。

其中 O' 就是物光光波的再现，它与式（10-1）所表达的物光光波是相似的，因此构成了物体的虚像，即如果这个光波被人的眼睛所接受，就等于接受了原来物体发出的光波，因而能看见原物体的虚像；如用透镜成像后就可显现出物像。衍射波 O'' 则是同一物体发出的光的共轭波，其相位与原物光的相位相反，形成原物体的实像。若把感光底片放在这个实像的位置上，则无需透镜成像就能摄取物体的像。

对于一般的三维物体，数学公式的表达将更为复杂，物光和参考光干涉形成的衍射光栅不再是平行条纹，用参考光照射衍射光栅后再现的物光波不再是平行光，但是两步成像的原理是完全一样的。其中 O' 是一个原物体的三维的虚像。图 10-2 所示是用原参考光照射到小狗模型的全息照片上再现原模型，从不同的角度观测得到的像，可以看出，全息照片再现的是原模型的立体像。

图 10-2　小狗模型全息照片再现后用不同角度拍摄（观测）的像

10.1.2　全息图的类型

根据记录全息图的光路布置的不同方式，记录介质的厚薄和记录干涉花纹时所形成的条纹型式的不同，可以将全息图分成很多类型。下面就全息图的类型作一些简要的叙述。

首先由 Gaber（1948 年，1949 年，1951 年）提出的全息术，研究的是参考光和物光同轴的全息图，在再现时全息图产生两个共扼的像和以轴为背景的相干噪声，由于所需的聚焦像和背景噪声及离焦像之间的干涉，导致了像质的变坏，因此无法得到理想的全息图。Leith 和 Upatnicks 在实验中引入了离轴参考光，即参考光与物光成一个角度，这样得到的全息图在再现时，两个共扼的像在角度上是分隔开的，也与同轴背景噪声互相分离隔开，这样就得到了高质量的全息再现像。在随后的研究中，全息术有了长足的发展。但对种类繁多的全息图很难进行统一的分类，因为所谓的"类"都是相对于某种特定的依据而言，以下为几种依据及分类：

1）按记录时参考光与物光所成的角度分类，有同轴全息图和离轴全息图。参考光和物光同轴的全息图称为同轴全息图；参考光与物光成一个不为零的角度记录的全息图称为离轴全息图。

2）按所记录物光的特点分类，可分为菲涅耳全息图、夫琅和费全息图（傅里叶变换全息图）。在全息照相中，如把记录介质放在离物体有限远处，从物体反射（或透射）的光传到记录介质处与参考光产生干涉形成的全息图称菲涅耳全息图（图10-3），实际使用中大部分是属于这一类全息图；如果用一透镜放在物体与记录介质之间、物体位于透镜的焦面上，则每一物点就产生一平行光，这样，物体就等于放在无限远处，物体反射（或透射）的光波到记录介质处与参考光产生干涉，这样获得的全息图叫夫琅和费全息图。夫琅和费全息图也叫傅里叶变换全息图，当物光与参考光之间的距离远远小于它们到记录介质的距离时，则这种全息图可近似地称之为无透镜傅里叶变换全息图。

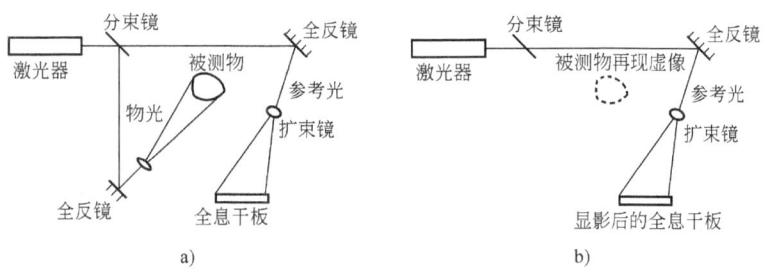

图 10-3 菲涅耳全息图的记录与再现过程
a）记录 b）再现

3）按记录介质的厚度分类，有平面全息图和体积全息图。从全息底片感光乳胶厚度上考虑，当全息底片的乳胶厚度比所记录的干涉条纹间距小时，则认为是平面全息图；反之，当乳胶厚度与所记录的干涉条纹的间距为同一数量级或更大一些时，则认为是体积全息图。平面全息图又称为二维全息图，体积全息图则称为三维全息图。

4）按透过率函数的特点分类，有振幅型和相位型两类，而相位型又可以分为表面浮雕型和折射率型两种。全息照相记录了物光的振幅和相位信息，但是，由卤化物制成的感光乳胶只能对光强（光振幅）发生反应，而物光的相位信息是通过与参考光的干涉而转化为振幅信息记录下来的，所以在记录过程中只是记录了物光和参考光的振幅，这类感光乳胶的光学吸收系数是与曝光量相对应的，再现时光波透射率也与记录时的曝光量相对应来改变透射光的振幅，也就是说，再现光波被全息图吸收的量与曝光量有关，所以把这种全息图称为振幅型全息图，另一种全息图则相反，它只改变光波的相位而不改变它的振幅，也就是说，全息图能够以与记录时的曝光量相对应的方式改变光波的相位，使全息底片上的感光乳胶与相位对应的空间产生周期性变化，这种全息图称为相位全息图，相位全息图中，曝光量只引起感光乳胶厚度或折射系数的改变，对透射光空间相位的调制，可以是由于厚度的变化而形成一个浮雕层；也可以是由于折射率发生变化

5）按记录时物和照明的特点，可分为透射型和反射型。

6）按所显示的再现像的特征，有像面全息、彩虹全息、360°合成全息和真彩色全息等。

以上各类又是互相穿插、互相渗透的。如果没有特别的说明，通常认为记录一张全息图是指使用激光器，全息图放在物体的菲涅耳衍射区，离轴点参考光源的距离至少是物体到全息图的距离，使用平直的照相乳胶并且记录的一张表面全息图。关于全息图更详细的叙述，可以查阅有关参考书。

10.2 全息干涉位移测量

许多初期从事全息记录的研究人员，在再现像时都曾经发现过在像的表面上出现的条纹，而这些全息图多数都被当做是记录的失败，其实这些条纹就是由于物体微小的运动而引起的。它就是一张双曝光全息图，它记录了物体的位移或变形信息。

20 世纪 60 年代后期，与激光器的研究并进，全息术几乎是光学研究中最活跃的领域。当激光器出现时，它的第一个实际的运用就是记录全息图，接着是为全息术寻找用途，经过几年的研究，全息照相首先用于各种各样的全息干涉分析。

用全息干涉法（holographic interferometry）测量位移，与传统的光学干涉法如迈克尔逊干涉法比较，有许多显著的优点，如：

1）对被测物体表面不需要做光学处理，可以获得任何材料、任何形状、任何表面的位移状况。迈克尔逊干涉法要求光学抛光表面。

2）同时得出任意方向的位移矢量的三个分量，是一个三维的方法，而迈克尔逊干涉法得到的是法向位移。

3）对于光学元件的质量和调试方面也没有经典干涉仪那样严格。

4）精度高。

5）可得到在静载、振动、动载、冲击和受热等工作条件下表面各点的位移场或应变场。

6）多重干涉，一张全息图上可以重叠记录很多图像，并能同时再现。

全息干涉测量操作的基本程序与全息记录相似，只是在记录时根据需要有时要进行一次曝光（实时全息干涉法）、两次曝光（双曝光全息干涉法）和连续曝光（时间平均全息干涉法）。以上这三种方法都各有优点和它所适用的试验要求。下面分别介绍这几种用全息照相来测量物体表面位移和变形时最常用的方法。

10.2.1 两次曝光法

1. 位移信息的记录

两次曝光法的记录过程就是在物体变形前与变形后分别使全息底版曝光一

次，将底片经过显影、定影处理后，放回原光路系统，用原来的参考光再现，这时就有物体变形前和物体变形后的两个物光波同时出现。由于变形引起它们的相位的改变，从而发生干涉，形成干涉条纹图，我们就利用干涉条纹来测量物体的位移和变形。图 10-4 所示为记录位移信息的光路图。

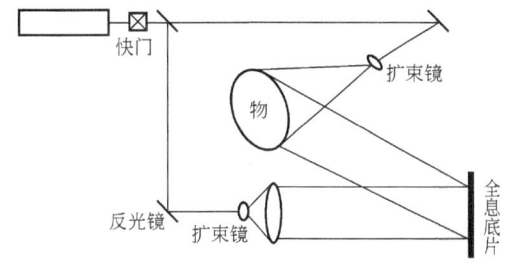

图 10-4　记录位移信息的光路图

2. 再现像的波前分析

设　物体变形前物光光波复振幅　　$O = O_0(x,y)\exp[i\varphi_0(x,y)]$ 　　　(a)

　　　物体变形后物光光波复振幅　　$O' = O_0(x,y)\exp[i\varphi(x,y)]$ 　　　(b)

　　　参考光光波的复振幅　　　　　$R = R_0(x,y)\exp[i\varphi_r(x,y)]$ 　　　(c)

因为位移非常微小，对各点漫反射光的振幅或亮度的影响可以忽略不计。因此振幅都记做 $O_0(x,y)$。

第一次曝光时到达全息底片的光波是 H_1，光强是 I_1，即
$$H_1 = O + R$$
$$I_1 = H_1^* \cdot H_1 = (O^* + R^*)(O + R)$$

第二次曝光时到达全息底片的光波是 H_2，光强是 I_2，即
$$H_2 = O' + R$$
$$I_2 = H_2^* \cdot H_2 = (O'^* + R^*)(O' + R)$$

两次曝光的总光强为：$I = I_1 + I_2 = (O^* + R^*)(O + R) + (O'^* + R^*)(O' + R)$

在一定的曝光量范围内，振幅的透射率与光强成正比，为简化起见，取比例常数为 1。将两次处理后得到的全息图，用原参考光照明，其透过的物光光波 ψ 为

$$\begin{aligned}\psi &= R \cdot I \\ &= R[(O^* + R^*)(O + R) + (O'^* + R^*)(O' + R)] \\ &= 2R_0(R_0^2 + O_0^2)e^{i\varphi_r} + R_0^2(O_0 e^{i\varphi_0} + O_0 e^{i\varphi}) \\ &\quad + R_0^2 e^{i2\varphi_r}(O_0 e^{-i\varphi_0} + O_0 e^{-i\varphi}) = U_1 + U_2 + U_3\end{aligned}$$
(10-5)

式（10-5）结果中第一项 U_1 是零级衍射波，第二项 U_2 是两个重现的物光光波，一个是变形前的，一个是变形后的，第三项 U_3 是共轭光波。第二项 U_2 是我们感兴趣的。U_2 形成虚像，可透过底片看到，如图 10-5 所示。$U_2 = R_0^2(O_0 e^{i\varphi_0} + O_0 e^{i\varphi})$，其光强为

$$I = U_2^* \cdot U_2 = R_0^4(O_0 e^{-i\varphi_0} + O_0 e^{-i\varphi})(O_0 e^{i\varphi_0} + O_0 e^{i\varphi})$$
$$= 2R_0^4 O_0^2 [1 + \cos(\varphi - \varphi_0)]$$
$$= 4R_0^4 O_0^2 \cos^2\left(\frac{\varphi - \varphi_0}{2}\right) \quad (10\text{-}6)$$

从式（10-6）可以看出，由于物体变形引起的光程的改变产生了相位差，从而在再现像的表面产生干涉条纹。

从式（10-6）可以看出，两次曝光所得到的虚像的光强是相位差余弦的函数。

1) 当 $\varphi - \varphi_0 = 2n\pi$ 时，$n = 0, \pm1, \pm2, \cdots$，为亮条纹，$n$ 为亮条纹级次，位移为零点处在 0 级条纹上。

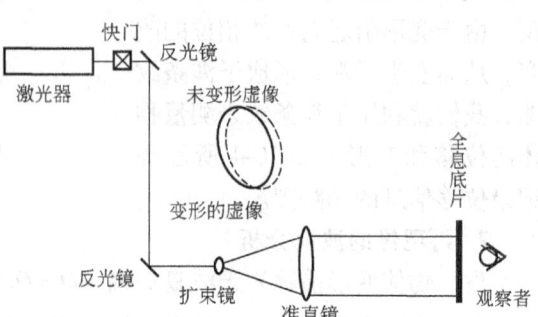

图 10-5　全息干涉法再现时的光路

2) 当 $\dfrac{\varphi - \varphi_0}{2} = \left(\dfrac{2n-1}{2}\right)\pi$ 时，$n = 0, \pm1, \pm2, \cdots$，为暗条纹，$n$ 称为暗条纹级次。

3. 相位差与位移量的关系分析

P 为物体上一点，变形后位置为 P'，有一微小位移 d，照明光源位置为 S，全息底片位置为 H，θ_1 和 θ_2 分别为光源入射光与全息底片所接受的漫反射光和位移方向之间的夹角。两次曝光物体变形前后的位移与相位差的关系如图 10-6 所示。

第一次曝光时物光的光程为 ($SP + PH$)，第二次曝光时物光的光程为 ($SP' + P'H$)。

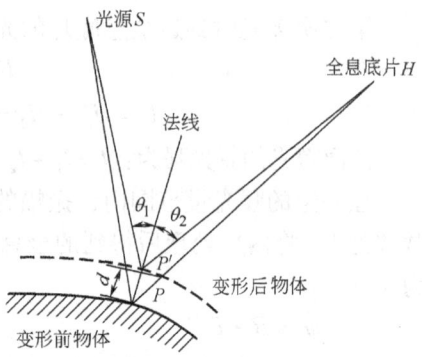

图 10-6　物体变形前后的位移与相位差的关系

位移量与物光光程相比是极小量，可以认为变形前后 θ_1 和 θ_2 不变。由图 10-6 可见，由于位移 d 引起的光程差 $\Delta(x,y)$ 为

$$\Delta(x,y) = (SP+PH) - (SP'+P'H) = d\cos\theta_1 + d\cos\theta_2$$

相应的相位差为

$$\varphi - \varphi_0 = \frac{2\pi}{\lambda}\Delta(x,y) = \frac{2\pi d}{\lambda}(\cos\theta_1 + \cos\theta_2) \quad (10\text{-}7)$$

再现像上亮条纹处 $\varphi - \varphi_0 = 2n\pi$，代入式（10-7）可得

$$d = \frac{n\lambda}{\cos\theta_1 + \cos\theta_2} \quad (10\text{-}8a)$$

若令 $\theta = \frac{1}{2}(\theta_1 + \theta_2)$，即入射光与反射光夹角的一半，$\psi = \frac{1}{2}(\theta_1 - \theta_2)$ 为分角线与位移方向的夹角，则有

$$d\cos\psi = \frac{n\lambda}{2\cos\theta} \quad (10\text{-}8b)$$

式中，$n = 0, \pm 1, \pm 2, \cdots$；$\lambda$ 为使用的激光的波长。

对于一些简单的情况，零级条纹（对应 $d = 0$）和条纹增加方向十分明确，n 值不难确定。θ 角可以根据光路布置得到，那么 $d\cos\psi$ 就可以得到。$d\cos\psi$ 就是位移矢量在入射光和全息干板接受的反射光的角平分线方向上的分量。

我们可以得出结论，每一张全息图可以给出位移矢量在入射光与全息干板接受的反射光夹角平分线方向的投影（分量）。

我们可以想到，如果取照明方向和观察方向与表面法线夹角都相等，即 $\psi = 0$，则可以直接得到离面位移。

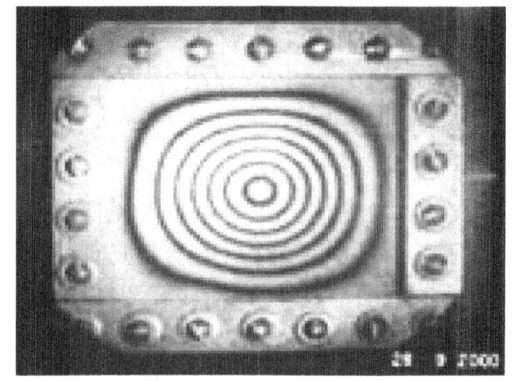

图 10-7　四边固支方板受中心集中载荷时两次曝光后再现的全息图

图 10-7 所示为一四边固支方板受中心集中载荷时两次曝光后再现的全息图。

10.2.2　实时法

两次曝光法，具有简单易行、干涉条纹清晰、可以用于定量分析的优点，但它与实时法相比，则有无法事先估计变形量的缺点。下面再介绍全息干涉测位移的另一种记录方法——实时法，它可以事先估计变形。

1. 光路布置

实时法的光路布置与二次曝光法相同，如图 10-4 所示。它的记录过程是先将物体未变形时的原始状态做一次曝光，记录在全息底片上，底片经过显影、定影处理后，准确地放回原位，再用原物光和参考光照射底片。

2. 再现波前分析

设　到全息底板上的参考光光波复振幅　$R(x,y) = R_1(x,y)e^{i\varphi_r(x,y)}$

　　未变形的物光光波复振幅　$O(x,y) = O_0(x,y)e^{i\varphi_0(x,y)}$

　　变形后的物光光波复振幅　$O'(x,y) = O_0(x,y)e^{i\varphi(x,y)}$

第一次曝光后到全息底片的光波是 H_1，光强是 I_1，即

$$H_1 = O + R$$
$$I_1 = H_1^* \cdot H_1 = (O_* + R^*)(O + R)$$

在线性记录的条件下,全息图的振幅透射率与光强成正比,取系数为1,则透射率 t_1 为

$$t_1 = I_1 = O_0^2 + R_0^2 + O_0 R_0 e^{i(\varphi_0 - \varphi_r)} + O_0 R_0 e^{-i(\varphi_0 - \varphi_r)}$$

波前再现时用参考光照明,此时物体受力变形,因此变形后的物光波也参与照明,因此再现时的照明光波为

$$C = R_0 e^{i\varphi_r} + O_0 e^{i\varphi}$$

透过全息图的光波为

$$\begin{aligned}
U = C \cdot t_1 &= R_0 (O_0^2 + R_0^2) e^{i\varphi_r} + O_0^2 R_0 e^{i\varphi_0} + O_0 R_0^2 e^{-i(\varphi_0 - 2\varphi_r)} + \\
&\quad O_0 (O_0^2 + R_0^2) e^{i\varphi} + O_0^2 R_0 e^{i(\varphi_0 + \varphi - \varphi_r)} + O_0^2 R_0 e^{-i(\varphi_0 - \varphi - \varphi_r)} \\
&= R_0 (O_0^2 + R_0^2) e^{i\varphi_r} + O_0^2 R_0 e^{i\varphi_0} + O_0 R_0^2 e^{2\varphi_r} e^{-i\varphi_0} + \\
&\quad O_0 (O_0^2 + R_0^2) e^{i\varphi} + O_0^2 R_0 e^{i(\varphi_0 - \varphi_r)} e^{i\varphi} + O_0^2 R_0 e^{-i(\varphi_0 - \varphi_r)} e^{-i\varphi}
\end{aligned}$$

式中,第一、二、三项是用参考光照明后再现的零级和正、负一级衍射像;第四、五、六项是用变化后的物光波 O_1 照明再现的零级和正、负一级衍射像。我们所观察到的干涉现象是由第二项和第四项代表的波面之间产生的,因此可以单独考虑这两项,即

$$U_1 = O_0 R_0^2 e^{i\varphi_0} + O_0 (O_0^2 + R_0^2) e^{i\varphi}$$

则视场中接受到的光强为

$$I_1 = U_1^* \cdot U_1 = O_0^2 [R_0^4 + (O_0^2 + R_0^2)^2 + 2R_0^2 (O_0^2 + R_0^2) \cos(\varphi - \varphi_0)] \tag{10-9}$$

3. 条纹的解释

从式(10-9)可以看出光强的分布也是按照余弦函数的规律变化的,亮条纹仍满足式(10-8)。

实时法的优点是:在采用实时观察时,随着不同载荷下物体状态的变化,干涉条纹也随着变化,因此我们可以随时调整载荷的大小、分辨条纹增加的方向、零级条纹的位置和条纹变化的规律。

实时法的缺点是:

1)不易使感光处理后的全息底版精确复位。为解决这一困难,可用专用设备,使底版原位冲洗,或采用实时架。

2)条纹的对比度差,不及两次曝光法的条纹清晰。

人们曾做了分析,其条纹对比度为

$$M = \frac{I_{\max} - I_{\min}}{I_{\max} + I_{\min}} = \frac{2R_0^2 (O_0^2 + R_0^2)}{R^4 + (O_0^2 + R_0^2)^2} = \frac{2(B + B^2)}{2B^2 + 2B + 1} < 1 \tag{10-10}$$

式中,$B = \dfrac{R_0^2}{O_0^2}$,为参考光与物光光强之比。

为了能获得尽可能高的对比度，可以增大参考光与物光之比，在 $B=1$ 增至 $B=5$ 时，M 接近于 1，但是这样做又会使全息图的衍射效率降低。

10.2.3 三维位移场的分析

用前面讲的二次曝光法和实时法，我们可以得到与物体的变形或者位移有关的全息干涉条纹图，而且已经初步分析了相位差与物体位移的关系。我们的目的是要对物体的三维位移场进行分析，因此还需要进一步讨论全息条纹与物体位移的关系。十几年来，许多学者在这些方面做了大量工作，目的都是要提高全息干涉测量的精度，做到测量的仪器化、数据处理的自动化。1976 年 J. D. Briers 把许多研究者对含有位移信息的干涉条纹的计量和解释方法归结为四大类（按时间先后）：

1）条纹定位法（FL 法） 1966 年由 K. A. Haines 和 B. P. Hildebrand 提出。

2）条纹计数法（FC 法） 1967 年由 E. B. Aleksandrov 及 A. M. Bonch-Bruevich 提出。

3）零级条纹法（ZF 法） 1968 年由 A. E. Ennos 提出。

4）等倾干涉法 1968 年由 J. W. C. Gates 和辻内顺平（J. Tsujiuchi）提出。

至于具体的方法就更多了，至今已提出了十多种具体方法。较常用的有：两张全息图法，三张全息图法，单张全息图的多孔窥视板法，振动镜扫描法，全息条纹读数仪法，像平面全息图法等。相关内容可以查阅有关文献。下面介绍两种最基本、最常用的方法。

1. 零级条纹法（ZF）的计算方法

我们已得到公式（10-7），即物体的位移与干涉条纹（相位差）之间的关系为

$$(\varphi - \varphi_0) = \frac{2\pi}{\lambda}\Delta(x,y) = \frac{2\pi}{\lambda}d(\cos\theta_1 + \cos\theta_2) = 2n\pi \quad n = 0, \pm 1, \pm 2, \cdots \quad (10\text{-}11)$$

一般来说，从一张全息图上可以得到位移矢量在入射光方向和全息干板接受的反射光方向的夹角平分线上的投影。那么根据矢量的知识，就可以推想，对于一个空间量——一个位移矢量，如果有三张独立的全息图，就可以得到这一矢量在三个不同方向的投影，这时这个矢量就是惟一确定了。我们对上节推导的公式进行一些变化。定义 d 为位移矢量；K_0 为入射光方向的单位矢量；K_1 为全息干板接受的反射光方向的单位矢量；$k = \frac{2\pi}{\lambda}$。其他符号同前，式（10-11）可写为

$$kd(\cos\theta_1 + \cos\theta_2) = 2n\pi \quad (10\text{-}12)$$

我们注意到

$$K_0 \cdot d = 1 \cdot d \cdot \cos(\pi - \theta_1) = -d\cos\theta_1$$
$$K_1 \cdot d = 1 \cdot d \cdot \cos\theta_2 = d\cos\theta_2$$

代入式（10-12）有

$$\Delta(x,y) = (\boldsymbol{K}_1 - \boldsymbol{K}_0) \cdot \boldsymbol{d} = \frac{2n\pi}{k} = n\lambda \tag{10-13}$$

当采用三张全息图进行位移测量时，其光矢量布置如图10-8所示。

其中 $\boldsymbol{K}_0$ 是入射光方向矢量，在它们的垂直平面上分别放置三张全息底片作为变形的全息记录之用，经两次曝光并再现后，由三张全息图可分别测得条纹级数 N_1、N_2、N_3，根据式（10-13）可得一线性方程组

$$\left.\begin{array}{l}(\boldsymbol{K}_1 - \boldsymbol{K}_0)d = N_1\lambda \\ (\boldsymbol{K}_2 - \boldsymbol{K}_0)d = N_2\lambda \\ (\boldsymbol{K}_3 - \boldsymbol{K}_0)d = N_3\lambda\end{array}\right\} \tag{10-14}$$

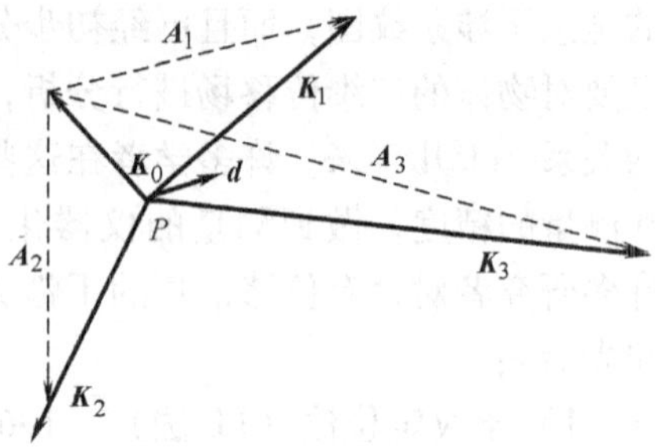

图 10-8 用三张全息图分析位移矢量

用矢量 $\boldsymbol{A}_i$ 代替矢量 $(\boldsymbol{K}_i - \boldsymbol{K}_0)$，得

$$\left.\begin{array}{l}\boldsymbol{A}_1 d = N_1\lambda \\ \boldsymbol{A}_2 d = N_2\lambda \\ \boldsymbol{A}_3 d = N_3\lambda\end{array}\right\} \tag{10-15}$$

若 $|A| = \begin{vmatrix} A_{x1} & A_{y1} & A_{z1} \\ A_{x2} & A_{y2} & A_{z2} \\ A_{x3} & A_{y3} & A_{z3} \end{vmatrix} \neq 0$，则有

$$d_x = \frac{\begin{vmatrix} N_1\lambda & A_{y1} & A_{z1} \\ N_2\lambda & A_{y2} & A_{z2} \\ N_3\lambda & A_{y3} & A_{z3} \end{vmatrix}}{|A|}, \quad d_y = \frac{\begin{vmatrix} A_{x1} & N_1\lambda & A_{z1} \\ A_{x2} & N_2\lambda & A_{z2} \\ A_{x3} & N_3\lambda & A_{z3} \end{vmatrix}}{|A|}, \quad d_z = \frac{\begin{vmatrix} A_{x1} & A_{y1} & N_1\lambda \\ A_{x2} & A_{y2} & N_2\lambda \\ A_{x3} & A_{y3} & N_3\lambda \end{vmatrix}}{|A|}$$

当行列式 $|A| \neq 0$ 时，即可解得位移矢量的三个分量 d_x、d_y、d_z。

$$d = \sqrt{d_x^2 + d_y^2 + d_z^2} \tag{10-16}$$

为了使行列式不等于零，即 $|A| \neq 0$，要小心布置，使得在光路系统中 $\boldsymbol{A}_1$、$\boldsymbol{A}_2$、$\boldsymbol{A}_3$ 三矢量不共面，三张全息图的法线方向与照明方向要有一定的夹角，且不共面。

2. 条纹计数法（FC法）的计算方法

在零级条纹法中，若全息图中无零级条纹存在，或无法判断零级条纹，则很难确定待测点的条纹级数值。为克服这一困难，我们可以采用单张全息图，从不同的方向观察，测得条纹的偏移量，从而求得位移矢量。这个方法就是条纹计数法，或称FC法。

在记录时，只记录一张双曝光全息图，因为全息图再现的物体像是立体的，可以从不同的方向观察，当观察者注意着物表面上的一点，并从一个观察方向改变到另一个观察方向时，将有若干条条纹扫过该点，将条纹级次的变化数记作 ΔN_{ij}。符号的规定为当观察方向由左向右移动时，该点的条纹也从左向右移动，这种条纹级次的变化为正。

对观察方向 $\boldsymbol{K}_i$ 和 $\boldsymbol{K}_j$，分别可以写出下列方程

$$(\boldsymbol{K}_i - \boldsymbol{K}_0) \cdot \boldsymbol{d} = N_i \lambda$$
$$(\boldsymbol{K}_j - \boldsymbol{K}_0) \cdot \boldsymbol{d} = N_j \lambda$$

以上两式相减，得到

$$(\boldsymbol{K}_i - \boldsymbol{K}_j) \cdot \boldsymbol{d} = \Delta N_{ij} \lambda \text{ 或 } \boldsymbol{B}_i \cdot \boldsymbol{d} = \Delta i$$

式中，$\boldsymbol{B}_i = \boldsymbol{K}_i - \boldsymbol{K}_j$；$\Delta i = \Delta N_{ij} \lambda$。

若选取三个观察方向上变化的方式，又可以得到一组三元一次方程，解这个线性方程组，即可得到所要求的点的三个位移分量。

单张全息图法与零级条纹法相比，不需要存在零级条纹，也可不需要知道照明方向。但由于激光器功率的限制，全息图的尺寸有限，测得的条纹偏移值往往很小。以上线性方程组的三个矢量接近共面，方程组接近病态，因而很小的测量误差会引起很大的计算误差。因此往往采用大于三次观察得到一方程式数目多于未知数的线性方程组，再利用最小二乘法原理处理，可以得到位移分量的最佳值。

设观察次数 $j = 1, 2, 3, \cdots, m$，$m > 4$，则可得到下述过定线性方程组

$$\left.\begin{aligned} B_{x1}d_x + B_{y1}d_y + B_{z1}d_z &= \Delta_1 \\ B_{x2}d_x + B_{y2}d_y + B_{z2}d_z &= \Delta_2 \\ &\vdots \\ B_{xm}d_x + B_{ym}d_y + B_{zm}d_z &= \Delta_m \end{aligned}\right\}$$

根据最小二乘法原理，d_x，d_y，d_z 的选择应使 $\varphi = \sum\limits_{j=1}^{m}(B_{xj}d_x + B_{yj}d_y + B_{zj}d_z - \Delta_j)^2$，取最小值，即

$$\frac{\partial \varphi}{\partial d_x} = 0 \quad \frac{\partial \varphi}{\partial d_y} = 0 \quad \frac{\partial \varphi}{\partial d_z} = 0$$

可得到一组常系数线性方程式（正则方程）

$$\left.\begin{aligned} \sum_{j=1}^{m} B_{xj}^2 d_x + \sum_{j=1}^{m} B_{yj}B_{xj} d_y + \sum_{j=1}^{m} B_{zj}B_{xj} d_z &= \frac{1}{2}\sum_{j=1}^{m} \Delta_j B_{xj} \\ \sum_{j=1}^{m} B_{xj}B_{yj} d_x + \sum_{j=1}^{m} B_{yj}^2 d_y + \sum_{j=1}^{m} B_{zj}B_{yj} d_z &= \frac{1}{2}\sum_{j=1}^{m} \Delta_j B_{yj} \\ \sum_{j=1}^{m} B_{xj}^2 B_{zj} d_x + \sum_{j=1}^{m} B_{yj}B_{zj} d_y + \sum_{j=1}^{m} B_{zj}^2 d_z &= \frac{1}{2}\sum_{j=1}^{m} \Delta_j B_{zj} \end{aligned}\right\} \quad (10\text{-}17)$$

解此线性代数方程组即可求得 d_x, d_y, d_z 和 d。

有人对各种方法的精度做过比较，结论是用条纹计数法，再用最小二乘法处理的方法精度最高。国内已研究制成了 JQD—1 型全息条纹读数仪，是以 FC 法为基础的，采用大尺寸全息片扩大观察视角，增加条纹变化数，避免直接测量坐标，采用过定方程技术、最小二乘法处理，从而提高了计算精度，基本上达到测试要求。

10.2.4 条纹定域问题

在用相机对二次曝光后再现的全息图反拍以便于定量分析时，会发现这样一个现象，当对准物体聚焦时，条纹不一定清楚；对准条纹聚焦时，物体不一定清楚；还有毛玻璃上物体某些区域条纹清楚，某些区域条纹不清楚，这说明全息干涉条纹不一定在物体表面，而是存在于空间某一区域；改变观测系统的孔径，条纹的清晰度也会改变。从全息干涉法一提出，就有人开始研究这一问题，即条纹定域问题，从而加深了对条纹解释技术的理解，也发展了许多解释条纹的新方法。

观察再现像上的条纹，总是要经过具有一定孔径的光学系统，如透镜或眼睛，在屏上或视网膜上成像，图 10-9 所示为成像系统的光路图。

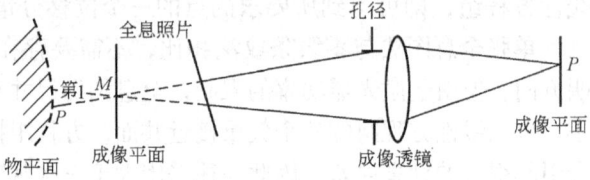

图 10-9 成像系统的光路图

假定 M 是条纹定域面上的一点，由于全息像是三维物体的再现，我们可以假想将全息片拿掉，而光线是从物体表面漫反射的，对于物体表面上的一点 p，由于孔径有一定的光锥角，所以对应的成像平面上的一点 P 的光线不是仅从 p 点发出，而是以 p 点为中心的光锥角所包围的面积上的漫反射光线的总和。根据衍射理论，可以写出在 M 点变形前物表面漫射形成的光场 $U_1(M)$

$$U_1(M) = \frac{1}{i\lambda} \iint_\Sigma \rho_S \rho_M e^{ik(\rho_S + \rho_M)} dxdy$$

式中，ρ_S 和 ρ_M 分别为 S（光源）和 M 到物体表面任意点的距离，Σ 是以 p 点为中心的光锥角所包围的面积。

因为透镜不影响光程差，所以我们可以仅考虑变形后，p 移动到 p'，位移量用 d 表示，变形后物体表面在 M 点形成的光场为 $U_2(M)$

$$U_2(M) = \frac{1}{i\lambda} \iint_\Sigma \frac{1}{\rho'_S \rho'_M} e^{ik(\rho'_S + \rho'_M)} dxdy$$

由于是小变形，ρ'_S 和 ρ'_M 可以分别在 ρ_S 和 ρ_M 附近展开，$U_2(M)$ 可以写为

$$U_2(M) = \frac{1}{i\lambda} \iint_\Sigma \frac{1}{\rho_S \rho_M} e^{ik(\rho_S + \rho_M + \Delta(x,y))} ds = \frac{1}{i\lambda} \iint_\Sigma \frac{1}{\rho_S \rho_M} e^{ik(\rho_S + \rho_M)} e^{\Delta(x,y)} ds$$

式中，$\Delta(x,y)$是物表面上任一点变形前、后的光程差，本章第 2 节已经推导了光程差与照明位置及记录介质位置的关系，见式（10-3）和式（10-9），即 $\Delta(x,y) = (\boldsymbol{K}_i - \boldsymbol{K}_s) \cdot \boldsymbol{d}$。

在 M 点的总光场 U_M 为

$$U_M = U_1 + U_2 = (1 + e^{ik\Delta}) \frac{1}{\lambda} \iint \frac{1}{\rho_S \rho_M} e^{ik(\rho_S + \rho_M)} dxdy \tag{10-18}$$

式中，$\frac{1}{\lambda} \iint \frac{1}{\rho_S \rho_M} e^{ik(\rho_S + \rho_M)} dxdy$ 反映了漫反射表面所漫射的相干光场，形成散斑背景，$1 + e^{ik\Delta}$ 反映了物表面位移的干涉条纹。

对于光锥角所包围的面积，由变形而引起的光程差一般来说是不相同的，因此用大孔径观测，条纹质量会很差。然而，可能存在着这样一些点，能使整个光锥内的所有光线在变形前后的光程差是相同的，这时会出现清晰的干涉条纹。由物表面上的某些点变形前后所漫射的光，在 M 点的光程差 Δ 是相同的（即 $\delta\Delta = 0$），则称由这种性质的点所组成的区域为条纹的完全定域区。条纹在完全定域区的反差为 1，可见度最好。

根据以上完全定域区的定义，有

$$\frac{\partial \Delta(x,y)}{\partial x} = 0 \text{ 及 } \frac{\partial \Delta(x,y)}{\partial y} = 0 \tag{10-19}$$

这是两个曲面方程。一般来说，这两个曲面方程是不同的，只有它们交线上的那些点，才完全满足定域条件，这说明完全定域区仅在一曲线上存在。我们可以通过式（10-19）来预测条纹定域的情况。

在全息干涉法的应用中，照明光波波阵面的曲率通常是很小的，因此用准直光讨论，可以使问题简化。此时式 $\Delta(x,y) = (\boldsymbol{K}_1 - \boldsymbol{K}_0) \cdot \boldsymbol{d}$ 中的 $\boldsymbol{K}_0$ 是照明光的单位矢量，准直光与坐标系的选取无关，为常数；$\boldsymbol{K}_1$ 是反射光的单位矢量，与观测方向有关。$\boldsymbol{d}$ 在各坐标轴上的分量为：d_x、d_y 和 d_z；$\boldsymbol{K}_1$ 在各坐标轴上的分量为：K_{1x}，K_{1y} 和 K_{1z}。M 点和 p 点在坐标系中的坐标分别为 (X, Y, Z) 和 $(x, y, 0)$，如图 10-10 所示。

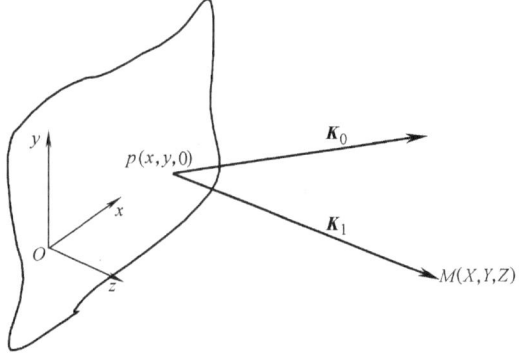

图 10-10 再现像的几何分析

注意到几何关系，向量 $\boldsymbol{K}_1$ 的三个分量可以表示为

$$K_{1x} = \frac{X-x}{[(X-x)^2 + (Y-y)^2 + Z^2]^{\frac{1}{2}}} = \frac{X-x}{\rho} \qquad (d)$$

$$K_{1y} = \frac{Y-y}{[(X-x)^2 + (Y-y)^2 + Z^2]^{\frac{1}{2}}} = \frac{Y-y}{\rho} \qquad (e)$$

$$K_{1z} = \frac{Z}{[(X-x)^2 + (Y-y)^2 + Z^2]^{\frac{1}{2}}} = \frac{Z}{\rho} \qquad (f)$$

式中，ρ 表示距离 $\overline{pM}$，且有 $\rho = \frac{Z}{K_{1z}}$。注意到 X、Y 和 Z 都是参数而不是 x、y 的函数，可得

$$\frac{\partial K_{1x}}{\partial x} = \rho^{-2}[(-\rho + \rho(X-x)^2] = -\rho^{-1}(1 - K_{1x}^2) \qquad (g)$$

因为 $\boldsymbol{K}_1$ 是一个单位矢量，所以有 $K_{1x}^2 + K_{1y}^2 + K_{1z}^2 = 1$，于是可以将上式表示为

$$\frac{\partial K_{1x}}{\partial x} = -\frac{K_{1z}}{Z}(1 - K_{1x}^2) = -\frac{K_{1z}}{Z}(K_{1y}^2 + K_{1z}^2)$$

所有其他导数都可以用类似的方法计算，其结果如下

$$\left.\begin{aligned} \frac{\partial K_{1x}}{\partial x} &= -\frac{K_{1z}}{Z}(K_{1y}^2 + K_{1z}^2) \\ \frac{\partial K_{1x}}{\partial y} &= \frac{K_{1z}}{Z} K_{1x} K_{1y} \\ \frac{\partial K_{1y}}{\partial x} &= \frac{K_{1z}}{Z} K_{1x} K_{1y} \\ \frac{\partial K_{1y}}{\partial y} &= -\frac{K_{1z}}{Z}(K_{1x}^2 + K_{1z}^2) \\ \frac{\partial K_{1z}}{\partial x} &= \frac{K_{1z}}{Z} K_{1x} K_{1z} \\ \frac{\partial K_{1z}}{\partial y} &= \frac{K_{1z}}{Z} K_{1y} K_{1z} \end{aligned}\right\} \qquad (10\text{-}20)$$

将式（10-20）代入式（10-19），可以导出下面两个方程

$$Z = \frac{K_{1z}[(K_{1y}^2 + K_{1x}^2)d_x - k_{1x}K_{1y}d_y - K_{1x}K_{1y}d_y - K_{1x}K_{1z}d_z]}{\frac{K_x \partial d_x}{\partial x} + \frac{K_y \partial d_y}{\partial x} + \frac{K_z \partial d_z}{\partial x}} \qquad (10\text{-}21\text{a})$$

$$Z = \frac{K_{1z}[-K_{1x}K_{1y}d_x + (k_{1x}^2 + K_{1z}^2)d_y - K_{1y}K_{1z}d_z]}{\frac{K_x \partial d_x}{\partial y} + \frac{K_y \partial d_y}{\partial y} + \frac{K_z \partial d_z}{\partial y}} \qquad (10\text{-}21\text{b})$$

式中，K_x、K_y 和 K_z 是 $\boldsymbol{K} = \boldsymbol{K}_0 - \boldsymbol{K}_1$ 的三个分量。对于一个特定光路的几何结构，当 $\boldsymbol{K}_0$、$\boldsymbol{K}_1$ 已定，以上方程描述的分别为两个空间曲面，因为两个方程都必须满

足,故一般情况下,条纹是定域在这两个曲面的交线上。

可以根据以上分析,推测一些特定条件下的条纹定域问题。

如果一个物体作刚体移动,此时各点的位移相同,为常数。因此,三个位移分量的导数为零,由式(10-21a)和式(10-21b)可知,条纹定域在 $z = \infty$ 处。实验也证明,只有在无限远处,即在透镜的焦平面上,才能以好的可见度看到条纹,如图 10-11 所示。

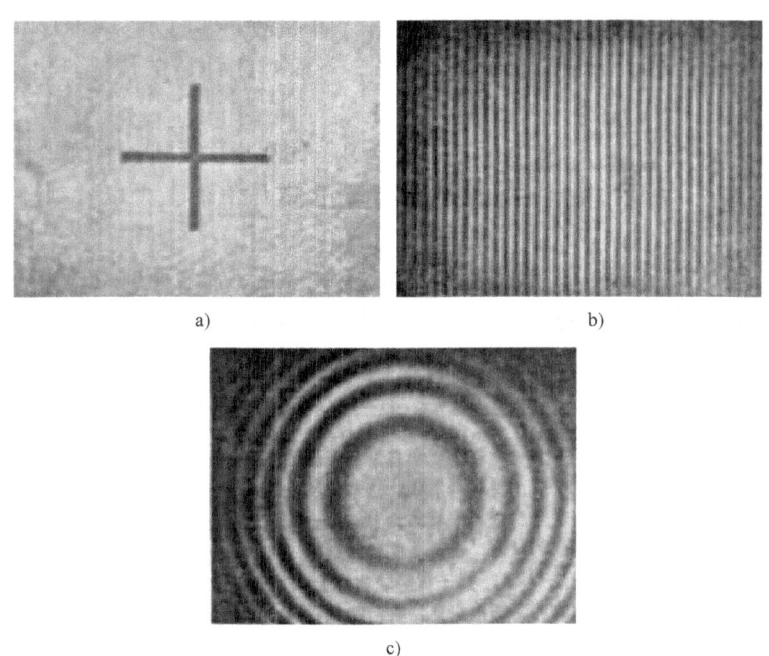

图 10-11 刚体位移的条纹照片

a) 作平面内移动的刚体的两次曝光全息图,在物体表面看不到条纹

b) 在透镜焦平面上看到的由刚体平移产生的条纹

c) 在透镜焦平面上看到的由刚体垂直移动产生的条纹

当物体绕位于物面上一轴转动时,例如物体绕 y 轴转一小角度 θ,则物面上点的三个位移分量为

$$dx \approx 0, \quad dy \approx 0, \quad dz \approx \theta x$$

由定域条件可得

$$z = \frac{K_{1x} K_{1z}^2}{K_x} x \tag{10-22a}$$

$$K_{1z}^2 K_{1y}^2 \theta x = 0 \tag{10-22b}$$

亮条纹的方程式是: $K_z \theta x = N\lambda$

式中, $N = 0, 1, 2, \cdots$。如果 $K_{1y} = 0$,式(10-22b)被满足,这样,条纹定域

于式（10-22a）所确定的平面内。此时如果在 $K_{1x}=0$ 的方向观测物体，条纹将定域在物体表面上。

式（10-21a）和式（10-21b）是一个很苛刻的条件。实际上，当减小观察孔径时，条纹就变得清楚，因此为了反映这种情况，又给出了条纹定域更实际的定义，对一个给定的观察方向，全息干涉条纹的可见度，在某处取极大，就称条纹是定域的，这通常称为部分定域的定义，定域区为曲面。

关于完全定域区的求法有几何法与解析法，可以参考 C. M. Vest 的《Holographic Interferometry》里的有关章节。下面对几种特殊情况给出结论，这些结论已被实验所证明：

1）刚体面内平移，条纹在无限远处。透镜的后焦面上可以看到平行线。
2）垂直表面移动，条纹在无限远处。透镜的后焦面上可以看到环状条纹，可计算位移。
3）当物体旋转或变形的一般情况时，条纹定域在物表面前或后。
4）当物体绕在其本身平面内的轴旋转时，条纹是与旋转轴平行的平行线，且定域在物体表面。

10.2.5 位移测量中的几个问题

1. 刚体位移

从位移公式和实验可以看出，全息干涉法测位移的灵敏度很高，是波长量级的，因此可以测很小的变形。但它的这种高灵敏度对刚体位移的影响很大，因此要尽可能消去刚体位移的影响，一方面在加载时尽可能减少刚体位移，另一方面在可能的情况下进行补偿，使全息图平移或旋转相同的量。

2. 大变形和高变形梯度

对于大变形或具有应力集中区，往往因干涉条纹过于密集而无法分辨。目前常用的解决方法有以下几种：

1）条纹补偿，给一个相反方向的已知刚体位移。
2）像平面全息图法，小区域放大。
3）差分干涉法，瞬时、两次记录。

3. 测量精度问题

1）部分误差是由测量本身带来的，如对方向、小级次条纹的测量、条纹读数误差等技术而引入的问题。
2）因测量系统的布置所带来的误差。

① 单张全息图中，由于全息图的尺寸有限，因此观察方向的改变是不大的，几乎是平行的。很小的读数误差也会引起很大的位移误差。多张全息图法应使 k_1、k_2、k_3 的夹角较大且不共面。已有人用线性代数的方法做了估计，为了减少误差，可以采用多张全息图多方向观察，再用最小二乘法处理。

② 一般称入射角与反射角的夹角平分线方向的向量为灵敏度向量，当安排光路系统时，若事先做好分析，尽可能使位移向量与灵敏向量一致，则可以大大提高位移测量的精度。

③ 由于条纹定域问题而不清晰的条纹，应采用小孔径透镜成像。

④ 物与全息图的距离应合适，否则对每一点，照明激光的入射角和全息干板的接收角不同。

10.3 测量振动的全息干涉术

10.3.1 概述

用全息干涉法测量物体的振动，最早是 Powell 和 Stetron 在 1965 年提出的。经过几十年的努力，研究者们提出了适用于各种不同情况和各具特点的方法，已达十几种之多，可以说，在全息振动分析方面，一套比较完整的方法已经基本形成。

全息测振和全息照相、全息干涉测位移法一样，对物体表面无特殊要求，测量是非接触式的。

运用全息振动分析法，可以直接得到振动物体表面的振型、振幅分布、相位分布等表示振动特性的主要参数。

所适用的振动频率范围几乎不受限制，特别对于常规的测振方法非常困难的高阶振型，更可发挥其优越性。

所能测量的振幅范围，一般是几分之一至 25λ 左右，采用某些特殊的方法还可以测得 $\frac{\lambda}{10}$ 的极微小的振幅和达到 6mm 这样的大振幅。

被测物体的尺寸大小，主要由激光器的输出功率大小来决定。如目前用 50mW He-Ne 激光器作光源来测量时，最大面积可达 $1m^2$ 左右。

全息测振不仅适用于按正弦波变化的稳态振动或非正弦振动，也能对同时有 n 个频率、相位、振幅的物体进行测量。此外，应用全息振动分析法还能用来确定各向异性复合材料的弹性常数，用于无损检验等方面。

目前已经提出的方法尽管很多，但是就其基本原理和全息图的制作特点来看，可归纳为两种最基本的方法：时间平均法和频闪法。下面比较详细地介绍这两种方法。

10.3.2 时间平均法

1. 一次曝光时间平均法

（1）振动信息的记录 对做稳态周期振动的物体，用比物体振动周期大得多的曝光时间进行记录，这样获得的全息图，在参考光束的照射下，可以给出附有干涉条纹的原物体像,这些干涉条纹带有物体振幅的信息,这种振动的记录方法就叫做时间平均法。

从实质来看,它实际上是多次曝光干涉法的一种极限情况。它的光路布置与全息干涉测位移法完全一致。

(2) 干涉条纹的分析

为了便于说明问题,我们通过对一受横向正弦振动的板的振动的记录,来分析一次曝光时间平均法中条纹与物体振幅的关系。

如图 10-12 所示,设板的振动可以表示为

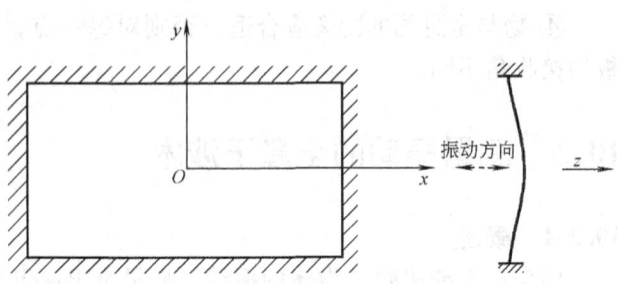

图 10-12 周边固支板受横向正弦振动

$$W(x,y,t) = A(x,y)\sin\omega t \tag{10-23}$$

式中,W 是板振动时的横向位移;$A(x,y)$ 是各点的最大位移,即振幅;ω 是振动的角频率。

设 到达全息干板的参考光为 $R = R_0(x,y)e^{i\varphi_r(x,y)}$

静止时的物光 $O = O_0(x,y)e^{i\varphi_0(x,y)}$

振动时的物光 $O' = O'_0(x,y)e^{i\varphi(x,y,t)}$

式中的相位 $\varphi(x,y,t)$ 是在静止的物体相位 $\varphi_0(x,y)$ 上增加了由于振动的位移引起的相位差 $\Delta\varphi$,因此有

$$\varphi(x,y,t) = \varphi_0(x,y) + \Delta\varphi(x,y,t) \tag{h}$$

设板的振动是与板面垂直的,对板的照明光(入射光)和全息干板所接受的反射光分别与板表面的法线(即位移)方向成 θ_1 和 θ_2 角,根据我们在全息干涉位移测量分析中的式 (10-3),相位差与位移之间有以下关系

$$\Delta\varphi(x,y,t) = \frac{2\pi}{\lambda}\Delta = \frac{2\pi}{\lambda}W(\cos\theta_1 + \cos\theta_2)$$

可得到

$$\varphi(x,y,t) = \varphi_0(x,y) + \frac{2\pi}{\lambda}W(\cos\theta_1 + \cos\theta_2) = \varphi_0 + K\sin\omega t \tag{i}$$

式中,$K = \frac{2\pi}{\lambda}A(x,y)(\cos\theta_1 + \cos\theta_2)$。

可以看出,K 仅是 (x,y) 的函数,与时间无关。传播到底片的光波是 H(振动的任一瞬间)

$$H = R + O = R_0 e^{i\varphi_r} + O_0 e^{i\varphi}$$

其光强为 $I = H^* \cdot H = (R_0^2 + O_0^2) + R_0 O_0 [e^{i(\varphi_r - \varphi)} + e^{-i(\varphi_r - \varphi)}]$

总曝光量为
$$E = \int_0^{t_r} I\mathrm{d}t$$
式中，t_r 为曝光时间。

在一定的曝光量范围内，透射率与曝光量成线性关系，为简化取比例系数为 1，则当底片显、定影后用参考光波 R 照明全息图时，再现光波 U 为

$$\begin{aligned} U &= R \cdot E = R_0 \mathrm{e}^{\mathrm{i}\varphi_r} \int_0^{t_r} I \mathrm{d}t \\ &= t_r (R_0^2 + O_0^2) R_0 \mathrm{e}^{\mathrm{i}\varphi_r} + R_0^2 O_0 \int_0^{t_r} \mathrm{e}^{-\mathrm{i}(\varphi - 2\varphi_r)} \mathrm{d}t + R_0^2 O_0 \int_0^{t_r} \mathrm{e}^{\mathrm{i}\varphi} \mathrm{d}t \end{aligned}$$

式中第三项就是重现的物光光波，记做 Φ，将式（i）代入，有

$$\begin{aligned} \Phi &= R_0^2 O_0 \int_0^{t_r} \mathrm{e}^{\mathrm{i}(\varphi_0 + K\sin\omega t)} \mathrm{d}t \\ &= t_r R_0^2 O_0 \mathrm{e}^{\mathrm{i}\varphi_0} J_0(K) \end{aligned}$$

光强为

$$\begin{aligned} I_\Phi &= \Phi^* \cdot \Phi = t_r^2 O_0^2 R^4 J_0^2(K) \\ &= t_r^2 O_0^2 R^4 J_0^2 \left[\frac{2\pi}{\lambda} A(x,y)(\cos\theta_1 + \cos\theta_2) \right] \end{aligned}$$

式中，J_0 为零阶贝塞尔函数。

设 α_i 为零阶贝塞尔函数的根，$i = 1, 2, 3, \cdots$。则当 $\frac{2\pi}{\lambda} A(x,y)(\cos\theta_1 + \cos\theta_2) = \alpha_i$ 时，为重现的物体虚像上的黑条纹，即

$$A(x,y) = \frac{\lambda}{2\pi(\cos\theta_1 + \cos\theta_2)} \alpha_i \quad i = 1,2,3,\cdots \tag{10-24}$$

于是便得到了物体各点的振幅 $A(x,y)$ 与像上的干涉条纹 i 之间的定量关系。

在亮条纹处，式（10-24）中 α_i 由 β_i 代替，β_i 为零阶贝塞尔函数的极值点，贝塞尔函数平方的光强分布规律如图10-13所示。从图中看出，由贝塞尔函数的特点，位移为零点的是最亮的亮条纹，一系列位移零点构成了零级亮条纹，在振动中称为节线。从图中还可以看到，亮条纹的光强衰减得很快，这意味着高级亮条纹的对比度下降，实际上，5、6级后就很不清楚了。对于一次曝光时间平均法的这一缺点，我们可以用二次曝光时间平均法来解决。

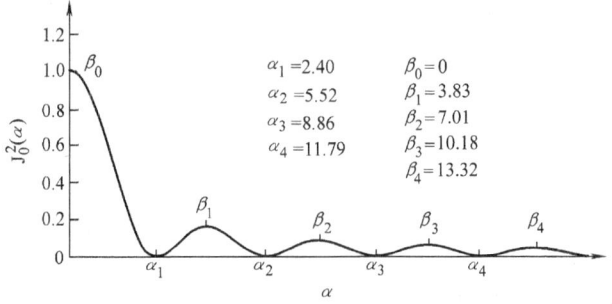

图10-13　一次曝光法光强的贝塞尔函数分布图

2. 二次曝光时间平均法

二次曝光时间平均法的光路布置与上述的一次曝光时间平均法的光路布置完全一样,所不同的只是对静止物体进行一次曝光,对振动物体再进行一次曝光,将经过二次曝光后的全息干板经过显、定影处理,再放回原光路,用原参考光再现。设静止状态曝光时间为 t_1,振动时曝光时间为 t_2,则再现光强经过与以上相同的推导过程为

$$I = R_0^4 O_0^2 \left[J_0\left(\frac{2\pi}{\lambda} A(x,y)(\cos\theta_1 + \cos\theta_2)\right) + \frac{t_1}{t_2} \right]^2 \quad (10\text{-}25)$$

若取 $t_1/t_2 = 0.5$,由于加入了直流分量 t_2/t_1,使得每条亮条纹的光强比单纯的时间平均法提高了,适当选取 t_2/t_1,就可以在较大振幅情况下仍可见到清晰的条纹。而且,在同样的振幅下所得的条纹数将比单纯时间平均法减少一半,因此使条纹计数方便了。这在一定程度上弥补了时间平均法不利于测量稍大振幅时的振型这个不足。图 10-14 所示为二次曝光法光强的分布图。

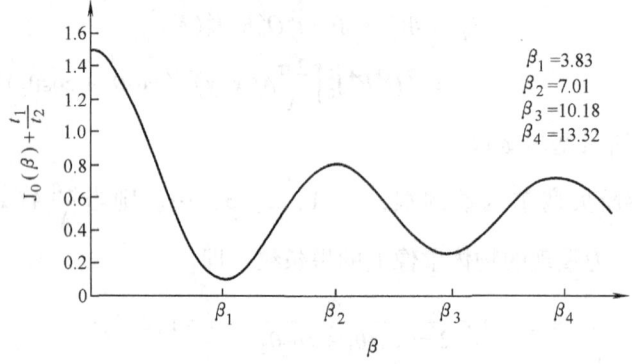

图 10-14 二次曝光法光强的分布图

3. 实时时间平均法

在使用时间平均法测取振动物体的固有频率时,为了寻求固有频率,用实时时间平均法是十分方便的。

实时时间平均法的原理和测位移时的实时法一样,先给静态物体进行一次曝光,处理后精确复位,再让物体振动,此时我们可以看到物体上开始出现干涉条纹,干涉条纹的光强分布为

$$I = 2k[1 + J_0(P)] = I_0 \left\{ 1 + J_0\left[\frac{2\pi}{\lambda} A(x,y)(\cos\theta_1 + \cos\theta_2)\right] \right\}^2 \quad (10\text{-}26)$$

通过改变激振频率和激振力,就能实时地观测到节线和振幅分布及其相应的变化。因此,它虽有条纹的反差比时间平均法差得多等缺点,但是它在共振频率的探测和发现异常振动方面还是很有实用价值的。

10.3.3 频闪法

当物体发生振动时,照明光不是连续的,而是以振动物体的频率进行频闪照明。这样振动过程中的某一状态,就被"固定"了,有如物体是静态变形一样。

对静止的物体曝光一次,再对被频闪照明所固定的变形物体再曝光一次,得到的全息照片称频闪全息图,它提供的信息和双曝光全息图所提供的一样。其缺点是曝光时间太长,为时间平均法的 20 倍左右,实验比较复杂。

在使用频闪法时必须注意,应按待测振幅的大小,对频闪光的脉冲幅度进行选择,使得尽可能把脉冲宽度取小来保证干涉条纹的清晰度,又使曝光时间不必过长,以兼顾这两方面的要求。振幅 A 与条纹级次的关系与静态相同,为

$$A = \frac{n\lambda}{\cos\theta_1 + \cos\theta_2} \qquad n = 0, \pm 1, \pm 2, \cdots \qquad (10\text{-}27)$$

1. 共振状态的正确判断

当采用正弦波激振的办法来进行振动测量时,对试件的各个固有频率的共振峰值的判断是否正确,是正确进行振型分析的关键问题。常用的方法是:常规的监视法(压电晶体片拾振、示波器图形监视),结合时间平均法并辅以"排列条纹法"和振动哨声可以很好地解决这一问题。测振动模态时激振和监视系统的布置如图 10-15 所示。

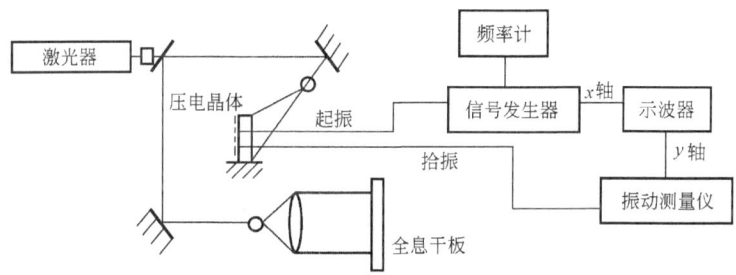

图 10-15 测振动模态时激振和监测系统

所谓排列条纹法就是在摄制了物体的全息图后,人为地把物光稍稍偏转,使物体的反射光与再现像错位,从而产生黑白相间的"排列条纹"。在共振时,节线区域的振幅等于零,形成排列条纹的条件未被破坏,而其余部分则因各种大小不同的振幅在振动,形成排列条纹的干涉条件已被破坏,该处排列条纹消失。因此,通过对排列条纹是否部分消失的观测,再结合示波器屏幕上的图形、振动的哨声等即可正确判断其共振状态。测试中要注意光强比的调整和施加,并使用适当的激振力。

2. 三维振动状态振幅的计算

与全息测位移法相类似,如多张全息图法、一张全息图多方向观察法等。

以上全息测振的公式推导基于正弦振动,其他稳态振动需另行推导。

3. 振动时相位的测定

这方面工作国外有人做，国内尚无人做。可参考 Appl. Optics a Letters 1969 NO.1，23 CC. Aleksoff《参考光正弦波位相调制法》。

图 10-16 所示为汽车轮辐的不同振动模态。

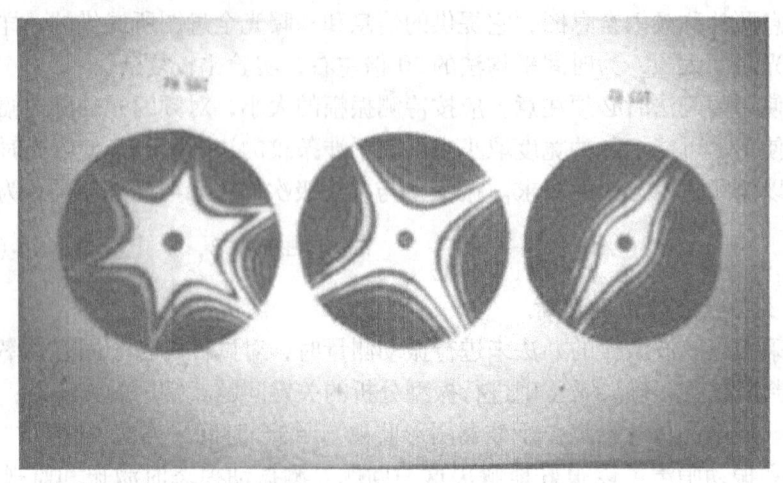

图 10-16　汽车轮辐不同振动模态的全息条纹图

10.4　全息光弹的两次曝光法

10.4.1　简介

全息光弹性是全息干涉法在光弹性中的应用。受力物体由透明双折射材料制成，运用全息干涉法，可以获得主应力和的信息。在光弹性中采用的全息干涉法，最常用的是两次曝光法。

10.4.2　光路安排和纪录过程

物光和参考光为相干的两束同旋的圆偏振光（左旋或右旋都可以），物光通过双折射模型后到达全息干板，参考光直接照射全息干板。全息光弹性的光路安排如图 10-17 所示。模型在受力前和受力后分别曝光一次，将经过两次曝光的全

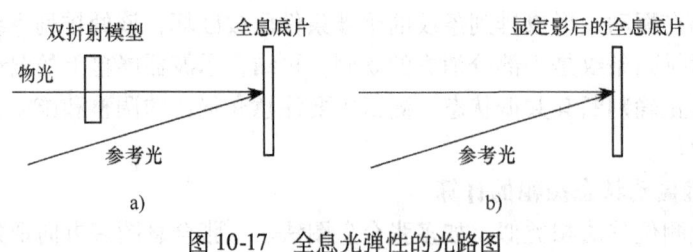

图 10-17　全息光弹性的光路图
a）记录光路　b）再现光路

息干板经过显定影处理,再用参考光照射,即可看到含有主应力和信息的干涉条纹。

10.4.3 波前分析

常用的全息光弹性的光路如图 10-17a 所示,入射的物光和参考光为同旋的圆偏振光,其琼斯向量表达式均为 $\frac{1}{\sqrt{2}}\begin{pmatrix}-\mathrm{i}\\1\end{pmatrix}$。由于应用了圆偏振光,我们可以将双折射模型的主应力方向作为坐标轴的方向进行琼斯运算。受力前的双折射介质是均匀的,因此琼斯矩阵可写为

$$J_0 = \begin{pmatrix} 1 & 0 \\ 0 & 1 \end{pmatrix} \tag{a}$$

受力后,沿主应力方向,偏振光的传播速度不同,此时双折射模型的琼斯矩阵为

$$J_p = \begin{pmatrix} \mathrm{e}^{\mathrm{i}\delta_1} & 0 \\ 0 & \mathrm{e}^{\mathrm{i}\delta_2} \end{pmatrix} \tag{b}$$

δ_1 和 δ_2 称为绝对滞后,两者之差 $\delta_1 - \delta_2$ 称为相对滞后。在全息干涉中绝对滞后与主应力的关系为

$$\delta_1 = \frac{2\pi}{\lambda}(C_1'\sigma_1 + C_2'\sigma_2)d \tag{c}$$

$$\delta_2 = \frac{2\pi}{\lambda}(C_1'\sigma_2 + C_2'\sigma_1)d \tag{d}$$

$$\delta = \delta_1 - \delta_2 \tag{e}$$

式中,d 为双折射模型的厚度;C_1' 和 C_2' 与应力-光性常数 C_1 和 C_2 有以下关系

$$C_1' = C_1 + \frac{\upsilon}{E}(N_0 - 1)$$

$$C_2' = C_2 + \frac{\upsilon}{E}(N_0 - 1) \tag{f}$$

式中,υ 为模型材料的泊松系数;E 为弹性模量。

1. 两次曝光

全息干板第一次曝光是在模型受力前。到达全息干板的物光的复振幅为:$O = J_0 \frac{1}{\sqrt{2}}\begin{pmatrix}-\mathrm{i}\\1\end{pmatrix} = \frac{1}{\sqrt{2}}\begin{pmatrix}-\mathrm{i}\\1\end{pmatrix}$,参考光的复振幅为 $R = \frac{1}{\sqrt{2}}\begin{pmatrix}-\mathrm{i}\\1\end{pmatrix}$,在全息干板表面合成光波复振幅为 $U = O + R$,光强为

$$I_1 = U^* \cdot U = (O^* + R^*)(O + R) \tag{g}$$

双折射模型受力后再进行全息干板的第二次曝光,此时到达全息干板的物光的复振幅为 $O' = J_p \begin{pmatrix}-\mathrm{i}\\1\end{pmatrix} = \frac{1}{\sqrt{2}} J_p \begin{pmatrix}-\mathrm{i}\\1\end{pmatrix}$,干板表面合成光波复振幅为 $U' = O' + R$,

光强为

$$I_2 = U'^* \cdot U' = (O'^* + \bar{R}^*)(O' + R) \tag{h}$$

假设两次曝光时间 t 相等，冲洗后得到的全息干板的透射率与光强成线性关系，为推导简便，令系数为1，全息干板的透射率可以写为：$T = I_1 + I_2$。

2. 再现像的光强分析

在一定的曝光量范围内，振幅的透射率与光强成正比。为简化起见，取比例常数为1。将经两次曝光后的全息干板进行显定影处理，再用原参考光照明，此时透射的物光光波 ψ 为

$$\begin{aligned}
\psi &= TR \\
&= [(O^* + R^*)(O + R) + (O'^* + R^*)(O' + R)]R \\
&= (|O|^2 + |O'|^2 + 2|R|^2)R + \bar{R}^*(O + O')R + (O'^* + O^*)RR \\
&= U_1 + U_2 + U_3
\end{aligned} \tag{i}$$

与全息干涉测位移类似，再现像包括作为背景的参考光光波 U_1、再现的虚像 U_2 和再现的共轭实像 U_3。U_2 是我们观测到的带有干涉条纹的虚像，虚像的复振幅为 $U_2 = R^*(O + O')R$，将式（a）、式（b）代入，可得光强为

$$I_{U_2} = U_2^* \cdot U_2 = K\left(1 + \cos^2\left(\frac{\delta_1 - \delta_2}{2}\right) + 2\cos\frac{\delta_1 + \delta_2}{2}\cos\frac{\delta_1 - \delta_2}{2}\right) \tag{10-28}$$

为简化表达式，将常数项用系数 K 表示。

3. 等和线条纹的分离

将式（c）和式（d）代入式（10-28），整理后可得

$$I_{U_2} = K\Big(1 + \cos\Big(\frac{\pi}{\lambda}(C_1' + C_2')(\sigma_1 + \sigma_2)d\Big)\cos\Big(\frac{\pi}{\lambda}C(\sigma_1 - \sigma_2)d\Big) + 2\cos^2\Big(\frac{\pi}{\lambda}C(\sigma_1 - \sigma_2)d\Big)\Big) \tag{10-29}$$

式中，C 为相对应力常数

$$C = C_1 - C_2 = C_1' - C_2' \tag{j}$$

从式（10-29）可以看出，两次曝光全息光弹再现像的光强与主应力有关。再现像上的干涉条纹有两组，一组与主应力的和有关，称为等和线，其条纹级次为 n_p；另一组与主应力差有关，即为等差线，其条纹级次为 n_c，由式（10-29）可知，$\frac{\pi}{\lambda}(C_1' + C_2')(\sigma_1 + \sigma_2)d = 2n_p\pi$ 和 $\frac{\pi}{\lambda}C(\sigma_1 - \sigma_2)d = n_c\pi$ 即

$$n_p = \frac{1}{2\lambda}(C_1' + C_2')(\sigma_1 + \sigma_2)d$$

$$n_c = \frac{C}{\lambda}(\sigma_1 - \sigma_2)d \qquad \text{(k)}$$

当 n_p 为整数时，将出现与主应力和有关的亮条纹；当 n_c 为整数时，将出现与主应力差有关的暗条纹。而且这两组条纹是同时呈现互相调制的。图10-18所示为等和线与等差线的混合条纹图，图中所示为一用环氧树脂制成的圆环，对径受压，用两次曝光法记录，参考光再现的虚像，我们可以看到同时呈现互相调制的等和线和等差线条纹。为了解决实际应力分析问题，必须对他们进行分离。

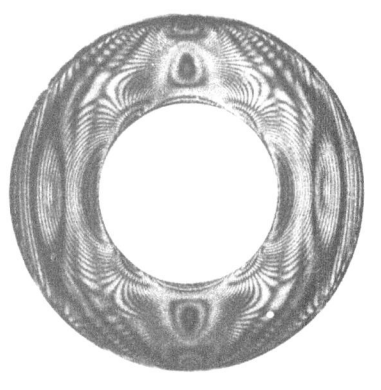

图10-18 圆环对径受压等和线与等差线混合条纹图

(1) 用两种模型材料法分离条纹 比较方便易行的方法是使用光学不灵敏材料用两次曝光法单独获得等和线，而等差线用光学灵敏材料一次曝光获得。因为光学不灵敏材料的应力-光性常数 C_1 和 C_2 近似相等，因此 $C = 0$，于是式(10-29)可以写为：$I_{U_2} = K\left(1 + \cos\left(\frac{\pi d}{\lambda}(C_1' + C_2')(\sigma_1 + \sigma_2)\right)\right)$，$\frac{2\lambda}{(C_1' + C_2')}$ 是仅与光源的波长及模型材料有关的常数，令其为 f_p。由式(k)可得

$$\sigma_1 + \sigma_2 = \frac{f_p}{d}n_p \qquad (10\text{-}30)$$

另一个用光学灵敏材料做成的模型，经一次曝光后得等差线条纹图，主应力差为

$$\sigma_1 - \sigma_2 = \frac{f_\sigma}{d}n_c \qquad (10\text{-}31)$$

利用式(10-30)和式(10-31)即可以分别得到两个主应力分量。

(2) 用旋光法分离条纹 在定量计算中，用两种材料制作模型是不方便的，采用旋光法，可以将在两次曝光法得到的同时呈现的等和线条纹与等差线条纹进行分离，因此是更理想的方法，不过缺点是要求更多的设备和更复杂的光路调试。目前比较成熟的旋光元件有石英棒和法拉第线圈。图10-19所示为旋光法分离条纹的光路图。

用旋光法消除等差线的原理是：第一次通过模型的两线偏振光分量旋转了90°后第二次通过模型，此时快慢轴方向正好互换位置，造成两主方向上的绝

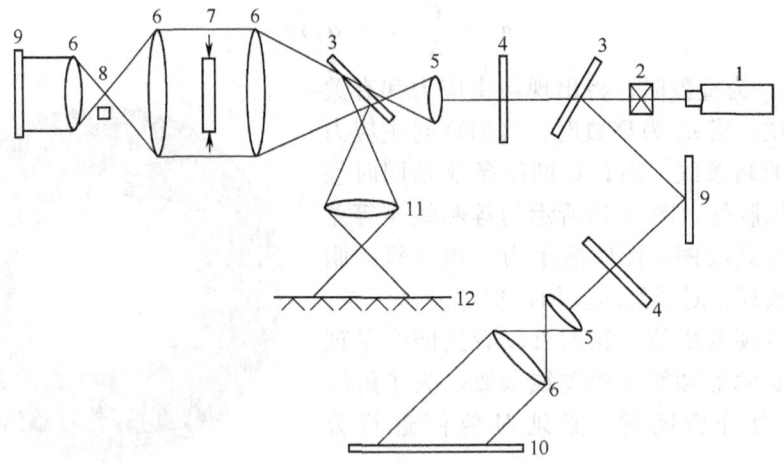

图 10-19 旋光法分离条纹的光路图
1—外腔激光器 2—快门 3—分光镜 4—1/4 波片 5—扩束镜
6—准直径 7—受力模型 8—旋光元件 9—全反镜
10—全息底片 11—输出透镜 12—屏幕

程差相等。相对程差的和为零，因此等差线消失了，等和线条纹数目增加了 1 倍。此时再现的全息像上的条纹级次与主应力和的关系为

$$\sigma_1 + \sigma_2 = \frac{f_p}{2d} n_p \tag{10-32}$$

在图 10-19 中 12 位置的屏幕上加载后可得到等差线图像，等和线条纹值 f_σ 可以用和测等差线条纹值的类似的方法，用有解析解的圆盘试件测试。

图 10-20 所示是用两次曝光法得到的对径受压圆盘经旋光法分离得到的等和线条纹图和一次曝光得到的等差线图。

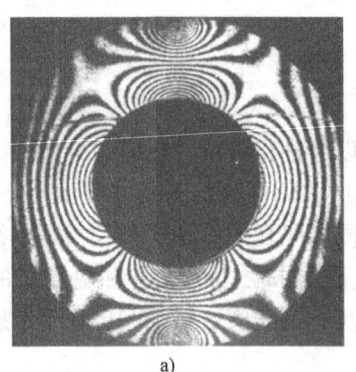
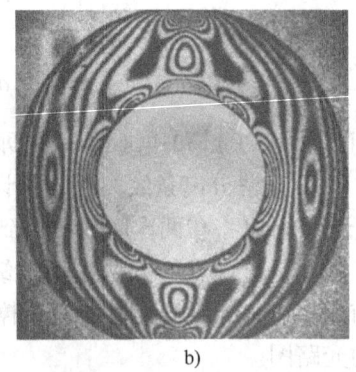

a)   b)

图 10-20 对径受压全息光弹条纹图
a) 等和线 b) 等差线

10.5 实验设备和实验技术

10.5.1 实验设备

1. 防震台

全息照相要求整个拍摄装置必须能够防震,这是因为全息法是利用光干涉原理,两相邻干涉条纹间的光程差为光波波长的数量级,极为细密;如果两光束的光程差因振动产生不规则的变化,就会使干涉图样模糊,甚至无法再现。为了获得清晰的全息图,要求在曝光过程中光程变化必须小于 1/8 波长。如果使用氦-氖激光器(波长 $0.6328\mu m$),则光学系统和模型的相对移动就必须小于 $0.08\mu m$。但一般建筑物振动的振幅远超过此值,因此为减少振动,整个拍摄装置要求放在防震台上。由于试验过程中要施加载荷,所以防震台既要防震,又要稳定,台面要求有足够的刚度,这样,台子本身质量要大,同时防震层弹性系数又不可太小。

测试防震台性能最方便简单的方法是利用台面已有的光学元件组成一个有长臂的迈克尔逊干涉仪的结构形式,在预定的曝光时间内观测在其屏幕上的干涉条纹是否清晰。迈克尔逊干涉仪测试的光路如图 10-21 所示。

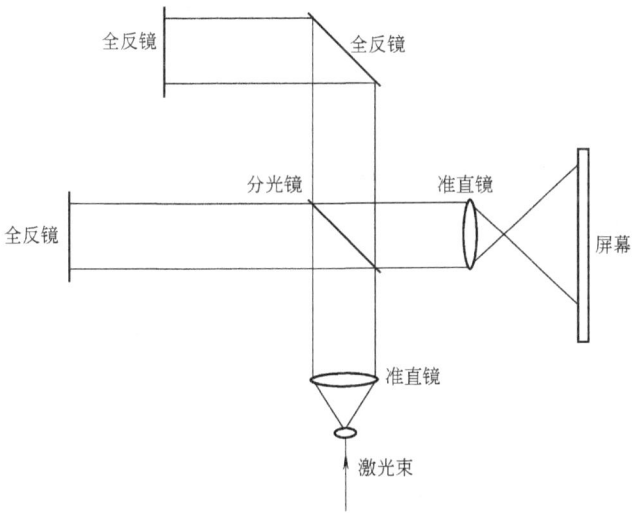

图 10-21 迈克尔逊干涉仪测试的光路

2. 激光器

激光器的主要指标是相干性。相干性包含两部分:时间相干性和空间相干性。

时间相干性常用相干长度表示,也可由迈克尔逊干涉仪测试。图 10-21 中,激光被分光镜分成两束,然后经反射后再合成。在合成时由于光路的两臂不等长,即光路存在着光程差,有干涉条纹产生,改变两臂之间的光程差直至干涉条纹消失,即可以得到激光的相干长度为两臂之差的两倍。

除了用以上的表达方式外,还可用线宽 $\Delta\lambda$ 或频谱展宽 Δf 表示单色性(相干性),相干长度 L 和线宽 $\Delta\lambda$ 的关系为:$L=\dfrac{\lambda^2}{\Delta\lambda}$,同样可得频谱展宽 $\Delta f=\dfrac{c\Delta\lambda}{\lambda^2}$。

实际激光器的时间相干性由它的纵模个数、纵模间距和纵模线宽决定,激光输出的纵模与谐振腔长度和振幅域值有关,如图10-22所示。

一个单纵模的激光器的相干长度完全由线宽决定,其相干长度可

图10-22 激光器振荡及输出

达几百公里,但腔长必须很短(在10cm以下),因此功率很小。全息照相用的激光器需要很高的功率。通常腔长大于1m,一般为多纵模输出,因而相干长度较短,约几十厘米。

为了使相干长度改善,可用在腔内加标准具来解决,它的作用是用一个短腔长的谐振结构来选纵模,如氩离子激光器在未经选模时相干长度只有几厘米,而加标准具后可扩展到几米。

激光器的空间相干性是指在光场中空间两点光的相位差在相当长时间内保持恒定。激光的空间相干性由它的横模(激光束横截面的分布)来决定,横模用符号TEM表示,单横模表示为TEM00,也称基模,非单横模有TEM01、TEM02、TEM10等(图10-23)。基模的光强分布是高斯型的,即

$$I(\rho)=I_0 e^{\frac{-2\rho^2}{\omega^2}}$$

式中,I_0 是光斑中心的光强;ρ 是离中心的距离;ω 为光强降到 $1/e^2$ 时的 ρ 值。

对用于全息照相的激光器应选择单横模,测量横模的方法可用扩束镜扩束后在远处屏上观察光斑的形状,或用胶片记录,按图10-23来辨认。

激光器使用中的一个重要技术问题是如何调整光学谐振腔的准直以产生激光振荡以及输出高功率的激光。高质量的激光器由于采取了一些措施,谐振腔反射镜对温度变化不敏感,使用中基本上不用调整谐振腔反射镜。普通激光器受温度变化会使反射镜位置有变化,因而常常需要在点燃后进行预热,并且要调整反射

TEM00 TEM01 TEM02 TEM10

图10-23 激光输出横模类型

镜座以达到最大功率输出。调整时需要逐个按动镜座螺丝，观察功率变化，按动时激光增强就拧紧一些，直到输出最大功率。当无激光输出时需要较大幅度地调整镜座，调整的仪器有内调焦平行光管，也可用简单的方法：用一硬纸板上划十字黑线，在黑线中心用大头针扎一小孔，用眼睛在划有十字线的硬纸板后观测，并在十字板前放一光源，如图10-24所示，调整时先用眼睛通过小孔对准放电管轴线，使三点在同一直线上，此时可看到在灯光下经反射镜形成的十字形反射像，如十字像偏离轴线就调整反射镜螺丝，直到都在中心时，会出现红的激光束，然后可拿走十字板，按前面所述办法调整到最大功率输出。

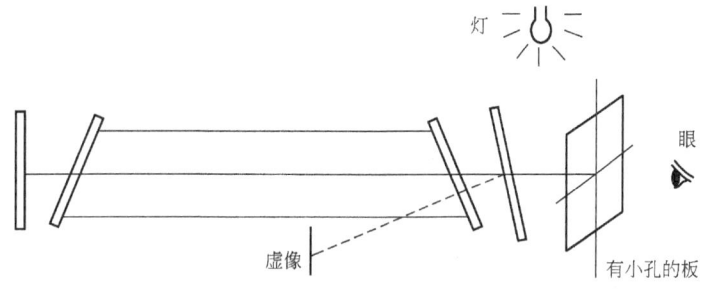

图 10-24　调整激光器出光示意图

全息常用的光源是 He-Ne 激光器、He-Cd 激光器、Ar 离子激光器和脉冲红宝石激光器。现将其一般性能列于表 10-1 中；将几种气体激光的主要波长列入表10-2中。

（1）He-Ne 激光器　是全息技术中最常用的激光器。激光管有多种结构形式，如内腔式、半内腔式、外腔式以及内腔可调式等。其中外腔式和半内腔式因有布儒斯特窗，输出为线偏振光，其单纵模输出的激光是很理想的单色光源。

表 10-1　常用气体激光器的一般性能

名　称	输出波长/nm	输出功率/mW	输出方式	激励方法	激光管长/m
He-Ne 激光器	632.8 632.8 3390.0	1～5 10～100 ～20	连续	气体放电	0.3～0.5 1.0～2.0 ～1.0
He-Cd 激光器	325.0 441.6	1～15	连续	气体放电	～1.0
氩离子激光器	488.0 514.6	100 以上	连续	固体放电	体积小
红宝石激光器	694.3		脉冲	气体弧光灯	

表 10-2　气体激光的主要波长

He – Ne/nm	He – Cd/nm	Ar/nm	Kr/nm
632.8	325.0	457.9	476.2
1150.0	441.6	476.5	530.9
3390.0		488.0	568.1
		496.5	647.1
		501.7	676.4
		514.6	752.5
		528.7	
		1092.0	

（2）Ar 离子激光器　氩离子激光器输出的功率较 He-Ne 激光器大得多，目前最好水平已达到 100W 以上，但其方向性没有 He-Ne 激光器好，其输出波长为 487.990nm 和 514.563nm。Ar 离子在彩色全息及使用对蓝光灵敏的记录介质时用途较大，可以与 Kr 离子激光器输出的波长 647.1nm 组成三元色。

（3）红宝石激光器　1960 年制成的第一台激光器就是红宝石激光器，输出波长为 694.3nm，脉冲、多模输出，谱线宽度约为 $0.005 \sim 0.1$nm，发散角约为 10^{-2}rad。中小型红宝石激光器一次脉冲输出能量约 $0.1J/cm^3$，峰值功率为 $10^4 W/cm^3$，调 Q 以后可达 $10^6 W/cm^3$。大型红宝石激光器（需冷却系统）调 Q 后峰值功率可达 $10^9 W/cm^3$ 的水平。

3. 主要光学元件

（1）准直镜与扩束镜　要采用通光直径大的透镜作为准直镜，焦距要尽量地短。透镜质量要高，透镜要有准确的焦点。

要求扩束镜与准直镜匹配，以得到光强损失较小的平行光束。如图 10-25 所示，当放置扩束镜并使扩束镜的焦点与准直镜的焦点重合时，激光束经扩散后达到准直镜处的光覆盖面积应等于准直镜的通光面积。

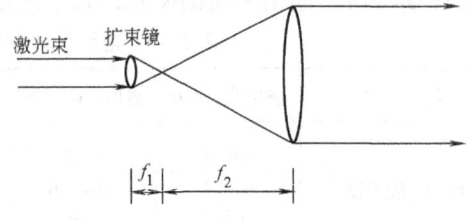

图 10-25　扩束镜与准直镜的匹配

扩束镜通常采用显微物镜，放大倍数在 $15 \sim 100$ 倍之间，视具体要求选用。也可采用超半球做扩束镜，它能使光场更为干净，而且使用简单、清洗容易。

（2）分光镜　由于全息照相中物光与参考光的光强要求一定的比例，而在拍摄不同物体时往往由于物体透明度或反光率不同，光场大小也不一样，因此需要很方便地调节分光镜，以达到合适的光强比。将透射率不同的几块分光镜装在一个旋转腔座上，可以简单易行地解决这个问题。还可以将分光镜制成楔形，沿其表面渐变地镀上分光介质，这样既可达到通过平移调节光强比的目的，又可使分光镜内表面反射光远离外表面反射光束，避免这两束光在光路中发生光干涉，保证光场的均匀性。

(3) 快门　激光器的功率愈大，全息片的感光速度愈快，照相曝光时间就愈短。目前采用 20mW 的 He-Ne 激光器和高反差全息片，曝光时间小于 1s，用此准确曝光便成了问题。尤其对两次曝光，掌握好曝光时间是很重要的。为了便于准确曝光，利用一个时间继电器控制一个开关继电器，再由开关继电器拨动一个照相机快门，外曝光时间便可准确地控制在 1/90～1/200s 之间，这个时间范围是足够的。曝光时只需按动定时按钮，快门便自动开启和关闭。

(4) 曝光表　为了测取参考光与物光的光强比，并决定照相曝光时间，可以用一只硅光电池作为光接收器，将光能转换为电能。用一台数字电压表读出电压大小，以测试光强大小。通过实验可以得到由给定实验装置决定的一系列曝光时间值，八位数字电压表为自动显示仪器，所测光强范围较大，适于暗室使用。

物光再现后的反拍，由于衍射光很弱，通常的曝光表已不适用，因此用这种曝光表决定反拍曝光时间是很合适的。

(5) 加载装置　全息实验需要在加载前、后进行两次曝光以获得信息。由于加载时引起的试件的微小振动或位移都可能以条纹的形式出现，因此要求加载准确、可靠、不产生振动。加载杠杆的转动支点要由滚珠轴承支承，避免晃动。对试件加力应由一个滑动导向架传递。若采用带有恒压结构和测力结构的液压或气压装置就更为合理。

(6) 针孔滤波器　在用显微物镜扩束时，由于尘埃等原因，扩束后的光带有斑点、圆环等噪声会影响照片质量。消除这些噪音的办法是在扩束物镜的焦平面处放置一针孔（直径为 5～25μm）进行滤波。为了把针孔位置调整到显微物镜的焦点处，需要一个三维调节架来实现。

4. 记录材料

实际的记录介质都不是线性的、分辨率有限、对波长有敏感区以及伴随着各种噪音。全息照相的最常用的记录材料是超微粒卤化银照相乳剂，既可以制作振幅型全息图，又可以通过漂白成为相位型全息图。一般将这种乳剂涂于玻璃板上，做成全息干板。常用全息干板的性能见表 10-3。

光导热塑片是近年来用得较多的另一种材料，其他还有重铬酸盐明胶、光致抗腐蚀剂、光致聚合物、光致变色材料和液晶等。现在用电子视频设备记录和分析是趋势，但目前的技术还未到卤化银照相乳剂的分辨率的水平。

表 10-3 常用全息干板性能一览表

型号	生产厂家	形式	波长/nm	感光灵敏度/（尔格/cm²）	胶膜厚度/μm	分辨率/（线/mm）	显影
全息Ⅰ型	中国天津感光胶片厂	玻璃板	632.8	约100	10	2000	D19
全息Ⅱ型	中国天津感光胶片厂	玻璃板	694.3	约120	10	2000	D19
8E75	AGFA—GEVAGRT	玻璃板	632.8 649.3	75 50	7	2000	D19
10E75	AGFA—GEVAGRT	玻璃板	632.8 649.3	20	5~7	1500	D19
10E56	AGFA—GEVAGRT	玻璃板	447.6 532.0	20	5~7	1500	D19
120—02	KODAK	玻璃板	632.8 694.3	400	6	2000	D19
131—02	KODAK	玻璃板	632.8	5~8	9	1250	D19
SO—253	KODAK	胶片	632.8	5~8	9	1259	D19

10.5.2 实验技术

1. 光强比的选择

拍摄全息照片时，一般将到达底片上物光与参考光的光强比取为 1:1 到 1:1.5 之间，而以 1:2 获得的全息像不发生畸变，但在实时法实验时，如前所证明的，光强比往往采用 1:5。

2. 底片冲洗

全息底片曝光后，要在暗室中冲洗，采用 D—19 式强力显影液显影，SB—1 式显影液停显，F—5 式定影液定影，水洗后用 50% 浓度的酒精浸泡 30s，然后晾干。这样能使药膜收缩均匀、快干及清洁。有时需要漂白液，可用 EB—3 式漂白液配方。显影时可用很暗的绿灯，定影后可用红灯。几种显定影液的配方如下：

D—19 显影液配方

　蒸馏水　　　　1000mL
　米妥尔　　　　2g　　　　无水亚硫酸钠　　90g
　对苯二酚　　　8g　　　　无水碳酸钠　　　48g
　溴化钾　　　　5g　　　　（顺次放入）

停显影液配方

　蒸馏水　　　　1000mL　　冰醋酸　　　　　13.5mL

F—5 定影液配方

 蒸馏水   800mL   硫代硫酸钠   240g

 无水亚硫酸钠 15g   冰醋酸   13.5mL

 硼酸（结晶） 7.5g   硫酸铝钾   15g

 溶解后加水到 1000mL

漂白液配方

 重铬酸钾 9g   浓盐酸   6.4mL

 加水到   1000mL

3. 反拍及复制

对再现物光（虚像）拍摄普通相片，是为了测取条纹级次以便定量计算。拍照时，可用普通照相机对虚像拍照，拍照角度要尽量对正。感光胶片采用 21DIN 全色胶片即可。若使用 24DIN—I 型高速航空片，会得到反差更大的条纹图相片，该型号胶片在 yⅡ—1 型显影液中显影，在 F—5 式定影液中定影。

由于再现物光较弱，照相曝光时间可用硅光电池与数字电压表组成的曝光表决定。

全息照片亦可复制。将全息底片药面对药面贴紧全息照片，用激光照射曝光，冲洗后即得到与原全息图完全相同的全息照片。该复制片亦称正片。

习　题

10-1 如图 10-26 所示，两束复振幅分别为 F_1 和 F_2 的相干平面光波在全息干板产生干涉，干板显定影处理后，用 F_2 光波再现时，透过全息干板的光波有哪些？试用光波复振幅形式，推导出射光波的表达式。

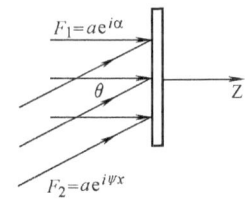

图 10-26 题 10-1 图

10-2 图 10-27a 所示为一固支受集中载荷用全息测位移的光路布置，用 He-Ne（波长 0.63μm）激光器记录它的双曝光全息图；图 10-27b 所示为用原参考光再现后在观察点 H 处记录下的全息干涉图像。求：

（1）最大离面位移 W。

（2）当观察点移到点 H_1 或点 H_2 时，干涉条纹有无改变？若有，怎样改变？

（3）若再现时用 Ar 离子激光器的绿光再现（波长 0.48μm），在 H 点观察时，中心点条纹级次如何变化？

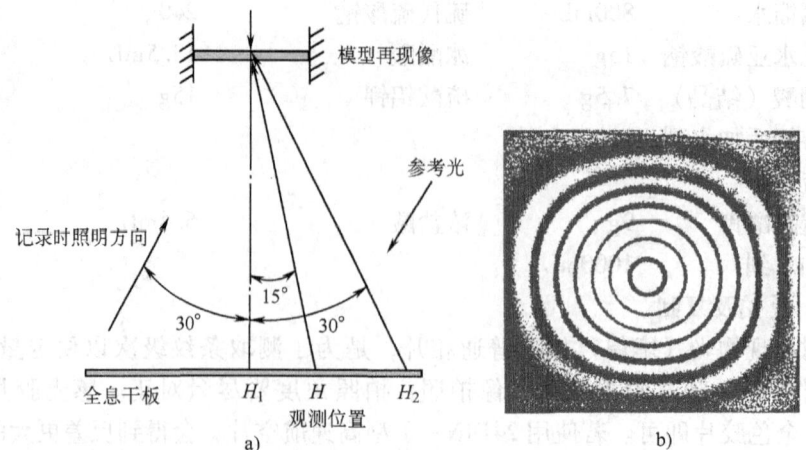

图 10-27　题 10-2 图

10-3　如何用全息测振的方法确定构件的振动模态？

第 11 章 激光散斑干涉法

11.1 激光散斑的物理性质

在前面推导全息干涉法中条纹定域的公式时已看到，人们眼睛或照相机等光接收器所接受的光的信息是由两部分叠加形成的，一部分是由于物体的变形和位移而形成，另一部分是一漫反射光场的相干干涉形成。激光这种高度相干性的光在空间的相干叠加，就会在整个空间发生干涉，形成随机分布的、或明或暗的斑点（speckle）。在前面实验中，我们观察被激光所照明的试件表面，就可以看到上面有无数细小斑点。由于这些斑点的存在，使得条纹的反差受到影响，当条纹过密时，即被斑点所淹没了，因而观察不到条纹。因此，在全息干涉法的发展初期，散斑是作为无用的噪声而被人们认识的。随着全息干涉法的发展，人们对散斑作了更深入的研究，人们发现，虽然这些斑点的大小和位置的分布是随机的，但是所有斑点的综合是符合统计规律的，在同样的照射和记录条件下，一个漫反射表面，对应着一个确定的散斑场，即散斑场与形成此散斑场的物体表面是一一对应的。在一定的范围内，散斑场的运动是与物体表面上各点的运动一一对应的，这就启发了人们可以根据对散斑运动的检测，来获得物体表面运动的信息，从而计算位移、应变和应力等一些力学量。因此，在 20 世纪 70 年代初，人们发展了激光散斑干涉法这一新方法。这种方法发展得很快，因为它除了具备全息干涉法的非接触式、可以遥感、直观，能给出全场情况等一系列优点外，还具有光路简单、对试件表面要求不高、对试验条件要求较低（如不需要防振）、计算方便、精度可靠、灵敏度可以在一定范围内选择等特点。全息干涉法对面内位移不灵敏，适宜测离面位移，而散斑干涉法更适宜测面内位移。

激光散斑干涉法的用途很广，除了测取物体的位移、应变外，还可以用于无损探伤、物体表面粗糙度的测量、塑性区测量、振动测量、纹尖位移场测量等方面。

散斑场如图 11-1 所示。散斑的横向尺寸是从瑞里分辨率得到的，指的是爱里斑的半

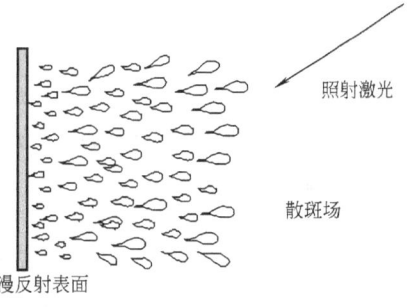

图 11-1 激光照射漫反射表面形成的散斑场

径,当两斑大于爱里斑的半径,始能分辨。因此,横向尺寸是指的散斑的最小的尺寸。

1) 斑的横向尺寸为:无透镜散斑,也称客观散斑,在夫浪和费衍射区 $\sigma_{横} = 1.2\lambda Z/D$;透镜成像时,也称主观散斑,斑的横向尺寸为:$\sigma_{横} = 1.2\lambda FZ$。式中,$F$ 为透镜焦距与光瞳大小之比,即孔径比;λ 为照射光的波长;D 为照明区域直径;Z 为观测平面与散斑表面的距离。

2) 空间散斑的形状为雪茄形,其纵向尺寸为:$\sigma_{纵} = 5\lambda Z^2/D^2$,这里指的是最大长度。

当我们用散斑干涉法计量物体位移时,若位移量小于斑的横向尺寸,就不能检测,当位移量过大,超过了斑的纵向长度,得到的是完全不相干的两幅散斑图,也不能检测。

11.2 单光束散斑干涉法

11.2.1 单光束双曝光散斑图的记录

用激光照射有漫反射表面的物体,在变形前和变形后分别对记录介质曝光一次,即得到一幅双曝光散斑图。将记录介质直接置于物体表面记录得到的为客观散斑图。若通过透镜成像得到,称为主观散斑图。单光束双曝光散斑图的记录如图 11-2 所示。

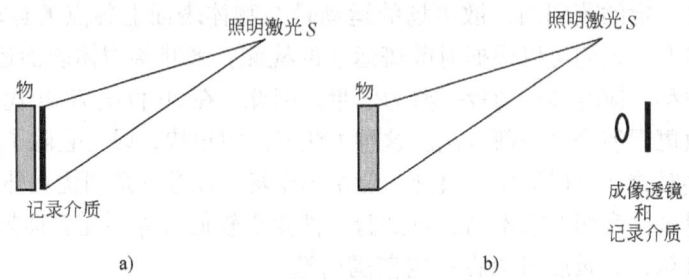

图 11-2 单光束双曝光散斑图的记录
a) 客观散斑 b) 主观散斑

11.2.2 单光束双曝光散斑图分析

1. 逐点分析法

用一束直径很小的激光束照明双曝光散斑图,并在图后放一屏幕(垂直于激光束),这时屏幕上将出现平行的条纹,测量屏幕上条纹的间距和方向,即可得到被激光束照射点的位移的大小和方向,如图 11-3 所示,这种方法就称为逐点分析法。逐点分析法的原理很容易理解,当物体变形不太大时,被激光束所照明的小区域内各点的位移可以近似看做相等的。该小区域也叫准平移区,即相当于这小区域内所有的斑都发生了一个相同刚体位移。

因此,在双曝光散斑图上的一小区域里的各双孔的间距大小相等,双孔连线方向相同,如图 11-4a 所示。当用激光束照射双曝光散斑图时,就相当于用激光束照亮了许多间距相等、双孔连线方向一致的孔对,结果在垂直于激光束的屏上就出现了典型的"杨氏条纹"——

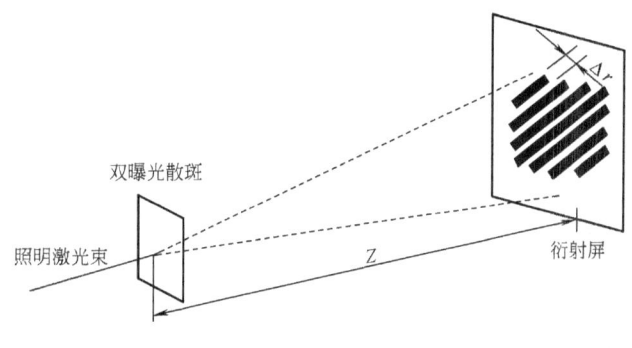

图 11-3　逐点分析法光路图

在衍射晕内出现一组等距离的平行条纹。如何从这组平行条纹来测"双孔"间的距离,这可由"双孔"衍射计算求得,而"双孔"衍射则是单孔衍射与"双孔"干涉的叠加。双曝光所产生的衍射波可以看作为未发生位移的第一次曝光的衍射晕,分别与双孔衍射的条纹花样的乘积而叠加成的一组等间距的散斑相关条纹花样,如图 11-4b 所示。

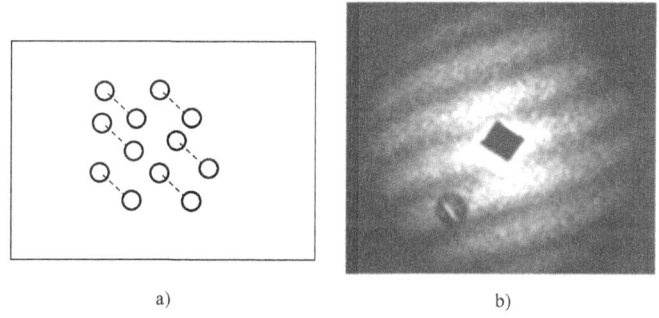

图 11-4　双曝光散斑图中的准平移区内的孔对
和屏幕衍射光强分布

a) 孔对示意图　b) 衍射晕内的杨氏条纹

我们所观察到的杨氏条纹是双孔干涉的结果,根据条纹间距与孔对间距(即面内位移)的关系可导出公式

$$d = \frac{\lambda Z}{M \Delta r} \tag{11-1}$$

式中,d 为孔对间距,即激光束照明点的位移;r 为幕上爱里斑的半径;Δr 为幕上条纹的间距;Z 为屏到散斑图的距离;M 为主观散斑的放大倍数,对客观散斑为 1。

位移的方向与屏幕上的杨氏条纹方向垂直。

我们在测量中总是希望爱里斑大些，里面条纹多些，以提高测量精度。因为 $r=1.2\lambda Z/\sigma$，若增加 λZ，则爱里斑大了，但 Δr 也大了，即条纹变粗了，达不到所要的目的。因此，我们只能希望缩小 σ，即散斑的尺寸，对于主观散斑来说，其尺寸受照相机的孔径的限制，其相对孔径越小，斑越大，因此我们可以用适当放大光圈的办法来增加斑的直径。

对散斑图上的各点分别用以上方法处理，我们就可以得到物体上各点的面的位移的大小与方向。

用散斑干涉法测量位移的范围，由"双孔"的简单比拟可以看到，只要位移大到使散斑像同一斑点的两个像可被看成"双孔"，这种方法就成立，因此最小位移取决于斑的平均大小，即极限灵敏度，最大位移取决于两次曝光散斑图的相干性，即与斑的纵向平均长度有关。

图 11-5 所示为通过一圆盘面内旋转得到的双曝光散斑图对应的各点的杨氏条纹图样。

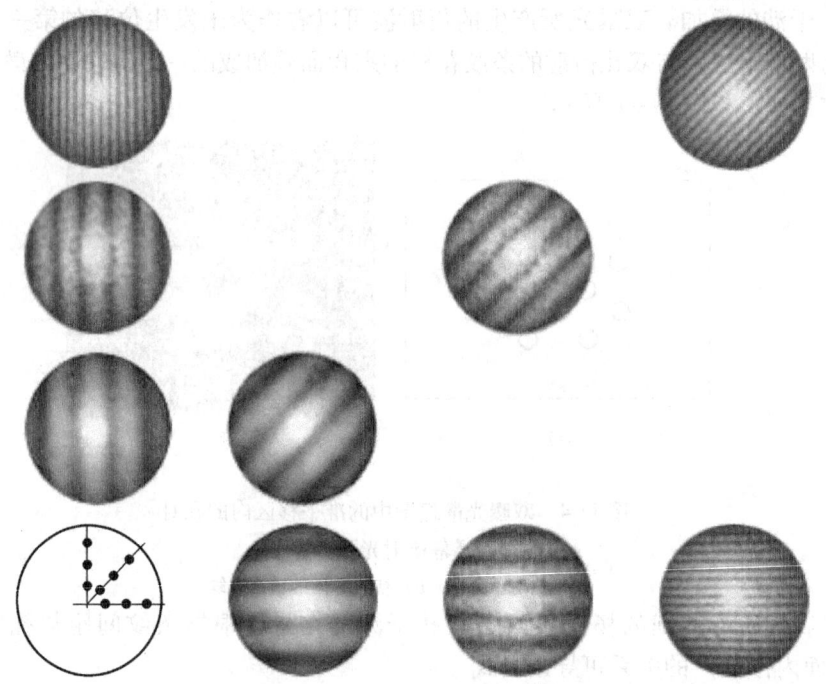

图 11-5　圆盘面内旋转双曝光散斑图对应的各点的杨氏条纹图样

逐点分析法光路简单，计算方便，精度高，可达到微米（μm）量级，但不是一个全场的方法，下面来介绍双曝光散斑图的全场分析法。

2. 全场分析法

对双曝光散斑图进行全场分析，要用到傅里叶光学的有关知识，在本章的附录里我们简单介绍了有关公式,以供读者参考。要进一步了解,可以参阅 Goodman 的《傅里叶光学导论》或其他有关书籍。

我们在拍摄双曝光散斑图时,假设第一次曝光时底片上的场复振幅分布为:$F(x,y)$。

受载变形后,第二次曝光时底片上的场复振幅分布为:$F(x+u,y+v)$。式中,u、v 为位移分量,即 $\boldsymbol{d}(x,y) = u(x,y)\boldsymbol{i} + v(x,y)\boldsymbol{j}$

设两次曝光时间均为 t,则底片上的总曝光量 E 为
$$E(x,y) = I(x,y)t = (|F(x,y)|^2 + |F(x+u,y+v)|^2)t$$

在记录介质的线性响应段记录,则底片经过显、定影处理后,振幅透过率 g 为
$$g(x,y) = \beta E = t\beta(|F(x,y)|^2 + |F(x+u,y+v)|^2) \tag{11-2}$$

式中,β 是与干板和光源等有关的常数。

将以上带有位移信息、透过率为 $g(x,y)$ 的双曝光散斑底片置于傅里叶变换光路中去,放在变换透镜的前焦平面,用平行光照射,如图11-6所示。由于薄透镜的傅里叶变换的性质,在变换的后焦平面,即谱平面上,可以得到双曝光散斑图的傅里叶频谱为

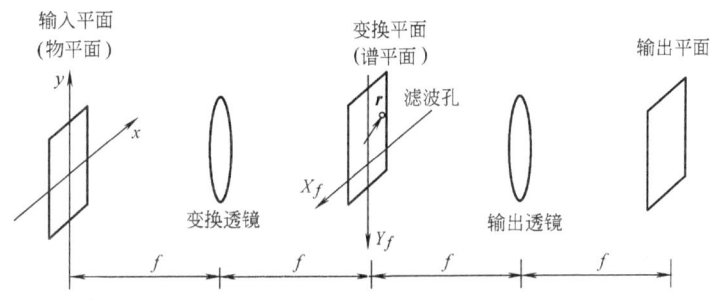

图 11-6 傅里叶变换光路

$$\begin{aligned} G(X_f, Y_f) &= \mathscr{F}\{Ag(x,y)\} \\ &= C \int_{-\infty}^{\infty}\int_{-\infty}^{\infty} [(|F(x,y)|^2 + |F(x+u,y+v)|^2)] \exp\left[-i\frac{2\pi}{\lambda f}(xX_f + yY_f)\right] dxdy \\ &= C \int_{-\infty}^{\infty}\int_{-\infty}^{\infty} |F(x,y)|^2 \exp\left[-i\frac{2\pi}{\lambda f}(xX_f + yY_f)\right] dxdy + \\ &\quad C \int_{-\infty}^{\infty}\int_{-\infty}^{\infty} (|F(x+u,y+v)|^2) \exp\left[-i\frac{2\pi}{\lambda f}(xX_f + yY_f)\right] dxdy \\ &= C \int_{-\infty}^{\infty}\int_{-\infty}^{\infty} |F(x,y)|^2 \exp\left[-i\frac{2\pi}{\lambda f}(xX_f + yY_f)\right] dxdy + \end{aligned}$$

$$C\left\{\int_{-\infty}^{\infty}\int_{-\infty}^{\infty} |F(x,y)|^2 \exp\left[-i\frac{2\pi}{\lambda f}(xX_f + yY_f)\right]dxdy\right\} \cdot \exp\left[-i\frac{2\pi}{\lambda f}(X_f u + Y_f v)\right]$$

(11-3)

以上运用了傅里叶变换中的相移定理,即输入平面内位置的变化引起谱平面增加一个位相的变化。式中,C 为积分前所有的常数;f 为变换透镜的焦距;λ 为光源的波长。令

$$B(X_f, Y_f) = \int_{-\infty}^{\infty}\int_{-\infty}^{\infty} \left(|F(x,y)|^2 \exp\left(-i\frac{2\pi}{\lambda f}(xX_f + yY_f)\right)\right)dxdy$$

代入式(11-3)可得到

$$G(X_f, Y_f) = B(X_f, Y_f)\left(1 + \exp\left(-i\frac{2\pi}{\lambda f}(X_f u + Y_f v)\right)\right) \tag{a}$$

于是,变换平面上的光强分布为

$$I(X_f, Y_f) = \boldsymbol{G}^* \cdot \boldsymbol{G} = 4I_s \cos^2\frac{\pi}{\lambda f}(\boldsymbol{d} \cdot \boldsymbol{r}) \tag{11-4}$$

式中,f 为变换透镜的焦距;$\boldsymbol{r} = X_f \boldsymbol{i} + Y_f \boldsymbol{j}$,为变换平面的位置矢量;$I_s = |B(X_f, Y_f)|^2$ 即为单曝光散斑图在变换平面上的光强分布,亦称单曝光散斑图的功率谱。

逐点分析法可以认为是式(11-4)的一个特例,此时位移 $\boldsymbol{d}$ 近似为常数,所以在变换平面上能看到平行条纹,当 $\frac{\pi}{\lambda f}(\boldsymbol{d} \cdot \boldsymbol{r}) = n\pi$ 时,即

$$\boldsymbol{d} \cdot \boldsymbol{r} = n\lambda f \tag{11-5}$$

当 $n = 0, \pm 1, \pm 2, \pm 3, \cdots$ 时出现亮条纹;当 $n = \pm\frac{1}{2}, \pm\frac{3}{2}, \cdots$ 时,出现暗条纹。

因为位移场是均匀的,则有 $d = n\lambda f/r = \lambda f/(r/n)$,此即表示垂直于位移矢量的一族平行直线条纹,条纹间距等于 r/n(对于逐点分析法,在激光点照射的小区域中,位移可以看做是均匀的,所以逐点分析法可以看做是此方法的特例)。

但一般情况,位移场是不均匀的(即位移 d 不等于常数),在变换平面上是看不到条纹的,必须经过滤波处理,即在谱平面(变换平面)提取特定频率的分量,也就是用小孔滤波的方法。通过滤波孔,看该特定方向的全场的等位移分量条纹。取滤波孔的位置向量为

$$\boldsymbol{r}_0 = X_f \boldsymbol{i} + Y_f \boldsymbol{j}$$

由上式可以看出,当滤波孔在水平位置 $(X_f, 0)$ 时,可获得全场的水平位移相等的点的轨迹,即等 u 线。当滤波孔在垂直位置 $(0, Y_f)$ 时,可获得全场

的垂直位移相等的点的轨迹，即等 v 线。

位移与条纹级次的关系由式（11-5）可得

$$u = \frac{n\lambda f}{X_f}$$
$$v = \frac{n\lambda f}{Y_f}$$
(11-6)

我们看出，改变 r_0 的大小（$n\lambda f$ 不变），可以调整测量的灵敏度。我们看到的是 r 方向 d 的投影相等的点的轨迹。

以上的数学推导可能比较抽象，我们也可以从熟悉的杨氏双孔衍射来解释条纹的提取方法和物理意义，图 11-7 所示为杨氏双孔衍射的原理图。

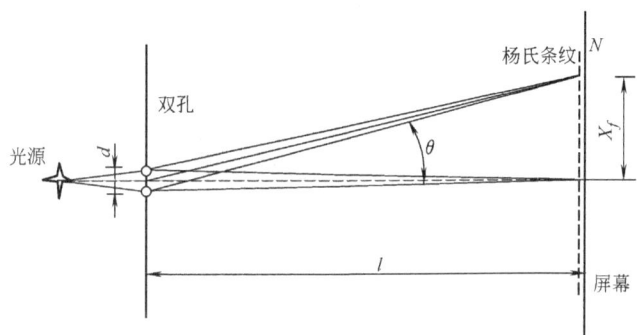

图 11-7 杨氏双孔衍射的原理图

干涉条纹级数 n 与 X_f 的关系从普通物理中知道

$$X_f = \frac{nl\lambda}{d}$$
(b)

式中，l 为双孔到屏幕的距离；d 为双孔间距；n 为衍射屏幕上亮条纹的级次；λ 为光源的波长。

双曝光散斑图可以认为由一系列孔对组成，孔对是散斑的位移形成的，即孔对间的距离反映了该点位移的大小，孔对连线的方向反映了位移的方向。当双曝光散斑图在傅里叶变换光路中被平行光照射时，如图 11-8 所示，图中 A、B 为双曝光散斑图上的两个点，变换透镜焦平面上的 R 点是它们某一特定衍射方向 θ 的对应位置，也可以说双曝光散斑图上所有具有相同衍射方向 θ 的衍射光都到达 R 点。设想在变换透镜的焦平面上，其他位置都被遮挡，只在 R 位置开一小孔让衍射光通过，比照式（b）杨氏双孔衍射的一维形式，因此时孔对连线与 x 轴有一角度，图 11-7 所示应变为二维形式，可以写出水平方向 $X_f = n\lambda f/d_x$，d_x 即为水平方向上的位移分量 u，同样也可以写出垂直方向位移分量 d_y 即 v。统一写为：$u = n\lambda f/X_f$，$v = n\lambda f/Y_f$；与式（11-6）是完全一致的。

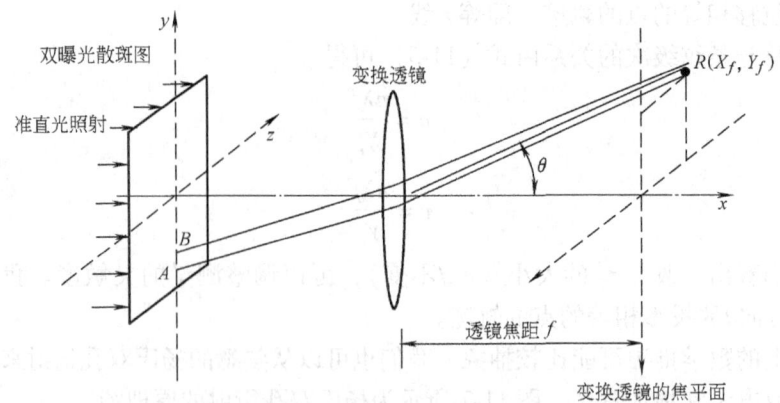

图 11-8 焦平面上的点与散斑图上的点的衍射方向的关系

从公式可以看出,对于固定不变的 $d\lambda f$,并保持 r_0 的方向不变,则 r_0 值越大,也就是提取散斑图的高频分量,条纹越多,即灵敏度越高,但是实际上所能观察到的条纹光强随 r_0 的增加而衰减得很厉害,故国内外都有人设法在记录时,在照相机镜头前加一个多孔光栏以大大改善这种情况,但这时灵敏度就不能调节了。关于滤波孔的直径,若太小,光强太弱,散斑很大;若直径过大,滤波带宽,都影响滤波效果。

图 11-9 所示为一双曝光散斑图全场分析法得到的条纹图像。模型为一梁型构件,受横向载荷。

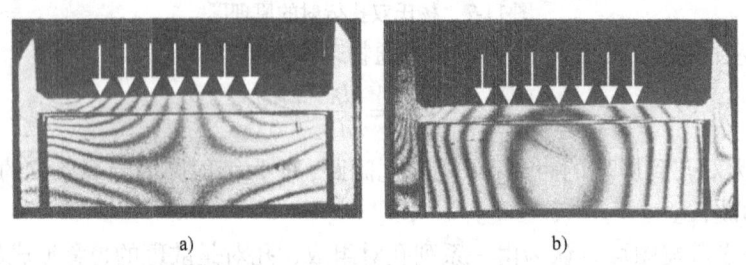

图 11-9 双曝光散斑图全场分析法条纹图像
a) u 场 b) v 场

11.3 双光束散斑干涉法

11.3.1 双光束散斑图的记录

两束准直相干光束同时照明待测物体,根据测量面内位移和离面位移的不同分别按图 11-10a 和图 11-10b 布置光路。

两束照明光被物表面反射在成像平面进行干涉形成散斑图。对未变形和已变形状态,分别在同一记录介质上进行一次曝光,即得双曝光散斑图。

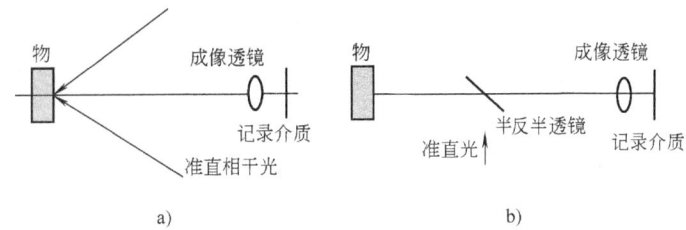

图 11-10 双光束散斑图的记录
a) 测量面内位移　b) 测量离面位移

11.3.2 双光束散斑图的面内位移信息的提取

当物体发生位移后两散斑波前之间有相对相位的变化，引起了散斑图的变化，因此在双光束散斑图中含有位移的信息。图 11-11 所示为双光束散斑图相位变化与位移的关系，下面以面内位移为例介绍位移信息的提取原理和方法。

在物体未变形前作第一次曝光。

设由光束①在相机屏上对应于 $P(x, y)$ 点产生的复振幅为

$$F_1(x,y) = Ae^{i\varphi_1}$$

式中，A 为振幅；φ_1 为相位。

光束②在该点产生的复振幅为 $F_2(x, y) = Ae^{i\varphi_2}$（假定光束①与光束②在 P 点复振幅相等）

在屏上的总复振幅为：$F = F_1 + F_2$，感光胶片只能接受光强，光强为

$$I = F^* \cdot F = 2A^2 + 2A^2\cos\beta = 2A^2(1 + \cos\beta) \tag{11-7a}$$

式中，$\beta = \varphi_1 - \varphi_2$ 为两束光的相位差，它是一个随机变量，底板上形成一个散斑图。物体受载变形后，P 点移到 P' 点，由于位移很小，照片上仍认为是一点，此时光束①与光束②在屏上产生的复振幅为

$$F'_1(x,y) = Ae^{i(\varphi_1+\delta_1)}$$
$$F'_2(x,y) = Ae^{i(\varphi_2+\delta_2)}$$

复振幅合成后为 $F' = F'_1 + F'_2$

式中，δ_1 与 δ_2 为由于物体变形位移而引起的相位改变。屏上受的总光强为

$$I' = F'^* F' = 2A^2(1 + \cos\beta') \tag{11-7b}$$

式中

$$\beta' = \varphi_1 - \varphi_2 + \delta_1 - \delta_2 = \beta + \delta$$
$$\delta = \delta_1 - \delta_2$$

假设底片是线性的，则其记录的光强 I_T 为

$$I_T = I + I' = 2A^2[2 + \cos\beta + \cos(\beta + \delta)] \tag{11-8}$$

式 (11-8) 也可写为

$$I_T = I + I' = 2A^2\left[2 + 2\cos\left(\beta + \frac{\delta}{2}\right)\cos\frac{\delta}{2}\right] \tag{11-9}$$

人们肉眼能接受到的是平均光强（分辨率有限）$I_{平均} = \frac{1}{2\pi}\int_0^{2\pi} I_T \mathrm{d}\beta = (2A)^2 = 4A^2$，因此一般看不到条纹。这儿 β 是一个随机量，δ 是一个与相位差（即位移）有关的量，不是随机的，但是可用傅里叶变换将其显现。下面进一步分析它与物体该点位移的关系。

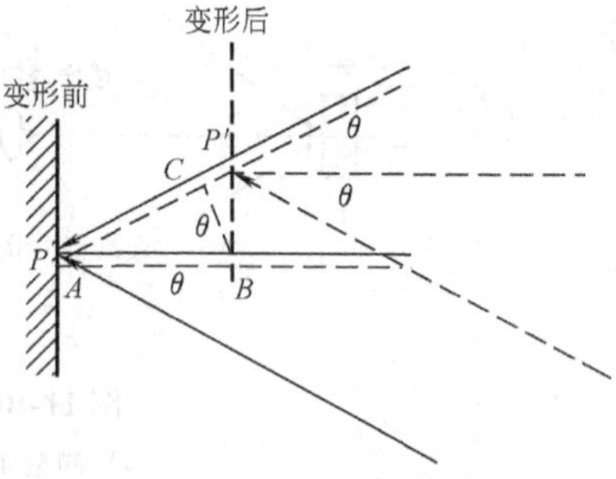

以面内位移的测量为例，图 11-11 是图 11-10a 局部的放大，可以看出

图 11-11 双光束散斑图相位变化与位移的关系

$$\delta_1 = \frac{2\pi}{\lambda}(P'C + CA + AB) = \frac{2\pi}{\lambda}(u\sin\theta + w\cos\theta + w)$$

，同理也可写出 δ_2，整理后表达如下

$$\delta_1 = \frac{2\pi}{\lambda}[(1+\cos\theta)w + u\sin\theta]$$

$$\delta_2 = \frac{2\pi}{\lambda}[(1+\cos\theta)w - u\sin\theta]$$

$$\delta_1 - \delta_2 = \frac{4\pi}{\lambda}u\sin\theta = \delta \tag{11-10}$$

即

$$I_T = 2A^2\left[2 + 2\cos\left(\beta + \frac{\delta}{2}\right)\cos\left(\frac{2\pi}{\lambda}u\sin\theta\right)\right]$$

我们将直流分量滤去（即将谱平面上的中心挡住，实行高通滤波），如图 11-12 所示。

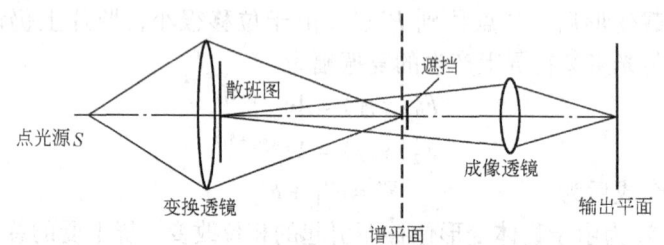

图 11-12 提取位移信息的高通滤波光路

对应亮条纹 $\frac{2\pi}{\lambda}u\sin\theta = 2n\pi$，$n = 1, 2, 3, \cdots$，即

$$u = \frac{n\lambda}{\sin\theta} \tag{11-11a}$$

n 为条纹级次，图像上的条纹为等位移线，将照明光束所在平面转 90°，即可得到 v 方向的位移场

$$v = \frac{n\lambda}{\sin\theta} \tag{11-11b}$$

根据同样的分析，对离面位移的光路布置下的散斑图，如图 11-10b 所示，可得

$$w = \frac{n\lambda}{2} \tag{11-12}$$

得到的条纹是等 w 线。图 11-13 所示为用双光束散斑法得到的面内位移和离面位移条纹图。

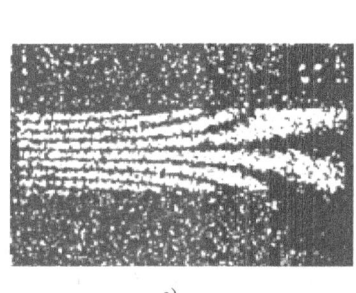 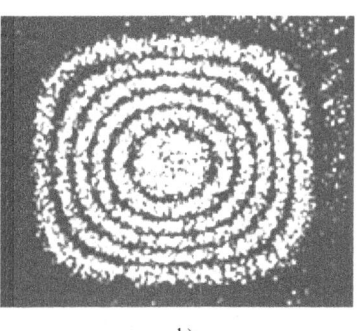

图 11-13　用双光束散斑法得到的面内位移和离面位移条纹图
a) 悬臂梁受集中载荷 u 场条纹　b) 周边固支板受集中载荷 w 场条纹

11.4　剪切散斑干涉术

单光束散斑干涉法具有设备简单、操作方便、可以作非破坏性测量等优点。但是它的条纹质量一般较差，且主要适用于面内位移的测量，而在力学中，我们往往需要的是应变，即位移的导数，由 Y. Y. 洪提出的剪切散斑干涉法，可以直接得到位移的导数，而且可以大大改善条纹的质量。下面我们来介绍这一方法。

11.4.1　剪切散斑图的记录

光路布置与单光束散斑照相相同，只是紧贴着照相机的镜头前放一玻璃光楔，光楔的角度很小，如图 11-14 所示。由于光楔的作用使得被测物表面 $P_1(x, y)$ 和 $P_2(x + \delta x, y)$ 两点，在像平面上重叠在一起，认为是 P 点，从而获得剪切效果。剪切量 δx 为

$$\delta x = D_0(\mu - 1)\alpha \tag{11-13}$$

式中，D_0 为光楔到被测物的距离；μ 为玻璃折射率；α 为光楔角。

可以看出，调整 D_0 或改变光楔角 α 可以获得不同的剪切量。

记录的过程也和单光束散斑照相相同，在同一干板上，对未变形和变形后的状态分别记录一次。

11.4.2　剪切散斑的条纹形成与分析

剪切散斑的记录过程与单光束散斑照相一样，分别在物体未变形和变形以后，对物体进行曝光，记录在同一张底板上，进行显、定影处理，即可得到一张

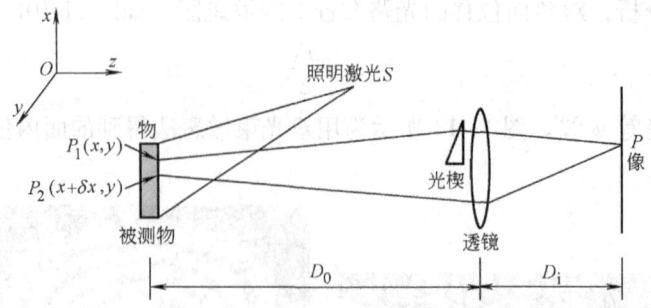

图 11-14 剪切散斑图记录光路

剪切散斑照片,将照片放到傅里叶分析光路中去,挡去谱平面上的直流分量,即可看到清晰的条纹。下面我们来分析条纹的形成过程。考虑图 11-14 所示的系统,被测物表面 $P_1(x, y)$ 和 $P_2(x+\delta x, y)$ 的像在底片上同一点重合。设由 $P_1(x, y)$ 点反射的光到底片上形成的波前和由 $P_2(x+\delta x, y)$ 点反射的光到底片上形成的波前分别为:$U(x,y) = a\exp[i\varphi(x,y)]$ (P_1) 和 $U(x+\delta x,y) = a\exp[i\varphi(x+\delta x,y)]$ (P_2)。

我们可以认为它们的振幅是相等的。式中 $\varphi(x, y)$ 和 $\varphi(x+\delta x, y)$ 为光的相位。到底板在物体未变形状态下的波前的合成为

$$U_r = U(x,y) + U(x+\delta x)$$

经一次曝光检测到的光强为

$$I = U_T \cdot U_T^* = 2a^2(1+\cos\phi) \tag{11-14a}$$

式中

$$\phi = \varphi(x+\delta x,y) - \varphi(x,y)$$

当物体变形以后,$P_1(x, y)$ 点移到 $P_1'(x, y)$,$P_2(x+\delta x, y)$ 点移到 $P_2'(x+\delta x, y)$,相应的 $\varphi(x, y)$ 变成 $\varphi(x, y) + \delta_l(x, y)$,$\varphi(x+\delta x, y)$ 变成 $\varphi(x+\delta x, y) + \delta_l'(x+\delta x, y)$,这时变形后到底板的光强为(仿变形前的推导)

$$I' = 2a^2[1+\cos(\phi+\delta)] \tag{11-14b}$$

上式中 I' 是变形后的新光强,$\delta(x, y) = \delta_l(x+\delta x, y) - \delta_l(x, y)$ 是由于两点间光程改变而引起的两波面间相应的相位改变,因此当底板受到变形前和变形后的双重曝光后,接受的是光强之和,即

$$I_T = I + I' = 2a^2[2+\cos\phi+\cos(\varphi+\delta)] \tag{11-15}$$

式中,ϕ 为一个高频随机量,$\cos\phi$ 和 $\cos(\phi+\delta)$ 一般都是高频的,在一个分辨区上,眼睛仅接受到平均光强。设 ϕ 在 $0\sim2\pi$ 间的变化具有同样的概率,则眼睛接受到的平均光强为

$$I_{ave} = \frac{1}{2\pi}\int_0^{2\pi} I_r d\phi = 4a^2$$

因此一般看不到条纹。我们把 I_T 再进行一次改写,可以写成

$$I_T = 4a^2\left[1+\cos\left(\phi+\frac{\delta}{2}\right)\cos\frac{\delta}{2}\right] \tag{11-16}$$

右端第二项表示被一低频因子 $\cos(\delta/2)$ 调制的高频载波项 $\cos(\phi+\delta/2)$ 的振幅，当载波为零时，即 $\cos\delta/2=0$ 时：$\delta=(2n+1)\pi$，式中 $n=0,1,2,3,\cdots$为亮条纹。

这是表示一种属于频率变化类型的条纹图案。这类条纹以作为载波为零的区域加以识别。它们在通过一种高通傅里叶滤波技术以后，能够转变成一种清晰的强度变化类型的条纹。用图 11-12 所示的简单傅里叶滤波装置即可获得条纹。

在谱平面上，分离负片上记录的各种空间频率的载波分布在不同的位置，将来自载波为零区域的成分挡住，再经过透镜成像，载波为零区将表现为暗条纹，这样就把频率变化类型的条纹转变成了可见的强度变化的条纹图案。

11.4.3 条纹的解释

前面已经对剪切散斑图的形成进行了分析，知道通过傅里叶滤波技术，挡住谱平面上中心的直流分量，即可以通过成像透镜看到条纹，并且了解到条纹与 δ 有关，而 $\delta=\delta_l(x+\delta x,y)-\delta_l(x,y)$ 是由于物体的变形而引起的，是含有位移信息的量，下面我们来推导位移与条纹的关系。

考虑物表面上的一个任意点 $P(x,y,z)$，它在变形后移动到 $P'(x+u,y+v,z+w)$，如图 11-15 所示。作为从光源 $S(x_s,y_s,z_s)$ 经过 P 点传播到观察者（相机）$O(x_0,y_0,z_0)$ 点的光线及其光程改变量为

$$\delta_l=(SP'+P'O)-(SP+PO)$$

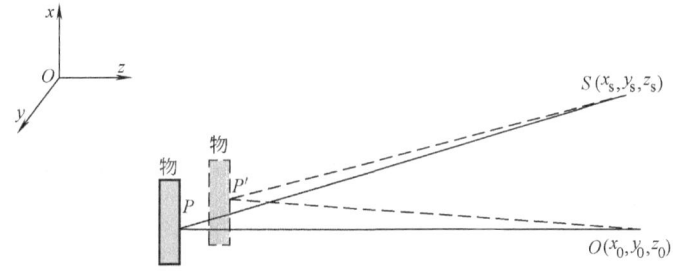

图 11-15 剪切散斑变形与位相的关系

式中
$$SP'=\left[(x+u-x_s)^2+(y+v-y_s)^2+(z+w-z_s)^2\right]^{\frac{1}{2}}$$
$$SP=\left[(x-x_s)^2+(y-y_s)^2+(z-z_s)^2\right]^{\frac{1}{2}}$$
$$P'O=\left[(x+u-x_0)^2+(y+v-y_0)^2+(z+w-z_0)^2\right]^{\frac{1}{2}}$$
$$PO=\left[(x-x_0)^2+(y-y_0)^2+(z-z_0)^2\right]^{\frac{1}{2}}$$

对于物体表面，由于 $z=z(x,y)$，所以 $P_1(x,y,z)$ 能通过 $P_1(x,y)$ 来描述。通过保留右侧各项的泰勒级数展开式的一级项，δ_l 能表达成

$$\delta_l = \left(\frac{x-x_0}{R_0} + \frac{x-x_s}{R_s}\right)u + \left(\frac{y-y_0}{R_0} + \frac{y-y_s}{R_s}\right)v + \left(\frac{z-z_0}{R_0} + \frac{z-z_s}{R_s}\right)w$$

式中

$$R_0 = \sqrt{x_0^2 + y_0^2 + z_0^2}$$

$$R_s = \sqrt{x_s^2 + y_s^2 + z_s^2}$$

同样地，对于邻近点 $P_2(x+\delta x, y, z)$，它移动到 $P_2'(x+\delta x+u+\delta u, y+v+\delta v, z+w+\delta w)$，由位移所引起的光程改变量是

$$\delta_l' = \left(\frac{x-x_0}{R_0} + \frac{x-x_s}{R_s}\right)(u+\delta u) + \left(\frac{y-y_0}{R_0} + \frac{y-y_s}{R_s}\right)(v+\delta v) + \left(\frac{z-z_0}{R_0} + \frac{z-z_s}{R_s}\right)(w+\delta w)$$

式中，$P_2(x+\delta x, y, z)$ 点的位移矢量为 $(u+\delta u, v+\delta v, w+\delta w)$。

由于剪切照相机使 $P_1(x, y, z)$ 点和邻近的 $P_2(x+\delta x, y, z)$ 点相干涉，由两点间的变形而引起的光程差为

$$\delta_l' - \delta_l = \left(\frac{x-x_0}{R_0} + \frac{x-x_s}{R_s}\right)\delta u + \left(\frac{y-y_0}{R_0} + \frac{y-y_s}{R_s}\right)\delta v + \left(\frac{z-z_0}{R_0} + \frac{z-z_s}{R_s}\right)\delta w$$

由此而引起的相位变化 δ 是

$$\delta = \frac{2\pi}{\lambda}(\delta_l' - \delta_l) = \frac{2\pi}{\lambda}(A\delta u + B\delta v + C\delta w) \qquad (11\text{-}17)$$

式中，λ 是光波长，且

$$\left.\begin{array}{l} A = \left(\dfrac{x-x_0}{R_0} + \dfrac{x-x_s}{R_s}\right) \\[6pt] B = \left(\dfrac{y-y_0}{R_0} + \dfrac{y-y_s}{R_s}\right) \\[6pt] C = \left(\dfrac{z-z_0}{R_0} + \dfrac{z-z_s}{R_s}\right) \end{array}\right\} \qquad (11\text{-}18)$$

式（11-17）表明，δ 是 $P_1(x, y, z)$ 和 $P_2(x+\delta x, y, z)$ 点间相应的位移变化 δu、δv、δw 的函数，该式可改写成

$$\delta = \frac{2\pi}{\lambda}\left(A\frac{\partial u}{\partial x} + B\frac{\partial v}{\partial x} + C\frac{\partial w}{\partial x}\right)\delta x \qquad (11\text{-}19)$$

因此条纹 $\cos\delta/2 = 0$，描写了位移关于剪切方向 x 的导数。如旋转光楔使它在 y 方向剪切

$$\delta = \frac{2\pi}{\lambda}\left(A\frac{\partial u}{\partial y} + B\frac{\partial v}{\partial y} + C\frac{\partial w}{\partial y}\right)\delta y \qquad (11\text{-}20)$$

此时条纹描述了位移关于 y 方向的导数。

这是一般情况下的条纹的解释，可以看出，A、B、C 是光路布置几何的函数。为了测得面内应变，该技术需要在不同的角度照明下作出记录，以分离 $\dfrac{\partial v}{\partial y}$ 和 $\dfrac{\partial u}{\partial x}$。改

变光路的布置，设法增加所要求的位移导数的系数，减少与此量无关的系数，如对于以下特殊情况：光源和照相机同处于 x-z 平面上，且观测方向为 z 轴，物体的大小比 z_0 和 R_s 要小得多，即 $x_0 = y_0 = 0$　$R_0 = z_0$，此时式（11-20）的系数 A、B、C 能进一步简化为

$$\left.\begin{aligned} A &= -\frac{x_s}{R_s} = -\sin\theta \\ B &\approx 0 \\ C &= -\left(1 + \frac{z_s}{R_s}\right) = -(1 + \cos\theta) \end{aligned}\right\} \quad (11\text{-}21)$$

式中，θ 是照明方向和观察方向之间的夹角。这种光路布置下相位差与剪切量的关系为

$$\delta = -\frac{2\pi}{\lambda}\left[(1+\cos\theta) + \frac{\partial w}{\partial x} + \sin\theta\frac{\partial u}{\partial x}\right]\delta x \quad (\text{沿 } x \text{ 方向剪切时}) \quad (11\text{-}22)$$

$$\delta = -\frac{2\pi}{\lambda}\left[(1+\cos\theta) + \frac{\partial w}{\partial y} + \sin\theta\frac{\partial u}{\partial y}\right]\delta y \quad (\text{沿 } y \text{ 方向剪切时}) \quad (11\text{-}23)$$

很多情况下面内位移相比于离面位移可以不计，此时可直接得到离面位移对 x 方向和 y 方向的导数的等值线条纹，这在无损检测领域非常有用。图 11-16 所示为一固支矩形板受中心集中载荷下水平剪切方向得到的条纹图。图 11-17 所示为用剪切散斑得到的与内部缺陷有关的条纹。

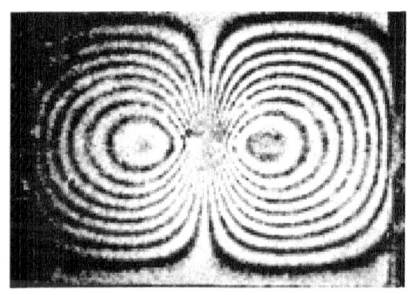

图 11-16　固支矩形板受中心集中载荷下水平剪切方向的条纹图

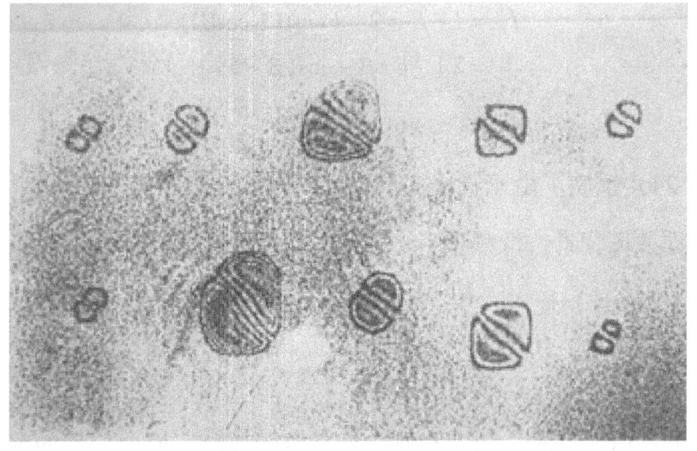

图 11-17　用剪切散斑得到的与内部缺陷有关的条纹

11.5 电子散斑干涉术

11.5.1 简介

前面所介绍的全息干涉计量术与散斑干涉计量术的灵敏度都可以达到波长量级，但是仍局限于在实验室进行，因为需要防震台、通过化学介质记录信息和在暗室冲洗，因此不方便用于工业现场的操作。随着电视、摄像、计算机等电子技术的发展，人们很自然地想到如何将其应用到全息和散斑干涉条纹的记录与处理上。电子散斑干涉技术（ESPI）是发展最早的计算机辅助光学测量方法。1971年英国科学家 J. A. Leenderts、J. N. Butters 和美国的 A. Makoviski 同时采用电视摄像管替代全息照相干版记录散斑图，一个相减器和滤波器用来处理摄像管记录的电子信号，从而得到表示物体位移、变形的干涉条纹。随着电子技术、计算机技术的飞速发展，现在已经发展到数字散斑阶段，这项技术越来越得到重视，各种方便、实用的电子散斑干涉仪被研制成功，并得到了广泛的应用，已成为计算机辅助光学测量的一个重要方面。该技术不仅可以完成表面变形量的测量，并且由于它具有实时性、高灵敏度性、非接触性、全场测量等特点，在工业无损检测上得到了广泛应用。

11.5.2 电子散斑干涉术

电子散斑干涉技术可以说是双光束散斑技术的一个发展，它可以记录物体的面内位移和离面位移，由于有一个光束可以被看做是参考光，所以也被称为"TV"全息。全息干板被 CCD 摄像机、图像采集卡和计算机代替，光路系统安排如图 11-18 所示。

记录的过程与双光束散斑相似，所不同的是，在 11.3 节中我们是在同一块全息干板上对物体变形前和变形后分别曝光，即光强是两次曝光之和，而电子散斑运用的是相减的算法。将式（11-7a）与式（11-7b）两式相减，可得

$$\begin{aligned}I_T &= I - I' = 2A^2(\cos\beta - \cos\beta') \\ &= 2A^2[\cos\beta - \cos(\beta+\delta)] \\ &= 4A^2 \sin\left(\beta + \frac{\delta}{2}\right)\sin\frac{\delta}{2}\end{aligned} \qquad (11\text{-}24)$$

式（11-24）反映了由于物体变形引起的光强变化。式中的 $\sin(\beta+\delta/2)$ 为随机噪声，即散斑背景，低频项 $\sin\frac{\delta}{2}$ 反映了面内位移的分布。当 $\sin\frac{\delta}{2}=0$ 时，出现暗条纹，即 $\delta=2n\pi$，$n=0$，±1，±2，…，考虑到式（11-10）描述的相位差与面内位移的关系，可得

$$u = \frac{n\lambda}{\sin\theta} \qquad (11\text{-}25)$$

与式（11-11a）比较，形式相同，但在电子散斑，面内位移的整级次对应的

是暗条纹。

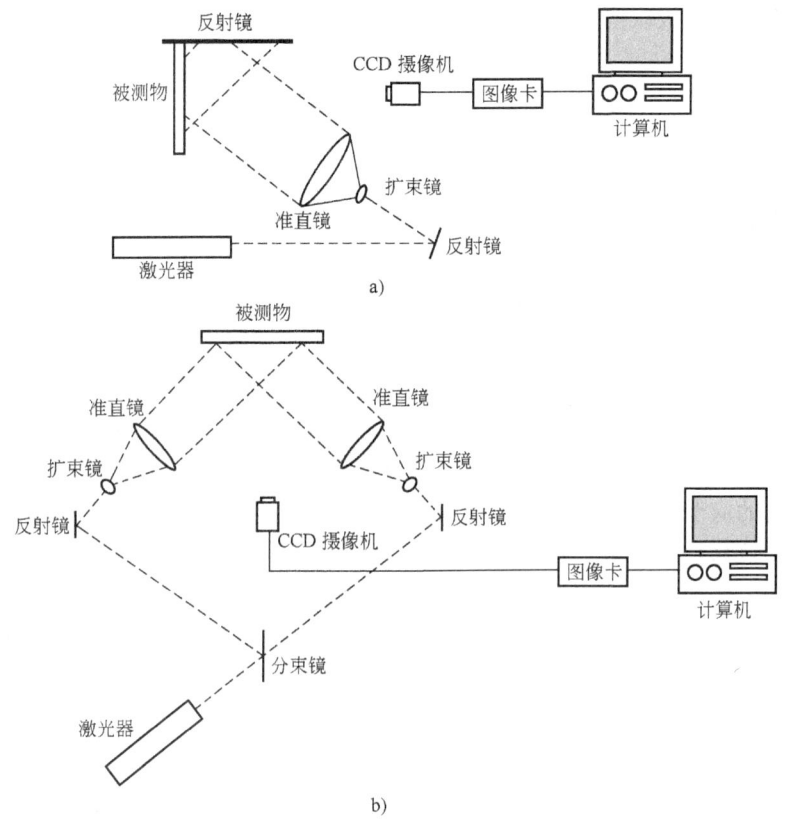

图 11-18 测量面内位移的电子散斑系统
a) 利用全反镜得到双光束照明的光路 b) 对称光路

与双光束散斑相同,也可以安排测量离面位移的电子散斑系统,其光路如图 11-19 所示。

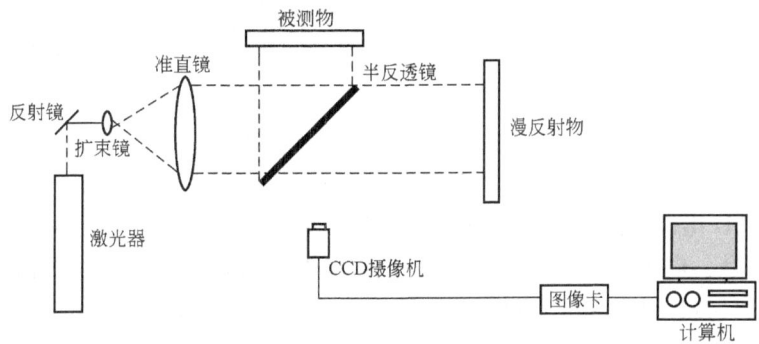

图 11-19 测量离面位移的电子散斑系统光路

通过与面内位移推导相类似的方法，变形前和变形后的图像相减，可以得到离面位移与条纹级次间的关系

$$w = \frac{n\lambda}{2} \tag{11-26}$$

电子散斑离面位移条纹的整级次是暗条纹。

11.5.3 电子剪切散斑干涉术

电子剪切散斑干涉技术（DSSPI 或 ESSPI）是继电子散斑干涉技术后发展起来的一种测量位移导数的新技术。电子散斑由于用 CCD 记录信息，而一般的 CCD 摄像机也可以做到用每帧 1/30s 的速度记录，因此对于防震的要求比起用全息干板要低得多。电子剪切散斑使用的单光束，由两个错位的像产生干涉，光路简单、对隔振要求更低，可以完全脱离防震台，在工程环境条件下也能得到很好的测量结果，是一种具有很强实用性的检测技术，使现场实时检测成为可能，非常适合于现场测量，同时测量位移导数时能自动去除刚体位移，并且具有对于缺陷受载后的应变集中十分灵敏的特点。除此之外，它与电子散斑干涉不同，由于直接获取位移一阶导数，减少了因对位移进行数值微分来获得应变而导致的数据计算误差，从而提高了测量精度。基于上述特点，电子剪切散斑干涉是一种很好的无损检测方法，目前在光学无损检测技术中占有非常重要的地位，设备也已商品化。图 11-20 所示即为电子剪切散斑的光路系统。

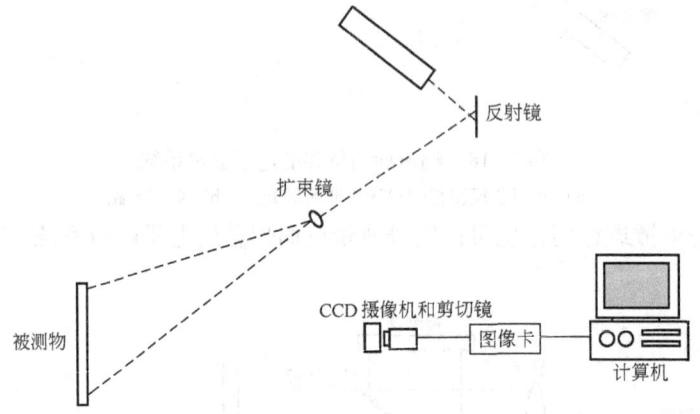

图 11-20 电子剪切散斑的光路系统

电子错位散斑的原理与以前介绍的剪切散斑的原理是一样的，使用单光束照明，在 CCD 摄像机前置一剪切镜头，对物体变形前和变形后进行两次曝光记录。所不同的是，电子散斑获取信息是通过两帧图像相减，得到条纹的信息。将式（11-14a）与式（11-14b）相减，即可得

$$I_T = 4a^2 \sin\left(\varphi + \frac{\delta}{2}\right) \sin\frac{\delta}{2} \tag{11-27}$$

这与式（11-16）得到的散斑条纹是类似的，只是整数级是暗条纹。如零级条纹，在电子剪切散斑是暗条纹，在用全息干板记录的剪切散斑中是亮条纹。其他关于位移导数与条纹级次关系的推导及解释与 11.4 节是完全相同的，这里不再重复。由于采用了 CCD 与计算机记录，用电子剪切散斑可以实时得到位移导数的信息，其方便之处是用化学方式处理不可同日而语的。

11.5.4 可调实时时间差 ESSPI 技术及其改进

由于电子散斑和电子剪切散斑技术的日趋成熟，有必要介绍其中实时时间差与可调实时时间差方法。电子散斑干涉技术对于长时间的连续变形问题、大变形问题和准动态问题等的位移测量非常有效，但也存在一些问题：如关于采样时间间隔控制的误差；图像在采集和显示过程中，是经过 A/D 转换变成数字量，运算后又经 D/A 变成模拟量输出，在数据的转换和输入输出过程中，会丢失很多变形信息，出现误差；长时间测量和更换参考面次数较多时的积累误差；现场测试的机动性不好等。为此，我们对该方法进一步改进，使之提高测量精度，更加满足实际测量的需要。

传统的散斑干涉条纹图的获得可以分为两次曝光法、时间平均法和实时法。两次曝光法是取物体的两个不同变形状态的光矢量进行干涉而形成干涉条纹图，该方法纯属静态测试；实时法则是把物体变形的一个状态记录下来，然后连续改变物体的变形状态，使连续变化的光矢量与第一状态所记录的光矢量相干涉产生不断变化的干涉条纹图。电子错位散斑干涉术的两次曝光法和实时相减法获得条纹图的道理与此相仿，只不过是改变了记录介质和干涉途径。它用视频摄像机（如 CCD）代替了干板照相，用数字干涉或电子干涉代替了光学干涉。电子错位散斑的两次曝光法是取物体的两个不同变形状态的电子散斑图进行相减运算得到电子干涉条纹图；实时相减的电子错位散斑干涉术则是将物体变形的一个状态记录下来，存入计算机图像板的存储器中，然后连续改变物体的变形状态，使实时的不断变化状态的散斑场与冻结在图像板中的初始状态的散斑场进行模拟相减，形成实时电子干涉条纹图，并在监视器上显示出来。上述方法在无损检测中都取得了许多成功的应用，但也存在一定的问题，两次曝光法从速度上不能满足现场要求，实时法也需要取物体的一个变形状态作为基准，然后变化载荷，以获取不同的信息。这样一来，一是费时，二是在大面积的情况下要频繁地改变参考面以寻找缺陷之所在，操作比较麻烦；另外，由于摄像机分辨率和图像板分辨率目前一般为 512×512，更好些的为 1024×1024 的限制，从而局限了该方法的测量范围，此外应用于工程中的连续变形测量、长时间检测、大变形和动态变形等的位移测量，效果都不很理想，精度不高。而实时时间差技术很好地解决了这个问题，如图 11-21 所示为可调实时时间差 ESSPI 系统。

实时时间差电子剪切散斑技术与传统的电子剪切散斑相比较，实时相减法是

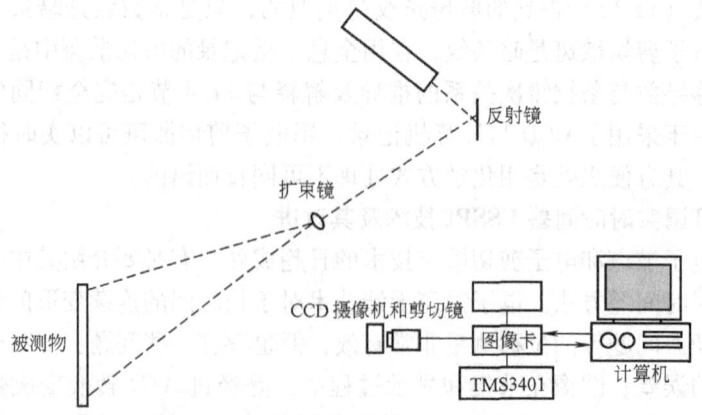

图 11-21　可调实时时间差 ESSPI 系统

将物体变形初始状态冻结到某一个帧存体，在该帧存体中的数据是不变的，总是原先冻结的那一幅，变形后任意时刻的另一状态的图像输入到另一个帧存体并与冻结的初态图像实时相减；实时时间差法是在两个帧存体中的图像不断地更新，即在开始时将物体变形初态冻结到第一个帧存体，变形后时刻的另一状态的图像输入到第二个帧存体并与冻结的初始图像相减并显示，同时将此状态的第二幅图像存入第一帧存体中覆盖原有图像，然后采集下一个 Δt 时刻的图像输入到第二个帧存体，再一次与第一帧存体中图像相减运算实时显示，这样使两个帧存体中的图像不断更新，且分别存入相差 Δt 时间间隔两个变形状态的图像信息，并进行实时相减运算。如果物体变形是连续的、长时间的，通过调节 Δt 总能够得到可分辨的条纹图，同时只要物体变形是连续变化，就可以连续不断地进行测量和采集。物体在不同载荷作用下其变形的速率是不同的，为了解决在不同变形速率下的测量，可以通过改变时间间隔 Δt 来实现，这就是可调实时时间差技术，根据被测物体变形的速率，首先由用户输入需要的时间间隔 Δt，变形快时 Δt 要小些，变形慢时 Δt 要大些。由于近年来计算机技术的迅速进步，内存和速度的提高，以上技术有了很大的改进：首先，由 CCD 获得的图像经图像卡变成数字量直接读入计算机内存，图像运算是在内存中直接进行的数字运算，并实时在计算机屏幕上显示结果，而不必经过帧存体和监视器，减少了多次的 D/A 与 A/D 转换引起的误差，同时提高了采集的速度，增加了系统的机动性，便于现场实时测试。随着采集速度的提高，同样可以获得质量较好的多级条纹。其次，利用实时时间差系统进行检测，时间间隔 Δt 的准确性对测试的精度有直接的影响，为此，我们采用计算机系统的时钟来控制时间，在采集到某一时刻的剪切散斑图输入到计算机内存的同时，获得系统的当前时间，时间控制系统开始计时，当时间达到时间间隔 Δt（单位为 ms）时，采集下一幅错位散斑图输入到计算机内存，而时间控制系统新开始计时进行下一个采集过程,这样可以使得时间控制精度达到 ms 级,基本上可以满足一般的动态测试的要求。另外,为了用户测试方便的需要,对于时间间隔 Δt 的输入方式采用人机对话实时调整,这样在测试的过程中,对于不同的变形速度,可以随时调整时间间隔 Δt,以达到测试的需求。

图 11-22 和图 11-23 所示为在电子剪切散斑中采用实时时间差技术得到的图像。

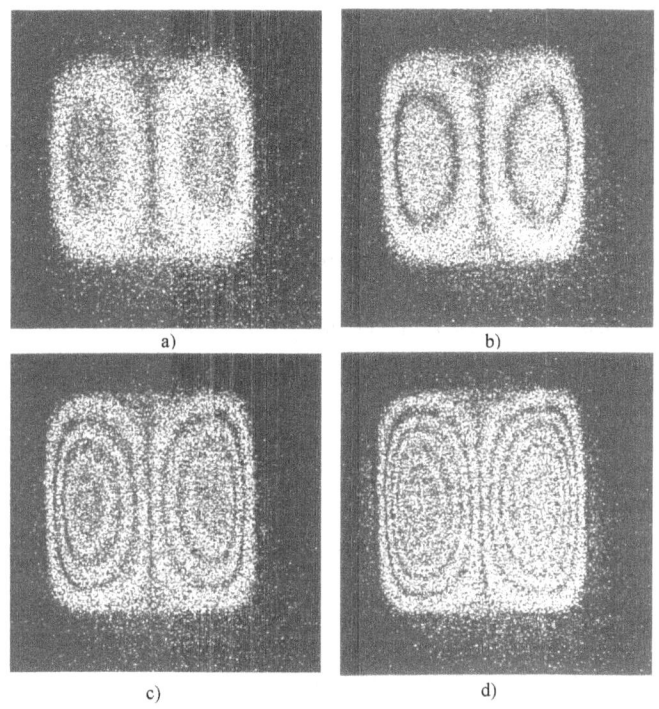

图 11-22 电子剪切散斑的实时时间差技术
a) $\Delta t = 50\mathrm{ms}$ b) $\Delta t = 100\mathrm{ms}$ c) $\Delta t = 200\mathrm{ms}$ d) $\Delta t = 500\mathrm{ms}$

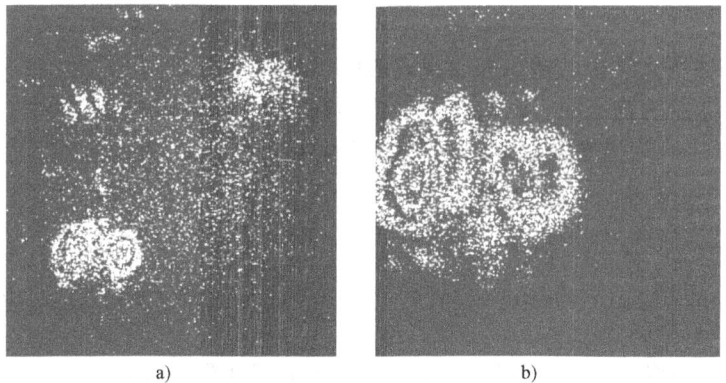

图 11-23 实时扫描得到全场的图像
a) 同时显示多个缺陷 b) 对局部缺陷放大观测

图 11-23 所示显示了实时时间差技术的优点,在进行大面积测试时,可以先进行扫描,分析缺陷的部位,如图 11-23a 所示,然后对局部缺陷进行放大观测,如图 11-23b 所示。这对于现场无损检测是非常方便的。

附录:傅里叶光学有关公式介绍

一、傅里叶变换

1. 定义

我们用 $\mathscr{F}\{g\}$ 表示含两个自变量 x 和 y 的一个复函数 g 的傅里叶变换式(也叫傅里叶谱或频谱),它由下式定义

$$G(f_x, f_y) = \mathscr{F}\{g\} = \int\!\!\!\int_{-\infty}^{\infty} g(x,y) \exp[-j2\pi(f_x x + f_y y)] \mathrm{d}x \mathrm{d}y \qquad (11\text{-}28\mathrm{a})$$

这样定义的变换式本身也是两个自变量 f_x 和 f_y 的复函数。f_x 和 f_y 一般称为频率。相仿地,函数 $G(f_x, f_y)$ 的逆傅里叶变换可用 $\mathscr{F}^{-1}\{G\}$ 表示,其定义为

$$g(x,y) = \mathscr{F}^{-1}\{G\} = \int\!\!\!\int_{-\infty}^{\infty} G(f_x, f_y) \exp[j2\pi(f_x x + f_y y)] \mathrm{d}f_x \mathrm{d}f_y \quad (11\text{-}28\mathrm{b})$$

2. 几个重要定理

1)线性定理:两个函数之和的傅里叶变换简单地是它们各自变换之和

$$\mathscr{F}\{\alpha g + \beta h\} = \alpha \mathscr{F}\{g\} + \beta \mathscr{F}\{h\} \qquad (11\text{-}29)$$

2)相移定理:函数在物平面上的一个位移,带来谱平面上的一个线性相位的变化。若:$\mathscr{F}\{g(x,y)\} = G(f_x, f_y)$,则

$$\mathscr{F}\{g(x-a, y-b)\} = G(f_x, f_y) \exp[-j2\pi(af_x + bf_y)] \qquad (11\text{-}30)$$

3)傅里叶积分定理:对函数相应地进行变换和逆变换又得到原函数

$$\mathscr{F}\mathscr{F}^{-1}\{g(x,y)\} = \mathscr{F}^{-1}\mathscr{F}\{g(x,y)\} = g(x,y) \qquad (11\text{-}31)$$

3. 在物理光学中的傅里叶变换式的应用及物理意义

设:x, y 为物平面,$g(x, y)$ 为物函数

f_x, f_y 为谱平面,$G(x, y)$ 为谱函数(频谱)

我们写出傅里叶积分定理

$$g(x,y) = \mathscr{F}^{-1}\mathscr{F}\{g(x,y)\}$$

$$= \int\!\!\!\int_{\infty} \left\{ \int\!\!\!\int_{\infty} g(x,y) \exp[-j2\pi(f_x + f_y)] \mathrm{d}x\mathrm{d}y \right\} \exp[j2\pi(f_x x + f_y y)] \mathrm{d}f_x \mathrm{d}f_y$$

我们已知 $G(f_x, f_y) = \int\!\!\!\int_{\infty} g(x,y) \exp[-j2\pi(f_x + f_y)] \mathrm{d}x\mathrm{d}y$

所以一个函数的傅里叶逆变换可以写作

$$g(x,y) = \mathscr{F}^{-1}\{G(f_x,f_y)\} = \iint_\infty G(f_x,f_y)\exp[j2\pi(f_x x + f_y y)]df_x df_y$$

(11-32)

从这个逆变换关系式，我们可以看出，函数 $g(x,y)$ 是许多形式为 $\exp[j2\pi(f_x x + f_y y)]$ 的基元函数的线性组合，而复数 $G(f_x,f_y)$ 则只不过是一个权重因子，必须把它加到频率为 (f_x,f_y) 的基元函数上才可以综合出所需要的 $g(x,y)$。因此，我们就可把二维傅里叶变换看成是把函数 $g(x,y)$ 分解为许多 $\exp[j2\pi(f_x x + f_y y)]$ 的基元函数的线性组合。这些基元函数有许多有意义的性质。我们注意到，对于一对特定频率 (f_x,f_y)，$\exp[j2\pi(f_x x + f_y y)]$ 对应于一平面波，其传播方向为 $\theta = \arctan\left(\dfrac{f_x}{f_y}\right)$，如图 11-24 所示。

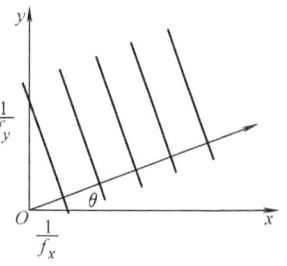

图 11-24 特定频率的基元函数与特定方向平面波的关系

以下是我们常用的一些光学元件与傅里叶变换的关系：

1）不同孔径的夫琅合费衍射图样，是孔径函数 P 的傅里叶变换。用 $\displaystyle\int_{-\infty}^{\infty}\int_{-\infty}^{\infty} P(x,y)\exp[-j2\pi(f_x x + f_y y)]dxdy$ 计算，$P(x,y)$ 为

圆孔　$P(x,y) = \begin{cases} 1 & \sqrt{x^2+y^2} \leq 1 \\ 0 & \text{其他} \end{cases}$ $\displaystyle\int_{-\infty}^{\infty}\int_{-\infty}^{\infty} G(f_x,f_y)\exp[-j2\pi(f_x x + f_y y)]dxdy$

方孔　$P(x,y) = \begin{cases} 1 & -\dfrac{1}{2} \leq x \leq \dfrac{1}{2},\ \dfrac{1}{2} \leq y \leq \dfrac{1}{2} \\ 0 & \text{其他} \end{cases}$

其他双孔、多孔的孔径函数都可用相应的表达式来计算傅里叶频谱。

2）薄透镜的傅里叶变换性质。一般来说，透镜是一个相位变换器，但对于薄透镜，满足等晕条件，它的焦平面上，是物函数的傅里叶频谱。改变傅里叶谱，即可改变物函数的性质，因此空间滤波和光学信息处理技术，都是在谱平面上做工作。标准的傅里叶变换光路如图 11-25 所示。

当物被平行光照明，且置于透镜的前焦面时，谱平面上是物函数准确的傅里叶变换，当置于其他位置时，不是准确的傅里叶变换，差一相位因子，但对于强度分布并不影响。

$$U_f(f_x,f_y) = \frac{1}{j\lambda f}\int_{-\infty}^{\infty}\int_{-\infty}^{\infty} t_0(x,y)\exp\left[-j\frac{2\pi}{f\lambda}(f_x x + f_y y)\right]dxdy$$

(11-33)

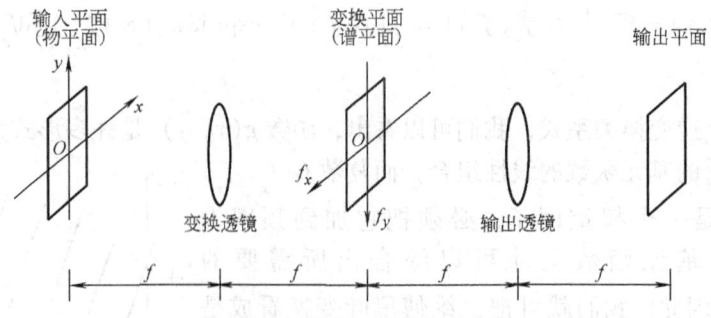

图 11-25 标准的傅里叶变换光路

式中，f 为薄透镜的焦距；λ 为照明光波的波长；$t_0(x, y)$ 为物函数。

二、卷积

1. 定义

对于两个非周期函数，其卷积为

$$f(x,y) \otimes g(x,y) = \int_{-\infty}^{\infty}\int_{-\infty}^{\infty} f(x-\alpha, y-\beta) g(\alpha, \beta) \, \mathrm{d}\alpha \mathrm{d}\beta \tag{11-34}$$

对于一维函数 $f(x)$ 和 $g(x)$，其卷积为

$$f(x) \otimes g(x) = \int_{-\infty}^{\infty} f(x-t) g(t) \, \mathrm{d}t \tag{11-35}$$

我们从一维卷积来理解上述积分表达式。

作出 $f(x)$ 和 $g(x)$ 的图形，将 $f(x)$ 反折，得 $f(-x)$ 和 $x = x_1$，作图形 $f(-x)$ $g(x)$ 的曲线，其面积 B 即为 $U(x_1)$，如图 11-26 所示。

2. 用卷积计算成像

成像情况可以用卷积计算，这里仅介绍一维的情况，一维问题清楚了，很容易推广到多维。设一光学系统将狭缝成像所得到的像的横向亮度分布，用线扩展线数 $L(x)$ 表示，如图 11-27a 所示，设图像的亮度分布为 $I_0(x)$。

为求 $I_0(x)$ 经光学系统成像后于某一点 x_1 上的线条的亮度，从图 11-27b 上看到，这一点产生的横向亮度分布为 $I_0(x_1) L(x-x_1)$，它自己只留下高为 Ax_1、宽为 Δx 的很窄的一条，即 $I_0(x_1)L(x_1-x_n)\Delta x$，其余的都跑到旁边去了。

设它旁边有一点 x_2，该点产生的一个亮斑是 $I_0(x_2)(x-x_2)$，这个亮斑分到 x_1 点上的光能是高为 Bx_2、宽为 Δx 的很窄的一条，即 $I_0(x_2)L(x_1-x_2)\Delta x$，这里假设是不相干照明，只有亮度相加，没有干涉现象，实际上 x_1 点邻近的所有的点都有光能变分到 x_1 点上，把 x_1 点上最后得到的亮度记为 $I_1(x)$，则有

$$I_1(x) = I_0(x_1)L(x_2-x_1)\Delta x + I_0(x_2)L(x_1-x_2)\Delta x + \cdots + I_0(x_n)L(x_1-x_n)\Delta x$$

$$= \sum_{-\infty}^{\infty} I_0(x_n) L(x_1-x_n) \Delta x$$

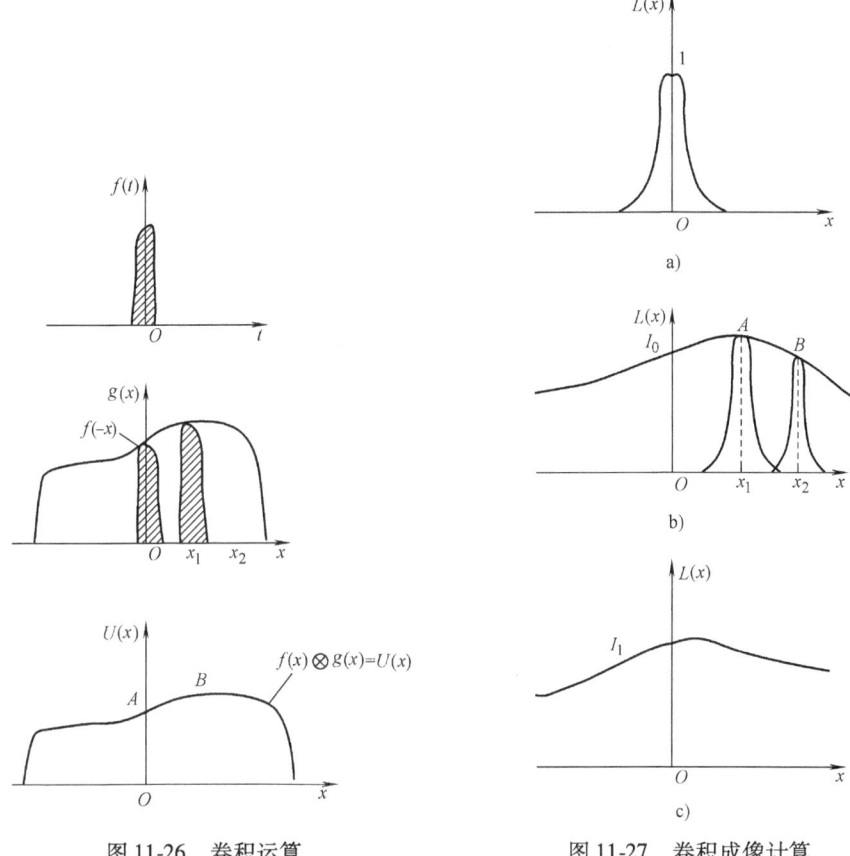

图 11-26 卷积运算　　　　图 11-27 卷积成像计算

当 Δx 尽量缩小而趋于零时，上式可以改写成积分式

$$I_1(x) = \int_{-\infty}^{\infty} I_0(x) L(x_1 - x) \mathrm{d}x$$

这里只求出 x_1 点处的亮度，如果要求出整个像面的亮度分布，将上式中的 x_1 改写为 x，式中原来的 x 是积分变量，为避免相混，又改为 t，则有

$$I_1(x) = \int_{-\infty}^{\infty} I_0(x) L(x - t) \mathrm{d}x$$

我们可以看出，这是一个卷积运算。

$$I_1 \omega = I_0(x) \otimes L(x)$$

成像的亮度分布可用图像的理想成像亮度分布同线扩散函数的卷积上，对于二维和三维问题，就不是线扩散函数而是点扩散函数。

3. 传递函数

对于线性空间不变系统，有：

当一个点光源在物场中移动时，若点光源的像只改变位置而不改变它的函数形式，则此成像系统是空间不变的。

对于线性空间不变系统，若 $h(x,y)$ 为系统的脉冲响应，并且其光学传递函数为

$$\mathscr{F}\{h(x,y)\} = H(f_x, f_r) \tag{11-36}$$

输入函数 $g_1(x_1, y_1)$ 和输出函数 $g_2(x_2, y_2)$ 有以下关系

$$g_2(x_2, y_2) = \int_{-\infty}^{\infty}\int_{-\infty}^{\infty} g_1(x_1,y_1)h(x_2-x_1,y_2-y_1)\,\mathrm{d}x_1\mathrm{d}x_2 = g_1 \otimes h \tag{11-37}$$

4. 卷积定理

设系统输出和输入的频谱为 $G_2(f_x, f_y)$，$G_1(f_x, f_y)$，则有

$$G_2(f_x, f_y) = H(f_x, f_y) \cdot G_1(f_x, f_y) \tag{11-38}$$

习　题

11-1　在主观散斑和客观散斑中，散斑颗粒平均直径与哪些因素有关？如何改变它的大小？改变它，对于散斑干涉计量有什么意义？

11-2　剪切散斑的基本原理是什么？它的优点是什么？如何用它测量离面位移导数、面内位移和离面位移？画出光路图。

11-3　如图 11-28 所示一圆盘，以中心为轴，面内旋转 0.01rad，得一双曝光散斑图，对此散斑图进行分析。

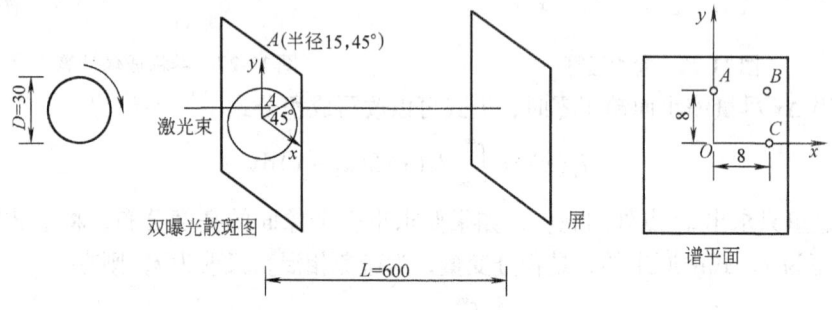

图 11-28　题 11-3 图

（1）当激光束打在 A 处，在 600mm 处放一屏幕，试问屏幕上出现的平行条纹的间距和方向？

（2）将此双曝光散斑图放入傅里叶变换光路，在谱平面上 A、B、C 位置分别置滤波孔，请画出傅里叶变换光路图相应于经 A、B、C 滤波后输出平面上的像。

11-4　图 11-29 中所示为用双光束散斑法测取离面位移的光路，试写出测取离面位移的步骤，并导出干涉条纹与离面位移的关系式。

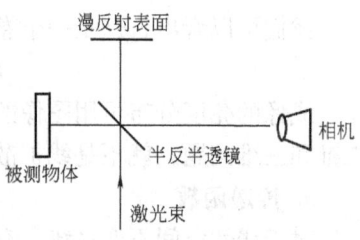

图 11-29　题 11-4 图

第 12 章 云纹干涉法

12.1 概述

由 D. Post 于 1979 年提出的云纹干涉法（Moiré Interferometry）是在经典云纹法基础上发展起来的一种光测力学新方法。由于它是一种基于光干涉的方法，因此有很高的灵敏度，可达到波长量级的测试灵敏度，因此很适合应用于新材料和细观力学的研究。它继承了经典云纹法的简易性、全场性、实时性、条纹定域在表面及不受试件材料限制等优点，加之测量灵敏度高（可达 $0.25\mu m$），条纹反差好，因而越来越受到实验力学工作者的重视。同时，云纹干涉法综合了经典云纹法和全息干涉的概念和技术。尽管它的条纹形成机理和经典云纹的形成机理不同，但它们在一定的数学公式解释下可以统一起来。所以说云纹干涉法和经典云纹法均是同一个家族中的成员。云纹干涉法主要用于面内位移的测量，它可以给出透明及不透明物体的全场的位移信息，也可以用于应变场的测量。

12.2 云纹干涉法的基本原理

12.2.1 双光束干涉

两束相干的准直光在空间相遇，在它们相交的空间区域会形成一个干涉区，干涉区内如图 12-1 所示，两光束的干涉形成了明暗相间的平面。两波的波峰（波谷）相遇的地方，形成增强干涉，对应着亮的平面；一波的波峰和另一波的波谷相遇的地方，形成相消干涉，对应着暗的平面。在图 12-1 中，这些平面是垂直于纸面的，以平行于 z 轴的平行线来代表。

如果我们把一块全息干版放入这个干涉区域内曝光，如图 12-1 中所示的 B-B 位置或 C-C 位置，则当其经过显影定影处理后，在干板上将形成一系列明暗相间的条纹。这些条纹的间距与干版的位置、两波的夹角及波长有关。

图 12-2 所示为两列相干光波 W_1 和 W_2 在空间相遇的某一时刻的情形，图中垂直于波列传播方向的细实线代表波前，标有 A_1 或 A_2

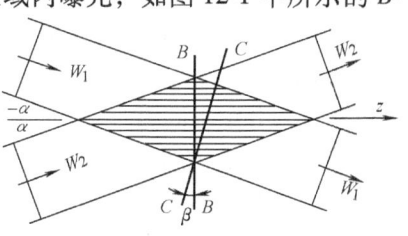

图 12-1 双光束干涉

的箭头代表波的振幅，光波的相位变化由正
弦曲线表示，两个等相位面间的距离是波长
λ，两波列分别沿与 z 轴正方向成 ±α 角的方
向入射。从图中可看出，沿 a-b、c-d 及 e-f 的
这些平行线（图中均以粗实线绘出），都是
两波波峰的交点（两波波谷的交点也沿这些
线），所以在这些线上两波形成增强干涉；而
图中的虚线都是波峰与波谷相交的点形成的
相消干涉线。这里还应注意到，这些增强干
涉线和相消干涉线实际上是垂直于纸面的平
面的投影。如果在图中 B-B 位置上有一观察
屏，增强干涉平面与观察屏相交处形成亮条
纹，相消干涉平面与观察屏相交处形成暗条

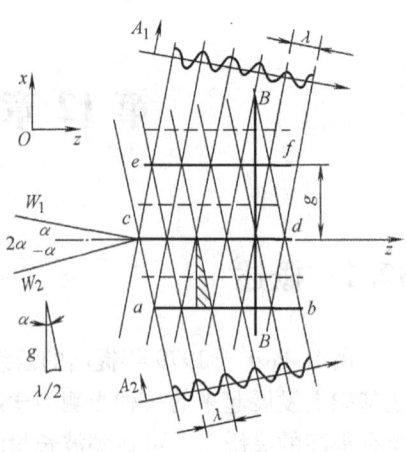

图 12-2 两列相干光波干涉时
条纹间隔与方向及波长的关系

纹。相邻亮条纹（或暗条纹）的间距称为条纹间距 g，当光波波长为 λ 时，从图
中阴影三角形的几何关系，可以容易得到

$$g = \frac{\lambda}{2\sin\alpha} \tag{12-1}$$

定义条纹间距 g 的倒数为频率 f，则有

$$f = \frac{1}{g} = \frac{2\sin\alpha}{\lambda} \tag{12-2}$$

从式（12-2），我们可以看出 f 的理论极限是 2/λ。

12.2.2 光栅及其衍射方程

衍射光栅是由一系列的有规律的间隔的"条纹"组成的。对于振幅型光栅，
这些"条纹"是透光和不透光的条
带；对于相位型光栅，这些"条纹"
则是沟槽，其剖面形状有多种（图
12-3）。光栅有透射式的（图 12-3b、
c、d），也有反射式的（图 12-3e、
f、g）。但无论哪种光栅，它们的光
栅方程都是一样的，只是各级次的
光谱的光强分配不同。

当一束准直光照射一块平面光
栅时，会产生光的衍射，如图 12-4
所示。图中虚线表示光栅是反射型的情形。在透射的情形，图中标有数字的光依
次称为 1、2 或 -1、-2、-3、-4 级衍射波。在反射情形下，零级衍射波沿入

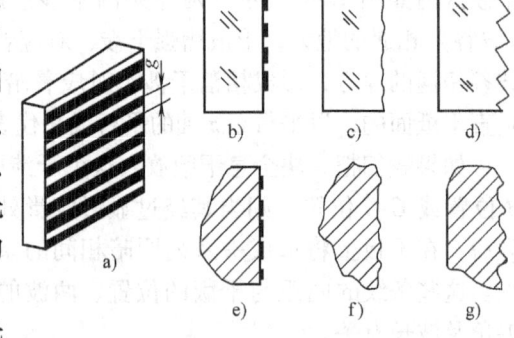

图 12-3 光栅

射波的镜面反射方向出射,各级衍射波与 z 轴的夹角记为 β_{-1}, β_0, β_1, β_2, …。关于光栅的衍射,在物理光学中有详细的论述。当光栅的面内转角为零或很小时,入射光的方向、光栅的衍射角和衍射级次的关系可以用二维光栅方程表示

$$\sin\beta_m = m\lambda f + \sin\alpha \qquad (12\text{-}3)$$

式中,α 为入射角;λ 为波长;f 为光栅频率$1/g$;m 为衍射级次。

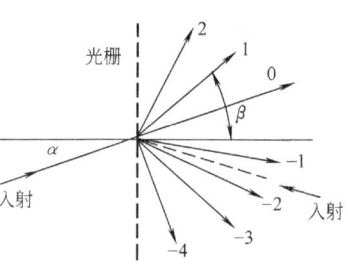

图 12-4 光栅衍射级次与入射方向的关系

式(12-3)表示了一种有意义的特殊情况。其零级和 -1 级衍射光对称于光栅平面的法线,如入射角为 α,则有 $\beta_0 = \alpha$、$\beta_{-1} = \alpha$,可以获得对称衍射的入射角 α。

12.2.3 云纹干涉条纹的形成原理

云纹干涉法条纹形成的基本原理是:已制备在试件表面的高频光栅随试件的变形而变形,当两束准直光以不同的角度照明试件栅时,由光栅产生的衍射波形成干涉,得到含有物体(试件)表面位移信息的纹图。如图 12-5 所示,设两对称入射准直相干光为 A 和 B。从光栅方程(12-3)可知,若希望其 ± 1 级衍射光波沿试件栅的法线方向行进($\beta_{\pm 1} = 0$),可选择光的入射角 θ 为:$\sin\theta = \lambda f / 2$,即 $\theta = \arcsin(\lambda f / 2)$。当对称入射的两准直相干光 A 和 B 的入射角为 $\theta = \arcsin(\lambda f / 2)$ 时,式中 f 为试件栅的频率,此时 ± 1 级衍射光波 A'、B' 均沿试件栅法线方向行进。如果试件栅非常平整,试件亦未受力,则两个正负一级衍射波 A'、B' 可视为平

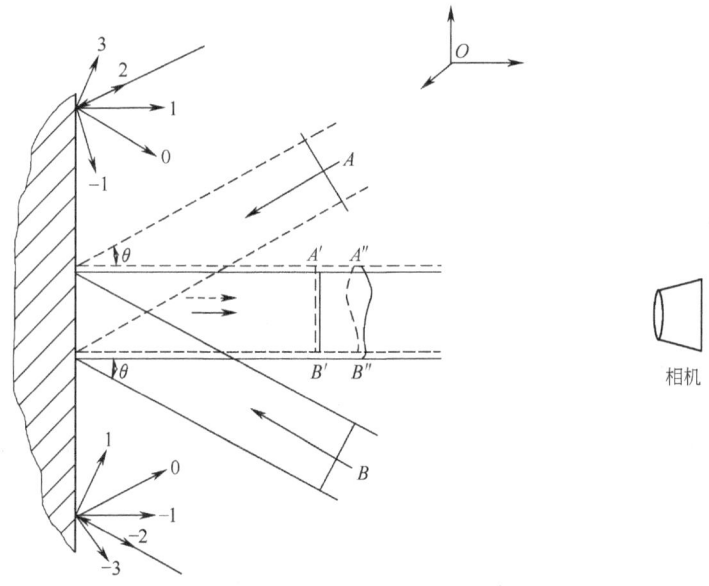

图 12-5 云纹干涉法测面内位移原理图

面波，其振幅可表示为

$$A' = Ae^{i\phi_a} \brace B' = Be^{i\phi_b} \qquad (12\text{-}4)$$

式中，A、B 为振幅，对平面波为常数；ϕ_a，ϕ_b 亦为常数。光路布置如图 12-5 所示。

当试件受载发生变形时，平面波变为和表面变形有关的翘曲波前 A'' 和 B''，可分别表示为

$$A'' = Ae^{i\phi_a + \varphi_a(x,y)}$$
$$B'' = Be^{i\phi_b + \varphi_b(x,y)}$$

式中，$\varphi_a(x, y)$ 和 $\varphi_b(x, y)$ 是由于表面位移变化而引起的相位变化。

一般来说试件表面具有三维位移，相位的变化 $\varphi_a(x, y)$ 和 $\varphi_b(x, y)$ 与位移 u 和 w 有关，且由变形几何分析可知

$$\varphi_a(x,y) = \frac{2\pi}{\lambda}[w(x,y)(1+\cos\theta) + u(x,y)\sin\theta]$$

$$\varphi_b(x,y) = \frac{2\pi}{\lambda}[w(x,y)(1+\cos\theta) - u(x,y)\sin\theta]$$

两束衍射波前经过成像系统后，在像平面上形成干涉条纹的光强分布可表示为

$$I = (A'' + B'')(A'' + B'')^* = 4A^2\cos^2\left\{\frac{1}{2}[\alpha + \delta(x,y)]\right\}$$

式中，$\alpha = \phi_a - \phi_b$，$\delta(x,y) = \varphi_a(x,y) - \varphi_b(x,y) = \frac{4\pi}{\lambda}u(x,y)\sin\theta$，$\alpha$ 为常数，理想的情况为零；δ 为相位差。

我们可看出：

1) 当 $\frac{\delta(x, y)}{2} = 2\pi n$ 时，出现亮条纹，即 $\frac{4\pi}{\lambda}u(x,y)\sin\theta = 4\pi n$，

$$u(x,y) = \frac{n\lambda}{\sin\theta} = \frac{n_x}{f} \qquad (12\text{-}5a)$$

式中，f 为试件栅的频率；n_x 为条纹级数。从上式可看出干涉条纹即为位移 u 的等值线。

2) 若需获另一方向的面内位移分量，使试件栅的栅线方向旋转 90°，则

$$v(x,y) = \frac{n_y}{f} \qquad (12\text{-}5b)$$

3) 若在试件表面复制成正交光栅并采用 4 光束入射光照明，即可同时得到 x、y 方向的面内位移分量。

4) 对称入射的两准直相干光在试件表面形成的虚栅的频率为

$$f = \frac{2\sin\theta}{\lambda}$$

可以看出 $\theta \to 90°$ 时，虚栅频率趋于理论极限 $2/\lambda$，即每条条纹代表 $\lambda/2$ 的位移。缩短波长 λ 可提高测试灵敏度。

从以上分析，我们可以了解，干涉云纹的条纹的解释就是面内位移的等值线。当试件上的栅线与 y 方向平行，对称入射相干光在 x-z 平面时得到的条纹就是 u 的等值线，条纹级次与 u 的关系如式（12-5a）所示。当试件上的栅线与 x 方向平行，对称入射相干光在 y-z 平面时得到的条纹就是 v 的等值线，条纹级次与 v 的关系如式（12-5b）所示。图 12-6 所示即为用干涉云纹法得到的对径受压圆盘的 u 方向和 v 方向的云纹干涉条纹。

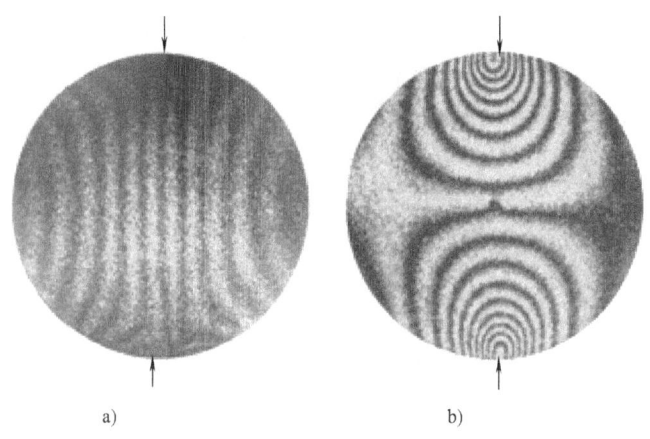

图 12-6 对径受压圆盘云纹干涉条纹图
a）u 场条纹图 b）v 场条纹图

12.3 云纹干涉法的实验技术

12.3.1 光学系统

云纹干涉法的虚光栅是由两束相干光形成的，所以云纹干涉法的基本光学系统就是一个双光束干涉系统。

1. 试件栅频率与虚光栅频率相等

图 12-7 所示为当试件栅和虚光栅栅距相等时云纹干涉法的基本光路。这类光路的一个优点是制栅光路与分析光路是同一个。将制好光栅的试件复位后，便可观察变形引起的干涉云纹图像。不便之处是，图 12-7b 所示光路不能得到试件的正面像。这两种光路的反射式用法均可让试件绕 x 轴旋转一小角度来记录。

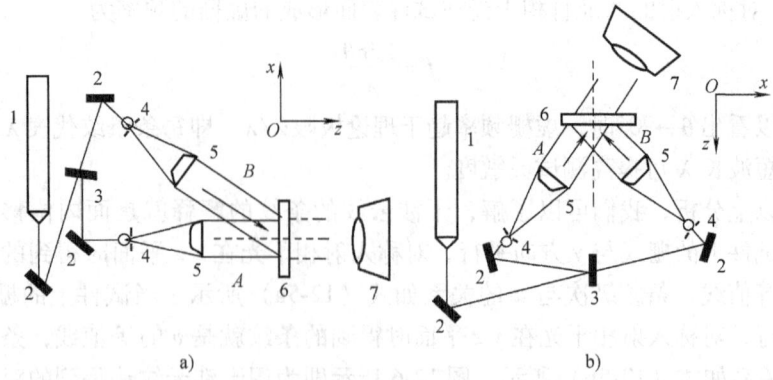

图 12-7 试件栅和虚光栅栅距相等时云纹干涉法的基本光路
a) 非对称入射 b) 对称入射
1—激光器 2—全反镜 3—半反镜 4—空间滤波器 5—透镜 6—试件 7—照相机

2. 试件栅频率等于虚光栅频率的 1/2

当试件栅频率等于虚光栅频率的 1/2 时，也就是我们在 12.2.3 节推导云纹干涉条纹与位移的关系时用的对称入射的系统，A、B 光束的负一级衍射波沿试件法向射出。这种光学系统的优点，是取两光波的负一级衍射波干涉，所以条纹的反差好，而且用相机所记录的是试件的正像。图 12-8 所示光路是图 12-5 所示光路的改进。设置一个可以同时在 x-z 和 y-z 平面内形成虚光栅的光路，从而可以一次得到 u、v 两个方向的位移。

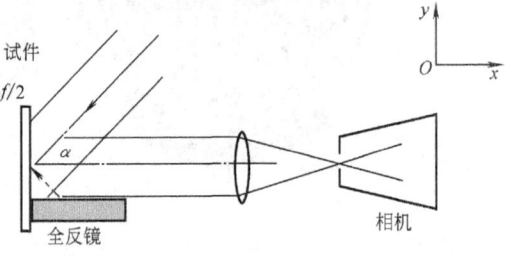

图 12-8 可同时得到 u、v 方向位移的云纹干涉光路

3. 其他的虚光栅系统

图 12-9 所示是其他的可产生双光束干涉的系统，它们的共同特点是一束光入射，利用光栅或棱镜等分光元件形成虚光栅。

12.3.2 试件栅的制作

试件栅的制作大致可分两类：一类为光栅复制法，一类为直接制栅法。

1. 光栅复制法

这种方法需要一块母光栅，它可以是全息光栅，也可以是机刻光栅。机刻光栅质量高，且由于它是闪耀型，可根据需要改变它的闪耀角而获得所需衍射级次的高效率输出，但机刻光栅的成本太高。全息光栅是双光束干涉花样经记录处理后获得的。全息光栅的优点是制栅周期短，光栅频率调整容易，成本低廉。有了母栅之后，在试件表面上的制栅过程如图 12-10 所示。在母栅表面镀一层脱膜剂

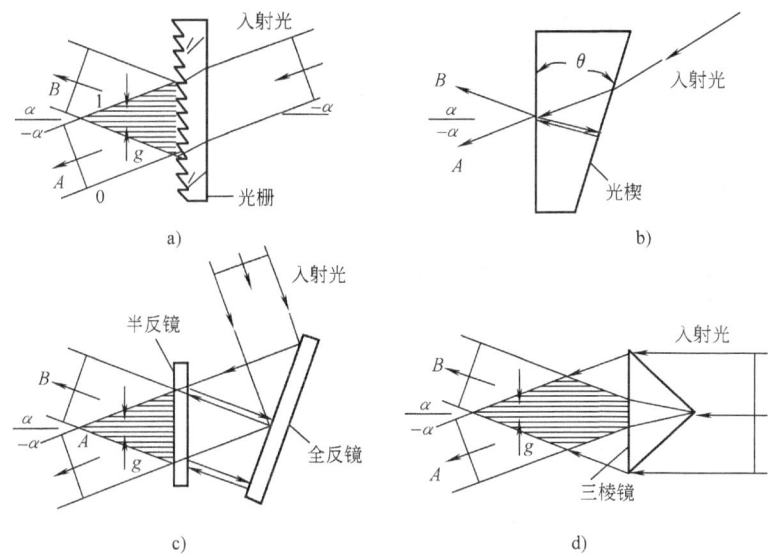

图 12-9 其他的虚光栅系统

和金属膜,在试件表面涂一层环氧树脂,把母光栅轻轻压在试件上,挤出环氧树脂中的气泡,然后使其固化。当环氧树脂完全固化后,再分离母光栅和金属膜,母栅表面的凹凸和金属膜就转移到试件上了。由这种方法制成的试件栅质量好、衍射效率高。

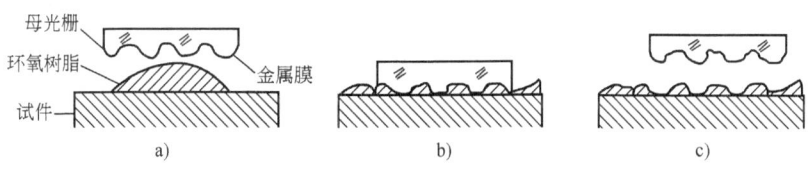

图 12-10 光栅复制法

2. 直接制栅法

直接制栅方法是把感光介质涂在试件表面,在试件表面上制全息光栅。它的制栅光路可以是图 12-7 ~ 图 12-9 中所示的任一个。试件表面所涂的感光介质可以是全息乳剂和光刻胶,感光之后经过显影定影处理,就完成了试件栅的制备,这种方法周期短、成本低。还有其他方法直接制栅,如把全息软片贴在试件表面上,经加载前后两次曝光,把无畸变的栅和随物体变形而畸变的栅记录在软片上,然后把软片从试件上剥离,经显影定影,干涉云纹即在其上清晰可见,如图 12-10 所示。

3. 试件栅频率的测定频率的测定

用光栅复制法所制的试件栅其频率与母光栅频率相同,而直接制栅法所制的试件栅频率可由下述两种方法测得：

1）在高倍显微镜下观测。

2）用一般物理实验室所具备的分光仪来测量某一光谱的衍射角，然后利用光栅方程计算光栅常数。

12.3.3 初始条纹的消除——载波法

从理论上讲，带有高频光栅的试件放入虚光栅下，当试件不受载时，在记录屏上应无条纹形成，如 12.2.3 小节所述。而在实际中，由于试件栅的栅线不可能十分平直，间距不可能十分均匀以及形成虚光栅的光学元件本身的缺陷，使得试件上会出现零载条纹。为了得到精确的测量值，必须消除初始条纹的影响。

当一张带有初始条纹和载荷条纹的条纹图同一张仅有初始条纹的条纹图重叠起来时，可以发现，由于二者初始条纹相同而被减去，而留下了单纯由载荷引起的条纹。但这样的条纹反差不好。这可以通过人为地加上许多初始条纹来改善条纹对比度，这种方法就叫做载波法。这种人为施加的初始条纹，称为错配条纹，或载波条纹。载波法的实施方法是：在零载时，预加一载波条纹，记录一次；然后在加载后，在同一张底片上再记录一次。这个两次曝光的底片，自动消除了初始条纹和载波条纹。载波条纹可通过旋转两入射光之一或在光路中附加一光楔等实现。

由载波得到的两次曝光的条纹图，由于载波条纹较密（通常取 12～15 线/mm）而不容易观测，可将它放入如图 12-11 所示的高通光学滤波光路中，滤去低频部分，就得到只与载荷有关的云纹条纹图。

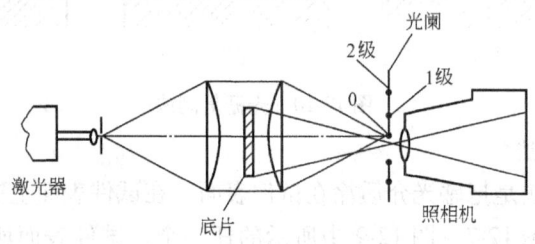

图 12-11 高通光学滤波光路

12.3.4 测取应变分量的机械错位及光学错位方法

在大多数工程问题中，重要的是构件的应变场而不是位移场，通过位移来计算应变需要计算位移的导数，会引进较大的误差。我们可以通过机械错位及光学错位的方法来直接得到物体的应变场。当两张相同的条纹图重叠在一起，并错动一个量，就会有新的条纹图产生。例如，两张底片记录了 u 方向的位移，条纹阶

数为 N_x。它们沿 x 方向相对错动了距离 Δx，就得到了新的代表 $\Delta N_x/\Delta x$ 的条纹图。由 $u = N_x/f$ 知道，有 $\partial u/\partial x \approx \Delta N_x/f\Delta x$ 这正是位移导数信息。当一张底片经两次曝光相继记录了两个相同的但有相对错位的条纹图，也可以得到与上面相同的结果，这就是错位方法获取物体应变场的基本思想。

错位方法的应变场定量计算公式为

$$\varepsilon_{xx} = \frac{\Delta N_x}{\Delta x} \tag{12-6a}$$

$$\varepsilon_{yy} = \frac{\Delta N_y}{\Delta y} \tag{12-6b}$$

$$\varepsilon_{xy} = \frac{1}{2f}\left(\frac{\Delta N_x}{\Delta y} + \frac{\Delta N_y}{\Delta x}\right) \tag{12-6c}$$

机械错位的方法是在两次曝光记录中间，将记录底片移动一个 Δx 或 Δy；光学错位方法则是在记录光路中加一光楔，使得条纹图的像在底片上有一相对错动。为了使等应变条纹清晰，在采用错位法同时也可运用载波法，经滤波后将获得很好的反差。图 12-12 所示为机械错位法的位移导数，图 12-13 所示为用光学错位法得到的三点弯曲梁的一部分的 $\Delta N_x/\Delta y$ 和 $\Delta N_y/\Delta x$。

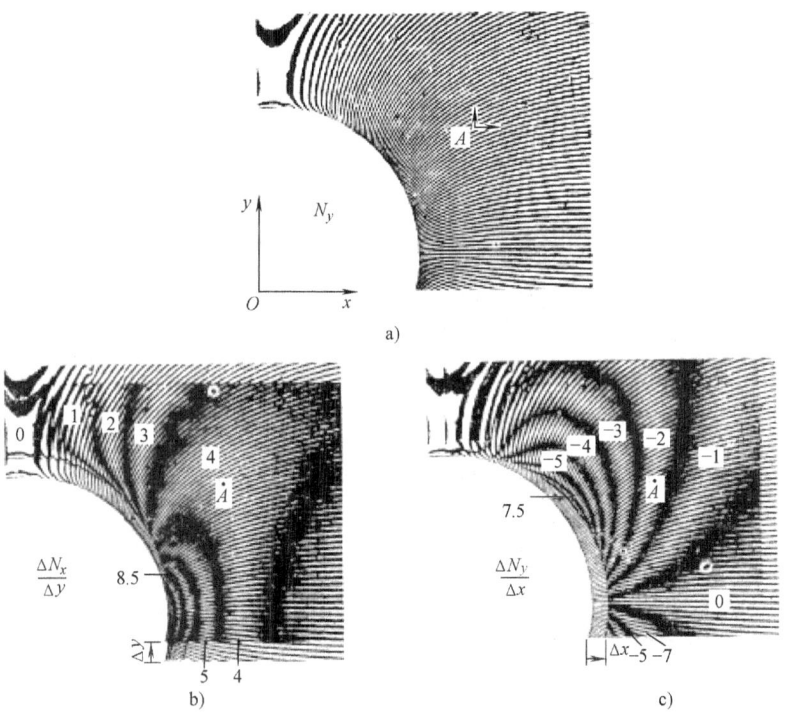

图 12-12　机械错位法的位移导数

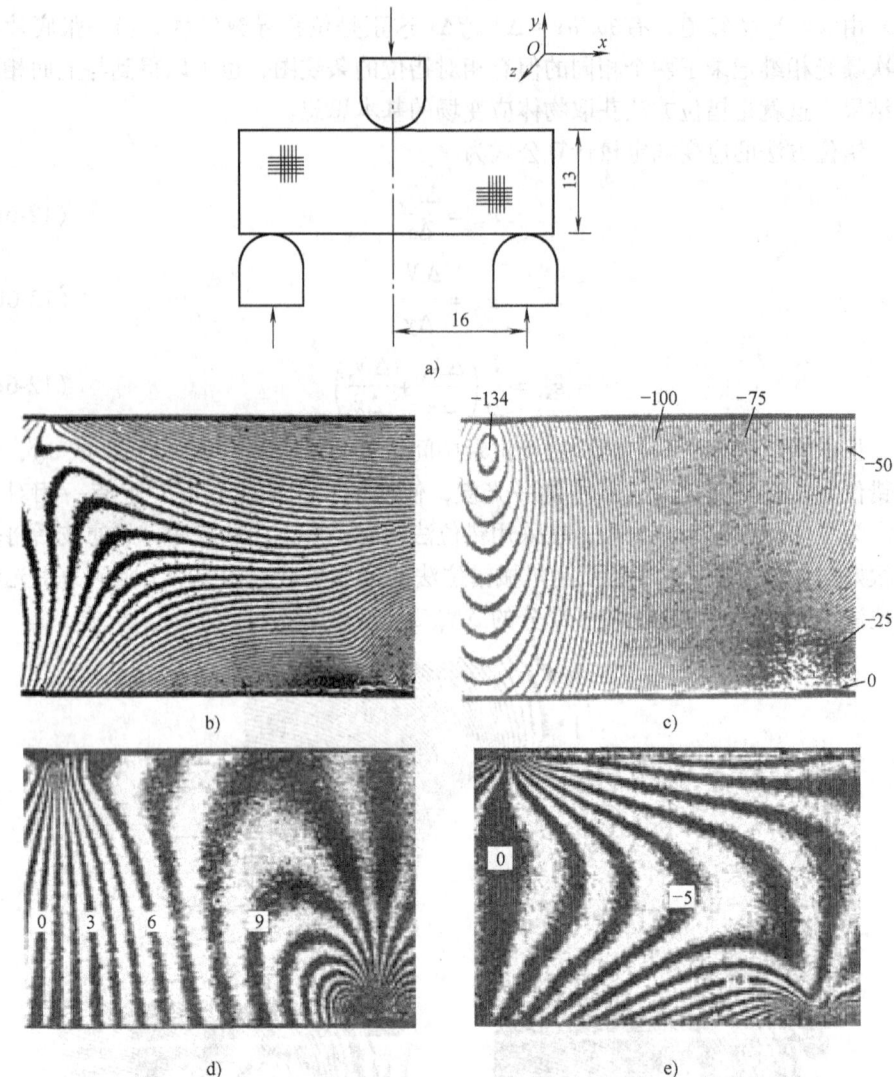

图 12-13 光学错位法得到的与 $\Delta N_x/\Delta y$ 和 $\Delta N_y/\Delta x$ 有关的条纹图
a) 三点弯曲梁 b) u 场的云纹干涉条纹 c) v 场的云纹干涉条纹
d) 与 $\Delta N_x/\Delta y$ 有关的光学错位条纹 e) 与 $\Delta N_y/\Delta x$ 有关的光学错位条纹

12.4 云纹干涉法在断裂测试方面的应用

由于云纹干涉法得到的是物体变形后的位移场，因而它在断裂测试中有较高的实用价值。云纹干涉法很适合平面应力状态下的应力强度因子（SIF）和 COD

等断裂力学参数的测定。

12.4.1 SIF 测试技术

云纹和云纹干涉法能直接得到裂纹尖端的位移场 u 和 v，从而可以通过纹尖的位移场，求得 SIF。中心穿透裂纹单向拉伸板 v 场条纹图，如图 12-14a 所示。以 I 型裂纹为例，处在图 12-14b 所示的坐标系中，其尖端附近的位移场与应力强度因子 K_I 存在以下关系

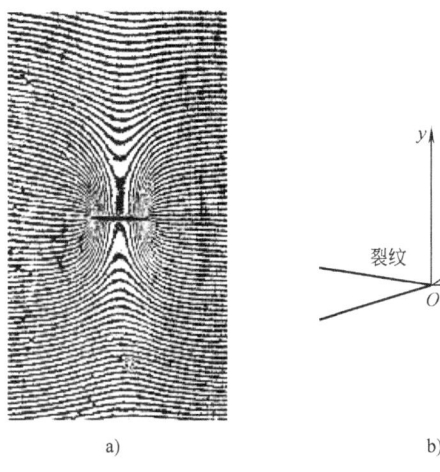
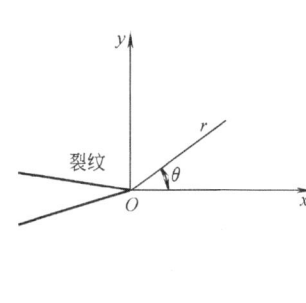

a)　　　　　　　　　　　　b)

图 12-14　通过裂纹尖端位移场求应力强度因子 K_I

a) 中心穿透裂纹单向拉伸板 v 场条纹图　b) 裂纹尖端坐标系

$$u = \frac{1+\mu}{2E} K_I \sqrt{\frac{r}{2\pi}} \left[(2k-1)\cos\frac{\theta}{2} - \cos\frac{3\theta}{2} \right] \tag{12-7a}$$

$$v = \frac{1+\mu}{2E} K_I \sqrt{\frac{r}{2\pi}} \left[(2k-1)\sin\frac{\theta}{2} - \sin\frac{3\theta}{2} \right] \tag{12-7b}$$

式中，E、μ 分别为材料的弹性模量和泊松比；K 为与 v 有关的常数，根据平面应力或平面应变问题取不同值。将云纹干涉公式 $v = N_y/f$ 代入式（12-7b）有

$$K_{IAP} = \frac{N_y}{f} \left\{ \frac{1+\mu}{2E} K_I \sqrt{\frac{r}{2\pi}} \left[(2k-1)\sin\frac{\theta}{2} - \sin\frac{3\theta}{2} \right] \right\}^{-1} \tag{12-8}$$

式中，K_{IAP} 是 r 不为零处名义上的应力强度因子，根据 K_I 的定义当 $r \to 0$ 时，$K_{IAP} \to K_I$；N_y 为 v 场的云纹条纹级次；f 为云纹栅线频率。

实验中的一般做法是，令 θ 等于某一常数，通常取 $\pi/2$，在这条线上，测不同的 r_i 点的 N_{yi}，得到对应的 K_{IAPi}，在一定的范围内，K_{IAP} 与 $\sqrt{r}$ 成线性关系，然后将其线性部分延长，与 K_{IAP} 轴的交点就是 K_I。也可以用最小二乘法拟合函数 $K_{IAP} = f(\sqrt{r})$ 的线性部分，令 $r=0$ 得到 K_I。

12.4.2 裂纹张开位移（COD）的测定

在云纹条纹图上确定裂纹张开位移 COD 是非常方便的。按直角定义裂纹尖

端张开位移，首先找到裂纹两岸的交点（图 12-15 中的 C 点），然后从裂纹的一岸 B 数干涉条纹，包括裂纹尖端数到裂纹的另一岸 A，所得的条纹总数乘以光栅尖距即为所求的 COD，即

$$\delta = \mathrm{COD} = NyP \tag{12-9}$$

云纹干涉法除了在断裂测试方面的应用外，在其他的固体力学测试中也有很广泛的应用，如材料本构关系的测定、材料热膨胀系数的测定、用云纹干涉法来标定电阻应变片、测定残余应力、用于复合材料变形特性的研究等等。

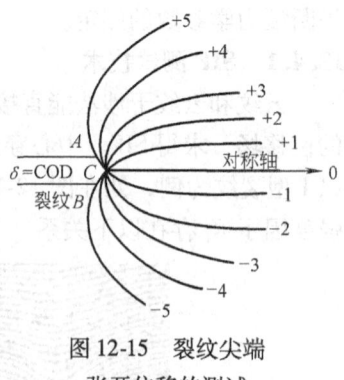

图 12-15 裂纹尖端张开位移的测试

12.5 云纹干涉法发展前景

云纹干涉法是一个全场位移的光学方法，可用于透明及不透明物体面内位移测量。它也可以测取物体的应变场。它的灵敏度一般为 0.417~1.04μm，即每级条纹代表 0.417~1.0μm 的位移量。灵敏度的最高限已有人做到 0.25μm，实际上我们还可以分辨判定 1/5 级条纹，那么对于条纹图的分析，我们可以用内插法来很容易地确定 0.08μm 的位移量。

由于云纹干涉法的全场性、实时性、非接触性等特点，使它具有广阔的应用前景。如在动态位移测量方面，云纹干涉法还有很大潜力，尤其是在动断裂问题的研究上，极有可能成为非常有效的测试手段之一。目前动态云纹干涉法的研究仅仅是开始，但它是一个令人感兴趣的研究领域。

云纹干涉法与边界元方法相结合的混合方法，也是有发展前途的研究领域。由云纹干涉法给出一个复杂物体的位移边界条件，然后用边界元方法来计算它的内部应力，这可以把复杂的问题简单化。

云纹干涉法是非接触性的测量方法，这就使它可能用于高温高压等恶劣环境下物体位移的测量。当物体表面制成可耐受恶劣环境影响的高频光栅，那么就打开了它在这方面应用的大门。

云纹干涉法目前在断裂力学中的应用，基本上用于测取 SIF 和 COD，实际上它还可以用于研究裂纹尖端附近的塑性区，疲劳裂纹的残余应力等等。此外，它也应该朝着走出实验室，进行现场实测的方向迈进。

云纹干涉法是一种基于光干涉的方法，有很高的灵敏度，利用光学倍增和外差式光路，甚至可以使它达到波长的千分之一，非常适用于细微观的测量，因此已广泛用于新材料、电子封装和 MEMS 的测试。

目前，云纹干涉法从理论到实验技术的研究已逐渐趋于成熟，人们在不断地

开辟它的新的领域。尽管它本身仍在许多地方有待于不断地完善,但它现在已和全息干涉法及激光散斑干涉法一样,是一个实验应力分析的实用的有力工具。

习 题

12-1 试阐述云纹干涉法与几何云纹法的相同与不同处,它有什么优点?

12-2 试阐述二维光栅方程,写出各参数的物理意义。

12-3 试件表面已制栅,问:

(1) 如何判断栅线方向和频率?

(2) 若已知试件表面的栅线频率为 f,求形成此光栅时两对称入射平行 He-Ne 激光束与试件表面法线的角度 β(图 12-16a)。

(3) 若已知试件表面的栅线频率为 f,一束平行 He-Ne 激光以角度 α 入射,希望其 1 级反射光与栅线平面垂直,求 α 角并画出各级衍射方向(图 12-16b)。

12-4 怎样消除初始条纹?

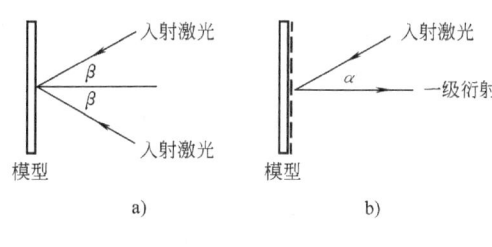

图 12-16 题 12-3 图

第 13 章 焦散线法

13.1 引言

　　工程中的一些问题，如裂纹尖端、应力集中区、接触问题等，都涉及到高应力和高应变集中在小部分区域内的现象。这种区域内的应力场、应变场往往伴随着奇异场出现，而不仅是我们早已熟悉的线弹性应力场和应变场，即在极小的范围内出现非常大的应力和应变，并且在近奇异场的局部范围内，物体的厚度和折射率也要发生急剧的变化。因此，在这些局部区域内，用常规的光弹性、云纹、散斑等实验应力分析方法直接测定已不可能。所以常常是避开该区，从其外部周围采集信息，利用各种外推的方法来获得结果，当然这种间接的方法必然会带来误差。焦散线法（Caustis）由 Manogg 提出，是一种非接触式光学测量方法。这种方法对应力梯度非常敏感，因此在求解应力场、应变场具有奇异性的力学问题，如应力强度因子等问题中，具有光路简单、测量方便、数据可靠等优点，现在已扩展到解决动态问题，尽管被研究的问题本身很复杂，但也可以从生成的清晰图像中得到丰富的信息，而且既可用于透明材料也可用于非透明材料的物体。

13.2 基本原理

13.2.1 焦散线的形成

　　固体中的应力会引起各点的应变、变形，从而使各点的折射率（对透明物体）和厚度等发生变化。对于应力应变梯度大的情况，会使原来平面的试件产生类似于光学凸凹透镜的效果，在像平面上也产生了类似的对平行光聚焦的现象，即产生某些特别亮的区域和特别暗的区域，而亮区和暗区之间有很明显的边界线。这两个区域间的边界线就称为焦散线。图13-1所示是以透射式记录的平行光线通过受拉（Ⅰ型）裂纹后的分布情况，可形象地说明焦散线的形成原理。

　　我们可看出，在应力梯度变化不大的区域，平行光线通过试件后，仍保持平行；在趋近于应力集中的中心时，光线会偏转，越是靠近裂纹尖端的区域，光线通过时的偏转越大。开始，随着物平面上光线与中心点（即裂纹尖端）距离的

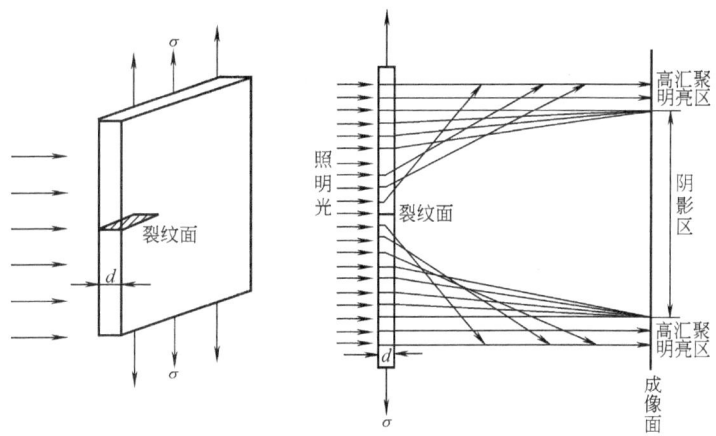

图 13-1 焦散线的形成原理图

减小，各个像点也向像平面上对应的中心点靠近；但是这种趋势在通过试件的光线进一步向裂纹中心点靠近时又会发生反转，即对应的像点离中心点又变远了，因此形成了一条明显的亮区和暗区的分界线，称之为焦散线。

13.2.2 焦散图像的定量分析

以反射焦散为例，一平行光照射到因受力变形而局部凹陷的物体，如图13-2所示。假设入射光线平行于 z 轴，试件未变形前的平面为 xy 平面，受力变形后其表面可以 $z=f(x,y)$ 曲面表示，$P(x,y)$ 为物平面上的一点。P 点经过反射在距 xy 平面为 z_0 的 $x'y'$ 平面上得到 P 点的像为 $P'(x',y')$，未变形前在 xy 的影像点为 P_1。图13-2a为立体图，图 13-2b为 y 方向的视图。

考虑小变形，$z \ll z_0$，$\tan\alpha = \dfrac{\partial f}{\partial x}$

$x' - x = z_0 \tan 2\alpha \approx 2z_0 \dfrac{\partial f}{\partial x}$，同理也可得到 $y' - y = 2z_0 \dfrac{\partial f}{\partial y}$

令 w 为在 $x'y'$ 平面上 P 点的偏移原像点 P 点的位移矢量，则

$$w_x = x' - x, \quad w_y = y' - y$$
$$\boldsymbol{w} = w_x \boldsymbol{i} + w_y \boldsymbol{j}$$

也可表达为：$w = 2z_0 \mathrm{grad} f(x,y)$。位移矢量是由板厚度的改变引起的。在反射光路中，$2f(x,y)$ 就是光程的改变 ΔS。焦散现象也会发生在透射式的光路中，试件可以是光学各向同性材料，也可以是光学各向异性材料。因此我们可以用一个更通用的公式来描述

$$\boldsymbol{w} = z_0 \mathrm{grad} \Delta S(x,y) \tag{13-1a}$$

写成极坐标的形式为

$$\boldsymbol{w} = z_0 \mathrm{grad} \Delta S(r,\varphi) \tag{13-1b}$$

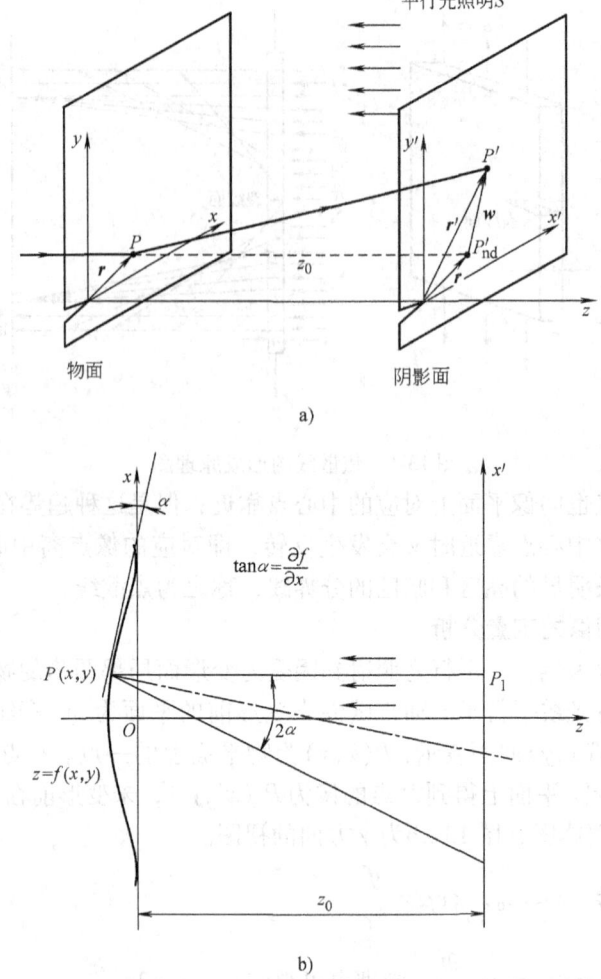

图 13-2 物平面和焦散面的映像关系
a) 物面与阴影面的关系 b) 构成反射式焦散线的几何关系（y方向观测）

对于透明材料和透射式光路安排，光程 ΔS 的改变是与变形、材料的折射率的变化有关的。

光程差 ΔS 的一般表达式如下

$$w = z_0 \mathrm{grad} \Delta S(r,\varphi)$$

$$\Delta S = (n-1)\Delta d + d\Delta n \tag{13-2}$$

式中，ΔS 为光程差；d 为板的有效厚度，对透明试件，即为板的实际厚度，对非透明试件，为板实际厚度的 1/2；Δd 为板有效厚度的改变；n 为对于透明试件为折射率，对于不透明试件 $n = -1$。

材料折射率的变化 Δn 和应力 σ_1、σ_2、σ_3 之间的关系。根据 Maxwer-Neumann 定律，对于具有双折射性质的透明材料，有

$$\Delta n_1 = A\sigma_1 + B(\sigma_2 + \sigma_3)$$
$$\Delta n_2 = A\sigma_2 + B(\sigma_1 + \sigma_3) \tag{13-3}$$

式中，A、B 为材料常数，以下我们分为光学各向同性和各向异性材料进行讨论：

1. 对于光学各向同性且无双折射性质的材料

$A = B$，$\Delta n_1 = \Delta n_2 = \Delta n$，反射时 $A = B = 0$

$$\Delta d = \left[\frac{1}{E}\sigma_3 - \frac{v}{E}(\sigma_1 + \sigma_2)\right]d \tag{13-4}$$

式中，对于平面应力问题 $\sigma_3 = 0$；对于平面应变问题 $\Delta d = 0$；E 为弹性模量；v 为泊松比。

2. 对于光学各向异性且具双折射性质的材料，可写成为以主应力之和与主应力之差表示的形式

$$\Delta S_{1/2} = Cd[(\sigma_1 + \sigma_2) \pm \lambda(\sigma_1 - \sigma_2)] \tag{13-5}$$

对于平面应力问题有

$$C = \frac{A+B}{2} - \frac{(n-1)}{E}v, \quad \lambda = \frac{A-B}{A+B-2(n-1)\frac{v}{E}} \tag{13-6}$$

对于平面应变问题有

$$C = \frac{A+B}{2} + vB \tag{13-7}$$

常数 C 表示在一定应力条件下对某一特定材料所得的光程差，所以常数 C 是对最终形成的焦散效应的一个定量度量，故称为"焦散光学常数"。系数 λ 表示材料的各向异性效应（$A \neq B$）对光程差的影响。表13-1给出了各种材料的常数 A、B、n 及由此导出的焦散光学常数 C 和各向异性系数 λ 的数值。

13.2.3 焦散线和初始曲线

式（13-1）、式（13-2）和式（13-3）描述了对任意应力分布都适用的从物平面到像平面的映射过程。将特定的应力分布公式代入一般方程（13-4）或式（13-5），就可以得到相应的映射方程，即初始曲线。关于初始曲线的概念在后续部分阐述。

这里以对比的方式同时讨论三种应力集中问题，如图13-3所示，它们是：

a）半无限平面受一个边界集中力作用。
b）受双向应力场 p、q 作用的平板中的圆孔。
c）受拉平板中的 I 型裂纹。

1. 以上问题线弹性应力场的解

例 a（图 13-3a）：

表 13-1 焦散线计算的有关常数

材料	弹性常数		折射率 n	一般光学常数			焦散光学常数				有效厚度 d_{eff}
	弹性模量 E /(MN/m²)	泊松比 μ		A/(m²/N)	B/(m²/N)	C/(m²/N)	平面应力		平面应变		
							C/(m²/N)	λ	C/(m²/N)	λ	
透射:											
光学各向异性											
Aradite B	3.660	0.392*	1.592	-0.056×10^{-10}	-0.620×10^{-10}	-0.970×10^{-10}	-0.288	-0.580×10^{-10}	-0.482		d
CR-39	2.580	0.443	1.504	-0.160×10^{-10}	-0.520×10^{-10}	-1.200×10^{-10}	-0.148	-0.560×10^{-10}	-0.317		d
平板玻璃	73.900	0.231	1.517	0.0032×10^{-10}	-0.025×10^{-10}	-0.027×10^{-10}	-0.519	-0.017×10^{-10}	-0.849		d
Homalite100	4.820	0.310*	1.561	-0.444×10^{-10}	-0.627×10^{-10}	-0.920×10^{-10}	-0.121	-0.767×10^{-10}	-0.149		d
光学各向同性											
PMMA	3.240	0.350	1.491	-0.530×10^{-10}	-0.570×10^{-10}	-1.080×10^{-10}	≈ 0	-0.750×10^{-10}	≈ 0		
反射:											
所有材料	E	v	-1	0	0	$2v/E$	0	—	0	—	$d/2$

* 表示该数值是动态的。

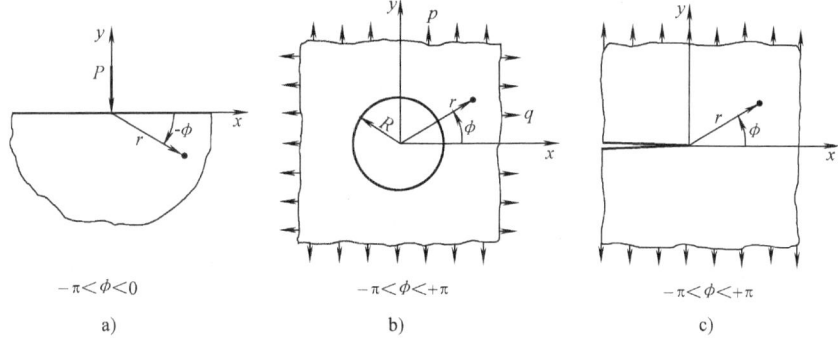

图 13-3 三种应力集中问题

$$\sigma_r = \frac{2P}{\pi}\frac{\sin\varphi}{r}, \quad \sigma_\varphi = 0, \quad \tau_{r\varphi} = 0 \tag{13-8}$$

例 b (图 13-3b):

$$\left.\begin{aligned}\sigma_r &= \frac{p+q}{2}\left(1-\frac{R^2}{r^2}\right) - \frac{p-q}{2}\left(1-4\frac{R^2}{r^2}+3\frac{R^4}{r^4}\right)\cos2\varphi \\ \sigma_\varphi &= \frac{p+q}{2}\left(1+\frac{R^2}{r^2}\right) + \frac{p-q}{2}\left(1-3\frac{R^4}{r^4}\right)\cos2\varphi \\ \tau_{r\varphi} &= \frac{p-q}{2}\left(1+2\frac{R^2}{r^2}-3\frac{R^4}{r^4}\right)\sin2\varphi\end{aligned}\right\} \tag{13-9}$$

例 c (图 13-3c):

$$\left.\begin{aligned}\sigma_r &= \frac{K_1}{\sqrt{2\pi r}}\frac{1}{4}\left(5\cos\frac{\varphi}{2}-\cos\frac{3}{2}\varphi\right) \\ \sigma_\varphi &= \frac{K_1}{\sqrt{2\pi r}}\frac{1}{4}\left(3\cos\frac{\varphi}{2}-\cos\frac{3}{2}\varphi\right) \\ \tau_{\varphi r} &= \frac{K_1}{\sqrt{2\pi r}}\frac{1}{4}\left(\sin\frac{\varphi}{2}-\sin\frac{3}{2}\varphi\right)\end{aligned}\right\} \tag{13-10}$$

2. 映射方程

根据应力分布式 (13-8)、式 (13-9) 和式 (13-10) 及式 (13-5), 为简单起见, 仅讨论 $\lambda=0$ 即各向同性的情况, 相应的映射方程为

$$a: \left.\begin{aligned}x' &= r\cos\varphi + \frac{2P}{\pi}z_0 c d_{\text{eff}} r^{-2}\sin2\varphi \\ y' &= r\sin\varphi - \frac{2P}{\pi}z_0 c d_{\text{eff}} r^{-2}\cos2\varphi\end{aligned}\right\} \text{ 对 } -\pi<\varphi<0 \tag{13-11a}$$

$$b: \left.\begin{aligned}x' &= r\cos\varphi + 4z_0 c d_{\text{eff}} R^2\ (p-q)\ r^{-3}\cos3\varphi \\ y' &= r\sin\varphi + 4z_0 c d_{\text{eff}} R^2\ (p-q)\ r^{-3}\sin3\varphi\end{aligned}\right\} \text{ 对 } -\pi<\varphi<\pi \tag{13-11b}$$

$$c: \left.\begin{aligned} x' &= r\cos\varphi + \frac{K_1}{\sqrt{2\pi}}z_0 cd_{eff}r^{-3/2}\cos 3\varphi \\ y' &= r\sin\varphi + \frac{K_1}{\sqrt{2\pi}}z_0 cd_{eff}r^{-3/2}\sin\frac{3}{2}\varphi \end{aligned}\right\} \quad 对 -\pi < \varphi < \pi \qquad (13\text{-}11c)$$

在物平面后方,所有的偏转光线形成了一个焦散空间。它的表面是这些光线的包络面,如图13-1所示,这个包络面就是称为焦散曲面。像平面与焦散曲面的交线就是焦散曲线。物平面上的点与像平面上的点并非一一对应,物平面上的多点对应于像平面上的一点。焦散曲线是方程式(13-1)和式(13-2)的多值、奇异解(即沿焦散线上点的映射是不可逆的)。因此,焦散线存在的充分必要的条件是方程式(13-1)和(13-2)的Jacobian行列式的值为零,即

$$\frac{\partial x'}{\partial r}\frac{\partial y'}{\partial \varphi} - \frac{\partial x'}{\partial \varphi}\frac{\partial y'}{\partial r} = 0 \qquad (13\text{-}12)$$

坐标r,φ满足式(13-2)的点形成物平面上的初始曲线,该初始曲线到像平面的映射称为焦散线。

将映射方程式(13-11)代入式(13-12),就得到例a,b,c的初始曲线方程为

$$a: \quad r = \left[\frac{4}{\pi}|z_0||c|d_{eff}P\right]^{1/3} \equiv r_0 \quad 对 -\pi < \varphi < 0 \qquad (13\text{-}13a)$$

$$b: \quad r = [12|z_0||c|d_{eff}R^2(p-q)]^{1/4} \equiv r_0 \quad 对 -\pi < \varphi < \pi \qquad (13\text{-}13b)$$

$$c: \quad r = \left[\frac{3}{2}\frac{K_1}{\sqrt{2\pi}}|z_0||c|d_{eff}\right]^{2/5} \equiv r_0 \quad 对 -\pi < \varphi < \pi \qquad (13\text{-}13c)$$

对于这三个例子,初始曲线都是以应力集中的中心点为圆心,且有固定半径r_0的圆。根据映射方程式(13-11),可以得到初始曲线方程式(13-13)的像,即焦散线为

$$a: \begin{aligned} x' &= r_0\left(\cos\varphi + \text{sgn}(z_0 c)\frac{1}{2}\sin 2\varphi\right) \\ y' &= r_0\left(\sin\varphi - \text{sgn}(z_0 c)\frac{1}{2}\cos 2\varphi\right) \end{aligned} \quad 对 -\pi < \varphi < 0 \qquad (13\text{-}14a)$$

$$b: \begin{aligned} x' &= r_0\left(\cos\varphi + \text{sgn}(z_0 c)\frac{1}{3}\sin 3\varphi\right) \\ y' &= r_0\left(\sin\varphi + \text{sgn}(z_0 c)\frac{1}{3}\sin 3\varphi\right) \end{aligned} \quad 对 -\pi < \varphi < \pi \qquad (13\text{-}14b)$$

$$c: \begin{aligned} x' &= r_0\left(\cos\varphi + \text{sgn}(z_0 c)\frac{2}{3}\sin\frac{3\varphi}{2}\right) \\ y' &= r_0\left(\sin\varphi + \text{sgn}(z_0 c)\frac{2}{3}\sin\frac{3\varphi}{2}\right) \end{aligned} \quad 对 -\pi < \varphi < \pi \qquad (13\text{-}14c)$$

图13-4所示为上述三种问题的焦散线图像。

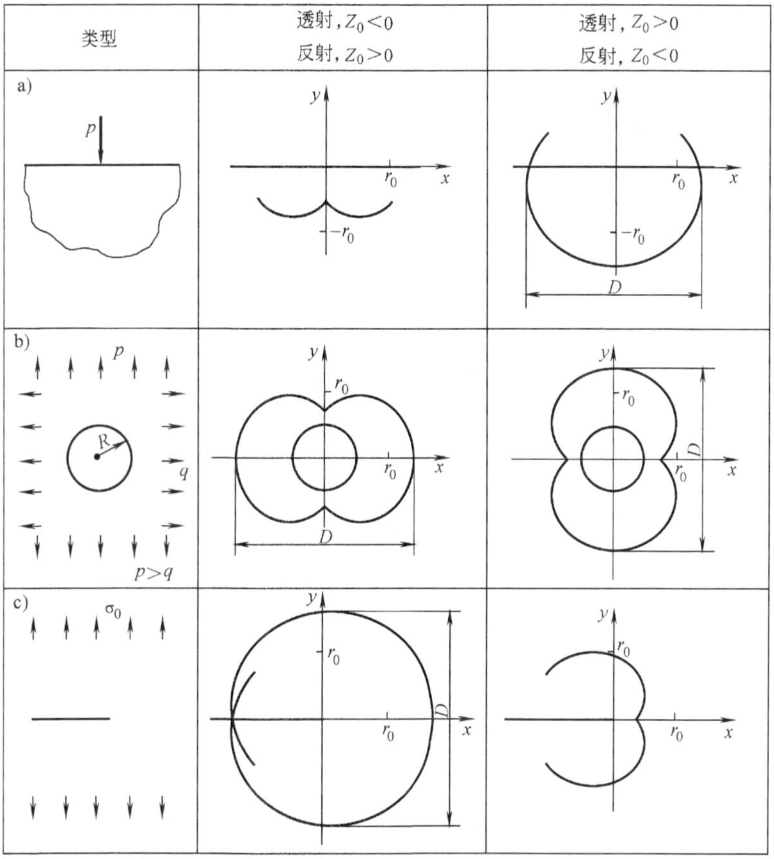
类型
透射，$Z_0<0$
反射，$Z_0>0$
透射，$Z_0>0$
反射，$Z_0<0$
a)
b)
c)
p
q
R
p>q
σ_0
y
x
r_0
$-r_0$
D

图 13-4 三种问题的焦散线图像

为了定量分析焦散线，必须定义一个焦散曲线上特征点间的长度参数，如图 13-4中给出的焦散曲线的最大直径 D。这些参数与初始曲线的直径之比的关系为

$$a:\quad D = 2.6r_0 \tag{13-15a}$$

$$b:\quad D = 2.67r_0 \tag{13-15b}$$

$$c:\quad D = 3.17r_0 \tag{13-15c}$$

根据式（13-13）和式（13-15），对每一种情况都可以给出描述焦散线尺寸和产生焦散线载荷参数之间的定量公式

$$a:\quad P = \frac{\pi}{4(2.6)^3 z_0 c d_{\text{eff}}} D^3 \tag{13-16a}$$

$$b:\quad p - q = \frac{1}{12(2.67)^4 z_0 c d_{\text{eff}} R^2} D^4 \tag{13-16b}$$

$$c: \quad K_1 = \frac{2\sqrt{2\pi}}{3(3.17)^{5/2} z_0 c d_{\text{eff}}} D^{5/2} \tag{13-16c}$$

因此,根据式(13-16),在实验中检测到 D 值,就可以确定载荷,也就是期望得到的参数,如边界压缩载荷 P、双向应力差 $(p-q)$ 和裂纹尖端应力强度因子 K_1。

当然也可以使用与在图13-4所定义不同的特征长度参数。然而为了得到可靠且足够精确的计算公式,选择焦散线和在线上取两个特征点时,最好能使两点之间的长度参数达到最大值,而且两个特征点都必须在焦散线上。

以上讨论中使用的是光学各向同性材料,当使用光学各向异性材料时,焦散线分裂成双线条。

图13-5所示为通过实验观测到的焦散图像,左边图像为透射得到,右边图像为反射得到。

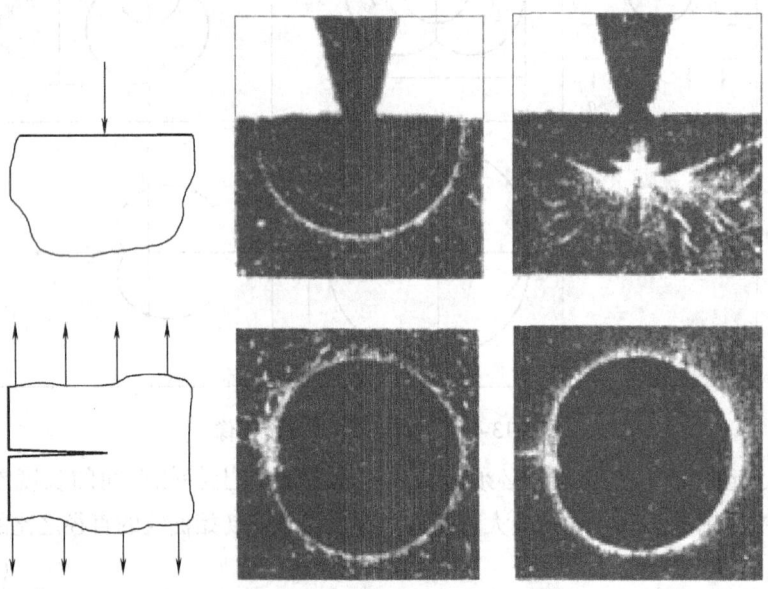

图 13-5 通过实验观测到的焦散图像

13.3 实验技术

焦散线方法所使用的设备一般非常简单,只需要一个合适的光源用于试件的照明和一套记录焦散图像的设备。

在以上有关焦散线方法的基本原理的描述中,使用了平行光,实际上发散光、汇聚光也同样可得到焦散图像。主要的问题在于无论使用什么光路,光束都必须满足虽只一个但却非常严格的平行光、发散光或汇聚光的条件。为了实现这一要求，光源必须有点光源的基本性质，即小孔径和远离物体。如果这些条件不能得到充分满足，焦散图像将会模糊，暗区和亮区之间的界限（即焦散曲线）也不再是一条标志分明的线，这样的图像无法进行定量分析。

在参考平面放置一记录介质如胶片，就可以直接记录实焦散线，也可用相机等记录焦散线。

如果用非平行光，焦散像的大小将差一个放大系数，即 $r'_{nd} = mr$。对发散光：$m = (z_1 - z_0)/z_1$；对汇聚光 $m = (z_2 - z_0)/z_2$。定义 z_1 为光源到试件的距离，z_2 为照相机到实像平面的距离，皆为正值。当使用非平行光时，需要将基本映射方程修改为

$$r = mr + w \tag{13-17}$$

图13-6所示为几种典型的焦散光路。

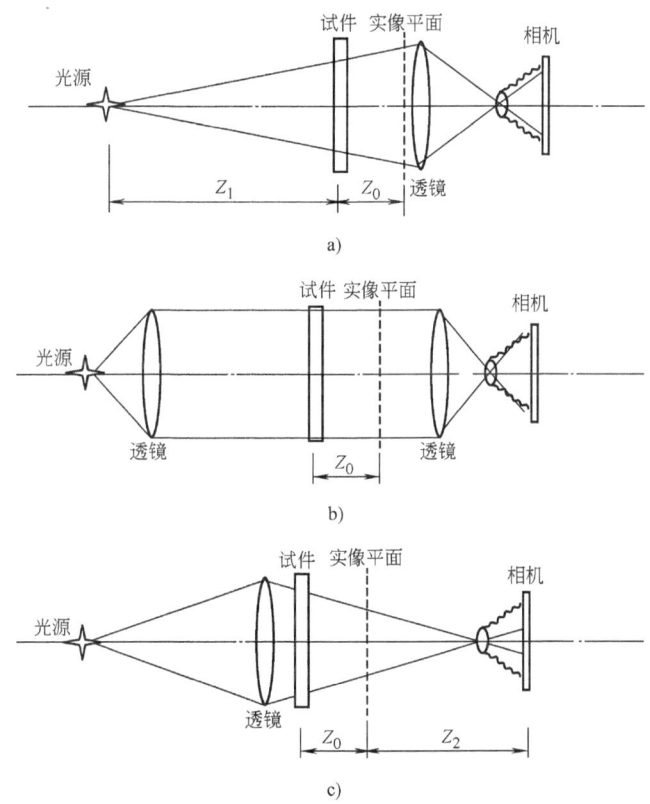

图 13-6　几种典型的焦散光路
a）发散光　b）平行光　c）汇聚光

习 题

13-1 试阐述焦散线形成的原理,它适合解决哪一类问题?

13-2 什么是初始曲线?焦散线和初始曲线有什么关系?

13-3 如何用焦散法求单边受拉裂纹的应力强度因子?

第14章 光力学中的计算机方法和图像识别技术

14.1 引言

现代光测力学是利用现代光学的方法和视频技术进行力学量测量的一门交叉学科，因此它的发展与计算机视频、数字图像处理、激光等高新技术的发展息息相关。如人工双折射现象的发现和具有人工双折射效应材料的商业化，推动了光弹性方法的产生、发展和成熟，进而在工业科研领域获得广泛应用；激光的发现，推动了具有波长量级的全息干涉技术的产生和发展，它们迅速在无损检测、模态分析和应力应变场的测量上得到了广泛应用。随着光电技术、视频技术和现代数字图像技术的发展，产生的电子散斑技术首先解决了方法对环境的较高要求，如避光、防振、化学液冲洗等不便用于工业现场的缺点，在现场测试方面发挥了重要作用。随着数字图像处理技术的引入，对于干涉条纹的计量，提出了多种可以计算机识别、相位自动处理的方法，实现了测试的自动化并提高了测量精度和效率；各种计算机算法的发展还产生了不必依赖光学干涉而基于图像本身的位移场和应变场的测量方法——数字相关法，使光力学测量方法更具活力。

14.2 计算机视频和图像数字化系统的构成

随着光电子技术、计算机技术的飞速发展，一个以微机为核心的在普通光力学实验室内使用的小型数字图像采集和处理系统已日趋普及。

14.2.1 硬件系统

在光力学测量中应用最广的计算机视频记录和图像数字化处理系统的最简单系统设备配置如图14-1所示。

主要由以下部分组成：

1. 图像输入设备

CCD摄像机是最常用的图像采集设备，一般能以电视速率（每秒30帧）采集图像，高速摄像机可以用更高的速率采集图像（每秒千幅以上）。

其他用于输入的图像的设备还有数码相机、扫描仪等。

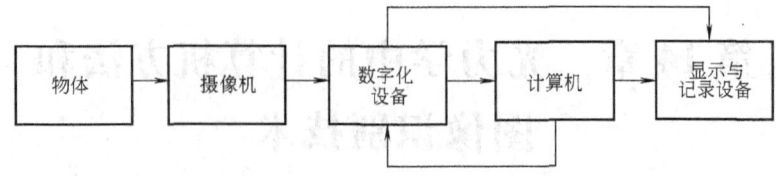

图 14-1 计算机视频记录和图像数字化处理系统设备配置

2. 图像的数字化设备

最常用的是图像板，插入计算机的扩展槽内，可将视频设备如 CCD 摄像机接收的图像信号转化为数字信号。假设 CCD 是由 512×512 个点阵组成，那么通过图像板转换可以得到表征该点阵上每一点的灰度或 RGB 的数值，以便于计算机进行相应的处理。

3. 图像处理用计算机

一般市场通用的 PC 机即可，尽量采用较高的配置，可以提高工作效率。

4. 输出设备

输出设备有打印机、XY 绘图仪、监视器等。

14.2.2 软件

图像处理的软件系统，一般包括接口、控制程序和应用软件。

用 CCD 摄像机采集图像，并通过插入计算机扩展槽内的图像板将其数字化，以图像文件的格式存于计算机中，以便于进一步处理，该类接口软件一般由图像板的厂商提供，可控制图像的采集和进行一般的加、减和布尔运算等处理。

目前市场上用的 Photoshop 和 Matlab 等商用软件非常适用于做一般化的图像预处理，如平滑、去噪声、增强和加减等运算，利用功能强大的商业软件，可以节省很多时间。

对于在光测力学中特定的图像处理要求，仍需自己编制程序，VB、VC、Fortran 是常用的编程语言。

14.3 光力学条纹相位提取的方法

传统的光力学测试方法主要是通过干涉条纹图中条纹级次的测量来求得有关的位移和应变的力学量，由于通常是单色条纹，难以确定级次；而且当条纹稀少时，测量的灵敏度和精度也受到影响。最早的干涉条纹图分析是由人工完成的，按照目测的灰度确定条纹中心和为条纹赋级，人为误差大，尤其是在条纹稀疏和条纹不规则时，条纹中心不易确定。由于观察到的是灰度决定的条纹，一般情况下是无法确定条纹的绝对级次的。在计算机方法引入以前，这些问题一直困扰着光力学工作者。

20世纪70年代，由于数字图像处理系统的采用，干涉条纹图的计算机自动分析受到了广泛的注意，并迅速发展成各种算法。从骨架线法、条纹跟踪法、变载法直到相位法才真正实现了计算机对相位的自动识别。最常用的相位测量技术有多幅图像相移法、外差法和载波频域相移法。以下我们分别介绍这几种方法的原理和应用。

14.3.1 多幅图像相移法

光干涉现象的产生是由各点的光程差或相位差决定的，相邻条纹上的点相位差为2π，因此从本质上讲干涉测量技术就是光的相位检测技术。直接测量相位才是解决问题的关键，将干涉条纹图用灰度值表示，任意一幅干涉条纹图，都可以表达为以下形式

$$I(x,y) = A(x,y) - B(x,y)\cos[\phi(x,y) + \theta] \tag{14-1}$$

式中，$A(x,y)$为与背景光强有关的量；$B(x,y)$为与光的振幅有关的量；$\phi(x,y)$为与变形或位移有关的相位；θ为一个常相位，不影响条纹图上相对相位值。

从式（14-1）的光强表达式我们可以得到启发，式中背景光$A(x,y)$、光的振幅$B(x,y)$和因位移或变形引起的相位$\phi(x,y)$是未知量，在测量的过程中只能测取光强$I(x,y)$。如果能够人为地改变θ值，那么就可以得到相应的改变了的光强。从数学分析，那么最少要有三个方程，即改变三次θ值，即可以通过解方程组得到所要求的$\phi(x,y)$值。通过使用压电陶瓷元件、改变偏振光方向、液晶相移元件等多种方法，可以人为地改变θ值。相移的算法也已成熟，以常用的有四幅图像的算法为例，人为地改变θ值，记录四幅图像分别令$\theta = 0$、$\dfrac{\pi}{2}$、π、$\dfrac{3}{2}\pi$，从式（14-1），可以得到四幅图像的光强分别为

$$I_1 = A(x,y) - B(x,y)\cos\phi(x,y) \tag{a}$$

$$I_2 = A(x,y) - B(x,y)\cos\left[\phi(x,y) + \frac{\pi}{2}\right] = A(x,y) + B(x,y)\sin[\phi(x,y)] \tag{b}$$

$$I_3 = A(x,y) - B(x,y)\cos[\phi(x,y) + \pi] = A(x,y) + B(x,y)\cos[\phi(x,y)] \tag{c}$$

$$I_4 = A(x,y) - B(x,y)\cos\left[\phi(x,y) + \frac{3\pi}{2}\right] = A(x,y) - B(x,y)\sin[\phi(x,y)] \tag{d}$$

从式（a）、式（b）、式（c）和式（d），可得到

$$\frac{I_2 - I_4}{I_3 - I_1} = \tan[\phi(x,y)]$$

即

$$\phi(x,y) = \arctan\left(\frac{I_2 - I_4}{I_3 - I_1}\right) \tag{14-2}$$

从式（14-2）得到的相位 $\phi(x,y)$ 是从反正切运算中得到的，考虑到分子 $I_2 - I_4$ 的符号和分母 $I_3 - I_1$ 的符号是确定的，因此 $\phi(x,y)$ 变化范围在 $-\pi$ 和 π 之间，我们称之为相位主值，或包裹的相位（Wrapped Phase），为了展开得到真实的相位，要进行去包裹运算，在连续相位的问题中，可采用 Macy 算法，即

$$\phi(x,y) = \text{AMOD}[\phi(x_j,y) - \phi'(x_{j-1},y) + 201\pi, 2\pi] + \phi'(x_{j-1},y) - \pi \tag{14-3}$$

式中，$\phi(x,y)$ 即为去包裹后的相位，也就是我们要求的与变形和位移有关的相位值；AMOD 是 Fortran 中的两数之间的余数的运算符。

四幅图像相移的算法是采用三角运算试凑出来的，现在已有许多算法设计的方法，是针对特定的误差的算法。利用图14-2所示的实验系统，根据式（14-2）、式（14-3）得到的相位分布图如图14-3所示，该图为四幅不同相移 θ 值的图像。

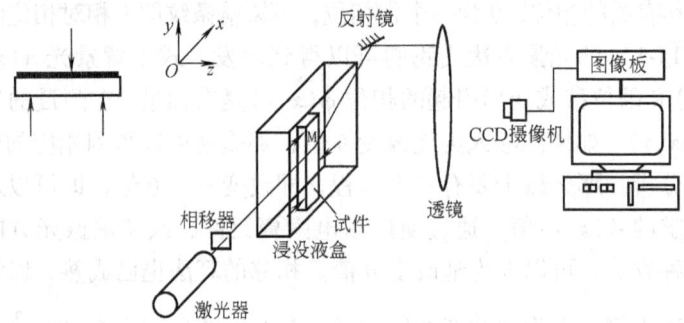

图 14-2 采集受三点弯的双材料梁等达因图像的实验系统

14.3.2 载波相移法

光力学图像的某些信号受到一固定频率信号的调制，如投影云纹图像，如图14-4所示，变形了的栅线光强可用下式表示

$$I(x,y) = A(x,y) - B(x,y)\cos[2\pi f_0 + \phi(x,y)] \tag{14-4}$$

式中，$A(x,y)$ 为与背景光强有关的函数；$B(x,y)$ 为与振幅大小有关的函数；f_0 为载波频率，与变形无关；$\phi(x,y)$ 是与加载后的应力有关的相位。这类问题可以通过傅里叶变换，在频域滤掉直流分量，将 f_0 位置附近的分量平移后进行逆傅里叶变换即可求得相位 $\phi(x,y)$ 值。

式（14-4）也可以复数表示

$$I(x,y) = A(x,y) + C(x,y)\exp(2\pi f_0 x) + C^*(x,y)\exp(-2\pi f_0 x) \tag{14-5}$$

式中，$C(x,y) = \frac{1}{2}B(x,y)\exp[i\phi(x,y)]$，$C^*(x,y)$ 是 $C(x,y)$ 的复共轭函数。对

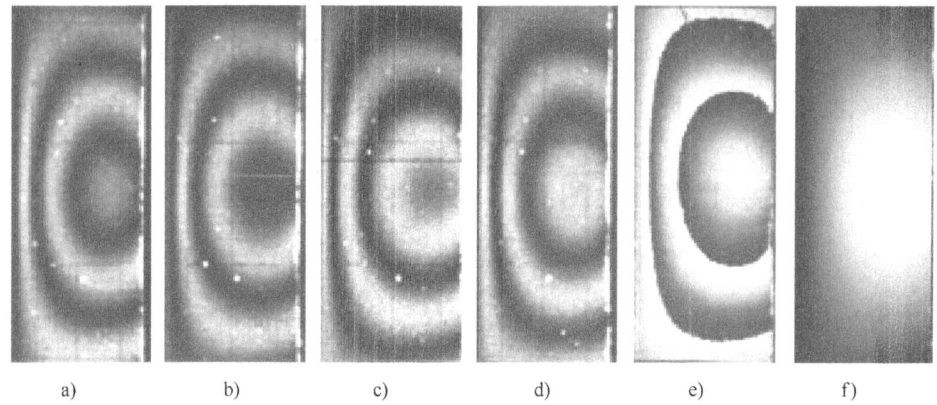

图 14-3 四幅图像相移法
a) $\theta=0$ b) $\theta=\pi/2$ c) $\theta=\pi$ d) $\theta=3\pi/2$
e) 未去包裹的相位图 f) 去包裹后的相位图

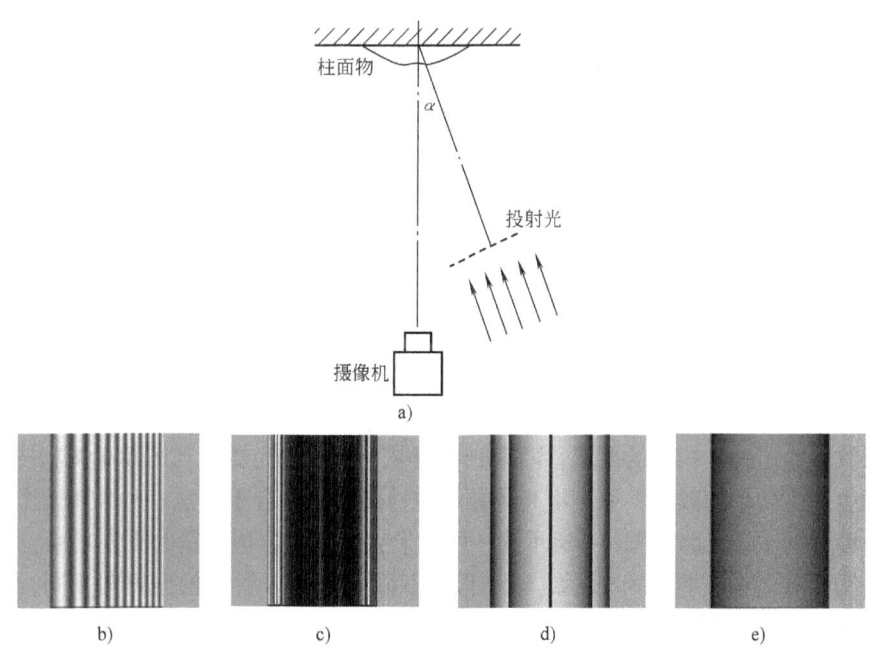

图 14-4 透射云纹的载波图像和计算机处理
a) 投影云纹法的光路 b) 柱面上的光栅影像 c) 傅里叶频谱
d) 未去包裹相位图 e) 去包裹的相位图

式(14-5)进行一维傅里叶变换,可得到频域中的谱分布为

$$\tilde{I}(f,y) = \tilde{A}(f,y) + \tilde{C}(f-f_0,y) + \tilde{C}(f+f_0,y) \tag{14-6}$$

式中，$\tilde{I}(f,y)$、$\tilde{A}(f,y)$分别表示$I(x,y)$、$A(x,y)$的傅里叶变换。$\tilde{A}(f,y)$在谱平面上是低频项，代表背景光强，在$f=0$附近，待求的相位信息包含在$\tilde{C}(f-f_0,y)$中，当载波频率足够高时，上式中的三项在频域中就可分开。$\tilde{I}(f,y)$是一个分别在$f=0$、$f=f_0$和$f=-f_0$处取得峰值的函数，选择合适的窗口函数滤去一、三项后，将$\tilde{C}(f-f_0,y)$向左平移f_0到原点，再进行逆变换，可得到

$$C(x,y) = \frac{1}{2}B(x,y)\exp[i\phi(x,y)] \tag{14-7}$$

用$\mathrm{Im}(x,y)$和$\mathrm{Re}(x,y)$分别表示$C(x,y)$的实部和虚部，相位主值可用下式计算

$$\phi(x,y) = \arctan\frac{\mathrm{Re}(x,y)}{\mathrm{Im}(x,y)} \tag{14-8}$$

再经过与多幅图像相同的去包裹处理，即可得到全场的相位分布。图14-4所示为用透射光栅的频域分析法得到柱面形状的分析过程和结果。

14.3.3 光外差干涉相位检测

光外差干涉相位检测技术不通过光强分布去直接计算相位，而是运用电子技术实现相位的直接检测。光外差技术采用光频调制技术在产生干涉的两束光之间引入微小的频率差（即拍频，一般在100MHz以下）作为载波，传递光波本身的相位信息。通过光电转换将光的相位测量转化为电子测量，利用电子鉴相器对拍频信号的相位进行检测，即可得到所求光的相位信息。检测精度可达波长的1/1000，而且容易由计算机控制实现测量全过程的自动化。

1. 双频干涉

双频干涉所要满足的条件比单频干涉少。产生双频干涉的条件是：偏振方向相同，光程差在相干长度以内。它不再要求恒定的相位差，也不形成固定的空间干涉条纹。为了满足相干的要求，两束光一般来自同一激光器，利用频率调制技术使之产生一个微小的频差。原则上光外差相位检测技术适合于任意一种采用两个分开的干涉臂的干涉光路。图14-5所示为一用于形貌及离面位移测量的干涉光路。

为了便于公式推导和表示，以下假设双频干涉的入射光偏振方向相同，两束入射光可以用标量形式表示为

$$\begin{aligned} E_1(\bar{x},t) &= a_1(\bar{x})\exp i[\omega_1 t + \phi_1(\bar{x})] \\ E_2(\bar{x},t) &= a_2(\bar{x})\exp i[\omega_2 t + \phi_2(\bar{x})] \end{aligned} \tag{14-9}$$

两束光波形成的干涉场的光强为

$$\begin{aligned} I(\bar{x},t) &= (E_1+E_2)(E_1+E_2)^* \\ &= a_1^2(\bar{x}) + a_2^2(\bar{x}) + 2a_1(\bar{x})a_2(\bar{x})\cos\{(\omega_1-\omega_2)t \\ &\quad + [\phi_1(\bar{x}) - \phi_2(\bar{x})]\} \end{aligned}$$

$$= a_1^2(\bar{x}) + a_2^2(\bar{x}) + 2a_1(\bar{x})\cos[\Delta\omega t + \Delta\phi(\bar{x})] \quad (14\text{-}10)$$

式中，$\Delta\omega = \omega_1 - \omega_2$，是两入射光的频差，即拍频；$\Delta\phi(\bar{x}) = \phi_1(\bar{x}) - \phi_2(\bar{x})$，是两束光的初始相位差。

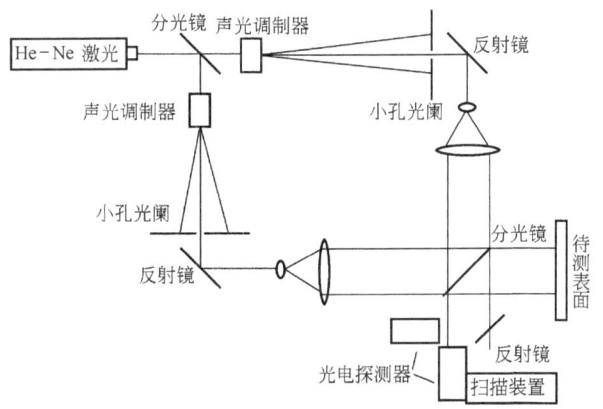

图 14-5 用于形貌及离面位移测量的干涉光路

光学干涉技术得到的是干涉光场的光强情况，而干涉测量的目的是得到式 (14-10) 中相位差的值 $\Delta\phi$。因为它的变化能反映出由被测点的位移、形貌、变形、折射率等等因素引起的光程变化。测出 $\Delta\phi$ 值的变化可以计算出我们感兴趣的量。在 $\Delta\phi$ 的测量方法上，光外差测量技术与经典干涉测量技术有本质的不同。

在经典干涉法中，相位是由干涉光场的光强分布得到的。由式(14-10)中，令 $\Delta\omega = 0$，那么

$$I(\bar{x},t) = a_1^2(\bar{x}) + a_2^2(\bar{x}) + 2a_1(\bar{x})a_2(\bar{x})\cos\Delta\phi(\bar{x}) \quad (14\text{-}11)$$

此干涉光场的光强与时间无关。这就是普通的双光束干涉形成的稳定的干涉图样（条纹图）如果入射光束光场均匀，即 a_1、a_2 近似为常数，则

$$I(\bar{x},t) = a_1^2 + a_2^2 + 2a_1 a_2\cos\Delta\phi(\bar{x}) \quad (14\text{-}12)$$

式 (14-12) 表明任一点的初相位差只与光强有关，最亮和最暗的点分别与相位差 $\Delta\phi$ 为 π 的偶数倍和奇数倍相对应，这是经典干涉法通过条纹明暗判断相位差的理论依据。从式(14-11)可以看出，光场的不均匀性直接影响了相位测量的精度。

由式 (14-10)可见双频干涉使得原双光束之间的初始相位差 $\Delta\phi$ 转移到了拍频光强信号上，如果检测出的拍的相位也就得到了 $\Delta\phi$。光外差技术通过光电转换和电子相位检测得到的拍的相位。

2. 光电转换与鉴相

可见光的波长在 400~700nm 之间，频率在 10^{14} 数量级，任何光电器件都不能响应其电磁场的变化。光波对光电探测器的作用是其能量。

设光场为 $E(t) = A\cos(\omega t)$，那么平均光功率为

$$P = \overline{E^2(t)} = \frac{A^2}{2} \tag{14-13}$$

式中，$\overline{E^2(t)}$ 表示时间平均。

光电探测器输出的光电流为

$$i = \alpha P = \alpha \frac{A^2}{2} \tag{14-14}$$

式中，α 是光电转换系数。

设光电探测器的负载电阻为 R_L，则光电探测器的输出功率为

$$s = i^2 R_L = \alpha^2 P^2 R_L \tag{14-15}$$

因此，探测器的光电流的输出功率均与光波频率无关。式（14-14）表明光电流与光场振幅的平方成正比，式（14-15）表明光电探测器输出的电功率与入射光功率的平方成正比。这就是光电探测器的平方律特性。

外差干涉形成的干涉光场中任一点的光强都在以拍频不断地变化，见式（14-10）。实际应用中，外差干涉采用的拍频在100MHz以内，使光电探测器工作在最佳的响应范围。

人的眼睛可以看做一个响应频率极低（约为数十赫兹）的光探测器。显然，人眼根本不能响应干涉光场的拍频光强变化，只能感受其平均功率。因此，我们看不到外差干涉场中的光强变化。

对于光电倍增管、光电二极管等光电探测器，其响应频率远高于外差干涉的拍频，因此采用这些探测器得到的光电流与变化的光强成正比。由式（14-10）得

$$i(\bar{x},t) \propto a_1^2(\bar{x}) + a_2^2(\bar{x}) + 2a_1(\bar{x})a_2(\bar{x})\cos[\Delta\omega t + \Delta\phi(\bar{x})] \tag{14-16}$$

式中，前两项为直流分量；第三项为交流分量。经过一个中频频率为 $\Delta\omega$ 的带通滤波器，电流变为

$$i'(\bar{x},t) \propto a_1(\bar{x})a_2(\bar{x})\cos[\Delta\omega t + \Delta\phi(\bar{x})] \tag{14-17}$$

这样，待测的光波的相位信息 $\Delta\phi$ 最终转移到交流电信号上，对光波的相位检测转化为对拍频电信号的相位检测。

电子相位检测是外差技术的关键环节，它的精度直接关系到测量结果的优劣。电信号的相位检测由电子鉴相器（相位计）来完成。市场上有鉴相器商品出售，其鉴相精度可达 $0.1° \sim 0.01°$，可以满足我们的要求。鉴相器的输入是两个频率相同的交流电压，分别为参考信号与待测信号。输出为一直流电压，一般与两个输入信号的相位差成正比。式(14-17)所表达的拍频光电信号输入鉴相器的信号通道。拍频参考信号可以由稳定的电子振荡电路提供，或者由外差干涉光场中放置的另一光电探测器提供。

鉴相器的原理常见的有两种。

一种为模拟相乘法。设两输入信号为

$$u_1(t) = U_1\cos(\omega t)$$
$$u_2(t) = U_2\cos(\omega t + \phi) \tag{14-18}$$

让两个电信号相乘得

$$u(t) = u_1(t)u_2(t) = \frac{1}{2}U_1U_2[\cos(2\Delta\omega + \phi) + \cos\phi] \tag{14-19}$$

经低通滤波得到

$$u'(t) = \frac{1}{2}U_1U_2\cos\phi \tag{14-20}$$

所以测出直流电压值，就可以计算出相位差 ϕ。

另一种鉴相方法是直接相位探测法。该方法的原理更简单，即：直接测量待测信号与参考信号波形过零点的时间，与拍的周期相比可得相位差。这种方法的优点是动态特性好。Gaal 等人在速度 $\pm 1.8 \text{m/s}$、加速度在 $\pm 9900 \text{m/s}^2$ 的范围内获得 $\pm 10\text{mm} \pm 0.1\text{ppm}$ 的位移测量精度。光外差干涉法与普通干涉法在表现形式上有一个显著的不同，这就是用眼睛看不到干涉条纹。因为外差干涉形成的干涉光场中任一点的光强都在以拍频不断地变化（式（14-10））。但每一时刻，干涉光场中各点均有确定的光强，也就存在瞬间的灰度分布，即条纹图。时间的连续变化，条纹按一定规律运动。设想用一台速度足够快的高速摄影机连续拍摄，就可以捕捉到条纹图的连续变化情形。

光外差相位检测技术适合于任意一种采用两个分开的干涉臂的干涉光路。只要在干涉光路的一臂或两臂加光频调制装置，使参与干涉的两束光频率不同，就形成如图14-6所示的光外差运动条纹图。虚线表示下时刻条纹移到的位置。在图中的 S 点处放置光探测器，就能得到载有待测信息的拍频光电信号。在图中 R 点放置另一光电探测器，将 S、R 点的两个光电探测信号分别接到鉴相器的信号通道，那么输出就是 R、S 点之间的相位差。通常在外差干涉图的测量中都是将 R 位置固定作为参考，S 在干涉面内扫描得到全场的相位值。参考点的位置不同只会使全场相位分布附加一个相位常量，不影响相对相位分布。

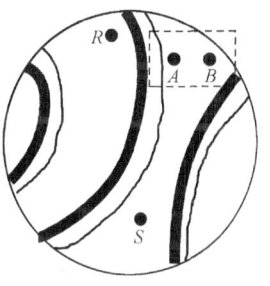

图 14-6 光外差运动条纹图

14.4 数字相关法

14.4.1 概述

数学相关图像测量方法是根据物体表面随机分布的斑纹的光强在变形前后的

概率统计的相关性来确定物体表面位移和应变的,其测量过程为由摄像机记录存在于物体表面的斑纹图,这些图像经 A/D 转换以各像素点灰度值表征。数学相关方法就是利用表面变形前后的两帧图像的灰度值进行相关运算,从而达到求解变形体表面位移和应变的目的。与光干涉方法比较,由于它可以利用物体表面本身的斑点和其他特征,已发展成为实验力学领域中的一种重要的测量方法。通常的图像的灰度 8bit,即 256 个灰度级。

14.4.2 原理

由于斑点的随机性,物体中每一点周围一个小区域中斑点分布是各不相同的,这个小区通常称为子区。根据相关统计原理,对于物体表面上任一点变形的测量可以通过研究以该点为中心的子区的移动和变形来完成。图14-7所示为变形前后子区的灰度分布情况。

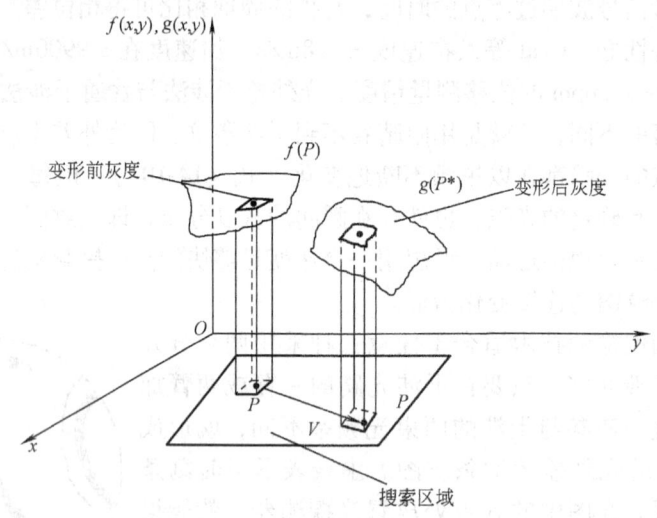

图 14-7 变形前后子区的灰度分布

测量过程为由摄像机记录存在于物体表面的斑纹图,这些图可以显示在计算机的显示器上,并将这些图保存起来。由于斑点的随机性,物体中的每一点周围一个小区域中斑点的分布是各不相同的,如图14-8所示,图中详细地给出了子区中心点及子区内任一点的移动和变形前后的位置关系。现在研究子区的中心点 $P(x_0, y_0)$ 点的位移和应变情况。为此,考察以 $P(x_0, y_0)$ 为中心,由点 P 及其周围像素所组成的子区变形前后的相关情况。

设 P 点的位移及其一阶和二阶导数分别为

$$u, v, \frac{\partial u}{\partial x}, \frac{\partial u}{\partial y}, \frac{\partial^2 u}{\partial x^2}, \frac{\partial^2 u}{\partial y^2}, \frac{\partial^2 u}{\partial x \partial y}, \frac{\partial v}{\partial x}, \frac{\partial v}{\partial y}, \frac{\partial^2 v}{\partial x^2}, \frac{\partial^2 v}{\partial y^2}, \frac{\partial^2 v}{\partial x \partial y}$$

又设 $Q(x, y)$ 点为变形前子区中任一点,$\overline{QP} = \Delta x \cdot \bar{i} + \Delta y \cdot \bar{j}$。变形后,

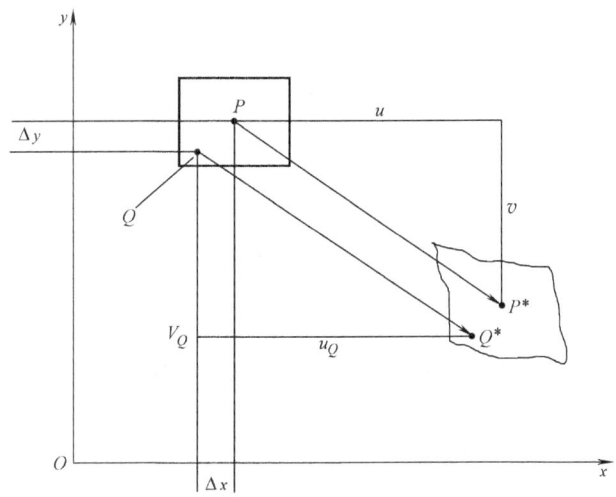

图 14-8　变形前后子区中的点

$P(x_0,y_0)$ 移到了 $P^*(x_0^*,y_0^*)$，$Q(x,y)$ 移到了 $Q^*(x^*,y^*)$。从图14-8中可以看出，P^* 点的坐标变为

$$x_0^* = x_0 + u$$
$$y_0^* = y_0 + v \tag{14-21}$$

Q^* 点的坐标可以表达成

$$x^* = x + u_Q$$
$$y^* = y + v_Q \tag{14-22}$$

式中，u_Q、v_Q 是点 $Q(x,y)$ 的位移。

由连续介质力学原理可知，$Q(x,y)$ 点的位移可用它的临近点 $P(x_0,y_0)$ 的位移及其增量表示，本文考虑子区变形不均匀性的影响，为此在下边的泰勒级数展开中保留位移二阶导数项，则 $Q(x,y)$ 点的位移 u_Q，v_Q 可以表示为

$$u_Q = u + \frac{\partial u}{\partial x} \cdot \Delta x + \frac{\partial u}{\partial y} \cdot \Delta y + \frac{1}{2}\frac{\partial^2 u}{\partial x^2} \cdot (\Delta x)^2 + \frac{1}{2}\frac{\partial^2 u}{\partial y^2} \cdot (\Delta y)^2 + \frac{\partial^2 u}{\partial x \partial y} \cdot \Delta x \cdot \Delta y$$

$$v_Q = v + \frac{\partial v}{\partial x} \cdot \Delta x + \frac{\partial v}{\partial y} \cdot \Delta y + \frac{1}{2}\frac{\partial^2 v}{\partial x^2} \cdot (\Delta x)^2 + \frac{1}{2}\frac{\partial^2 v}{\partial y^2} \cdot (\Delta y)^2 + \frac{\partial^2 v}{\partial x \partial y} \cdot \Delta x \cdot \Delta y$$

$$\tag{14-23}$$

由式（14-22）和式（14-23）可知，Q 点变形后的对应点 $Q^*(x^*, y^*)$ 的坐标为

$$x^* = x + u + \frac{\partial u}{\partial x} \cdot \Delta x + \frac{\partial u}{\partial y} \cdot \Delta y + \frac{1}{2}\frac{\partial^2 u}{\partial x^2} \cdot (\Delta x)^2 +$$

$$\frac{1}{2}\frac{\partial^2 u}{\partial y^2}\cdot(\Delta y)^2 + \frac{\partial^2 u}{\partial x \partial y}\cdot \Delta x \cdot \Delta y$$

$$y^* = y + v + \frac{\partial v}{\partial x}\cdot \Delta x + \frac{\partial v}{\partial y}\cdot \Delta y + \frac{1}{2}\frac{\partial^2 v}{\partial x^2}\cdot(\Delta x)^2 +$$

$$\frac{1}{2}\frac{\partial^2 v}{\partial y^2}\cdot(\Delta y)^2 + \frac{\partial^2 v}{\partial x \partial y}\cdot \Delta x \cdot \Delta y \tag{14-24}$$

从图14-7中可以看出，变形前后子区内任一点 $Q(x,y)$ 的灰度可以写成

$$\begin{aligned} f(Q) &= f(x,y) \\ g(Q^*) &= g(x^*,y^*) \end{aligned} \tag{14-25}$$

式中，f，g 分别表示变形前后所记录的两帧图像的灰度分布。

用数字相关方法处理数字散斑图像时，首先在变形前的散斑图选取一个子区，作为样本图像，其灰度分布为 $f(x,y)$，然后，在变形后的散斑图中寻找目标图像，它的灰度分布是 $g(x^*,y^*)$。实际上，x^*，y^* 是含有待求位移及其一阶和二阶导数的未知量。

有了变形前后子区的灰度分布，就要计算样本图像和目标图像之间的相关性，它是反映两幅图像相似程度的一个数学指标。由统计学可知，相关系数 C 的定义为

$$C = \frac{\sum f(x,y)\cdot g(x^*,y^*)}{\sqrt{\sum f^2(x,y)\cdot \sum g^2(x^*,y^*)}} \tag{14-26}$$

当 $C=1$ 时，两个子区完全相关；当 $C=0$ 时，两个子区不相关。

也可以换一种表示形式，将待求的未知量作为自变量参数，定义 S 为相关因子

$$S\left(u,\frac{\partial u}{\partial x},\cdots,\frac{\partial^2 u}{\partial x \partial y};v,\frac{\partial v}{\partial x},\cdots,\frac{\partial^2 v}{\partial x \partial y}\right) = 1 - C = 1 -$$

$$\frac{\sum f(x,y)\cdot g(x^*,y^*)}{\sqrt{\sum f^2(x,y)\cdot \sum g^2(x^*,y^*)}} \tag{14-27}$$

当 $S=0$ 时，两子区完全相关；当 $S=1$ 时，两子区不相关。

从以上分析可以看出，相关因子 S 正是所求的位移与应变的函数。能使相关因子 S 达到最小值的参数即为真实的样本图像的位移及其导数。换言之，求解位移及其导数的问题，转化为求相关因子的最小值问题。

要求 S 的最小值问题的必要条件是

$$S_j(u_1,u_2,\cdots,u_6) = 0 \tag{14-28}$$

式中，$j=1,2,\cdots,6$；$u_1, u_2, \cdots, u_6$ 分别表示 u，$\frac{\partial u}{\partial x}$，$\frac{\partial u}{\partial y}$，$v$，$\frac{\partial v}{\partial x}$，$\frac{\partial v}{\partial y}$；$S_j = \frac{\partial S}{\partial u_j}$。求解式（14-28）的解，实际就是寻找偏微分方程的根。可以应用 Newton-

Raphson 迭代方法求解，公式如下

$$\left.\begin{array}{r}\{u_i^{(0)}\} \\ \{S_{ij}^{(k)}\} \cdot \{\Delta u_i^{(k)}\} = -\{S_i^{(k)}\} \\ \{u_i^{(k+1)}\} = \{u_i^{(k)}\} + \{\Delta u_i^{(k)}\}\end{array}\right\} \quad (14\text{-}29)$$

式中，$i, j = 1, 2, \cdots, 6$；$S_{ij} = \dfrac{\partial S_i}{\partial u_j} = \dfrac{\partial^2 S}{\partial u_i \partial u_j}$；$k$ 表示迭代的次数。

Newton-Raphson 迭代计算的主要步骤为：

1）选迭代的初始近似值 $\{u_i^{(0)}\} = \left\{u^{(0)}, v^{(0)}, \dfrac{\partial u^{(0)}}{\partial x}, \dfrac{\partial u^{(0)}}{\partial y}, \dfrac{\partial v^{(0)}}{\partial x}, \dfrac{\partial v^{(0)}}{\partial y}\right\}^{\mathrm{T}}$。因为初始值对迭代算法的收敛速度和收敛率影响很大，并影响结果的精度，所以初始值的选定比较重要，有人采用相关搜索的方法估计初值，也可利用图像采集过程实时相减功能和通过三维精密调节架移动摄像系统的办法，使初值为零。

2）迭代。首先计算出迭代中需要的参数 S_i，S_{ij}。

从式(14-29)可以看出，迭代计算时需要计算两个参数 S_i 和 S_{ij}。设定参数 $g_i = \dfrac{\partial g}{\partial u_i}$，$g_{ij} = \dfrac{\partial^2 g}{\partial u_i \partial u_j}$，则可以推导 S_i，S_{ij} 为

$$S_i = \frac{\partial S}{\partial u_i} = \frac{\partial}{\partial u_i}\left(1 - \frac{\sum(fg)}{(\sum f^2 \sum g^2)^{1/2}}\right) = \frac{\sum(fg)\sum f^2 \sum(gg_i)}{(\sum f^2 \sum g^2)^{3/2}} - \frac{\sum(fg_i)}{(\sum f^2 \sum g^2)^{1/2}} \quad (14\text{-}30)$$

$$\begin{aligned}S_{ij} &= \frac{\partial^2 S}{\partial u_i \partial u_j} = \frac{\partial S_i}{\partial u_j} \\ &= (\sum f^2)^{-\frac{1}{2}}(\sum g^2)^{-\frac{3}{2}}\Big[\sum(g_i g_j + gg_{ij})\sum(fg) + \sum(gg_j)\sum(fg_i) + \\ &\quad \sum(gg_i)\sum(fg_j)\Big] - 3(\sum f^2)^{-\frac{1}{2}}(\sum g^2)^{-\frac{5}{2}}\Big[\sum(gg_i)\sum(gg_j)\Big]\sum(fg) - \\ &\quad (\sum f^2)^{-\frac{1}{2}}(\sum g^2)^{-\frac{1}{2}}\sum(f \cdot g_{ij}) \qquad (i, j = 1, 2, \cdots, 6)\end{aligned} \quad (14\text{-}31)$$

3）解式（14-29），可以得到增量 $\{\Delta u_i^{(k)}\}$。

4）根据以上得到的结果计算出 $\{u_i\}$ 和相关因子函数 S 值。

5）迭代的结束：通过附件限制条件控制迭代计算是否结束。

6）返回计算结果，即所求的位移及其导数。

14.4.3 实验技术与实验设备

数字图像相关测量方法的优点之一就是实验设备比较简单，实验的实现比较容易。根据测试实现的步骤主要分为以下几个方面：首先，要有斑纹，这要通过制斑技术在被测物体表面形成散斑，或者利用物体表面的自然纹理；其次，有一套加载装置给物体加载，对于实际问题，就是有外力使物体发生面内变形；然

后，需要有一套图像采集系统，将变形前后物体表面斑纹图以灰度值的形式存入计算机；最后是通过计算机处理，获得变形信息。

1. 制斑方法

散斑图就是物体表面随机的分布灰度不同斑点，分为自然散斑和人工散斑。对于较强纹理的自然表面本身就可以作为散斑图，比如放大的金属表面，如图14-9a所示。对于光滑表面和单颜色的表面，需要通过人工方法改变它的表面反射变化，获得随机的灰度斑点，这就是人工斑化。

人工斑化的主要技术：

1）把被测试件表面抛光打毛，形成粗糙中的精细结构。

2）喷涂银粉漆或玻璃微珠，或在物体表面依次喷涂白亚光漆和黑亚光漆。

如图14-9所示是两幅散斑图，第一个为金属表面在显微镜下所显示的粗糙纹理，第二个为在物体的光滑表面喷涂黑白亚光漆形成的人工散斑。

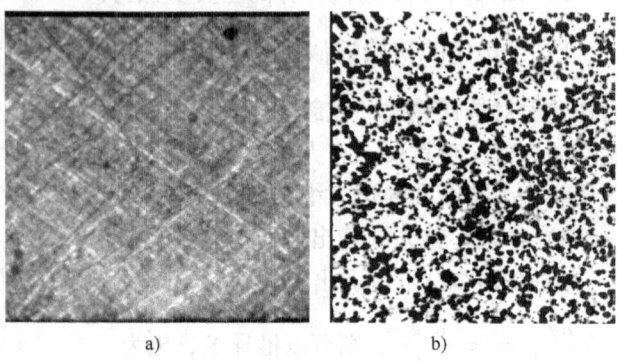

图14-9 物体表面的斑纹图

a) 金属表面 b) 喷涂散斑

空间频率和强度变化的幅度（散斑的大小和灰度对比程度）是评价人工斑化质量的主要指标，实际试验中要探索一种适合的随机散斑方案，使其既要满足CCD摄像机的分辨率要求，能采集到高质量的数字散斑图像，又要使其对于相关运算中的统计相关因子敏感，以获得较高精度和准确性的结果。

2. 数字图像采集系统

如图14-10所示为计算机数字图像采集系统示意图，主要由光学成像系统、光电转换传感器、数字图像处理系统组成。试件表面的散斑场经过成像系统的调

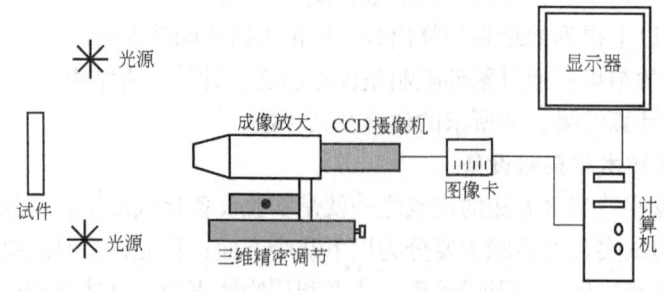

图14-10 计算机数字图像采集系统

节，由 CCD 摄像机和图像卡数字化后存入计算机。本文利用图像卡的功能把采集的图像保存为 bmp 格式，以后的程序运算也将直接提取 bmp 格式的图像进行相关运算。CCD 摄像机和显微镜头装在精密三维调节架上，便于调节得到清晰的图像。

3. 试验设备

本文在实验中光源采用了冷光源，通过易于弯曲的光纤传送到环形均匀光源头，形成均匀光场照在试件表面，从而避免由光源发热引起的试件变形。加载时利用载荷传感器测量载荷的大小，如图14-11所示。

图 14-11　加载及图像采集实验设备

习　题

14-1　画出最简单的计算机视频记录和数字图像处理的系统，叙述各部分的用途。

14-2　列举几种实现相移的方法。

14-3　写出用一幅载波、三幅图像和四幅图像实现相位自动识别的算法。

14-4　阐述数字图像相关测量方法的原理。

参考文献

[1] 曹以柏. 材料力学测试原理及实验 [M]. 2版. 北京：航空工业出版社，1999.
[2] 吴宗岱，陶宝祺. 应变电测原理及技术 [M]. 北京：国防工业出版社，1982.
[3] 潘少川，刘耀乙，钱浩生，等. 实验应力分析 [M]. 北京：高等教育出版社，1988.
[4] 陶宝祺，王妮. 电阻应变式传感器 [M]. 北京：国防工业出版社，1993.
[5] 马良埕. 应变电测与传感技术 [M]. 北京：中国计量出版社，1993.
[6] 宋逸先. 实验力学基础 [M]. 北京：水利电力出版社，1987.
[7] 曹以柏，徐文玉. 材料力学测试原理及实验 [M]. 北京：航空工业出版社，1992.
[8] 张如一，陆耀桢，等. 实验应力分析 [M]. 北京：机械工业出版社，1981.
[9] 张如一，沈观林，潘真微. 实验应力分析实验指导 [M]. 北京：清华大学出版社，1982.
[10] 沈观林，等. 电阻应变计电阻应变计及其应用 [M]. 北京：清华大学出版社，1983.
[11] 李德葆，沈观林，等. 振动测试与应变电测基础 [M]. 北京：清华大学出版社，1987.
[12] Kobayashi A S. Handbook on Experimental Mechanics. 1987.
[13] 国家仪器仪表工业总局标准化研究室. ZBY117—82 电阻应变计 [S]. 1982.
[14] 国家技术监督局. GB/T 13992—1992 电阻应变计 [S]. 1992.
[15] 国际法制计量组织 OIML. 国际建议 NO. 62 金属电阻应变计的工作特性.
[16] 余瑞芬. 传感器原理 [M]. 2版. 北京：航空工业出版社，1995.
[17] 王化祥，张淑英. 传感器原理及应用 [M]. 天津：天津大学出版社，1988.
[18] 郑秀瑗，谢大吉. 应力应变电测技术 [M]. 北京：国防工业出版社，1985.
[19] 王云章. 电阻应变式传感器应用技术 [M]. 北京：中国计量出版社，1991.
[20] 李方泽，王正，等. 工程振动测试与分析 [M]. 北京：高等教育出版社，1992.
[21] 尹福炎. 电阻应变技术六十年（一）——电阻应变计的由来、发展及展望 [J]. 传感器世界，1998（8）：27-32.
[22] 尹福炎. 电阻应变技术六十年（二）——电阻应变计敏感材料的发展（上）[J]. 传感器世界，1998（9）：5-9.
[23] 尹福炎. 电阻应变技术六十年（二）——电阻应变计敏感材料的发展（下）[J]. 传感器世界，1998（10）：1-8.
[24] 尹福炎. 电阻应变技术六十年（三）——应变胶粘剂的进展 [J]. 传感器世界，1998（12）：10-17.
[25] 尹福炎. 电阻应变技术六十年（四）——结构应变测量用各种电阻应变计 [J]. 传感器世界，1999（1）：15-25.
[26] 尹福炎. 电阻应变技术六十年（五）——电阻应变计在传感器技术中的应用（上）[J]. 传感器世界，1999（3）：11-19.
[27] 尹福炎. 电阻应变技术六十年（五）——电阻应变计在传感器技术中的应用（下）[J]. 传感器世界，1999（5）：9-15.

[28] 尹福炎. 电阻应变技术六十年（六）——应变信号的传递、测量和贮存技术的进展 [J]. 传感器世界, 1999 (8): 12-16.

[29] 尹福炎. 电阻应变技术六十年（七）——国内外电阻应变计计量标准的进展 [J]. 传感器世界, 1999 (11): 5-13.

[30] 佟景伟, 伍洪泽. 实验应力分析 [M]. 长沙: 湖南科学技术出版社, 1983.

[31] 陈建华. 实验应力分析 [M]. 北京: 中国铁道出版社, 1984.

[32] 赵清澄, 石沅. 实验应力分析 [M]. 北京: 科学出版社, 1987.

[33] A A Griffith. The Phenomena of Flow and Rupture in Solids Philos [J]. Trans. R. Soc. London S A. 1921 (221): 163-198.

[34] P W Bridgman. Dimensional Analysis [M]. Yale University Press, New Haven, Conn., 1922.

[35] D C Drucker, R D Mindlin. Stress Analysis by Three Dimensional Photoelastic Methods [J]. Journal of Applied Physics, 1940 (11): 724.

[36] D. Gaber Nature, 161, 1948: 777 [C]. Proc. R. Soc. London, A197, 1949: 454.

[37] Brown, A F C. & Hickson, V M. Improvements in Photoelastic Technique Obtained by the Use of a Photometric Method [J]. Brit, J. Appl, Phy. 1, 2, 1950.

[38] G. Murphy. Similitude in Engineering [M]. New York: Ronald Press, 1950.

[39] A Kuske, G Robertson. Photoelasticity: Principles and Methods [M]. New York: Dover, 1949.

[40] R C Lewis, D L Wrisley. A System for the Excitation of Pure Natural Modes of Complex Structures [J]. J. Aeronaut. Sci., 17, 1950 (11): 705-722.

[41] F K Ligtenberg. The Moirè Method: A New Experimental Method for the Determination of Moments in Small Slab Models [C]. Proc. SESA, 12, 1954 (2): 83-98.

[42] 基尔皮契夫. 相似原理 [M]. 沈自求译. 北京: 科学出版社, 1955.

[43] J Guild. The Interference System of Crossed Diffraction Gratings [M]. Oxford: Clarendon Press, 1956.

[44] B F De Veubeke. A Variational Approach to Pure Mode Excitation Based on Characteristic Phase Lag Theory [R]. AGARD, Rep. 39, 1956.

[45] E G Coker and L N G Filon. A Treatise on Photoelasticity [M]. New York: Cambridge University Press, 1957.

[46] A J Durelli and W F Riley. Introduction to the Theoretical and Experimental Analysis and Strain [M]. New York: McGraw-Hill, 1958.

[47] G W Asher. A Method of Normal Mode Excitation Utilizing Admittance Measurements [C]. Dyn. Aeroelasticity, Proc., Inst. Aeronaut. Sci., 1958: 69-76.

[48] L I Sedov. Similarity and Dimensional Methods in Mechanics [M]. New York: Academic Press, 1959.

[49] E Leith and J Upatnieks, [J]. J. Opt. Soc. Am., 52, 1962: 1123.

[50] G R Irwin. Relation of Crack Toughness Measurements to Practical Applications [J]. Weld.

J., Res. Suppl. 1962 (41): 519-528.

[51] 徐宏文. 应力分析 [M]. 北京: 科学出版社, 1962.

[52] A A Wells. Application of Fracture Mechanics at and Beyond General Yielding Br. Weld. [J]. 1963: 563-570.

[53] V J Parks and A J Durelli. Various Forms of the Strain-Displacement Relations Applied to Experimental Stress Analysis [J]. Exp. Mech. 1964, 4 (2): 37-47.

[54] Л М 诺吉德. 相似理论及因次理论 [M]. 北京: 国防工业出版社, 1964.

[55] 天津大学材料力学教研室编译. 光测弹性力学译文集 [M]. 北京: 科学出版社, 1964.

[56] 徐芝纶. 弹性理论 [M]. 北京: 人民教育出版社, 1964.

[57] P Manogg. Anwendung der Schattenoptik zur Untersuchung des Z erreisvorgangs von Platten [M]. Dissertation, Freiburg, Germany, 1964.

[58] D Post. The Moiré Grid-Analyzer Methods for Strain Analysis [J]. Exp. Mech., 1965, 5 (11): 368.

[59] 弗洛赫特 MM. 光测弹性力学 I、II [M]. 黎仲鼎译. 北京: 科学出版社, 1964, 1966.

[60] K A Haines and B P Hildebrand, Surface-Deformation Measurement Using the Wavefront Reconstruction Technique [J]. Appl. Opt. 5, 1966 (4): 595-602.

[61] V J Parks and A J Durelli. Moiré Patterns of Partial Derivatives of Displacement Components. [J]. Applied Mechanics, Vol. 33, Series E, 1966 (4): 901.

[62] D Post. Moiré Grid-Analyzer Method for Stress Analysis [J]. Exp. Mech. 5, 1965 (11) 366-377 and Discussion 6, 1966 (5): 287-288.

[63] D Post. The Generic Nature of the Absolute-Retardation Method of Photoelasticity [J]. Exp. Mech., 1967 (7): 6.

[64] J W Dally and W F Reiley, Experimental Stress Analysis [M]. New York: McGraw-Hill, 1967.

[65] J R Rice and G F Rosengreen. Plane Strain Deformation Near a Crack Tip in a Power-Law Hardening Material [J]. Mech. Phys. Solids, 1968, 16: 1-12.

[66] J R Rice. A Path Independent Integral and Approximate Analysis of Strain Concentration by Notches and Crack [J]. Appl. Mech., 35, 1968 (6): 379-386.

[67] A S Kobayashi, W L Engstrom, B R Simon. Crack Opening Displacement and Normal Strains in Centrally Notched Plates [J]. Exp. Mech., 1969, 9 (4): 163-170.

[68] P S. Theocaris Moiré Fringes in Strain Analysis [M]. Elmsford, N. Y.: Pergamon Press, 1969.

[69] J W Hutchinson. Singular Behavior at the End of a Tensile Crack in a Hardening Material [J]. Mech. Phys, Solids, 1968, 16: 13-31.

[70] F P Chiang, V J Parks, A J Durelli. Moiré Fringe. Interpolation and Multiplication by Fringe Shifting [J]. Exp. Mech. 1968, 8 (12): 554-560.

[71] J E Solid. Holographic Interferometry Applied to Measurement of Small Static Displacements of

Diffusely Reflecting Surfaces [J]. Appl. Opt, 1969, 8: 1587-1595.

[72] F P Chiang. Techniques of Optical Spatial Filtering Applied to the Processing of Moiré-Fringe Patterns [J]. Exp. Mech., 6 (11), 1969: 528.

[73] E Archbold, J M Burch A E Ennos. Recording of In-plane Surface Displacement by Double-Exposure Speckle Photography [J]. Optica Acta, 17, 1970: 883-898.

[74] K A Stetson. A Rigorous Treatment of the Fringes of Hologram Interferometry [J]. Optic, 4 1969: 385-400.

[75] K A Stetson. New Design for Laser-Speckle Interferometry [J]. Opt. Laser Technol., 2 1970: 179-181.

[76] J W Goodman. An Introduction to the Principle and Application of Holography [C]. Proc. IEEE, 59, 1971: 1202.

[77] A J Durelli, V J. Parks. Moiré Analysis of Strain [M]. Englewood Cliffs, N. J.: Prentice-Hall, 1970.

[78] D Post. Moiré Fringe Multiplication with a Non-symmetrical Doubly-Blazed Reference Grating [J]. Appl. Opt., 10, 1971 (4): 901-907.

[79] P S Theocaris and N Joakimides. Some Properties of Generalized Epicycloids Applied to Fracture Mechanics [J]. Appl. Mech., 1971, 22: 876-890.

[80] J D Fishburn. Scattered-light Rosctte [J]. Exp, Mech., 1971, 11 (12): 554.

[81] D Gabor. Holography [C]. Proc, IEEE, 60, 1972: 656.

[82] H M Smith. Principles of Holography (全息学原理) [M]. 中国科学院物理研究所《全息学原理》翻译组译校. 北京: 科学出版社, 1972.

[83] D Post. Holography and Interferometer in Photoelasticity [J]. Exp. Mech., 12, 3, 1972.

[84] 郑州工学院激光全息组等译. 全息法在实验力学中的应用译文集. 北京: 科学出版社, 1972.

[85] P S Theocaris. Complex Stress Intensity Factors of Bifurcation Cracks [J]. Mech. Phys. Solids, 20, 1972: 265-279.

[86] R J Sanford. Differential Stress-Holo-Interferometry [J] Exp. Mech., 1973. 13 (8).

[87] Y Y Hung and C E Taylor. Speckle-Shearing Interferometric Camera-A Tool for Measurement of Derivatives of Surface-Displacement [C]. Proc. SPIE. 41, 1973: 169-175.

[88] G C Sih. Handbook of Stress Intensity Factors [M]. Institute of Fracture and Solid Mechanics, Lehigh University, Bethlehem, Pa., 1973.

[89] G C Sih. Some Basic Problems in Fracture Mechanics and New Concepts [J]. Eng. Fract. Mech., 5, 1973: 365-377.

[90] H Takasaki. Moiré Topology [J]. Appl. Opt, 9, 1970 (6): 1457-1472 and 12, 1973 (4): 845-850.

[91] Y Y Hung, C P Hu, C E Taylor. Speckle Moiré Interferometry: A Tool for Complete Measurement of In-Plane Surface Displacement [J]. Developments in Theoretical and Applied Mechanics, 7 (SECTAM VII), Catholic University of America, Washington, D. C., 1974.

[92] Y Y Hung, C E Taylor. Measurement of Slopes of Structural Deflections by Speckle-Shearing Interferometry [J]. Exp. Mech., 1974, 14 (7): 281-285.

[93] Y Y Hung. A Speckle-Shearing Interernometer: A Tool for Measuring Derivatives of Surface Displacements [J]. Opt, Commun., 1974, 11 (2): 132-135.

[94] E Archbold and A E Ennos. Application of Holography and Speckle Photography to the Measurement of Displacement and Strain [J]. Strain Analysis, 1974, 9 (1): 10-16.

[95] M Marchant and S M Bishop. An Interference Technique for the Measurement of In-plane Displacements of Opaque Surfaces [J]. Strain Anal, 1974, 9 (1): 36-43.

[96] E Archbold and A E Ennos. Two Dimensional Uibration Analyzed by Speckle Photography [J]. Optics and Laser Tech., 1975 (7): 17-21.

[97] K A Stetson. A Review of Speckle Photography and Interferometry [J]. Optical Engineering, 1975, 14 (5): 482-489.

[98] G Cloud. Practical Speckle Interferometry for Measuring In-Plane Deformation [J]. Appl, Opt, 1975, 14 (4): 878-884.

[99] M Feix. An Iterative Self-Organizing Method for the Determination of Structural Dynamic Characteristics [J]. European Space Agency, ESA-TT-232 (N76-331183), 1975: 36-60.

[100] A G Piersol. Physical Applications of Correlation and Coherence Analysis [J]. Acoust. Soc. Am. 1975, 55 (2).

[101] K A Stetson. Homogeneous Deformations: Determination by Fringe Vectors in Hologram Interferometry [J]. Appl. Opt, 1975, 14 (9) 2256-2259.

[102] F P Chiang and R M. Juang. Laser Speckle Interferometry for Plate Beuding Problems [J]. Applied Optics, 1976, 15 (9): 2199-2204.

[103] F P Chiang and R M Juang. Vibration Analysis of Plate and Shell by Laser Speckle Interferometry [J]. Optica Acta., 1976, 23 (12): 997-1009.

[104] F P Chiang. A New Three-Dimensional Strain Analysis Technique by Scattered Light Speckle Interferometry [J]. The Engineering Uses of Cohereut Optics (Proceedings), Edited by E R Robertson, Cambridge University Press, 1976: 249-262.

[105] G L Rogers. A Geometrical Approach to Moiré Pattern Calculations [J]. Opt. Acta, 1977. 24 (1): 1-13.

[106] D L Brown, G D Carbon, K Ramsey. Survey of Excitation Techniques Applicable to the Testing of Automotive Structures [M]. SAE Pap. No. 770029, 1977.

[107] W G Halvorsen and D L Brown. Impulse Technique for Structural Frequency-Response Testing [J]. Sound Vib, Nov. 1977: 8-21.

[108] J F Kalthoff, S Winkler, J Beinert. The Influence of Dynamic Effects in Impact Testing [J]. Int. J. Fract., 1977, 13: 528-531.

[109] K A Stetson. The Use of an Image Derogator in Holoram Interferometry and Speckle Photography of Rotating Objects [J]. Exp. Mech., 1978, 18: 67.

[110] Y Y Hung. Displacement and Strain Measurement [M]. Chapter 4 in Speckle Metrology (R

K Erf, Ed.). New York: Academic Press, 1978.

[111] A Kuske. Photoelastic Stress Analysis [J]. Wiley & Sons (1974); 光弹性应力分析 [M]. 上海：上海科学技术出版社，1978.

[112] 清华大学力学系激光室. 激光频闪全息震动分析 [J]. 机械强度. 1978, 7.

[113] 大连工学院编. 光弹性试验 [M]. 北京：国防工业出版社，1978.

[114] J W Goodman. Introduction to Fourier Optics. 傅里叶光学导论 [M]. 詹达山等，译. 北京：科学出版社，1979.

[115] J W Dally and R J Sanford. A General Method for Determining Mixed Mode Stress Intensity Factors from Isochromatic Fringe Patterns [J]. Eng. Fract. Mech., 1979, 11 (4) 621-634.

[116] 法拉第效应在全息光弹性中的应用 [J]. 力学学报. 1979, 3.

[117] 刘先龙，戴福隆. 汽轮机叶轮应力及松动转速的散光光弹性研究 [J]. 力学学报，1979 (2): 164.

[118] 天津大学材料力学教研室光弹组. 光弹性原理及测试技术 [M]. 北京：科学出版社，1980.

[119] J S Bendat and A G Piersol. Engineering Applications of Correlation and Spectral Analysis Wiley [M]. New York: [s. n], 1980.

[120] Born M and Wolf E. Principle of Optics [M]. 6th ed. [S. l.]: Pergamon Press, 1980.

[121] 赞德曼 F，雷德诺 S，戴利 J W. 光弹性贴片法 [M]. 高瑞亭，黄杰藩译. 北京：机械工业出版社，1980.

[122] E Szucs. Similitude and Modeling [M]. Elsevier, New York, 1980.

[123] T Kobayashi and J W Dally. Dynamic Photoelastic Determination of the a-K Relation for 4340 Alloy Steel. in Crack Arrest Methodology and Applications (G. T. Hahn and M. F. Kanninen, Eds) [S]. ASTM STP 711, 1980: 189-239.

[124] Dandliker R. Heterodyne holographic in terferometry [J]. in Progress in Optics, Elsevier science publishers, 1980, XVII: 1-84.

[125] D Post and W A Baracat. High-Sensitivity Moiré Interferometry-A Simplified Approach [J]. Exp, Mech., 1981, 21 (3) 100-104.

[126] Y W Qin (秦玉文). Application of Faraday's Effect in the Holographic Photoelasticity [C]. Proc. of the International Congress on Experimental Mechanics, 1981: 291-295.

[127] X P Wu, S P He, Z C Li. Movement of Space Speckle [C]. Proceedings of The IV International Congress on Experimental Mechanics, 1981: 404.

[128] J T Pindera. Analytical Foundations of the Isodyne Photoelasticity [J]. Mech., Res. Commun., 1981, 8: 391-397.

[129] J T Pindera and B R Krasnowski. Determination of Stress Intensity Factors in Thin and Thick Plates Using Isodyne Photoelasticity [J]. Fracture Problems and Solutions in the Energy Industry, 1981: 147-156.

[130] P S Theocaris. The Reflected Caustic Method for Evaluation of Mode III Stress Intensity Factor

[J]. Intern. J. Mech. Sci., 1981, 23: 105-117.

[131] C P Burger and A S Voloshin. A New Instrument for Whole Field Stress Analysis. ISA Trans., 1982, 22 (2): 85-95.

[132] D R Andrews. Shadow Moiré Contouring of Impact Craters [J]. Opt. Eng., 1982, 21 (4): 650-654.

[133] A J Rosakis and L B Freund. Optical Measurement of the Plastic Strain Concentration at a Tip in Ductile Steel Plate [J]. Eng. Mater. Technol., 1982, 104, 115-125.

[134] T Y Kao and F P Chiang. Family of Grating Techniques of Slope and Curvature Measurements for Static and Dynamic Flexure of Plates [J]. Opt. Eng., 1982, 21 (04) 721-742.

[135] F L Dai (戴福隆), K C Chung (钟国成). Use of the Holophotoelastic Method for Three-Dimensional Stress Analysis [J]. Exp. Mech. 1982, 22 (12).

[136] R de Sailly and A LaGarde. Surface Crack Analysis by a Optical Slicing Method of Three Dimensional Photoelasticity [C]. (in French), Proc, 7th Int. Conf. Exp. Stress Anal., Aug. 1982, 315-329.

[137] L Pirodda. Shadow and Projection Moiré Techniques for Absolute or Relative Mapping of Surface Shapes [J]. Opt. Eng., 1982, 21 (4): 640-649.

[138] 力学中的相似方法与量纲分析 [M]. 沈青等, 译. 北京: 科学出版社, 1982.

[139] C A Sciammarella. The Moiré Method [J]. a Review, Exp. Mech. 1982, 22 (11) 418-433.

[140] Erf R K. 全息无损试验 [M]. 王致新译. 北京: 机械工业出版社, 1982.

[141] M Halioua, R S Krishnamurthy, H Liu, F P Chiang. Projection Moiré whit Moving Gratings for Automated 3-D Topography [J]. Appl. Opt. 1983, 22 (6): 850-855.

[142] R B King and G Herrmann. Acoustoelastic Determination of Forces on a Crack in Mixed-Mode Loading [J]. ASME J. Appl. Mech., 1983, 50 (6): 379-382.

[143] 赵清澄, 万钢, 郭孔屏. 补偿法及散射条纹级次分析 [J]. 上海力学, 1983 (3).

[144] M A Sutton, W J Wolters, W H Peters, W F Ranson, S R McNeil. Determination of Displacements Using and Improved Digital Correlation Method [J]. Image Vision Comput, 1983, 1 (3): 133-139.

[145] C. M. 维斯特. 全息干涉度量学 [M]. 樊雄文, 王玉洪译. 北京: 机械工业出版社, 1984.

[146] R J Allemang, D L Brown, R W Rost. Multiple Input Estimation of Frequency-Response Functions for Experimental Modal Analysis [R]. U. S. Air Force Rep. No. AFATL-TR-84-5, 1984.

[147] C S Fu, F L Dai, Y Chen and X Y Wu. Shearing Moiré Interferometry for Measuring Strain Field [C]. Proc. Int. Conf. Exp. Mech., Beijing. China (1985).

[148] 方萃长. 云纹法 [M]. 中国大百科全书力学卷. 北京: 中国大百科全书出版社, 1985: 567-570.

[149] 秦玉文. 假彩色编码——光力学干涉条纹识别的新方法 [J]. 实验力学, 1986, 1 (02).

[150] Kothiyal M P and Delisle C. Polarization Component Phase Shifters in Phase Shifting Interferometry: Error Analysis [J]. Opt. Acta. 1986, 33 (6): 787-793.

[151] 秦玉文. 光力学多波长法研究 [J]. 固体力学学报, 1987, 1.

[152] F L Dai and J Fang. Polarized Shearing Moiré Interferometry [C]. Inter. Conf. On Photomechanics and Speckle Metrology, Proc. SPIE 814 (1987).

[153] Reid G T. Automatic fringe pattern analysis: a review [J]. Optics and Lasers in Engineering, 1987, 7 (1): 37-68.

[154] 钟国成、任晓辉、郑润生、吴新儒. 云纹干涉法同时测定三维位移场 [J]. 力学学报, 1988, 20 (5): 421-430.

[155] Qin Yuwen. A Study of the Dynamic Holophoelasticity Light Rotation Method [J]. Acta Mechanica Solida Sinica., 1988, 1 (4).

[156] Huntey J M. Automated Fringe Pattern Analysis in Experimental Mechanics: a Review [J]. Strain Analysis, 1988, 33 (2): 105-125.

[157] Haloua M, Liu H. Optical Three-Dimensional Sensing by Phase Measuring Profiloetry [J]. Optics and Lasers in Engineering, 1989, 11 (2/3): 185-215.

[158] 秦玉文. 全息动光弹性旋光法研究 [J]. 固体力学学报, 1989, 10 (3).

[159] 秦玉文. 电子错位散斑研究 [J]. 力学学报, 1990 (6).

[160] 戴福隆, 方萃长, 刘先龙, 金观昌, 刘宝琟, 蔺书田. 现代光测力学 [M]. 北京: 科学出版社, 1990.

[161] J T Pindera, B R Krasnowski, M J Pindera. An Analysis of Semi-Plane Stress States in Fracture Mechanics and Composite Structures Using Isodyne Photoelasticity.

[162] 秦玉文. 电子剪切散斑图像处理的相移技术 [J]. 实验力学, 1992, 7 (6).

[163] 张海波, 伍小平, 李江伟. 空气相移器及其应用 [J]. 应用激光, 1992, 12 (6): 255-259.

[164] 秦玉文. 大错位量散斑干涉测量残余应力 [J]. 实验力学, 1993, 8 (2).

[165] 秦玉文. 电子错位散斑的实时时间差技术 [J]. 实验力学, 1993, 8 (3).

[166] Walker C A. A Historical Review of Moiré Interferometry [J]. Experimental Mechanics, 1994, 34 (4): 281-299.

[167] Y Morimoto, Jr and T Hayashi. Separation of isochromatics and isoclinics using Fourier Transform [J]. Experimental Techniques, September/October1994: 13.

[168] G Di Chirico. Recent Advances in Experimental Mechanics in Italy [J]. Experimental Techniques, January/February 1995: 11.

[169] Groot P D. Derivation of Algorithms for Phase-shifting Interferometry Using the Concept of a Data-sampling Window [J]. Appl. Opt. 1995, 34 (22): 4723-4730.

[170] Groot P D. Vibration in Phase-shifting Interferometry [J]. Opt. Soc. Am. A, 1995, 12 (2): 354-365.

[171] 同济大学光测力学教研室. 光测力学教程 [M]. 北京: 高等教育出版社, 1996.

[172] 钱克矛, 伍小平. 相移技术中五步长等步长 Stoilov 算法的性能分析 [J]. 光学技术,

2001 (1).

[173] 钱克矛,缪泓,伍小平. 一种用于动态过程测量的实时偏振相移方法 [J]. 光学学报, 2001, 21 (1).

[174] A E Ennos. Measurement of In-Plane Surface Strain by Hologram Interferometry [J]. J. Sci. Instrum. (J. Phys. E), Ser, 2, 1.

[175] E B Aleksandrov and A M Bonch-Bruevich. Investigation of Surface Strains by the Hologram Technique [J]. Sov. Phys. Tech, Phys., 12: 2.

[176] J W Pendered and R E D. Bishop, A Critical Introduction to Some Industrial Resonance Testing Techniques [J]. Mech. Eng. Sci., 5: 4 (163): 368-378.

[177] Surrel Y. Desgn of Algorithms for Phase Measurements by the Use of Phase Stepping [J]. Appl. Opt. 1996, 35 (1): 51-60.